工业和信息化部"十四五"规划教材

航空发动机基础与教学丛书

智能航空发动机

——基础理论与关键技术

肖 洪 林志富 王栋欢 李 爽 著

科 学 出 版 社

北 京

内 容 简 介

《智能航空发动机——基础理论与关键技术》是作者在西北工业大学、剑桥大学等多所高等院校的科研成果结晶,汇聚了作者及其合作者融合纯数学理论、人工智能技术和航空发动机工程的数学思维、理论与方法研究的最新成果。本书介绍了智能航空发动机的基本概念、核心技术和关键技术,内容包括航空发动机数字化智能化的核心理念、数字孪生模型的构建训练与验证、各类人工智能算法的优缺点和详细推导、感知/决策/执行/维护/互联等关键技术进展。

本书适用于航空发动机领域高年级学生和研究生学习,也可供相关领域的工程技术人员作为数字化、智能化的参考用书。

图书在版编目(CIP)数据

智能航空发动机:基础理论与关键技术 / 肖洪等著. —北京:科学出版社,2023.9
(航空发动机基础与教学丛书)
ISBN 978 - 7 - 03 - 076043 - 2

Ⅰ.①智… Ⅱ.①肖… Ⅲ.①人工智能-应用-航空发动机-研究 Ⅳ.①V23-39

中国国家版本馆 CIP 数据核字(2023)第 140402 号

责任编辑:胡文治 / 责任校对:谭宏宇
责任印制:黄晓鸣 / 封面设计:殷 靓

科学出版社 出版
北京东黄城根北街 16 号
邮政编码:100717
http://www.sciencep.com

南京展望文化发展有限公司排版
苏州市越洋印刷有限公司印刷
科学出版社发行 各地新华书店经销

*

2023 年 9 月第 一 版 开本:B5(720×1000)
2023 年 9 月第一次印刷 印张:25 1/4
字数:493 000

定价:150.00 元
(如有印装质量问题,我社负责调换)

航空发动机基础与教学丛书
编写委员会

名誉主任
尹泽勇

主 任
王占学

副主任
严　红　猴林峰　刘存良

委 员
（以姓氏笔画为序）

王丁喜　王占学　王治武　乔渭阳　刘存良
刘振侠　严　红　杨青真　肖　洪　陈玉春
范　玮　周　莉　高丽敏　郭迎清　猴林峰

丛 书 序

航空发动机是"飞机的心脏",被誉为现代工业"皇冠上的明珠"。航空发动机技术涉及现代科技和工程的许多专业领域,集流体力学、固体力学、热力学、燃烧学、材料学、控制理论、电子技术、计算机技术等学科最新成果的应用为一体,对促进一国装备制造业发展和提升综合国力起着引领作用。

喷气式航空发动机诞生以来的 80 多年时间里,航空发动机技术经历了多次更新换代,航空发动机的技术指标实现了很大幅度的提高。随着航空发动机各种参数趋于当前所掌握技术的能力极限,为满足推力或功率更大、体积更小、质量更轻、寿命更长、排放更低、经济性更好等诸多严酷的要求,对现代航空发动机发展所需的基础理论及新兴技术又提出了更高的要求。

目前,航空发动机技术正在从传统的依赖经验较多、试后修改较多、学科分离较明显向仿真试验互补、多学科综合优化、智能化引领"三化融合"的方向转变,我们应当敢于面对由此带来的挑战,充分利用这一创新超越的机遇。航空发动机领域的学生、工程师及研究人员都必须具备更坚实的理论基础,并将其与航空发动机的工程实践紧密结合。

西北工业大学动力与能源学院设有"航空宇航科学与技术"(一级学科)和"航空宇航推进理论与工程"(二级学科)国家级重点学科,长期致力于我国航空发动机专业人才培养工作,以及航空发动机基础理论和工程技术的研究工作。这些年来,通过国家自然科学基金重点项目、国家重大研究计划项目和国家航空发动机领域重大专项等相关基础研究计划支持,并与国内外研究机构开展深入广泛合作研究,在航空发动机的基础理论和工程技术等方面取得了一系列重要研究成果。

正是在这种背景下,学院整合师资力量、凝练航空发动机教学经验和科学研究成果,组织编写了这套"航空发动机基础与教学丛书"。丛书的组织和撰写是一项具有挑战性的系统工程,需要创新和传承的辩证统一,研究与教学的有机结合,发展趋势同科研进展的协调论述。按此原则,该丛书围绕现代高性能航空发动机所涉及的空气动力学、固体力学、热力学、传热学、燃烧学、控制理论等诸多学科,系统介绍航空发动机基础理论、专业知识和前沿技术,以期更好地服务于航空发动机领域的关键技术攻关和创新超越。

　　丛书包括专著和教材两部分,前者主要面向航空发动机领域的科技工作者,后者则面向研究生和本科生,将两者结合在一个系列中,既是对航空发动机科研成果的及时总结,也是面向新工科建设的迫切需要。

　　丛书主事者嘱我作序,西北工业大学是我的母校,敢不从命。希望这套丛书的出版,能为推动我国航空发动机基础研究提供助力,为实现我国航空发动机领域的创新超越贡献力量。

2020 年 7 月

前　言

　　智能航空发动机的概念最早可追溯至21世纪初美国实施的通用经济可承受先进涡轮发动机(Versatile Affordable Advanced Turbine Engine，VAATE)计划，智能航空发动机是该计划重点领域的核心内容之一，当时主要集中于控制领域。智能航空发动机研究组主要负责开发、验证先进空气动力学、先进材料、创新结构与传感器、主动控制器、飞机与发动机一体化、进气道与喷管一体化、实时诊断等，并将其与人工智能技术相结合，研制并综合提供耐久性长、适应性强、耐损伤的发动机状态和寿命管理技术，实现对发动机的健康管理，提高发动机的性能、可靠性和寿命。2013年，美国通用电气(General Electric，GE)公司推出互联网数字平台Predix，其初衷在于增强数据分析能力。2017年，普惠公司推出发动机智能维修品牌EngineWise，包括高级诊断和发动机监测，为8 000多台在翼发动机提供健康数据分析，使用预测性人工智能技术将燃油经济性提高了15%，并减少了运营中断和停机时间。2018年，罗罗公司在民用航空发动机领域提出了智能发动机愿景，随后不断丰富和完善该愿景，并对大数据分析、机器学习、智能机器人、物联网、虚拟现实等热点技术与航空发动机技术进行了体系融合。追寻上述智能化与航空发动机技术融合的脉络，可以预测随着数字化智能化技术与工业的深度融合，航空发动机必将进入智能化时代；航空发动机的设计、制造、生产和维护也必将呈现出数字化、网络化、智能化的新特征。同时，近年来人工智能、大数据、数字孪生、物联网等数字化、智能化技术已从独立技术方向转化为技术生态系统，航空发动机领域也面临新的机遇与挑战。特别是航空发动机在设计、材料、制造、分析、测试、验证、运行、维护全生命周期内产生了大量数据，如何收集数据、如何过滤、如何分类、如何整合、如何分析、如何比较、如何验证的整个流程，将重新定义和诠释航空发动机未来的发展和研制思路。

　　虽然近年来智能化的呼声和浪潮不断高涨，但究竟智能化能提升什么、智能化的核心技术是什么、智能化靠什么实现三大问题始终困扰着航空发动机领域的工程师，业内专家学者也众说纷纭。作者认为，要准确理解上述三大问题首先需要理解什么是智能化思维，其与传统思维模式有什么区别，此类思维模式如果转变不及时会带来什么严重后果,对此有前车之鉴可循。GE 公司的互联网数字平台 Predix 技术进展缓慢,甚至一度面临崩溃,其中一个重要的原因是没有从产品思维过渡到数据服务思维。

正如《智能的本质》《智能时代》等提及的基本理念,智能时代以前的思维方式可暂时称为机械思维,其特点是认为一切皆可公式化,一切现象皆可追本溯源,找到因果关系。机械思维在人类文明发展的历程中发挥了重要作用,从欧几里得的几何原理,到牛顿力学,再到焦耳定律,又到麦克斯韦电磁方程,一个个优美、简洁的公式,解开了困扰人类的谜团。太阳的东升西落、天体运动都有了合理的解释,蒸汽动力、电的产生、工业革命的爆发、航空发动机的发展,都与之有着密切的关系。通过机械思维找到因果关系后,所有未知的情况都可以由这种因果关系预测,例如,知道了牛顿第二定律,给定任何力和质量,都可以精确算出所产生的加速度。在机械思维模式的惯性驱动下,航空发动机的设计、制造、生产、维护无不体现这类技术思维。人们力图寻求发动机推力、耗油率、稳定裕度、推重比等参数与发动机设计参数、制造参数间的精确因果关系,力图追求振动参数与零部件加工公差、装配数据间的精确映射,从而达到快速提升发动机性能指标的目的。

《智能的本质》《智能时代》等也多次提及,在当前智能时代思维方式上最大的不同之处在于分析现象时,由追求因果性变为追求相关性。客观的背景是优美、简洁的公式,如同果树上长在低处的果子,已经被人摘得差不多了,而要想摘到高处的果子,则需付出更长的时间、更多的努力。与此同时,人类目前累积的以及正在产生的数据达到了空前规模,这些数据中隐含了大量的信息。另外,一项信息与另一项信息之间的关系,往往不是简单的因果关系,取而代之的是两者之间的相关性。一条信息或一个结果的产生与多条信息可能都有相关性,此时已经无法用简单的 A 导致了 B 来解释,而人们能做的就是深入挖掘数据中的多维度信息,建立彼此间以关联度为基础的关联关系,进而达到根据已有数据预测未知情况的目的。这类追求相关性的智能思维模式必将在未来智能航空发动机的发展中带来技术思维模式的变革。智能航空发动机的技术追求挖掘气路、空气、滑油、附件、控制、结构、材料等数据的相关性,追求挖掘地面试车、高空台、试飞数据间的相关性,追求挖掘设计、加工、装配、试验、运行和维护参数信息的相关性,同时追求挖掘不同类型发动机之间的参数相关性。简而言之,智能航空发动机摆脱了机械思维模式下追求参数因果关系的技术思路,转而追求大数据、多维度、高实时下多源异构信息的关联性,从而能在常规技术水平下发挥出航空发动机的最佳性能,在新技术的匹配下更能实现航空发动机的时代跨越。

正是基于上述思维模式理念,本书力图从新的角度解释什么是未来的智能航空发动机,其核心理念是智能航空发动机与传统航空发动机的最大区别不在于结构和工作原理,而在于通过智能手段对数据利用具有足够的广度、深度和速度。正如第 1 章所述,对比普通人与霍金谁更智慧,不是对比两人身体结构上有何区别,而是对比谁的大脑对数据和信息利用得更广、深、快、准。但是仅有智慧没有对应匹配智慧的手段也是纸上谈兵,那就相当于霍金有了智慧的大脑但是行动力受限。此类比喻也诠释了智能航空发动机的核心技术是什么,靠什么实现,同时智能化究竟有什么作用也就呼之欲出,即突破传统技术无法解决的技术瓶颈。有了上述智能的理解,发展思路也许会更加清晰,即航空发动机智能化发展的第一步是在航空发动机现有技术水平上的智能化提升,第二步是进一步发展实现真正智能化的航空发动机。

本书的撰写得到了剑桥大学工程系、剑桥大学纯数学系、哈佛大学工程与应用科学学院、麻省理工学院航空航天系、香港理工大学机械系、韩国庆尚国立大学机械与航空系、东京大学工学部等诸多机构的协助和支持。书中大量工作是团队王占学教授、周莉教授、张晓博副教授、邓文剑副研究员、史经纬副研究员、黄盛副教授的合作结晶,也得益于王奉明、高双林、于艾洋、姜雷博、梁宇峰、周磊、游瑞、陈果、肖达盛、宋硕等好友、同事和同学的共同努力,同时本书的配图、文字等方面的工作得到了王阳等的帮助和支持,在此对他们的辛勤工作表示感谢。同时也感谢肖钰清同学在本书文字校对、公式编辑和图片美化过程中卓有成效的工作。本书的前期工作尤其是核心人工智能算法的数学基础多来源于在剑桥大学纯数学系期间与 Clément Mouhot、Ivan Moyano 的讨论,特别是年轻数学工作者 Ivan Moyano 带来了新的数学思维启迪。

本书的初衷在于抛砖引玉,希望引起对智能航空发动机理念的讨论。书中很多观点也仅是一家之言,难免存在不妥之处,恳请读者批评指正,对此,作者必将感激不尽。

肖　洪

2022 年 12 月

目　录

第 3 章　智能航空发动机的关键技术

第4章　航空发动机叶片智能检测技术

第1章
智能航空发动机概述

　　智能航空发动机的概念最早可追溯至 21 世纪初美国实施的通用经济可承受先进涡轮发动机计划,当时主要关注航空发动机控制领域的智能化[1]。2018 年,罗罗公司发布研发智能航空发动机的愿景[2],随后不断丰富和完善该愿景,并逐步对大数据分析、机器学习、智能机器人、物联网、虚拟现实等热门技术与航空发动机技术进行了融合[3-5]。至此,智能航空发动机的概念正式被提上技术日程。虽然近年来发展智能航空发动机的呼声和浪潮不断高涨,但究竟智能化能提升什么、智能化的核心技术是什么、智能化靠什么实现三大问题始终困扰着航空发动机领域的研究人员。本章试图对上述三大问题进行粗略概述,谨供业内专家学者参考。

1.1　智能航空发动机的概念演化

　　智能化,有时也称为人工智能化,是指使机器具备“思考能力”,能够呈现出人类的智能行为。这些智能行为包括学习、感知、思考、理解、识别、判断、推理、证明、通信、设计、规划、决策和行动等活动[6]。分析全流程智能行为,可以看出数据和信息始终贯穿其中,如图 1-1 所示。

　　基于智能行为的流程模型,人们一般将智能定义为:能有效获取、传递、处理、再生和利用数据信息,从而在任务环境下成功达到预定目的的能力[7]。智能化一

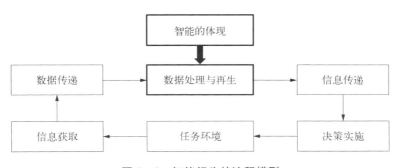

图 1-1　智能行为的流程模型

般是指将人工智能应用于全流程行为系统,使该系统在一定程度上能够模仿人类的思维,对获得的外界数据和信息进行分析、判断和处理,并制定决策以产生特定的作用,从而达到传统技术路径无法达到的功效。

基于人工智能的定义与内涵,智能航空发动机一般是指采用了人工智能技术的航空发动机,使航空发动机尤其是数据处理与再生系统能够在一定程度上模仿或代替人的思维,对获得的外界信息和数据进行分析、判断和处理,并制定决策以产生特定功效和作用。具体到航空发动机的工作和运维过程,可以直观地对智能航空发动机的概念进行进一步的概括:能够从预判、感知、决策、执行和维护的全流程实现自主最优(佳)的航空发动机,其工作流程如图 1-2 所示。

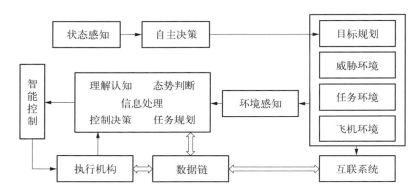

图 1-2   智能航空发动机工作流程

从上述概念理解,智能航空发动机能够自主地对各种感知的外界信息和内部信息进行处理,对外界环境、目标任务及其自身状态的变化进行理解、认知、判断和推理,具有一定的思维能力和联想能力,从而能做出正确的最佳决策和反应。相对地,完全按照人为预定的控制规律和控制规划而不能自主适应各种复杂环境、任务和状态进行自主推理决策的航空发动机不能称为智能航空发动机。根据当前航空发动机的实际情况,完全符合定义的智能航空发动机仅为一种理想状态。目前,还不能在一型航空发动机上全部实现预判、感知、决策、执行和维护的全流程自主推理决策,并最终按目标任务的自主最优(佳)实现全部功能。与此同时,智能航空发动机的定义也是一个相对的且不断发展的概念。随着科学技术的发展、数字化智能水平的不断提升,智能航空发动机的概念和内涵也必将不断丰富和完善。

1.2   智能航空发动机的三大问题

虽然目前人们对智能航空发动机的概念仍存在表述差异,但对其三个层次的认知已基本达成共识,如图 1-3 所示。

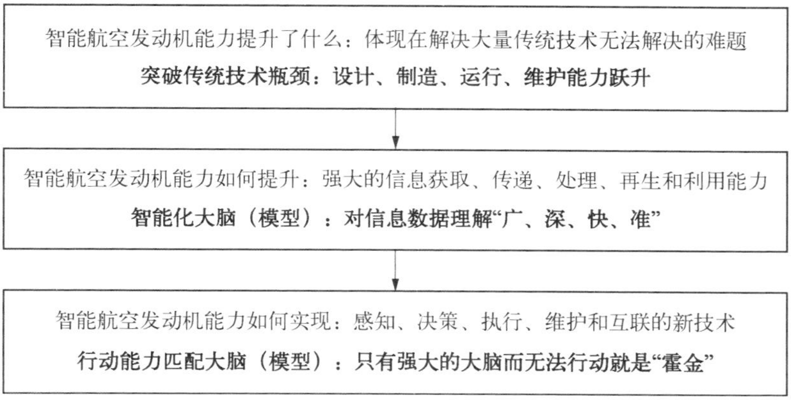

```
┌─────────────────────────────────────────────────────────────┐
│  智能航空发动机能力提升了什么：体现在解决大量传统技术无法解决的难题      │
│  突破传统技术瓶颈：设计、制造、运行、维护能力跃升                       │
└─────────────────────────────────────────────────────────────┘
                              ↓
┌─────────────────────────────────────────────────────────────┐
│  智能航空发动机能力如何提升：强大的信息获取、传递、处理、再生和利用能力   │
│  智能化大脑（模型）：对信息数据理解"广、深、快、准"                    │
└─────────────────────────────────────────────────────────────┘
                              ↓
┌─────────────────────────────────────────────────────────────┐
│  智能航空发动机能力如何实现：感知、决策、执行、维护和互联的新技术       │
│  行动能力匹配大脑（模型）：只有强大的大脑而无法行动就是"霍金"          │
└─────────────────────────────────────────────────────────────┘
```

图 1-3　智能航空发动机理解层次图

1）智能航空发动机能力提升了什么

智能化有能力解决传统技术路径不能解决的大量问题,甚至突破传统技术瓶颈[8],在设计、制造、运行、维护等诸多领域均会实现能力的跃升。以运行控制为例,智能化能解决现行控制模式下按固定控制规律、控制规划运行而导致的发动机偏离设计点、部件匹配非最优的难题;解决动力状态与飞行器状态匹配非最优的难题;进一步也能解决固定控制规律下部件潜力无法充分发挥、造成能量利用率低的难题。

2）智能航空发动机能力如何提升

智能化靠强大的信息获取、传递、处理、再生和利用能力,即主要靠强有力的"智能化大脑(模型)"(有时也称为数字工程模型)实现传统技术的突破。因此,智能航空发动机可综合运用"场技术"实现对场的精准把控,通过优化状态使得部件在"最舒服"的状态下运作。

3）智能航空发动机能力如何实现

智能化虽然主要依靠强大的"智能化大脑(模型)"(数字工程模型)实现传统技术的突破,但是仅依靠智能化大脑也不能实现能力跃升的最终目标,就好像轮椅上的霍金虽然拥有强大的大脑但是很多常人的运动功能却无法实现。再进一步举一个形象化的例子,如果读者您作为决策者,需要从霍金和本书作者中选拔出一人去执行对抗性任务,您是派霍金去呢,还是派本书的作者去呢?虽然霍金具备聪明智慧的大脑,但结论显而易见。因此智能航空发动机也与传统航空发动机一样需要强健的结构和材料,也需要发展更灵巧、更有创意的执行机构,除此之外,更加强调感知、决策、执行、维护和互联的新技术与"智能化大脑(模型)"的匹配。

（1）感知是信息和数据的获取。没有信息和数据,智能就成为无源之水;再聪明的大脑没有信息的输入,也无法做出反应。智能航空发动机利用先进的测试手段和信息融合技术,实时主动感知工作状态、飞行环境和自身健康状况,并实现异常状态的自预警、自诊断与自隔离。

（2）决策是"智能化大脑"对环境、任务和状态的反应，即中枢机关发出的正确指令。智能航空发动机利用强化学习、性能重构增强部件与系统间的协调与进化，在无人工干预下快速做出最佳决策和反应，实现飞/发/任务的最佳匹配，并持续自主快速提升学习能力。

（3）执行是对指令的响应，强调反应迅速、完成到位。再完美的决策，如果碰上行动极为缓慢的"树懒"也会一塌糊涂。智能发动机借助系统智能匹配、部件主动控制和智能作动系统、宽域可调机构等，快速、准确地执行最佳决策。

（4）维护是对自身状态预警能力的执行。智能航空发动机具备自我状态预警的能力，维护是对这一能力的执行，就好像普通人会根据自己身体和环境的感知，做出相应的预防举措。如果天气寒冷加上自身健康状态不佳，会选择增添衣服甚至居家休息。同样，智能航空发动机根据对自身体系的深入认知预判健康状况特别是险情预警，维护是根据预判、预警的决策指令采取的行动。智能航空发动机在环境突变、系统异常或故障条件下，能准确评估自身调节能力和稳定裕度，通过限制保护、故障解析冗余与容错，实现自我维护与延寿，并通过故障经验的学习与积累实现故障预警和视情维护。

（5）互联是学习能力持续提升的渠道。智能航空发动机的学习能力不仅体现在自身信息和数据的学习上，还体现在智能航空发动机与其他发动机、生态系统在多方面定期进行信息双向传输上，实现在线或离线的信息共享和家族群体式集体学习与经验总结。

1.2.1　智能航空发动机的能力跃升

如前所述，智能航空发动机的能力跃升主要表现在解决传统路径所不能解决的大量问题，甚至突破传统技术瓶颈。目前，人们比较感兴趣的几类智能航空发动机技术能力跃升主要表现在如下方面。

1）人工智能融入数字化试验大幅度加速设计研发进程

数字化试验是指利用高逼真度具备物理规则运行、性能紧密跟踪、动态极速响应的数字工程模型，开展设计方案验证、部件匹配验证、破坏试验验证、维护方案验证等。可以看出，数字化试验的先决条件是数字工程模型，该模型强调与物理机理的"如影相随"，以确保数字化试验的置信度和可行性。传统仿真受数理方程、物理模型受人为假设、数据驱动受物理规则缺乏等的限制，均不能完整建立数字化试验的数字工程模型。因此，在数字化试验的数字工程模型建立过程中，新的人工智能技术必须遵循物理规则运行、性能紧密跟踪、动态极速响应的技术要求。在智能航空发动机运维各阶段（特别是针对破坏性试验）开展数字化试验，有助于产品多学科优化并大大缩短研发周期、降低成本。同时，未来先进数字化试验方法、工具和流程关键技术的深入研究，必将大幅度提升数字化试验的精度和置信度，实现大幅度替代物理试验(特别是破坏性物理试验)的目标。

本书作者与国内多家研究机构合作开展了数字化飞行试验、数字化试车试验、数字化高空台试验、部件数字化试验的研究工作。研究表明,数字化试验响应时间可以控制在 1~5 ms,小于物理测试响应时间,满足测试频率要求;数字化试验与物理试验非稳态结果的平均偏差可以控制在 1% 以内(偏差峰值可以控制在 3% 以内),满足测试精度要求。需要说明的是,此处偏差指的是数字化试验与实际物理试验在被测参数上的差值,不是传统意义上的物理传感器测试误差,此偏差的概念经常被人们误解。其中,图 1-4、图 1-5 分别为涡扇、涡轴发动机整机数字化试验

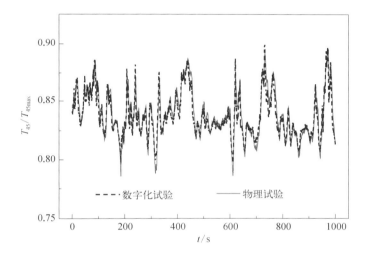

图 1-4　涡扇发动机整机数字化试验与整机物理试验无量纲数据对比

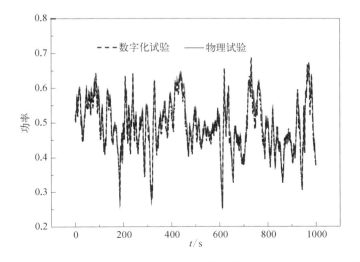

图 1-5　涡轴发动机整机数字化试验与整机物理试验无量纲数据对比

与整机物理试验无量纲数据对比,图1-6为数字飞行试验与物理飞行试验无量纲数据对比,图1-7为腐蚀叶片数字化试验与物理试验数据对比。

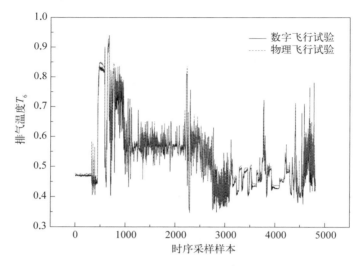

图1-6　数字飞行试验与物理飞行试验无量纲数据对比

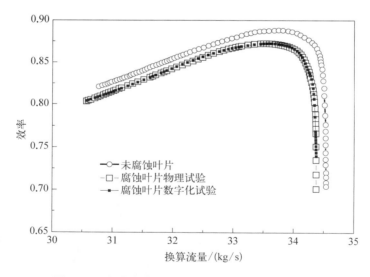

图1-7　腐蚀叶片数字化试验与物理试验数据对比

欧洲联盟在"清洁天空2"计划中也专门安排了数字化试验技术研究,包括数字建模、数字适航等关键技术(图1-8)。法国武器装备总署下属的试验与评价中心(飞行试验中心、航空动力试验中心及航空试验中心)与法国 ESI(GET IT RIGHT)集团合作,利用 SimulationX 动态多学科建模仿真平台,开发了航空发动机数字化试验台 SIMATMOS,可以模拟真实飞行条件下发动机的运行并预测其性能,还可以利用这一平台培训试验操作技师,预先检查物理试验的可行性(图 1 - 9)。

新型飞机验证平台(innovative aircraft demonstrator platforms, IADPs)
集成技术和重大系统创新;在整机层面展示和验证新技术在未来飞机设计中的潜力

集成平台系统(integrated technology demonstrators, ITDs)
开发和集成新技术,并通过示范项目开展系统级验证

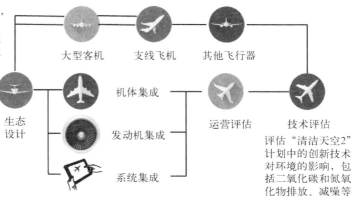

大型客机　支线飞机　其他飞行器

机体集成

生态设计　　发动机集成

系统集成

运营评估　　技术评估

评估"清洁天空2"计划中的创新技术对环境的影响,包括二氧化碳和氮氧化物排放、减噪等

平台协同
专注于新型飞机验证平台和集成技术演示应用与技术挑战,通过共享项目和成果实现不同平台之间的协同运用

图 1 - 8　欧洲联盟"清洁天空 2"计划[9]

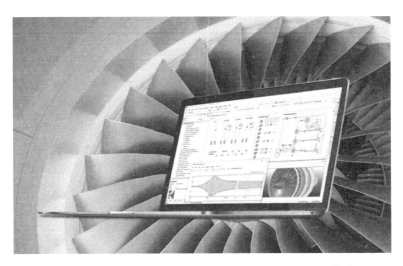

**图 1 - 9　法国武器装备总署与 ESI 集团合作开发的航空发动机
数字化试验台 SIMATMOS**[10]

2018 年 2 月,罗罗公司提出了"智能发动机"(Intelligence Engine)愿景,希望借助数字化智能化技术建立航空推进系统的互联性,使其具备情景感知和理解能力

（图 1－10）。此后,在"智能发动机"愿景的推动下,罗罗公司为发动机叶片创建了数字孪生体,并于 2019 年成功测试了"超扇"(UltraFan)发动机设计方案。

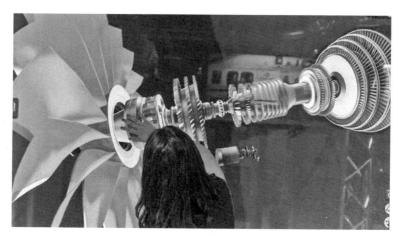

图 1－10　罗罗公司"智能发动机"愿景[11]

GE 公司将数字孪生技术视为加速未来先进技术发展的一个重要推动力,并专门开发了数字孪生工业云平台 Predix(图 1－11),该平台集成了开源的应用容器引擎 Docker、分析引擎 CEP 且具备 C/C++、Java、Python 等多语言编程能力,目前正在开展先进涡桨发动机的研制工作(图 1－12),可用作公务机和通用飞机的动力。

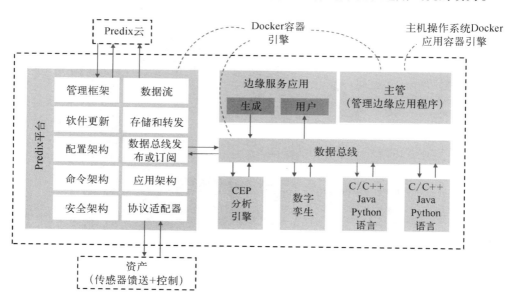

图 1－11　GE 公司开发的 Predix 云平台[12]

图 1－12　Predix 云平台数字孪生协助 GE 公司涡桨发动机的设计[13]

俄罗斯联合航空制造集团公司下属的礼炮制造中心从 2019 年年底开始将数字孪生技术应用于产品设计,其目的在于打造统一的数字平台(图 1－13),整合所有产品和数字化过程中产生的数据、文件和专业化数字程序。该中心使用了多种数字化方法,每种方法都对应特定的发动机设计阶段,目前技术人员正准备将该数字平台集成到统一平台中,后续该数字平台将运用到雅克－130 飞机改进设计以及发动机的部件调试和验证试验中。

图 1－13　俄罗斯联合航空制造集团公司开发的数字平台进行
AI－222－25 发动机数字孪生设计[14]

2) 智能化技术使得实时在线预测与健康管理系统的部署成为可能

以海军飞机为例,长期生存于海洋环境使海军飞机直接受海洋大气区和海水飞溅区环境的影响,在甲板停放时还会受到燃烧废气环境的影响。在海洋大气区,盐雾长期作用于发动机的金属材料表面,加速了零件的应力腐蚀(图 1 - 14、图 1 - 15);海洋大气区的湿热环境使非金属材料体积膨胀、组织疏松、强度降低,甚至起泡、破裂和老化。在海水飞溅区,发动机几乎连续不断地受到海水的润湿冲刷,加剧了材料的腐蚀破坏,在甲板上停放时发动机还会连续不断地受到舰艇燃料燃烧释放和发动机排出废气的腐蚀,废气中的硫、氮氧化物与氯化钠海雾组合形成高酸潮湿层,在高湿度以及颗粒灰尘环境中,共同加速了飞机及其发动机部件的腐蚀。

图 1 - 14　海洋环境航空发动机涡轮叶片表面熔盐引起的高温热腐蚀[15]

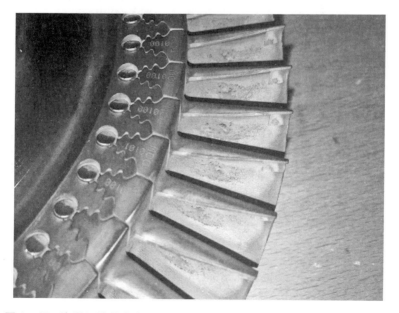

图 1 - 15　海洋环境航空发动机常规定时检查发动机叶片的腐蚀和沉积[16]

　　从上述表述可以看出,海军用航空发动机长期生存于海洋环境,盐雾等腐蚀严重,对发动机的可靠性、安全性及其寿命均造成了严重影响。主要表现在以下方面。

　　(1) 腐蚀引起性能衰退,极端情况可能导致起飞推力不足;同时腐蚀导致不稳定工作边界下移,喘振裕度下降,极端情况可能导致起飞喘振。上述性能的恶化均可能导致起飞失败(图 1-16 为伊丽莎白号航空母舰 F-35 起飞失败)。

图 1-16　伊丽莎白号航空母舰 F-35 起飞失败[17]

　　(2) 腐蚀引起性能衰退,极端情况可能导致复飞推力不足,甚至导致着舰不成功,复飞失败(图 1-17)。海洋环境腐蚀的影响,使得海军和海军陆战队的飞机及其发动机需要昂贵且耗时的腐蚀检查和维护(图 1-18),其对实时在线预测与健

2 飞机撞上甲板,七名水手受伤

1 F-35飞行员向"卡尔·文森"号航空母舰下降并展开尾钩抓住甲板

3 当飞机从航空母舰一侧滑出时,飞行员弹出

图 1-17　美 F-35 着舰不成功[18]

康管理需求更加迫切。航空发动机在线预测与健康管理的困难在于,机载测试参数少、频率低、个别参数测试精度不够。如何从较为恶劣的数据条件中发现性能变化规律并实时预警一直是传统技术的瓶颈问题(图 1-19)。

图 1-18　美国海军定期的飞机、发动机腐蚀性检查[19]

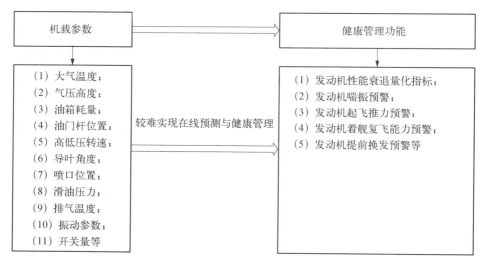

图 1-19　传统技术在实时在线预测与健康管理领域的技术瓶颈

　　智能化技术的引入可以将设计参数、试验参数、制造参数和运维参数高效融入统一架构,实现多源异构信息的高效融合,使得在线精准预测与健康管理成为可能(图 1-20)。作者成功将智能化模型引入预测与健康管理中,实现了排气温度、转差、喷口面积调节速率、导叶调节速率、油门杆调节灵敏度、喘振裕度、推力等的定量实时预警,实现了预测与健康管理的试验数据验证。图 1-21 给出了实时监控排气温度的降级水平(排气温度升高)。

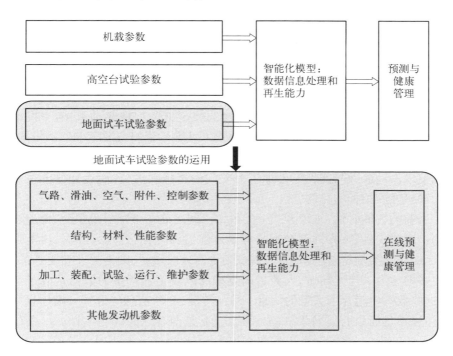

图 1-20　智能航空发动机的在线预测与健康管理

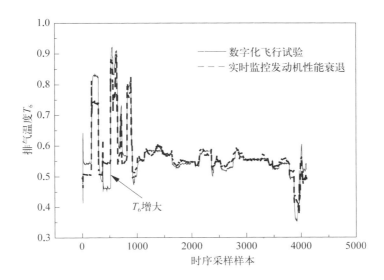

图 1-21　数字飞行试验实时监控发动机性能衰退(无量纲化排气温度升高)

3）智能化技术带来航空发动机发展思维模式的变革

智能时代以前的思维方式,可称为机械思维,特点是认为一切皆可公式化,一切现象皆可追本溯源,找到因果关系。机械思维在人类文明发展的历程中发挥了重要作用,从欧几里得的几何原理,到牛顿力学,到焦耳定律,到麦克斯韦电磁方程,一个个优美、简洁的公式,解开了世代困扰人类的谜团,太阳的东升西落、天体运动都有了合理的解释,蒸汽动力、电的产生,工业革命的爆发,航空发动机的发展,都与之有着密切的联系。通过机械思维,找到因果关系后,所有未知的情况,都可以由这种因果关系预测。例如,知道了牛顿第二定律 $F = ma$,给定任何力和质量都可以精确算出所产生的加速度。机械思维模式的惯性驱动下,航空发动机的设计、制造、生产、维护无不处处体现这类技术思维。我们力图寻求发动机推力、耗油率、稳定裕度、推重比等参数与发动机设计参数、制造参数间的精确因果关系,我们力图追求振动参数与部件零件加工公差间的精确映射,从而达到尽善尽美快速提升发动机性能指标的目的。

在当前的智能时代,思维方式上的最大不同之处在于分析现象时,由追求因果性变为追求相关性。一方面,客观的背景是优美、简洁的公式,如同果树上低处的果子,已经被人类摘得差不多了,而要摘到更高处的果子,则需要花费更长的时间、付出更多的努力。与此同时,人类目前累积的以及正在产生的数据达到了空前的规模,这些数据中隐含了大量的信息。另一方面,一项信息与另外一项信息之间的关系,往往不是简单的因果关系,取而代之的,是两者之间的相关性。一条信息或一个结果的产生,与多条信息可能都有相关性,此时已经无法用简单的 A 导致了 B 来解释。而我们能做的,是深入挖掘数据中的多维度信息,建立彼此间以关联度为基础的关联关系,进而达到根据已有数据预测未知情况的目的。这类追求相关性的智能思维模式在未来智能航空发动机发展中必将会带来技术思维模式的变革。智能航空发动机的技术追求挖掘气路、空气、滑油、附件、控制、结构、材料等数据的相关性,追求发现地面试车、高空台、试飞数据间的相关性,追求发掘设计、加工、装配、试验、运行和维护参数信息的相关性,同时也追求发掘不同类型发动机之间的参数相关性。简而言之,智能航空发动机摆脱了机械思维模式下追求参数因果关系的技术思路,转而追求大数据、多维度、高实时性的多源异构信息的关联性,从而能在常规技术水平下发挥出航空发动机的最佳性能,在新技术的匹配下更能实现发动机的时代跨越。

1.2.2 智能航空发动机能力跃升的核心技术

如前所述,智能航空发动机是指采用了人工智能技术的航空发动机,使航空发动机尤其是数据处理与再生系统能够在一定程度上模仿或代替人的思维,对获得的外界信息和数据进行分析、判断和处理,并制定决策以产生特定功效和作用。从上述表述可以看出,智能航空发动机的最大特点在于其强大的数据处理与再生功能,人们一般认为其核心技术包括智能化大脑(数字工程模型)、人工智能极速选择策略和智能芯片。此类观点在罗罗公司和 GE 公司的各类智能化表述中也可以初见端倪。

1)智能化大脑(数字工程模型)

智能可以被描述为感知或推断信息的能力,并将其作为知识技能保留下来,以应用于新环境或新任务的适应性行为。尽管智能的定义存在争论,研究者还是能够在智能所强调的能力上达成共识,即智能着重强调学习、理解、抽象推理能力,如图 1 - 22 所示,只是对信息数据进行简单的接收不能称为智能,对信息数据的抽象推理才能称为智能。

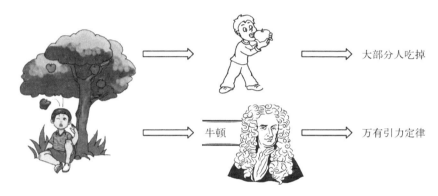

图 1 - 22　智能表现在对数据信息的抽象推理能力

依据对智能的理解,智能航空发动机与传统航空发动机表现出差异,其核心不在于结构和运行机理上的差别,而在于对信息数据抽象推理能力上的巨大差异。可喜的是,航空发动机的如下数据特点是与智能技术的融合,进而为信息数据抽象推理能力的提升创造了先决条件。

(1)数据充分性:航空发动机各个截面参数、控制参数以及飞行参数等数据可以表征全工况、全寿命周期内发动机的工作状态,满足机器学习先决条件中对数据量的要求。

(2)数据确定性:航空发动机内部部件高度耦合,物理规律明确,使得发动机状态-性能、任务-控制、数据-故障之间存在确定的、非歧义的映射关系。

(3)数据关联性:航空发动机的性能、故障、测试、控制数据之间存在内部机理联系,不同类型、不同批次的发动机数据也可通过数据共享使得一组数据可能对应于众多的选择途径。

(4)数据完备性:航空发动机状态、性能、控制、维护等信息经过多年的发展积累了丰富的专家规则,内部逻辑完备。

（5）数据预测性：航空发动机数据之间存在关联，结合发动机结构、状态和环境可实现数据的预测与推理。

正是由于航空发动机具有以上数据特点，所以其具备智能化的先天优势。智能航空发动机可以依靠数字化和智能化技术将设计基础数据（结构数据、材料数据）、试验性能数据（试车/高空台/试飞下的气路、滑油、空气、附件和控制数据）、生产制造数据（加工数据、工艺数据、装配数据）、运行维护数据（飞行机载数据、维护维修数据）和互联互通数据（其他发动机数据）高效地融为一体，强调海量数据信息的学习、理解和抽象，从而进一步增强了逻辑推理和数据再生能力，即使在不确定、复杂多变甚至恶劣的环境中也能通过实施最佳匹配技术达到优越的性能。上述将海量信息数据高效融为一体的模型称为数字工程模型，对应地起到了智能化大脑的功效，如图 1-23 所示。

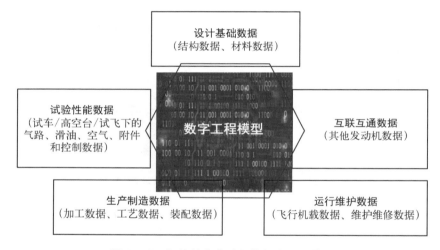

图 1-23　智能航空发动机的数字工程模型

智能航空发动机的基础是其强大的数据信息利用、再生和推理能力，此类观点在罗罗公司、GE 公司智能航空发动机的各类表述中也有迹可循。2018年 2 月，罗罗公司在新加坡航展上发布了研发智能发动机的愿景，其强调"通过大数据和机器学习技术，智能航空发动机能够自主'意识到'到其所处的环境和操作""智能航空发动机不仅在于学习，还具备预测能力并根据环境做出相应改变以提高效率和可靠性，降低成本和风险"（原文："Using Big Data and machine learning, the Intelligent Engine vision involves the engine being 'aware' of its environment and operating context. This will not only let it learn, but also anticipate its requirements and make changes — in response to changing weather, for example — to improve efficiency and reliability, and reduce costs and risks."）。图

1-24 为罗罗公司智能航空发动机概念所展现出的强大的数据处理和再生能力愿景。

图 1-24　罗罗公司智能航空发动机概念所展现出的
强大的数据处理和再生能力愿景[20]

　　2019 年 10 月,罗罗公司总监 Geisinger 也宣称罗罗公司正利用 Pearl 15 发动机传感数据模式研究训练人工智能模型,该模型是振动健康监测装置(engine vibration health monitoring unit,EVHMU)的核心技术,如图 1-25 所示。EVHMU 提供的监控能力使 Pearl 15 为"智能航空发动机"的数据监测和预测功能提供了范例,同时在 EVHMU 和操作人员或发动机之间提供了双向通信,使工程师能够容易地从地面站远程重新配置 Pearl 15 发动机监测功能(原文:"Dr. Dirk Geisinger,

图 1-25　罗罗公司 Pearl 15 依靠人工智能技术控制发动机振动健康监测系统[21]

R-R's director of business aviation and chairman of Rolls-Royce Deutschland, told AIN the company is using its Pearl 15 sensor-data pattern research to train artificial intelligence (AI) algorithms at the heart of the software that controls the EVHMU's engine-parameter monitoring and broadcasting capability. Geisinger said the monitoring capability the EVHMU provides has led the company to call the Pearl 15 its 'next-generation intelligent engine'. The Pearl 15 EVHMU's data-monitoring and broadcasting capability allows R-R to incorporate engine health monitoring diagnostics in the EVHMU and provide bi-directional communication between the EVHMU and the operator, or R-R, enabling them easily to reconfigure Pearl 15 engine-monitoring features remotely from ground stations.")。

2001 年,GE 公司董事长兼首席执行官 Immelt 开始实施 GE 公司的数字化改造。他认为长期以来全球工业国内生产总值(gross domestic product,GDP)一直维持在较低的增长率,很难通过现有常规手段使其得到更进一步的提升。根本原因在于常规手段虽然实现了对工业的自动化控制,大幅度解放了人力,但仍然存在众多无法跨越的技术鸿沟,甚至遇到天花板级的瓶颈,而要实现这一技术鸿沟的跨越,数字化转型升级是最有希望的技术途径之一。Immelt 这一技术思想给 GE 公司带来了革命性的思维变革,深刻影响了 GE 公司的后续发展。2012 年 12 月,GE 公司在旧金山举办"Minds + Machines"发布会,公布了 9 款数字化提升系统。2013 年 6 月,GE 公司为提升工业机械领域的技术水平,公布了专业系统"Predictivity",其具备数据预测故障的能力。短短 4 个月后,GE 公司又公开发布了 14 款"Predictivity"新系统,同时推出了全新数字化平台"Predix",其工作流程图如图 1-26 所示。

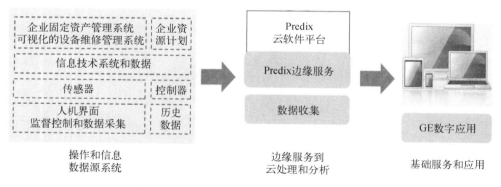

图 1-26   Predix 平台工作流程图[22]

Predix 平台具备强大的数据集成和运用能力,初始版本包含故障预测和效率优化的数字化服务。2015 年,GE 公司又将发动机的诊断服务迁移至 Predix 平台,实现了发动机状态监控,基于数据信息的准确、敏捷捕获和挖掘,为发动机提供了异常预警服务。随后在市场对数字化产品需求激增的背景下，Predix 平台最终被打造成一款可利用"数字孪生"等数字化、智能化手段提供资产绩效管理和运营绩效管理、具备工业互联功能的、开放性的数字化平台。Predix 平台架构示意图如图1 – 27 所示。

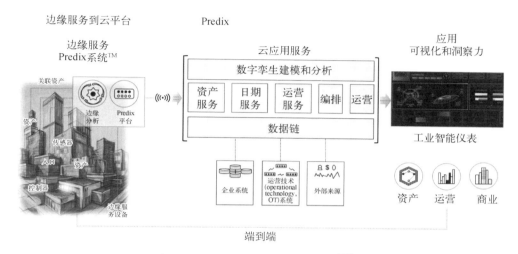

图 1 – 27　Predix 平台架构示意图[23]

　　Predix 平台具有强大的数字孪生能力。以航空发动机故障预警为例，Predix 平台采集发动机历史运行数据（包括状态数据、各类温度数据、粉尘数据等）。基于历史数据 Predix 平台训练并生成航空发动机数字孪生模型，即数字工程模型，基于该数字化模型实时监控发动机运行状态和性能衰减，并与数字工程模型实现数字交互，进而实现发动机在全寿命周期的故障预警。GE 公司曾在美国空军机体数字孪生项目中演示过数字孪生的强大功能，将运维数据、载荷数据、应力数据、裂纹扩展数据以及检测手段和结果统一在同一数字架构中，并挖掘数据之间复杂的耦合关系，量化其中隐含的不确定因素，进而发掘上述数据与决策的关联，并可进一步利用检测数据的更新降低不确定性。该数字化系统曾用于某战斗机机翼的疲劳裂纹扩展分析，通过检测数据与数字化模型的融合，实现了更为准确的裂纹扩展行为的诊断和预测，并优化了维护调度。该系统在航空发动机叶片裂纹扩展分析中的应用也在进行中。

　　资产性能管理模块通过数字孪生、工作流程自动化和内嵌专业知识的技术手段，具备了预防性维护、预见性维护、环境健康和安全评估、企业资产管理、工厂资产管理等功能，在确保了设备的可靠性和工厂实用性的同时，降低了运维成本。运营绩效管理采用绩效智能化、生产计划智能化的手段，通过历史和运营等数据源，预测产能及其成本，从而监控和诊断需要改进的领域，提供建议并推动预期结果，进而达到最大化生产力、降低运营成本、优化运营的功效。

　　Predix 平台同时具备工业互联能力。GE 公司董事长兼首席执行官 Immelt 曾对此给出了专门阐释。Predix 平台从物理实体上获取数据,并深入挖掘有价值的信息进行反馈,即 GE 公司产品中嵌入了大量用于收集实时数据的传感器,数据输入到 Predix 平台,通过分析输出优化资产和运营效率。有些人对"工业互联网"的理解是"工业+物联网",即工业数据具备上网功能。但 GE 公司认为"工业互联网"是指整个产业的数字化、信息化、智能化转型,进一步阐释,工业互联网则是现有工业体系的结构和模式升级,是将工业系统与计算、分析、感应和交互技术相融合,共享全流程的特征数据。该数据涵盖材料、设备、人工、生产线、供应商、渠道甚至客户,进而实现数字化、网络化、自动化、智能化功能,最终达到效率提升和成本降低的目的。

　　同时,GE 公司也有意识地扩充了 Predix 平台的生态系统。Predix 平台开放后客户可以在其上进行自主开发,定制出更符合自身需求的工业级数字化模型平台。Predix 平台在航空领域有过经典的应用,案例包括澳洲航空公司于 2017 年为飞行员配备基于 Predix 平台开发的移动应用 Flight Pulse,目的是让飞行员获取更精细的飞行数据,做出更精准的燃油使用决策。同时,我国东方航空公司也曾将 500 多台 CFM56 发动机的高压涡轮叶片保修数据、维修报告和远程诊断数据上传至 Predix 平台。数据处理后可提取与叶片损伤相关的表征参数,建立了叶片损伤预测数字模型,通过多台现役发动机的叶片损伤验证,该数字模型的预测准确率高达 80%。

　　2)人工智能极速选择策略

　　传统的机器学习算法为批量模式,假设所有的训练数据预先给定,通过最小化定义在所有训练数据上的误差得到训练模型。该类学习算法在数据规模较小时取得了巨大成功,但在数据规模增大时,其计算复杂度高、响应慢、无法实时的弊端开始逐步显现。而智能航空发动机需要自主地对各种感知到的外界和内部信息进行处理,对外界环境、目标任务及其自身状态的变化进行理解、认知、判断和推理,从而做出正确的决策和反应。这就要求智能航空发动机将传统的依靠大量已知数据训练、在少量未知数据上测试应用、应用与训练割裂的学习模式变为依靠等量数据训练、在相对等量的数据上应用、边应用边训练、应用与训练并行的学习模式。如图 1-28 所示,应用与训练并行的学习模式使得智能航空发动机具备实时学习的思维模式,也满足了发动机训练数据不会一次性完备而是持续不断地到来这一现实条件。基于以上原因,应用与训练并行的学习模式也更适合航空发动机实际数据学习的需求,这些需求如下所述:

　　(1)航空发动机数据不会一次性完备,不具备一次性准备海量数据的条件;

　　(2)航空发动机一个架次的飞行任务完成后,不仅要发现问题,而且要迅速从飞行数据中总结经验,才能体现智能化的特点;

　　(3)智能航空发动机的数据利用特色之一正是实时自主学习。

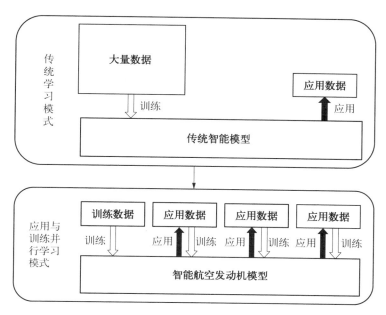

图 1-28　智能航空发动机应用与训练一体图例

　　综上,可以看出智能航空发动机的学习模式不是以数据一次性具备为前提的,而是以训练数据持续到来为前提的,通常利用下一个时间段的应用样本作为训练样本更新当前的模型,对学习的实时性要求极强。近年来,在线学习引起了学术界和工业界的广泛关注,但并不完全满足智能航空发动机的实时学习需求。读者也可以从以下在线学习的基本概念和发展现状中自主判断。

　　经典的在线学习可以定义为学习器和对手之间的博弈。在每一时刻,学习器从决策空间选择某一决策,同时对手选择某一损失函数,此时学习器在当前时刻遭受损失;依据遭受的损失,学习器对当前决策进行更新,从而决定下一时刻的决策。学习器的目的是最小化各时刻的累计损失。以发动机故障和险情的线性分类学习为例,学习器选择的决策就是分类平面,对手选择的损失函数则是一个训练样本上的分类误差。学习器的目的是最小化这个训练样本上的累计误差。在分析在线学习算法的效果时,将在线学习的累计误差与批量学习的累计误差相比较,将其差值称为遗憾。因此,在线学习算法的最小化累计误差也等价于最小化遗憾,遗憾的上界也就成为衡量在线学习算法性能的标准。

　　根据学习器在学习过程中观测信息的不同,在线学习还可以进一步分为完全信息下的在线学习和对赌形式的在线学习。前者假设学习器可以观测到完整的损失函数,而后者假设学习器只能观测到损失函数在当前决策上的数值。仍然以发动机故障和险情的线性分类学习为例,如果学习器可以观测到训练样本,则该问题就属于完全信息下的在线学习,因为基于训练样本就可以定义完整的分类误差函数。如果学习器只能观测到分类误差而看不到训练样本,则该问题就属于对赌形式的在线学习。可以看出,完全信息下的在线学习观测到的信息更多,相对容易,其损失函数是已知的,因此可以计算其梯度、海塞矩阵等信息,进而辅助学习器更新决策。在线梯度下降是针对该设定最常用的算法,该算法利用损失函数的梯度更新当前的决策。理论可以证明,当损失函数是连续凸函数时,在线梯度下降可以达到最优的遗憾上界;当损失函数是强凸函数时,在线梯度下降可以达到遗憾上界。虽然完全信息下的在线学习已有大量成熟的算法,但遗憾的是学习器可以观测到训练样本的损失函数这一假设在实际航空发动机的应用中并不存在,因此不能直接应用。针对观察不充分这一条件,人们提出了对赌形式的在线学习。对赌形式的在线学习之所以得到发展,一方面是因为为了准确地估计损失函数的结构,学习器需要尝试更多的新决策;另一方面是因为为了最小化遗憾,学习器又倾向于选择能最小化损失函数的决策。与完全信息下的在线学习相比,对赌形式的在线学习更加复杂,学习算法达到的遗憾上界也更大,并且难以设计通用的学习算法,需要针对不同的函数类型、不同的随机假设设计不同的算法。目前,对赌形式的在线学习一直存在探索和利用两者之间的困境,算法不通用,针对航空发动机数据特点的对赌形式的在线学习算法更是空白。

综上可以看出,智能航空发动机需要在线实时智能算法,但目前市面上开源的人工智能算法并不能满足航空发动机数据训练需求,必须发展新的智能算法。该算法必须满足航空发动机数据一波一波来临的特点,同时必须要求在极短时间内完成数据训练,即满足快速训练的苛刻技术需求。满足上述快速训练要求的智能算法,人们一般称为极速策略人工智能算法,是智能航空发动机的另一核心技术。

3)航空发动机智能芯片

数字工程模型、极速策略人工智能算法最终还是依靠硬件在智能航空发动机物理本体上完成功能的实现,因此数字工程模型和极速策略人工智能算法的载体(即智能芯片)也就自然成为智能航空发动机的核心技术之一。航空发动机智能芯片与其他智能芯片相比又具有特殊性,这是因为航空发动机瞬息万变的飞行环境和多变的任务需求对智能芯片提出了低能耗、低延迟、小尺寸和低成本等更加苛刻的要求。例如,机载智能芯片需要对各传感器数据、各控制变量要求、飞/发一体需求等进行快速准确的识别处理,在 $0.8Ma$ 巡航飞行的飞机上每 $0.1\,\mathrm{s}$ 的响应延迟就会增加 $20\,\mathrm{m}$ 以上的飞行距离;在执行远程任务的飞机上,智能芯片需要满足低功耗、小尺寸等严苛要求,$1\,\mathrm{W}$ 的功耗提升都会对续航产生显著负担;在地面数据中心等大型计算平台中,智能芯片则需要满足高带宽、大数据量的计算加速,同时减少能源消耗。

传统的中央处理器(central processing unit,CPU)芯片虽然通用计算性能强,适合复杂的运算环境,但其基于的冯·诺依曼架构运算为存储程序顺序执行,其内部只有少部分晶体管用于运算,不能满足航空发动机智能芯片的计算需求。专用集成电路(application specific integrated circuit, ASIC)能够基于特定的使用场景进行定制,将计算程序硬件化,通过特定的硬件排布大大提高了计算并行度和算力,具有计算性能强、能效比高、延迟率低、体积小、安全性高等优势。但其开发周期长、成本高、技术难度大,且一旦生产就无法更改,在复杂的应用场景中缺乏灵活性。现场可编程门阵列(field programmable gate array, FPGA)是在可编程阵列逻辑(programmable array logic, PAL)器件、通用阵列逻辑(generic array logic, GAL)器件和复杂可编程逻辑器件(complex programmable logic device, CPLD)等基础上发展而来的一种半定制电路器件。其作为一种可编程逻辑器件,能够通过改变和重组其内部逻辑电路的方式满足不同计算任务需求,具有灵活性强、计算性能强、能效比出众、并行度高、运算延迟低、稳定性好、安全性高等特点。三类芯片的能效对比如图 1-29 所示。FPGA 芯片在具有定制芯片加速计算优势的基础上,还具有专用集成芯片所不具备的灵活性,其独特的性能和优势使其在数字化、智能化发展浪潮中具有广阔的应用前景。2015 年,英特尔(Integrated Electronics, Intel)公司斥巨资 167 亿美元收购了全球 FPGA 领域双巨头之一的阿尔特拉(Altera)公司,并把FPGA 变成英特尔公司重要的产品板块之一。2022 年,美国超威半导体(Advanced Micro Derices, AMD)公司也以 498 亿美元收购另一 FPGA 龙头 Xilinx 公司。与此同时,谷歌(Google)、微软(Microsoft)、亚马逊(Amazon)、华为(HUAWEI)、百度(Baidu)、阿里巴巴(Alibaba)等互联网巨头企业也致力于 FPGA 及其相关器件研发,显示出了 FPGA 芯片在数字化智能化领域的重要地位。

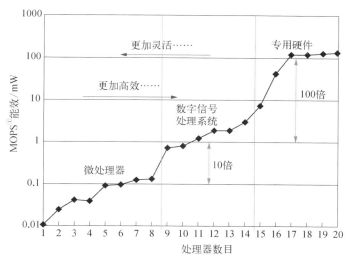

图 1-29   CPU、FPGA 和 ASIC 能耗对比图[24]

① MOPS(million operation per second)表示每秒处理的百万次数。

FPGA 之所以比 CPU 甚至 GPU 能效高,本质上是因为无指令、无须共享内存的体系结构带来的好处。冯·诺依曼架构中,由于执行单元(如 CPU 核)可能执行任意指令,所以需要有指令存储器、译码器、各种指令的运算器、分支跳转处理逻辑。指令流的控制逻辑复杂,不可能有太多条独立的指令流,因此 GPU 使用单指令流多数据流(single instruction multiple data, SIMD)使得多个执行单元以同样的步调处理不同的数据,CPU 也支持 SIMD 指令。而 FPGA 每个逻辑单元的功能在烧写时就已经确定,不需要指令,因此其运算速度更快。虽然 ASIC 专用芯片在吞吐量、延迟和功耗三方面都无可指责,但智能设备均没有对其进行大规模采用。这是因为智能芯片所要求的计算任务灵活多变,ASIC 研发成本高、周期长,ASIC 专用芯片应用于神经网络这种更新迭代速度快的技术,难以避免被快速淘汰的困境,浪费了大量研发经费,相反的是,FPGA 只需要几百毫秒就可以更新逻辑功能。

缺少指令也是 FPGA 的软肋,针对不同的任务就要占用一定的 FPGA 逻辑资源。如果任务复杂、重复性不强,就会占用大量的逻辑资源,其中大部分的逻辑资源处于闲置状态。此类情况 FPGA 架构优势相对于冯·诺依曼架构处理器就不复存在。因此,航空发动机智能芯片不会用 FPGA 完全取代冯·诺依曼架构处理器。较为实用的做法是 FPGA 和冯·诺依曼架构处理器协同工作,局部性和重复性强的归 FPGA,复杂的归冯·诺依曼架构处理器,具体的芯片设计还需要深入研究[25]。

图 1-30 为 BAE Systems 公司开发安装在发动机侧面的智能数字控制器,其尺寸相当于个人计算机,核心设备为智能芯片。该智能数字控制器具有足够的运算能力,在恶劣的条件下也具备在线预测发动机性能并提供决策的能力。该控制器比原始型号尺寸和重量减小或减轻了 40%,但处理能力却是原始型号的 10 倍。BAE Systems 公司正在完善性能预测系统,预测潜在故障,以提前制订维护计划。

图 1-30   BAE Systems 公司开发的智能数字控制器[26]

　　图 1-31 为西北工业大学开发完成的智能芯片,其具备数字孪生功能,可以在线预测发动机各测试参数并具备地面试车、高空台等数据的迁移学习能力,经实测动态误差不大于 2%,时间不大于 10 ms。该智能芯片可用于预测和健康管理(图1-32、图 1-33、图 1-34)、智能控制、破坏性数字化试验(图 1-35)等领域。

图 1-31　西北工业大学开发的数字孪生智能芯片

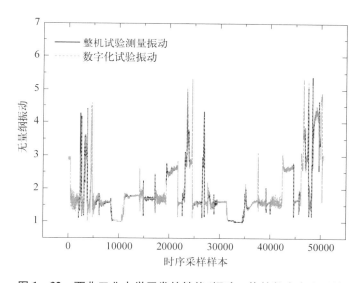

图 1-32　西北工业大学开发的性能/振动一体的数字孪生系统

图 1-33　航空发动机整机振动因素分析

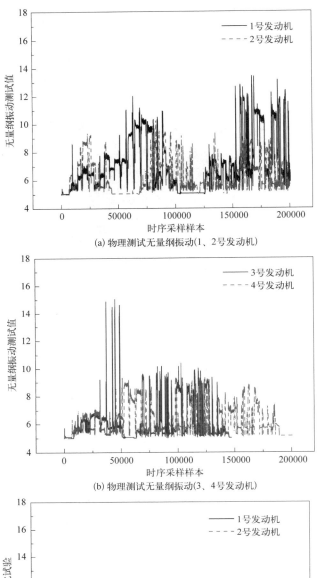

(a) 物理测试无量纲振动(1、2号发动机)

(b) 物理测试无量纲振动(3、4号发动机)

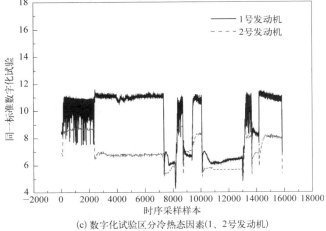

(c) 数字化试验区分冷热态因素(1、2号发动机)

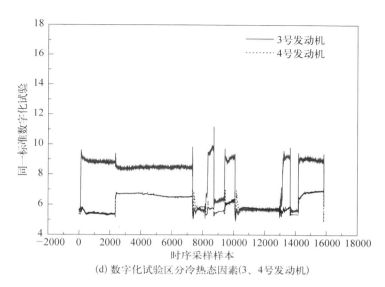

(d) 数字化试验区分冷热态因素(3、4号发动机)

图 1 - 34　航空发动机装配和加工公差的振动排故

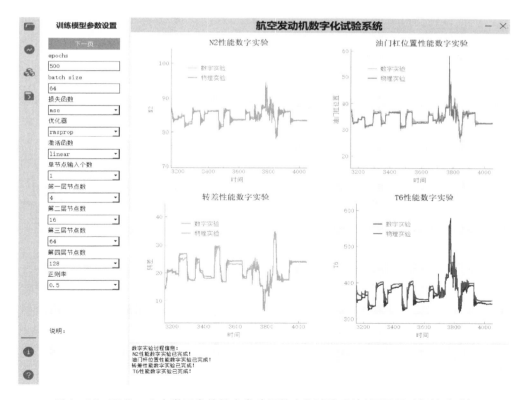

图 1 - 35　西北工业大学开发的航空发动机数字化试验系统(可用于破坏性试验)

1.2.3　智能航空发动机能力跃升的关键技术

智能航空发动机基于发动机实时运作,将人工智能技术融入信息收集、信息处理、决策执行、结果反馈和信息再利用等流程。虽然智能化的核心是数据的利用、推理和再生能力,但是最终使智能化发挥功效还需要更多关键技术的配合,这其中主要包括感知、决策、执行、维护和互联,也就对应于上述五大评价指标:态势感知效能、任务决策效能、部件执行效能、安全承载效能和融合学习效能。

(1)态势感知效能是智能化的基础。相比于大数据挖掘对数据量的依赖,智能感知更加强调感知、互联和理解。随着传感技术小型化、精密化的发展,如何形成机载集群感知网络、集群式信息互联网络,构建新的系统架构,突破数据总线等关键技术,并从冗余信息中提炼出发动机最真实和全面的状态信息,决定着智能决策与自我维护的效能。

(2)任务决策效能是智能化的核心。不同于传统单一形态,智能发动机需要针对不同环境及任务需求决定发动机内部资源配置方案和控制策略,在控制规律、可调节输入、可感知输出与目标效能间进行自适应构型的优化调节,使发动机性能在全包线、全寿命周期内始终保持最优状态。

(3)部件执行效能是智能化的关键。针对发动机深度耦合的多控制量,以及复杂多变的外部环境、自身性能,形成一套稳健高效的闭环控制律,并借助材料实现机构可调、部件可调、结构可调、发动机智能自维护和自演进。

(4)安全承载效能是智能化的保障。智能航空发动机可调部件众多、机械结构复杂、工作状态多样,其状态监测与健康管理技术的复杂度远超出传统故障诊断。发动机需完成全状态监测与性能预估,并基于数据和模型进行状态预测、故障预警和健康管理,改善发动机的可靠性、耐久性与经济可承受性。

(5)融合学习效能是智能化的驱动。智能航空发动机实时感知外界环境和内部工作状态,通过互联通信进行数据传输与融合,具备数据自学习、自演进能力。智能航空发动机可根据获知数据实时机器学习并共享学习策略,调整控制规律和健康自维护模式。

以下是对上述各项技术的简要说明。

1)智能感知技术

高效、多维、全方位的智能感知技术是智能化的首要关键技术。未来的智能传感器技术不仅适合于发动机的安装环境,而且能够完成相应的智能化任务,重量轻、成本低、可靠性高,并以此为基础构建传感器网络,实现传感器最佳布设和传感器故障诊断。其次,集群化感知信号处理把现有测量的点信息迅速扩大到关键截面,甚至到整体信息,从而极大地提高了发动机本体信息量的广度与深度。辅以深度学习和信息融合技术的发展,进而模拟人类思维从测量的多源感知中提取有效的特征张量。

2）智能决策技术

对智能航空发动机核心能力的提升,智能决策技术是核心。随着数字化、智能化的应用,智能航空发动机依靠其强大的数据利用、推理和再生能力,能在不大幅度增加可调部件、部件调节组合的前提下解决系统复杂性和强非线性的难题,满足多种任务、复杂多目标、多部件组合决策要求。智能航空发动机依靠人工智能强大的决策与优化优势,赋予发动机主动思维、判读与决策的能力,给发动机控制系统架构、行为决策机载机制、自主决策、复杂耦合及多约束下的控制方法带来了新的挑战。

3）智能执行技术

航空发动机的燃油控制系统、传动系统和滑油系统是发动机各系统中可调变量多、功能复杂的系统。为满足复杂多变的飞行功能,实时和适时地对上述系统进行有效调节,以确保发动机始终高效、稳定地工作。智能航空发动机借助在线调节、网络学习与智能管理、故障监控及容错控制技术、数据总线技术、智能计算技术、主动控制技术等,使得发动机各系统或结构成为满足多种任务需求、复杂多目标、外界自适应调节的智能化系统。针对智能航空发动机燃油泵阀及执行装置健康管理、故障监控、裕度重构与容错控制等先进控制功能的技术需求,具有开放式的标准化接口、具备故障自诊断与容错能力、耐电磁干扰、高通信速率、适应多种网络拓扑结构的智能装置技术是优先发展的技术方向。针对智能化传动技术的传统动力传输与数字技术、信息技术、网络技术融合的需求,齿轮、轴承、密封等传动系统组成部件的传动链可调、功能集成、在线监测、自我诊断技术是主要技术方向,对于提高动力传输性能,简化系统架构,提高系统柔性,提升效率、安全性和可靠性具有重要意义。针对智能发动机滑油系统供油、回油、通风、散热功能的主动调节及其与传动系统、空气系统和转子支撑系统的自匹配技术需求,研究滑油系统部件、调节和换热智能化技术,实现发动机滑油系统对外界环境、主机参数和关联系统的快速响应和匹配是主要技术方向。

智能航空发动机通过将主动控制技术、智能感知技术和智能诊断技术等先进智能算法及智能记忆材料等贯穿至发动机的部件设计环节中,从而使得发动机各个部件在原有功能的基础上,具备实时化的自感知、自适应、自修复、自诊断等智能化功能,实现发动机部件的智能化设计。例如,针对未来高推重比发动机压气机稳定工作裕度不足的问题,智能化的核心是基于智能记忆材料与主动控制的压气机自适应叶片与机匣技术,综合应用智能材料感知外部刺激、判断处理和变形的能力,以及先进主动流动控制能力,根据发动机工作状态实时调节压气机叶片与机匣几何,使压气机内部流动达到最优状态,从而保证高负荷压气机稳定工作。针对智能航空发动机燃烧室需求,智能感知与智能控制技术可以根据实时运行状态进行自适应燃烧组织和智能控制,达到性能最优。针对智能航空发动机涡轮自主感知、自主决策和自主调控的技术需求,宽飞行包线内涡轮工作状态智能化调节与匹配技术和先进涡轮智能化气动鲁棒性设计技术可形成航空发动机智能涡轮研发平台。

作为一个整体,面向复杂多变的任务需求,智能航空发动机需要各个智能部件、智能结构最优匹配、协调工作。对于智能航空发动机,由于其复杂、强非线性,必须利用当前计算机数值仿真和优化技术的研究成果,开展复杂适应性总体气动结构优化设计方法和设计体系的研究,建立能够满足多种任务需求、复杂多目标、多部件组合调节要求的发动机复杂适应性优化方法和技术手段。针对智能航空发动机输出能源特点多样化的技术需求,基于任务自适应的飞/发能量自主调度技术可实现飞/发能量自主调度系统与发动机和飞行器紧耦合设计,最大限度地控制重量,进一步实现结构功能的多样化。

4)智能维护技术

智能航空发动机通过飞行参数数据和内部通信以人工智能模式实时训练数字孪生航空发动机模型,评估发动机各部件、系统和总体健康及性能衰减状况,使得发动机在突发故障时实现快速诊断、定位、定类并自主建立应急策略,对发动机渐进故障实现自预警和自愈合,并在发动机正常运行时实现自主延寿。

智能航空发动机通过数字孪生模型在线精确跟踪实体发动机整机、部件、附件、传感器性能,并给出整机、部件衰减和健康的定量指标,给出各系统故障预警,并为基于模型的控制系统提供在线精准发动机模型。同时,其还能实现振动、断裂、磨损和滑油等故障快速定位,实现突发故障的快速定位和自主应急控制,并能根据渐进故障预警和修复技术需求,实现渐进故障的自预警和自愈合,进而提出预测性维护与智能派遣技术方案,实现智能航空发动机可靠性和效率的提升,降低运行维护成本。

5)智能互联技术

智能航空发动机能够与其他发动机、生态系统在多个方面进行信息实时或定期的双向传输,变"个人奋斗式"自我学习为"家族群体式"集体学习,逐步形成航空发动机群体智能化。智能航空发动机具有互联数据高效访问的技术需求,因此必须发展数据参数标记规范化标准和高维海量数据利用技术,建立智能航空发动机网络,使得智能航空发动机具备实时互联感知同机其他发动机工作状态和故障信息的能力;在同机发动机出现故障的情况下,实时调整自身工作状态,保障飞行安全。同时,通过互联技术使得智能发动机与其他发动机和生态系统信息具备双向传输能力,实现信息共享的家族群体式经验总结和自我修复,逐步形成航空发动机人工智能互联数据生态系统。同时,对于智能航空发动机信息互联状态下的机器学习技术需求,需要提出发动机故障模型、衰减预警模型、延寿模型和控制模型的互联机器学习技术,使得新入网发动机快速获得突发故障、渐进故障、延寿和控制的模型经验,同时通过"经验共享"使得整个互联系统不间断地实时更新,各类维护和控制更加快速准确。

1.3 本 章 小 结

本章以智能航空发动机的概念演化为起点,概述了智能航空发动机的特点、核心技术和关键技术,目的在于使得读者对其基本轮廓有初步了解,后续几章会逐步详细阐述。其中,第 2 章对其核心理念即数据信息处理能力的关键即数字工程模型的建立进行较详细的介绍,是全书最核心的章节。

参考文献

[1] Friend R. Turbine engine research in the United States air force[EB/OL]. https://zenodo. org/record/1263380/files/article. pdf[2022 - 1 - 5].

[2] Rolls-Royce. Rolls-Royce launches intelligentengine [EB/OL]. https://www. rolls-royce. com/media/press-releases/2018/05-02-2018-rr-launches-intelligentengine. aspx[2022 - 1 - 5].

[3] Rolls-Royce. Intelligentengine [EB/OL]. https://www. rolls-royce. com/intelligentengine [2022 - 1 - 5].

[4] Rolls-Royce. Pioneering the intelligentengine[EB/OL]. https://www. youtube. com/watch? v = 9CcbYQ5QA70[2022 - 1 - 5].

[5] Rolls-Royce. Intelligent engine: Richard goodhead introduces [EB/OL]. https://www. youtube. com/watch?v = 2w0YxQAguMM[2022 - 1 - 5].

[6] Scaruffi P. Intelligence is not artificial [EB/OL]. https://www. scaruffi. com/singular/ download. pdf[2022 - 1 - 7].

[7] 吴军. 智能时代[M]. 北京:中信出版社,2016.

[8] Saxena S. Rolls-Royce unveils the intelligent engine [EB/OL]. https://www. aviation-defence-universe. com/rolls-royce-unveils-the-intelligent-engine/[2022 - 1 - 7].

[9] German Aerospace Center. Clean Sky 2's technology evaluator: On target for sustainable air transport [EB/OL]. https://www. dlr. de/content/en/articles/aeronautics/clean-sky-2-technology-evaluator. html[2022 - 1 - 7].

[10] ESI Group. DGA aero-engine testing is developing a digital alternative to traditional test benches with ESI's SimulationX [EB/OL]. https://www. esi-group. com/news/dga-aero-engine-testing-is-developing-a-digital-alternative-to-traditional-test-benches-with-esis-simulationx [2022 - 1 - 7].

[11] Rolls-Royce. How digital twin technology can enhance aviation[EB/OL]. https://www. rolls-royce. com/media/our-stories/discover/2019/how-digital-twin-technology-can-enhance-aviation. aspx[2022 - 1 - 8].

[12] GE. What is predix machine? [EB/OL]. https://www. ge. com/digital/documentation/edge-software/c_What_is_PredixMachine. html[2022 - 1 - 9].

[13] Mottier B,Butler R. Mad Props: This digital tech makes flying a turboprop as simple as riding a scooter[EB/OL]. https://www. ge. com/news/taxonomy/term/5851[2022 - 1 - 10].

[14] Gusarov R. UEC-Salyut — a new philosophy of production [EB/OL]. https://www.

ruaviation. com/docs/3/2021/6/2/318/?h[2022 - 1 - 11].

[15] Torque Centre. What is sulphidation? [EB/OL]. https://www. euravia. aero/torque-centre/what-is-sulphidation?locale = en[2022 - 1 - 11].

[16] Torque Centre. What is sulphidation? [EB/OL]. https://www. euravia. aero/torque-centre/what-is-sulphidation?locale = en[2022 - 1 - 12].

[17] Azmi Haroun. A video appears to show the British F-35 fighter jet crashing into the Mediterranean during take-off mishap[EB/OL]. https://www. businessinsider. com/video-appears-show-the-british-f-35-fighter-jet-crashing-2021-11[2022 - 1 - 13].

[18] DAILY MAIL. The USS carl vinson on monday suffered a "landing mishap" with F-35C warplane[EB/OL]. https://www. dailymail. co. uk/news/article-10440323/Seven-sailors-board-USS-Carl-Vinson-South-China-Sea-injured-94-million-F-35C-fighter-jet-crashes-trying-land-deck. html[2022 - 1 - 13].

[19] Heather Wilburn, Fleet Readiness Center East. FRCE explores new technology in fight against aircraft corrosion [EB/OL]. https://www. dvidshub. net/news/400317/frce-explores-new-technology-fight-against-aircraft-corrosion[2022 - 1 - 14].

[20] Mark R. Rolls-Royce launches intelligentengine[EB/OL]. https://www. flyingmag. com/rolls-royce-launches-intelligentengine/[2022 - 1 - 14].

[21] Kjelgaard C. Artificial intelligence at heart of R-R Pearl 15 EVHMU[EB/OL]. https://www. ainonline. com/aviation-news/business-aviation/2019-10-19/artificial-intelligence-heart-r-r-pearl-15-evhmu[2022 - 1 - 15].

[22] GE. What is predix platform? [EB/OL]. https://www. ge. com/digital/documentation/edge-software/c_what_is_predix_platform. html[2022 - 1 - 15].

[23] GE. How does predix machine fit into the predix platform? [EB/OL]. https://www. ge. com/digital/documentation/edge-software/c_How_Does_Predix_Machine_Fit_into_the_Predix_Ecosystem. html[2022 - 1 - 16].

[24] Dillinger T. Flex logix [EB/OL]. https://semiwiki. com/efpga/flex-logix/7732-neural-network-efficiency-with-embedded-fpgas/[2022 - 1 - 17].

[25] ITTBANK. FPGA,CPU,GPU,ASIC 区别,FPGA 为何这么牛? [EB/OL]. https://www. eet-china. com/mp/a112373. html[2022 - 1 - 17].

[26] Garrett-Glaser B. BAE Systems enters market for electric aircraft energy management, engine control systems[EB/OL]. https://www. aviationtoday. com/2020/06/30/bae-systems-enters-market-electric-aircraft-energy-management-engine-control-systems/[2022 - 1 - 18].

第2章
智能航空发动机的核心技术

第1章对智能航空发动机的概念进行了概述。人工智能在一定程度上模仿了人的思维方式,对获得的外界信息和数据进行分析判断和处理,而智能航空发动机采用人工智能技术,具备强大的数据处理与再生功能,对获得的外界信息和数据进行分析、研判和处理,从而制定决策使其产生特定的功效和作用。智能航空发动机的核心体现在对外界信息数据的利用能力,因此其核心技术包括具备智能化大脑功能的数字工程模型以及对应的人工智能极速选择策略和硬件载体(智能芯片)。本章依次对数字工程模型、人工智能极速选择策略及硬件载体这三类技术进行详细描述。

2.1 数字工程模型概述

数字工程模型是数字孪生模型的一种特殊表现形式,有时候也称为性能数字孪生模型,其不强调几何结构、物理构造的一一对应,而强调运行机理、物理规律和性能演化的完整映射,两者对比如图2-1和图2-2所示。

如图2-1和图2-2所示,数字孪生模型强调几何结构、物理构造、运行机理、

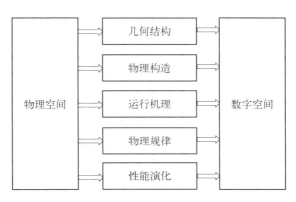

图2-1 数字孪生模型映射

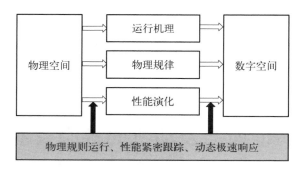

图 2 - 2　数字工程模型映射

物理规律和性能演化从物理空间到数字空间的一一对应,需要多学科、高保真、宽范围的性能及过程仿真。而数字工程模型只强调运行机理、物理规律和性能演化的匹配映射,更加注重运维过程的实用性,因此对实时性要求更高。在工业领域,加工制造装配环节关注几何结构、物理构造,装备运维领域着重关注运行机理、物理规律和性能演化,因此数字工程模型是运维过程首要发展的方向。俄罗斯2022年7月5日公布,俄罗斯联合发动机集团公司(JSC UEC-Klimov)已经完成 AI - 222 - 25 发动机数字孪生项目的第二阶段,其认证测试数据也用于验证数字模型,并且没有强调几何结构和物理构造的一一映射[1]。

　　针对航空发动机这类极其复杂的热力机械系统,数字工程模型强调根据有限的试验、运行和维护数据,通过与人工智能技术融合快速建立航空发动机多元异构参数间的数字映射,实现运行机理、物理规律和性能演化在数字空间的动态匹配。其作为“数字双胞胎”,在航空发动机全生命周期如影相随,在各个阶段均可发挥不可替代的作用。

　　(1)在航空发动机论证阶段提供方案权衡分析。在航空发动机论证阶段,利用数字工程模型构建基于物理特性的设计理念,接入模拟作战环境实施性能分析;利用工程强韧系统生成候选方案,根据效能、成本和风险等对候选方案进行权衡分析,得到最优备选方案,可保证方案设计的优选优配。

　　(2)在航空发动机研制阶段提供数字试验鉴定。在航空发动机研制阶段,基于设计方案依次建立系统架构模型及系统需求模型,并在此基础上开展详细设计;构建涵盖气动、结构、机械、电子、热学、控制等专业的系统级数字工程模型,在尽量减少实物试制和试验(特别是破坏性实验)的同时,利用定量化的风险分析,在开始生产前识别绝大部分设计缺陷和性能不足;开展数字化试验鉴定,实现设计的快速分析、破坏性试错风险和迭代,提高工程质量,加快研制进程。

　　(3)在航空发动机生产阶段提供数字流程保证。在航空发动机生产阶段,基于研制阶段得到的数字工程模型构建数字化的生产流程和软硬件基础条件,自动采集分析生产数据;建立数字化的质量保证流程,对制造过程进行模型支撑、数据架构驱动的优化和控制,提升成熟度水平。

（4）在航空发动机在役阶段提供健康监视维护。在航空发动机在役阶段,通过机载传感器获知状态信息,在此基础上构建融入了制造使用数据和维修数据的数字工程模型;建立数据架构驱动的维修规则,通过对传感器实时数据和历史数据的持续在线分析及离线分析,对航空发动机个体进行有针对性的维修规划,实现基于预测性分析的精确维修保障。

（5）在航空发动机飞行阶段提供优化控制方案。在航空发动机飞行阶段,通过飞参传感器实时获知任务信息和状态信息,融入设计、试验和维护阶段的数字工程模型来实现依据飞参数据的模型重构,根据环境信息和任务需求实现巡航状态下的自主寻优、险情隐患下的提前预警、应急状态下的最佳决策。

2.1.1　数字工程模型构建的难点

航空发动机数字工程模型的核心在于人工智能技术、发动机试验运维数据和发动机物理运行架构三者的高效融合,以达到物理规则运行、性能紧密跟踪、动态极速响应的目的。其核心内涵是两大架构的高效融合,即以模拟大脑思维活动为目标建立的人工智能架构和以任务规则运行的航空发动机物理架构在数字空间上的高效融合。

人工智能架构大多是尽可能高逼真度地模拟大脑思维活动,以网络节点代替大脑神经元,进而建立它们之间的逻辑关联,进一步通过不停地检验学习,构建神经元网络节点自身的响应规律及其之间的映射关系。更高级的人工智能,还能通过无间断学习过程重构网络架构,以达到尽可能模拟人类思维的效用。航空发动机气路、控制、空气、滑油、附件等各系统（部件或元件）按照物理规则高效匹配运行,并根据任务和外界环境做出实时响应。人工智能架构与航空发动机架构的高效融合如图 2－3 所示,由图可以看出人工智能和航空发动机两者的设计理念和架

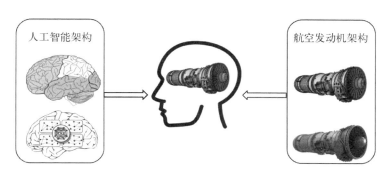

图 2－3　人工智能架构与航空发动机架构的高效融合

构几乎毫无关联。数字工程模型需要在底层架构上实现人工智能技术与发动机物理运行架构在数字空间上的高效融合,即把两类完全不同的架构高效融合,这是数字工程模型构建的核心技术难题。

数字工程模型的灵魂在于构建并运用智能架构,依靠有限数据发现物理规律和运维规律,全过程没有数学方程的理念并完全区别于传统数理模型和数据堆积,其在现行规则无法解决和难以解决的问题中具有巨大优势。对航空发动机工程领域而言,数字工程模型是将性能、结构、材料、工艺、运行和维护数据高效融合为统一的数字架构,可以支撑航空发动机全寿命周期从方案设计、制造、交付、运维直至退役处置的所有工程和管理活动,近期可应用于数字试验、健康管理、延期服役,远期可应用于智能控制、优化设计、流程控制、成本管理和数字采购等诸多领域。

近年来,虽然数字工程模型在航空发动机工程领域的热度急剧攀升,但前期知识储备的欠缺和基础研究的断层,使得人们对航空发动机数字工程模型的理解存在盲区甚至误区,主要表现在如下方面。

1)将数字工程模型理解成传统仿真

传统仿真根据物理现象构建数学方程,根据物理条件选择数值算法,依据计算和试验结果偏差调整方程或数值方法,不断完善上述流程,用于指导工程应用,如图 2-4 所示。例如,流体领域有纳维-斯托克斯方程,固体领域有本构方程,电磁学领域有麦克斯韦方程;数值方法有有限体积法、有限元法、间断伽辽金法等。

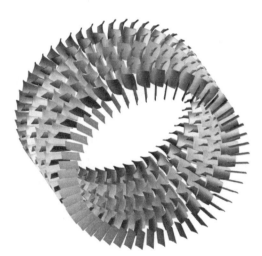

图 2-4　ADS CFD 股份有限公司多级高压压气机仿真[2]

传统仿真的基础是数学方程,往往需要长时间的知识积累和数学突破,但航空发动机领域很多问题短时间内很难建立数学方程,例如,滑油泵压力对发动机推力和排气温度的影响,短时间内很难建立数学方程。而数字工程模型完全没有此类数学方程的概念,即选择的是一条无数学方程的技术思路。

2)将数字工程模型理解成数学物理模型

在没有严格数学方程的情况下,工程领域也能依靠数学物理模型解决问题,以部件法建立的航空发动机性能仿真就是典型的应用案例之一,如图 2-5 所示。航空发动机性能仿真给定发动机部件的工作特性,如风扇、压气机、燃烧室、高低压涡轮等的部件特性,依据已知的共同工作方程搜寻共同工作点,计算所关心的发动机

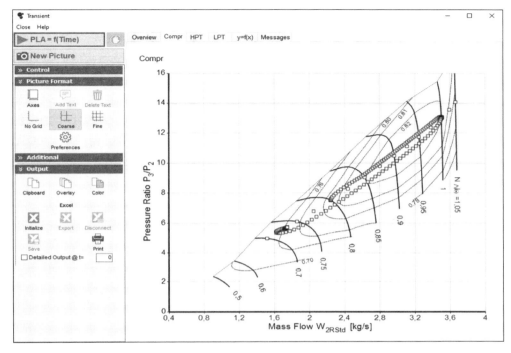

图 2 - 5　Gastub 软件以部件法建模开发的航空发动机性能模拟软件[3]

性能参数。上述数学物理模型在初设计阶段发挥了巨大作用,但是也具有局限性。

数学物理模型这类技术途径的局限性表现在如下方面。

(1) 发动机实际工作过程是各个系统、部件、元件的高效匹配工作,而不仅是气路系统。例如,发动机从系统级上理解是气路、空气、滑油、附件和控制系统的共同工作,继续细化到元件,以轴流压气机为例,则是各级之间的匹配工作。摆在工程师面前比较现实的问题是,短时间内很难建立描述上述系统、部件、元件之间匹配耦合与共同工作的数学物理模型。

(2) 上述数学物理模型的另一基础是部件特性数据,但发动机在实际工作过程中部件特性数据逐渐衰减,如何实时跟踪特性数据衰减并建立全生命周期的性能跟踪,短时间内难以利用数学物理模型解决。

(3) 航空发动机由于制造、加工等偏差,性能上会存在差异,而数学物理模型很难反映发动机性能的个体差异。

(4) 性能、材料、结构和制造数据如何高效耦合,其数学物理模型的建立也极其困难。

综上,上述数学物理模型的做法在一定程度上受限于所考虑参数的维度和深度。数字工程模型也没有采用数学物理模型的概念,而是通过智能架构的技术思路大幅度扩展了参数的维度和深度。

3）将数字工程错误理解成数据堆积

数字工程的三大特点是物理规则运行、性能紧密跟踪、动态极速响应。以数据驱动为代表的数据堆积类技术思路,完全没有物理概念,依靠海量数据寻找数据规律。图 2-6 为数据驱动建立的航空发动机剩余寿命预测曲线,其中 RUL 为剩余寿命;Cycle 为工作循环;Ture 表示剩余寿命真实值;Median 是训练数据的中值;90% P. I. 是预测的区间。这类数据堆积,一方面对数据的需求量巨大,另一方面无法避免超限物理规则的危害,而这类危害极有可能带来灾难性后果。因此,数据堆积类技术思路很难用于数字工程模型。

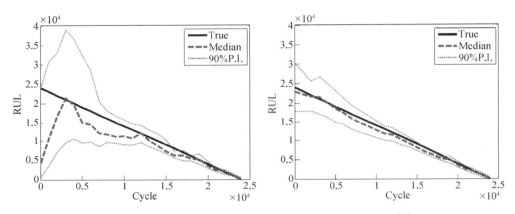

图 2-6　数据驱动建立的航空发动机剩余寿命预测曲线[4]

2.1.2　数字工程模型智能建模的三大技术路径

数字工程模型智能建模所面临的主要问题是如何处理人工智能技术与航空发动机数据、航空发动机物理模型、航空发动机物理本体之间的联系,如图 2-7 所示。该类技术途径基本可分为三类:数据驱动、模型驱动和架构驱动,各自具有优缺点。航空发动机领域对数字工程模型的要求不仅仅停留在准确性层面,模型的可解释性、安全性、公正性、透明性等是其面临的巨大挑战。因此从工程应用的角度,本书作者推荐利用架构驱动的路径建立数字工程模型,原因在于其具有可解释性、安全性、公正性和透明性。

1. 数据驱动

数据驱动是指通过采集海量数据,将数据进行组织形成信息,之后对信息进行整合和提炼,在数据的基础上经过训练形成自动化的决策模型,如图 2-8 所示。简单来说,就是以数据为中心进行决策和行动。数据驱动构建简单,但数据量需求大且不具备可解释性,有超限物理规则的风险。

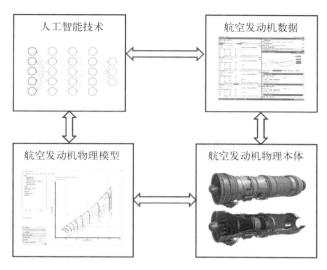

图 2-7 数字工程模型所面临的主要问题

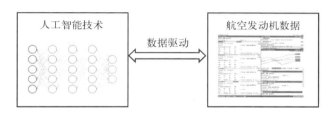

图 2-8 数据驱动技术路径

针对数据驱动建立的数字工程模型,无法得知数据进入模型之后,是如何得到预测或决策结果的。对于决策系统,尤其是对于航空发动机这类高风险领域的决策系统,在不清楚模型运作原理的情况下,不能仅凭模型的预测和决策结果就轻易做出判断。总结起来,数据驱动的优劣势如下。

1)优势

(1)模型构建简单。

数据驱动可以使用成熟的人工智能算法架构,无须将算法架构与物理工作机理融合,因此给模型的构建带来了极大的便利。

(2)使用快捷迅速。

数据驱动算法架构没有融入物理工作机理,因此其对数据的输入结构要求不高,使用者可以很容易地掌握并运用。

2)劣势

(1)因果错判问题。

不清楚数据驱动模型的预测和决策依据是否正确,如果模型无法给出合理的可解释关系,那么模型的结果也将很难使人信服,对航空发动机而言,也就很难放心使用。

(2) 不安全性问题。

数据驱动的数字工程模型,如果实际使用的输入样本中增加了扰动,模型极有可能产生误判,建模人员如果无法及时调整模型,就会导致灾难性的后果。同时数据驱动没有融入物理机理,所建立的数字工程模型存在哪些风险点,使用者无法得知,造成数字工程模型结果在使用中存在不安全性问题。

(3) 数据偏见问题。

数据驱动的模型在进行预测时,放大了数据收集过程中可能存在的数据不平衡性问题,导致模型最终得出具有偏见性的结果。例如,收集用于训练的航空发动机稳态数据过多,很容易造成所训练出来的数字工程模型过多地趋向于稳态过程。

(4) 海量数据问题。

数据驱动的数字工程模型没有融入先验物理知识,其海量数据的需求显而易见。航空发动机虽然测试频率高,但测试点少特别是机载测试点极少,很容易带来数据欠缺问题。

2. 模型驱动

模型驱动是指通过对物理机理和运行规律的认识,建立高维度、宽工况、全流程的物理模型,利用人工智能技术加速数据驱动物理模型的方法,如图 2-9 所示。模型驱动具备可解释性,但是受限于模型构建的人为因素,研发周期较长。

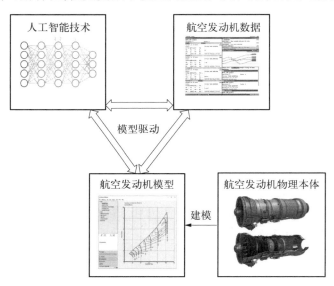

图 2-9　模型驱动技术路径

　　数据驱动使得物理模型更加准确,越来越逼近于真实物理过程,人工智能技术的融入加速了这一进程。但针对模型驱动建立的数字工程模型,前提条件是需要建立高维度、宽工况、全流程的物理模型。对航空发动机而言,不仅在于建立集气路、空气、滑油、附件等于一体的物理模型,而且要融入材料、结构、工艺,甚至全流程演化的物理模型,其难度短时间内难以突破,如图 2-10 所示。

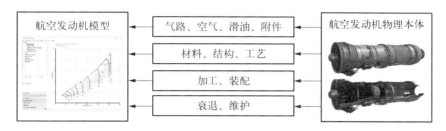

图 2-10　模型驱动技术路径的必备物理模型

3. 架构驱动

　　架构驱动避开了物理建模的人为因素,直接将航空发动机物理架构融入智能网络设计,具备可解释性,但需要专业智能网络,如图 2-11 所示。物理空间是航空发动机部件、系统、元件甚至零件的高效匹配,在数字空间上对应的是部件网络、系统网络、元件网络甚至零件网络的匹配,即实现从物理空间到数字空间的一一映射。

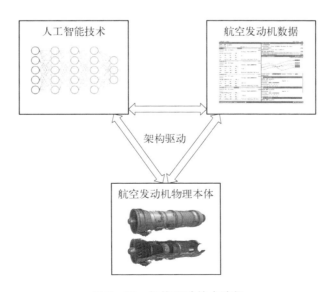

图 2-11　架构驱动技术路径

针对架构驱动建立的数字工程模型,数据进入模型之后,可以清晰得出具备物理机理的预测或决策结果。对于决策系统,尤其是对于航空发动机这类高风险领域的决策系统,只有具备物理运作机理和可解释性数据特性,才能经得起工程和实用性检验,这也是架构驱动的最大优势。总结起来,架构驱动的优劣势如下。

1)优势

(1)数据需求量少。

架构驱动的数字工程模型高效融入先验物理知识,其数据的需求大幅度减弱。满足了航空发动机测试频率高,但测试点少,特别是机载测试点极少的现实工程需求。经过本书作者的多轮次工程检验,相比于数据驱动,架构驱动方案在同样精度下数据需求量不到数据驱动数据需求量的1%。

(2)因果可信。

架构驱动高效融入了物理机理,模型架构可以给出合理的物理解释,模型结果可信。

(3)模型安全。

架构驱动的数字工程模型依靠的不是数据驱动的因果关系,而是模拟物理世界的匹配关系。即使使用的输入样本中增加了扰动,但由于匹配关系具备稳健性而不会产生错判。同时,由于架构驱动融入了物理机理,所以使用者可以通过物理机理判断所建立的数字工程模型存在哪些风险点,增加了安全性。

(4)无偏见问题。

架构驱动所驱动的是匹配关系,而不是直接的因果关系,即使数据收集过程中存在数据不平衡性问题,模型结果也不会具有偏见性。

2)劣势

架构驱动需要专业的网络设计,其数字工程模型的前提是融入先验物理知识,因此网络必须依据物理知识设计,需要专业的网络设计方案,这也是架构驱动的最大难点。

2.2 架构驱动的航空发动机数字工程模型

2.1节对航空发动机数字工程模型的构建方法进行了基本介绍,本节将以架构驱动为例详细阐述其构建过程。需要说明的是,架构驱动的航空发动机数字工程模型可以逐步细化,由部件级逐步细化至元件级、零件级。本节以部件级为例,但相同的技术理念可以扩展至元件级和零件级。架构驱动的航空发动机数字工程模型构建理念如图2-12所示。

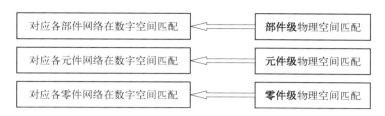

图 2－12 架构驱动的航空发动机数字工程模型构建理念

2.2.1 数字工程模型一

以常规混合排气涡扇发动机为例,其机载测量参数一般仅包括进气温度、气压高度、低压转速、低压导叶角度、高压转速、高压导叶角度、油门杆位置、喷口位置、滑油压力、排气温度、燃油流量、燃油耗量、振动值,以及火警开关、防火开关、降转开关、冷却接通开关、增压转换活门未起动开关、防冰系统接通开关、启动开关、防喘开关等开关量,若军用,则还包括加力开关,如表 2－1 所示。

表 2－1 涡扇发动机常用机载测量参数列表

环 境 参 数	控 制 参 数	性 能 参 数	开 关 量
进气温度	低压转速	滑油压力	火警开关
气压高度	低压导叶角度	排气温度	防火开关
	高压转速	燃油流量	降转开关
	高压导叶角度	燃油耗量	冷却接通开关
	油门杆位置	振动值	增压转换活门未起动开关
	喷口位置		防冰系统接通开关
			启动开关
			防喘开关
			其他开关量

最简单的数字工程模型可以先以部件级为例,通过将主流路系统参数、控制系统参数、空气系统参数、附件系统参数和滑油系统参数等依照航空发动机流路过程中各个系统部件的耦合关系依次输入,并结合神经网络节点的连接关系,形成具有物理信息的发动机数字工程网络架构,从而得到参数之间的训练映射关系,建立航空发动机数字工程模型。其主体架构包括三层,依次为底层的物理信息输入层、中层的物理特征耦合层和顶层的参数映射层,如图 2－13 所示。底层的物理信息输入层负责初步提取输入网络各测量参数的特征信息,并向物理特征耦合层进行传递。中层的物理特征耦合层负责处理物理信息输入层所提取的抽象特征,进一步

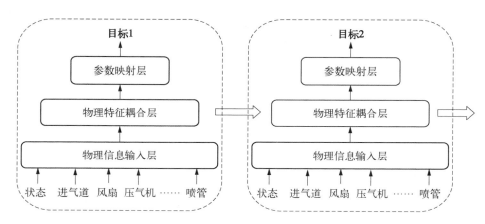

图 2 - 13 航空发动机数字工程模型—基础架构

加强参数之间的耦合关系。参数映射层负责将物理特征耦合层的输出特征信息与目标性能参数建立映射关系。

可以看出,该数字工程模型具备以下特点:

(1)通过机载参数和目标参数训练物理信息输入层、物理特征耦合层和参数映射层之间的匹配关系;

(2)目标参数逐步轮换为所有机载测试的性能和控制参数,以此不断强化训练的匹配关系;

(3)状态参数的构建较为关键,是数据的标签函数,在很大程度上决定着数字工程模型的实用性;

(4)物理信息输入层隐含着发动机运行的物理信息。

由于航空发动机内部主流路的流动具有连续性,其各部件顺序连接并匹配工作,各测量参数前后影响紧密。航空发动机气路匹配过程以气流流经各部件形成复杂的共同工作关系,简单的机载数字工程模型是将该物理性质融入网络结构。物理信息输入层将参数以主流路流动顺序为主体,并结合具有时序性能的网络结构。如图 2 - 14所示,将各部件次序作为时序网络的序列数(即自循环次数),把传统的时间维度变为空间维度,从而更加有效地提取航空发动机各部件参数前后的匹配关系。附件系

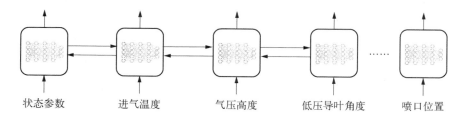

图 2 - 14 物理信息输入层网络结构

统与滑油系统参数则按照与主流路系统的关联关系插入参数序列之中。

此外,为了进一步强化测试参数之间的相互作用,消除表征同一部件的不同测量参数次序带来的影响,物理信息输入层网络可采用双向时序网络结构。同时,为了表征航空发动机的动态工作过程,在状态参数序列前端添加时间相关性参数。其中,各被控参数的时间函数项隐含前序时刻参数对本时刻参数的影响。而对于双转子航空发动机,高低压转子的转差率也是衡量航空发动机共同工作状态的重要特征,两者共同作为时间相关性特征参数添加于序列前端。其后的物理特征耦合层一般也采用时序网络结构,进一步耦合物理信息输入层抽象的航空发动机性能参数特征,其网络结构的层数和节点数量根据具体情况确定。参数映射层可使用全连接网络结构,将物理特征耦合层的输出特征与目标性能参数建立映射关系。

本架构可基于物理信息输入层的参数特征次序进行拓展,以适应不同发动机类型。在处理物理信息输入层的参数特征时,本架构的输入端又可分为单参数输入和多参数输入两种模式,如图 2 - 15 所示。由于航空发动机部件特征参数一般包含温度和压力两类并列参数,多参数输入结构能够保证同一部件不同测量参数之间的次序不会对网络结构的性能造成影响。然而,由于某些机载测量条件下可获取的部件特征参数较少,许多单一参数部件需要添加冗余特征才能满足多参数输入结构的成对输入特征要求,所以单/多参数输入模式的选择需要根据发动机类型和具体测量参数的数量决定。

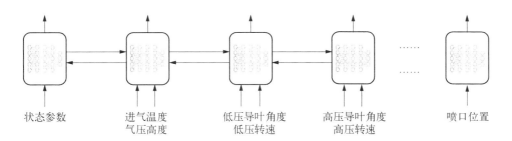

状态参数　　进气温度　　低压导叶角度　　高压导叶角度　　喷口位置
　　　　　　气压高度　　低压转速　　　高压转速

图 2 - 15　物理信息输入层另一种网络结构

2.2.2　数字工程模型二

2.2.1 节以常规混合排气涡扇发动机为例给出了数字工程模型构建的一类简单方法,该类方法在一定程度上融入了发动机物理信息,建立了不同部件系统间的物理关联,但该类物理信息融合属于弱耦合,导致精度受限。为了将智能网络结构与航空发动机物理架构进行进一步融合,本节的数字工程模型二在数字工程模型一的基础上结合时空网络结构,在挖掘测量参数工作匹配关系的基础上进一步融入发动机物理部件结构,建立一种较强耦合物理信息的网络架构。

    航空发动机系统可大体分为气路系统、空气系统、滑油系统、附件系统与控制系统五大系统,而气路系统又可按流路从前至后分为进气道、风扇、外涵道、压气机、燃烧室、高压涡轮、低压涡轮、混合室、尾喷管等主要部件。数字工程模型二以航空发动机部件级共同工作机理为参考,首先建立部件/系统级物理架构网络。从航空发动机传感器测量参数中提取各部件抽象特征参数,再根据各部件/系统在发动机结构中的关联关系进行耦合。通过耦合网络学习各部件/系统的共同工作关系,进一步得到发动机匹配工作状况的抽象表示,最后通过映射网络将抽象的发动机工作特征与目标参数进行关联,得到航空发动机数字工程模型。

    数字工程模型二使用基于架构驱动的网络模型,使用组件网络对各部件/系统特征进行抽象表示,并通过耦合网络将各部件/系统的工作关系进行融合,实现了利用发动机测量参数驱动数字工程模型的目的,解决了传统方法难以将气路系统、空气系统、滑油系统、附件系统和控制系统各系统耦合在统一数字工程架构的难题。此外,与数据驱动的架构相比,该方案通过建立部件/系统网络为神经网络加入了物理知识约束,能够更好地满足发动机物理规则,达到更高的精度。相比于传统的建模方法,本节方案的优点较为明显。以传统的航空发动机性能部件法建模为例,其主要针对气路系统进行建模,很难包含空气系统、滑油系统、附件系统和控制系统。部件法建模将气路系统的各部件性能由其参数的性能特征曲线表示,进而通过发动机共同工作方程迭代出发动机性能状态。因此,其往往只能单独反映仿真气路参数之间的热力学关系,难以考虑空气系统、滑油系统、附件系统与控制系统对气路系统参数的影响,与发动机实际物理工作过程存在一定差距。此外,滑油系统、附件系统和控制系统等的内部运行规律与气路系统遵循的热力学规律有较大不同,针对各附件系统建立的性能影响模型具有影响方式复杂、模型精度不统一等问题,难以与气路热力学模型进行耦合。而上述这些难题,在数字工程模型二中通过网络之间的传递关系可以得到有效解决。

    本节方案的网络架构由部件/系统组件网络、耦合网络和映射网络三部分组成。以可调喷口的双轴混排涡扇航空发动机为例的数字工程模型二基本架构如图2-16所示。其首先根据指定的航空发动机架构构建其各部件/系统的组件网络,然后将各组件网络根据其在发动机气路系统中的组成关系依次布置,将测量的各特征参数分别输入对应的组件网络。图2-16所示的网络建立了8个部件/系统组件网络,按顺序依次为进气道部件网络、风扇部件网络、压气机部件网络、燃烧室部件网络、滑油系统网络、涡轮部件网络、混合室部件网络和尾喷管部件网络。由于外涵道参数包含于风扇与混合室参数中,所以其不单独作为组件网络。此外,为了表示航空发动机动态性能的变化,该方案添加了一个时序映射网络作为部件物理网络的前端,以表征发动机状态时间序列的影响。部件/系统组件网络层后是耦合网络层,其将各部件/系统网络处理后输出的各部件/系统抽象性能特征进行耦

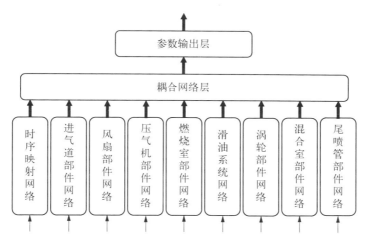

图 2-16　航空发动机数字工程模型二基本架构

合,进而学习各部件间的共同工作关系,输出发动机性能的抽象特征。最后的映射网络层将发动机性能的抽象特征与目标参数之间进行映射联系。为了加强参数间的耦合,部件/系统网络与耦合网络均采用时序网络结构,利用时序网络结构反映各部件特征参数之间的前后匹配关系,而映射网络可采用全连接网络结构进行搭建。

　　航空发动机的起动过程一般先由起动机等动力源带动核心机进行运转,待其满足起动条件后执行点火操作,实现发动机的自主运转。因此,起动阶段航空发动机各部件不满足共同工作关系,需要考虑起动机带来的影响。为了提高网络模型在起动阶段的准确度,可在网络结构中加入起动机部件网络。该网络与其余部件网络采用相同的时序网络结构,其通过将起动机性能参数输入该组件网络,输出其性能的抽象特征,并与高压涡轮参数一起作为高压涡轮部件网络的输入参数。而当发动机完成起动时,起动机各测量参数值为零,该部件网络不再对高压涡轮部件网络产生影响。带起动机的双轴混排涡扇航空发动机物理网络架构如图 2-17所示。

　　为了进一步加强航空发动机前后部件的耦合特征,本节方案还可进一步改进耦合网络结构。可首先建立各部件系统网络,从各部件测量参数中提取抽象性能特征。其次将每个前后连接的部件系统网络输出特征输入耦合网络进行耦合,从而提取前后两部件的匹配关系。然后再将抽象过的匹配工作特征输入下一层网络进行深度耦合,以此类推,最终得到发动机整体性能的抽象特征。为了表示航空发动机动态性能的变化,同样考虑时间序列影响。但与前述方案相类似,本节方案将该网络与部件系统网络耦合得到的发动机总体抽象特征一同输入智能网络,从而为发动机引入动态信息,学习发动机的动态工作特征,并通过参数输出层网络将抽象特征与预测参数相映射。航空发动机数字工程模型二变异架构如图 2-18所示。

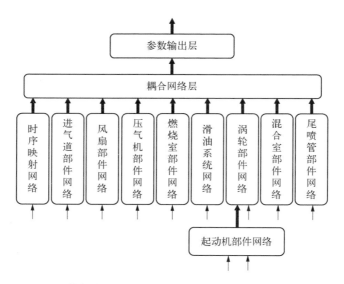

图 2-17　带起动机的双轴混排涡扇航空发动机物理网络架构

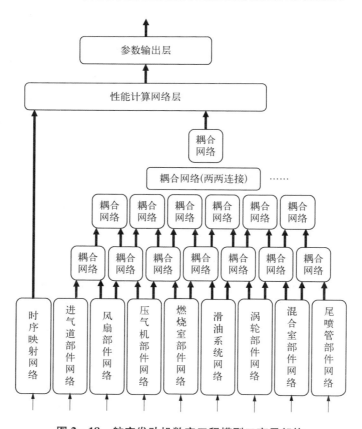

图 2-18　航空发动机数字工程模型二变异架构

为了将航空发动机各系统进行有机结合,本节方案还能耦合成另一种表达形式。基本网络设计概念是针对各系统分别进行网络建模,并通过系统性能耦合层网络匹配其共同工作关系,得到航空发动机一体化数字工程模型具体架构,如图 2 - 19 所示。其网络架构主体由各系统组件网络与系统性能耦合层网络组成,各系统组件网络输出的系统抽象特征作为系统性能耦合层网络的输入。与前述方案相同,该网络通过在系统组件网络前端添加时间序列网络来表示发动机动态运行特征。对于各系统组件网络,其子网络构

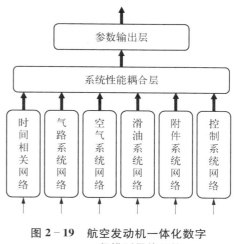

图 2 - 19　航空发动机一体化数字工程模型具体架构

建方案以前述方案为基础,建立各部件网络提取部件性能特征,并通过耦合网络学习各部件的共同工作关系,最终得到该系统性能的抽象特征输出。

2.2.3　数字工程模型三

如图 2 - 20 所示,本节方案构建的基于航空发动机物理架构的数字工程模型由多个组件网络堆叠而成。在初始特征参数输入最前端组件网络后,通过深度网络逐步抽象特征,网络中每个组件网络的输出是下一个组件网络的输入,最终将抽象特征通过映射层与目标值进行关联。该方案通过对航空发动机实际物理运行架构与深度学习网络进行融合,将气流流经航空发动机各部件并发生气动热力学参数变化的过程看作一种特征抽象,从而使深度学习架构中的组件网络对应于发动机各物理部件;使深度学习架构的主体深度对应于航空发动机主流路部件数目;使输入参数经过网络的特征抽象对应于发动机的实际工作过程,从而形成易于学习的网络表达。此外,航空发动机各部件只有其对应的测量参数会对自身产生关键影响,因此相较于传统的深度学习网络,该方案架构的输入层不再将所有特征参数一次性输入,而是将各测量参数根据其测量部件位置归类到各对应组件网络中,即各组件网络的输入由该组件网络上游组件网络抽象后的特征与该组件对应的部件测量参数特征共同组成。在物理架构的主体结构根据航空发动机主流路部件数目确定后,再逐步添加外涵系统、空气系统、滑油系统和控制系统的组件网络。与气路系统网络一致,各系统组件网络的输入同样包含自身测试参数与上游组件网络输出两部分,而其输出的抽象特征也将作为下游组件网络的输入,但其上下游连接关系需要根据航空发动机部件/系统的匹配工作关系确定。最后,本节方案网络架构除物理部件外,还将航空发动机时间序列项作为输入以构建时序组件网络作为

主体结构的最前端,从而表征航空发动机的动态性能,增强网络架构的动态性能。在具体的网络搭建上,各部件/附件系统组件网络采用时序特征网络结构以包含次序概念,而映射层则采用全连接网络结构进行构造。

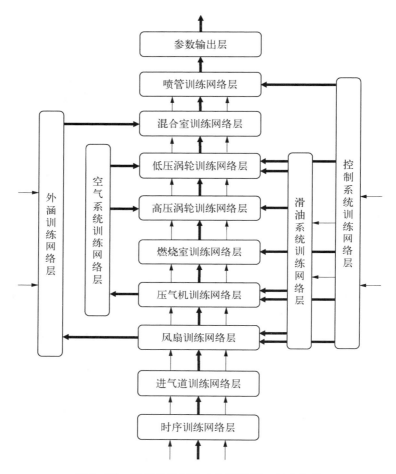

图 2-20 航空发动机数字工程模型三基本架构

该网络架构相较于前述方案还具有更灵活的扩展性。本节方案不仅可以根据发动机实际结构对网络架构进行调整,还能对某一组件网络进行单独替换。在发动机实际使用过程中,某些系统组件可能会因为发生故障而被更换,而更换后新部件与旧部件的匹配工作状况难以准确计算。本节方案通过对单一部件网络进行更新,在保留发动机旧部件性能特征的情况下更新数字工程模型,对更新后的发动机部件性能进行跟踪预测。此外,本节方案通过对发动机单一部件进行数字替换,进行发动机性能数字化试验,对比发动机前后性能变化,对发动机各部件的衰退情况进行分析,为发动机健康管理提供数据支持。

以双轴混排涡扇航空发动机为例,可首先根据发动机主流路部件确定深度网络主体结构,双轴混排涡扇航空发动机的主流路部件包括进气道、风扇、压气机、燃烧室、高压涡轮、低压涡轮、混合室和喷管 8 个部件,因此构建相应的组件网络顺序排列形成结构的主体。然后进行涵道部件的添加,其对应组件网络的输入端与风扇组件网络相连接,输出端与混合室组件网络相连接。之后添加空气系统网络、滑油系统网络和控制系统网络,从而进一步扩展深度网络结构规模,各系统网络的输入输出连接由发动机型号的具体结构确定,图 2-20 中给出了简化实例。若考虑发动机起动过程,则添加起动组件网络,输入起动机等相关特征参数,输出端与高压涡轮组件网络相连接。最后搭建好航空发动机物理结构组件网络后,在网络前端添加时序组件网络以表征航空发动机的动态性能,在网络末端添加参数输出网络用于关联具体的目标特征,至此本节方案网络框架搭建完成。

2.2.4　数字工程模型四

在航空发动机使用过程中,机械磨损、部件老化、盐雾腐蚀、燃气烧蚀和偶发性故障等都会导致不同程度的性能衰退,使航空发动机的性能随飞行架次的增加逐步下降。建立航空发动机性能衰退模型,监控发动机性能状况变化对航空发动机健康管理具有重要意义。现有性能衰退架构的核心为两个并行工作的发动机气动热力学模型,即自适应性能模型和性能基线模型。实时自适应性能模型间接反映了发动机性能衰退的降级水平,而性能基线模型反映了发动机性能的降级趋势。但现有的考虑性能衰退的计算模型一方面很难考虑空气系统、滑油系统、控制系统和附件系统等对气路参数的影响,另一方面很难体现不同发动机的个性化差异。

本节方案网络架构主要考虑航空发动机不同运行架次对发动机的影响,通过学习发动机历史运行架次的性能变化规律,预测发动机未来架次的性能状态,并将预测性能与实际性能进行对比,判断发动机的运行状况,从而及时预警航空发动机的性能衰退信息,保障飞行器稳定可靠运行。本节方案的主体结构以数字工程模型-网络架构为基础,将发动机各特征参数按架次顺序依次输入发动机网络,将前一架次网络抽象得到的发动机性能状态特征输入下一架次网络,从而学习发动机各架次间的性能衰退规律,并对当前架次发动机的实际性能状态进行调整。本节方案网络架构示意图如图 2-21 所示,其中发动机性能网络代表前述方案中构建的发动机数字工程网络。该架构将前一架次训练网络中性能耦合网络输出的抽象特征作为下一架次训练网络的输入特征,与下一架次特征参数一同输入发动机性能网络。本方案网络考虑的架次数根据实际情况确定,选取的架次数要能够包含发动机一段时间内的性能变化过程。

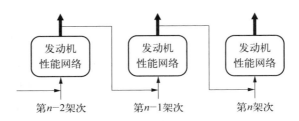

图 2 - 21 考虑架次影响的航空发动机数字工程模型

上述方案主要考虑不同架次间发动机性能的变化规律,但通常发动机中不同的系统部件由于使用环境和使用工况不同,其性能衰退过程往往不尽相同。为了分析发动机各系统部件随架次的性能变化规律(图 2 - 22),本节方案以物理架构网络为基础,通过将前一架次训练得到的组件网络抽象特征输出作为下一架次训练网络的输入,与下一架次该组件测量参数和上游组件输出参数一同输入组件网络,从而得到上一架次对当前架次的影响规律。

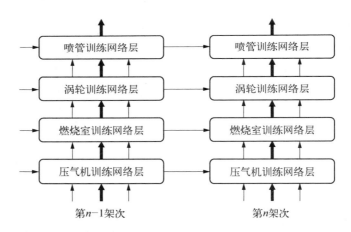

图 2 - 22 考虑架次影响的航空发动机部件级数字工程模型

2.3 振动、性能、材料一体的数字工程模型

2.3.1 振动数字工程模型

振动数字工程模型的构建也可依据物理架构建立一对一的网络模型,各子网络具备重构功能且连接关系和物理架构一一对应,其步骤如下。

(1)振动测试数据时频域转换。

(2)转换后的频域特性、频率、幅值和相位等信息输入至对应的实时重构网络1.1、实时重构网络 1.2 等,如图 2 - 23 所示。

（3）第 1 层网络互相连接,其连接顺序与对应振动参数测试部位的位置关系一致,如风扇机匣、附件机匣、中介机匣、涡轮机匣等。

（4）第 1 层网络两两耦合,输入下一层网络,如图 2 - 23 所示的耦合实时重构网络 2.1、耦合实时重构网络 2.2 等。

（5）第 2 层网络耦合,输入下一层网络,如图 2 - 23 所示的耦合实时重构网络 3。

（6）耦合实时重构网络 3 对应输入装配公差或者制造公差。

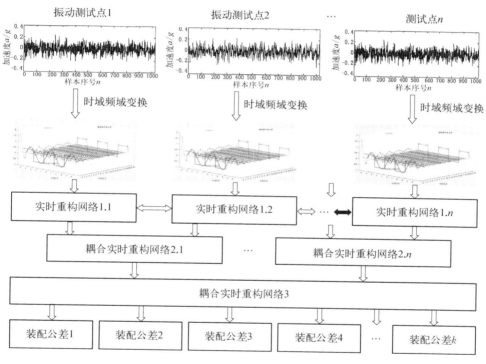

图 2 - 23　整机振动数字工程模型

根据振动数据和公差数据,通过网络训练两类数据的映射关系,具备以下特点。

（1）将黑匣子网络按照物理关系分割成不同子网络,子网络与子网络之间的连接关系和各自对应的物理连接关系一致,既保证了物理规则,又大幅度降低了数据量需求。

（2）数据训练的是子网络特性对应于部位的振动特性,同时训练子网络的连接关系对应的是不同部位振动特性的耦合关系。

（3）各子网络具备重构功能,即在训练过程中网络不断变化的实时重构,重构后的网络反映的是不同部位振动特性的差异,而此差异是依据实际测试数据训练得出的,不是依靠数学物理方程的推导得出的。

(4)子网络和子网络之间的连接关系也会实时重构,这反映出不同部位振动特性的耦合关系也是依靠测试数据训练得出的,不是依靠数学物理方程得出的。

(5)振动特性和耦合关系随发动机的不同而不同,反映发动机装配和制造的个性化差异。

2.3.2 结构振动、性能、材料一体的数字工程模型

本节中以涡轴发动机为例阐述结构振动、性能、材料一体的数字工程模型构建过程,对于涡扇发动机,其建立过程也类似。首先建立的网络为分布式网络,不再是一个黑匣子网络。发动机每一个部件对应一个子网络,也就是每一个子网络都有其物理含义。子网络和子网络的连接与发动机物理部件的连接完全一致,例如,燃气涡轮网络前面连接燃烧室,后面连接动力涡轮网络,网络架构与物理架构完全一致。训练时根据试验数据各自部件的测试参数输入对应的子网络,即利用试验数据去训练两个关系:一是训练每个子网络的响应,这类似于传统方法的部件特性和性能;二是训练所有子网络的匹配响应关系,这类似于整个发动机共同工作,也就是原来部件性能和共同工作都需要数学模型去表达,现在用网络的响应关系去表达。

同样的结构、材料、工艺、运行和维护的数字工程模型依据统一机理建立。该类方案不需要数字工程模型去建立各类数据之间的匹配耦合,虽然网络中隐藏了数学关系,但是该数学关系不是具体的数学表达式,因此突破了传统数学建模的技术瓶颈。

涡轴发动机数字工程模型架构如图 2-24 所示,通过试验数据驱动上述分布式数字工程网络,对应测试数据送入对应的各子部件网络。该过程有如下特点。

(1)训练每个部件网络的响应特性。该响应特性对应于传统意义上的部件特性,不同之处在于传统部件法以特性图或者数据文件表征,数字工程以网络响应的方式表达。该响应特性由试验数据驱动训练得出,且根据训练数据(如运行数据)实时调整,因此能够跟踪全生命周期内部件特性的变化,同时具备个性化表征每个发动机个体差异的能力。

(2)训练每个部件网络的连接特性。该连接特性对应于传统意义上的共同工作,不同之处在于传统部件法以流量连续、功率平衡和转速相等的具体方程表达,数字工程模型以连接响应的方式表达。该连接响应能够全面反映系统之间的共同工作,如空气系统、滑油系统、控制系统和气路系统的共同工作连接响应关系。

(3)数字工程网络训练的是参数之间共同工作的匹配规律,即参数只有如此匹配才能共同工作。该匹配规律是物理运行规律,在发动机结构不发生变化的前提下不区分高低空性能,即物理规律不衰减,因此可以关联地面试验数据和飞行数

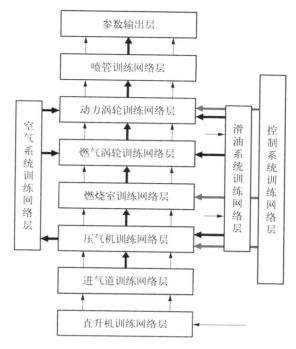

图 2-24 涡轴发动机数字工程模型架构

据,可以跟踪全生命周期的运行活动。即使发动机间隙发生变化,通过实际运维数据也能及时快速更新,保障了全生命周期内的性能跟踪预测。

(4) 上述数字工程网络可以细化推广至元件级,如空气系统的孔、缝和盘腔之间的性能耦合匹配关系,因此可以将部件试验大幅度融入整机数字工程模型中。

结构材料数字工程模型架构示意图如图 2-25 所示,通过试验数据驱动上述分布式数字工程网络,对应测试数据送入对应各子部件网络。该过程有如下特点:

(1) 训练每个部件网络的响应特性,该响应特性对应于部件结构和材料特性;

(2) 训练每个部件网络的连接特性,该连接特性对应于传统意义上的结构材料完整性。

工艺数字工程架构如图 2-26 所示,通过试验数据驱动上述分布式数字工程网络,将对应测试数据送入对应的各子部件网络。该过程有如下特点:

(1) 训练每个部件网络的响应特性,该响应特性对应于单元级或者车间级工艺;

(2) 训练每个部件网络的连接特性,该连接特性对应于传统意义上的装备完整性。

依据同样的技术思路可以建立如图 2-27 所示的性能、结构和材料一体化数字工程模型架构。

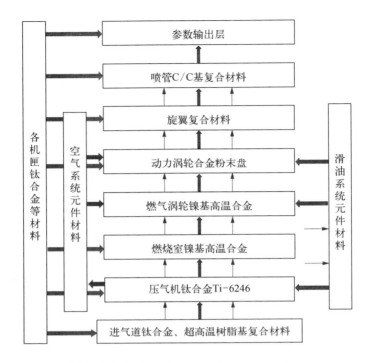

图 2－25　结构材料数字工程模型架构示意图

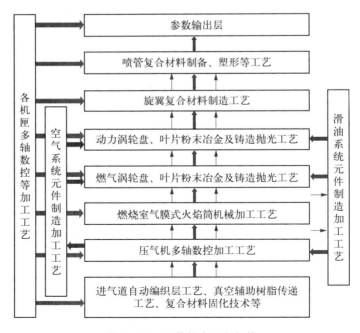

图 2－26　工艺数字工程架构

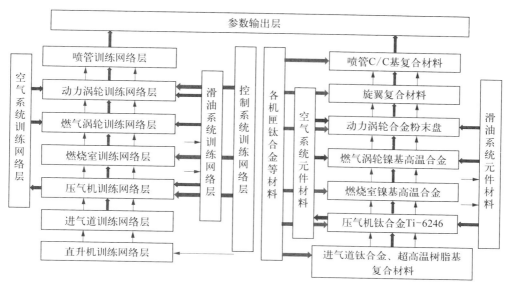

图 2-27 性能、结构和材料一体化数字工程模型架构

2.4 数字工程模型常规人工智能算法

本章前几节对数字工程模型进行了阐述,本节逐步从常规人工智能算法的基本知识过渡到适用于航空发动机数字工程模型的人工智能算法。虽然常规人工智能算法在各类文献中均能找到,但其目标应用和本书不同。为了便于读者理解,本书将常规人工智能算法在此作主要阐述。

2.4.1 人工智能的专家系统、机器学习和深度学习

虽然目前还没有完整统一的定义,但可以把人工智能概括为一门知识工程学:以知识为对象研究知识的获取、知识的表示方法和知识的使用[5],其目标是一种能够模拟和帮助人类进行思考、识别复杂情况、获取学习能力及所需知识,并能解决问题的智能系统。自 1956 年美国达特茅斯人工智能研讨会上首次提出人工智能概念后,人工智能在 60 多年的发展中经历了两次低谷和三次浪潮,近年来得益于各种深度学习算法的提出和硬件算力的支持,如今正处在第三次浪潮中的人工智能在工业生活的各个方面都取得了突破性进展,在改变人们生活方式的同时也为各行各业的发展注入了新的活力。

1. 专家系统

专家系统被认为是一种智能的计算机程序,常常应用于某一专门领域,知识工程师将解决某特定领域问题的专用知识用某种表示方法存放在知识库中,用户通过人机接口输入信息、数据或命令,运用推理机构控制知识库及整个系统,使系统

能像专家一样解决困难的、复杂的实际问题(图 2－28)[6]。专家系统有多种模型，在基于规则的专家系统中，知识用一组具有 if(条件)和 then(行为)结构的规则来表示，当规则的条件被满足时，触发规则，继而执行行为。基于案例的专家系统则是把过去解决问题的经验知识表示成案例，把需要解决的目标问题与案例进行相似度计算，若匹配成功，则用案例解决问题的方法来解决当前的目标问题。

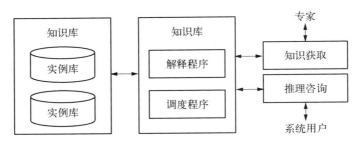

图 2－28　专家系统原理

2. 机器学习

机器学习是通过计算机对数据进行自动学习以总结出规律，并用总结出的规律模型对未知数据进行预测来实现人工智能的方法，机器学习可以分为有监督的学习和无监督的学习。支持向量机(support vector machine, SVM)是经典的有监督学习分类算法[7]。支持向量机的目标是在多维数据样本空间找到一个特殊的多维面(多处文献将此写为超平面，与数学概念有差异，本书将超平面改为多维面)，使多维数据样本空间中的正例样本和反例样本之间的分离界限达到最大，实现正例样本和反例样本的最优分类。

神经网络是一种模拟人的大脑神经元结构和工作机理的机器学习回归算法，由输入层、隐藏层和输出层组成。通过减小每次训练结果与预期结果的误差来修改权值和阈值，依据信号的正向传递和误差的反向传播一步一步得到使误差精度满足要求的模型，依据训练得到的模型达到对未知数据的智能预测。

3. 深度学习

深度学习通过多层卷积神经网络(convolutional neural networks, CNN)和深度神经网络可以从数据中自动学习到有效的特征表示，使用反向传播算法很好地解决了不同参数对最终结果的贡献度分配问题，大多数基于神经网络的深度学习可以看作一种端到端的学习，在端到端的学习中，一般不需要明确地给出不同模块或阶段的功能，中间过程不需要人为干预，通过对不同数据间的关系进行建模，用权重表示不同关系间的连接，从而模仿人脑神经元间的抑制和兴奋，使深度学习具有自动学习特征的能力[8]。

深度学习作为机器学习的一个分支，它们同属于人工智能范畴，图 2－29 给出了人工智能、机器学习与深度学习三者之间的关系。深度学习强调从多个连接层中进行学习,这种一系列的表示层是对数据的一种多级函数运算和抽象表示,连接层的个数体现了"深度"的概念。目前,深度学习网络已经从最初的十几层发展到了上百层,并且随着层数的增加,各种层间连接结构得到开发。在深度学习中,这些分层表达通过神经网络(neural network,NN)模型构建,其结构逐层堆叠。神经网络这一概念出自神经生物学,虽然它的一些核心思想来自人们对人脑学习机制的理解,但神经网络模

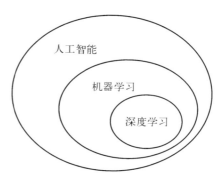

图 2 - 29　人工智能、机器学习与深度学习三者之间的关系

型与人类大脑的学习模式还存在着本质区别,深度神经网络的学习模式可以看作对数据信息的多级蒸馏操作,数据信息每经过一层,无效信息会被过滤掉,而有效信息会被放大和保留,且信息的纯度也越来越高,所学到的数据特征信息更加具体和抽象。

　　对于神经网络,每层网络对输入数据的操作本质上是一种函数映射变换,即 $y = f(x; \theta)$,其中,x 为网络的输入,y 为网络的输出,θ 为该层网络的权重,也称为该层网络的参数。因此,每层网络对数据的变换由该层的权值决定。为了使这种逐层数据变换朝着期望的方向进行,需要找到正确的权值,即通过给定输入和目标输出,网络可以自动地寻找到一组最优权重,使得逐层数据变换朝着期望的方向进行,这种寻找最优权值的过程便是"学习"的概念(图 2 - 30)。但是,深度神经网络模型可能包含数千甚至上万个参数,找到所有参数的正确权值并非易事,需要用到适用于深度学习的特定算法,而对于不同的学习模式(无监督学习、有监督学习),所采用的算法亦不相同。

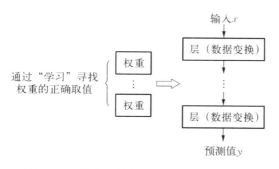

图 2 - 30　神经网络权重"学习"概念示意图

　　深度学习的目标是寻找一组最优参数,使得每层神经网络对数据的映射变换都朝着期望的方向进行,其最终目的是得到一个期望的输出,找到输入与输出之间的抽象映射关系。对于事先已知的目标输出(真实值),深度学习定义损失函数(亦称为目标函数或代价函数)表示神经网络模型的输出与真实值之间的某种距离。这种事先给出标签数据(真实值)的学习模式称为有监督学习。目前,绝大多数的深度学习模型都是基于有监督学习的权重参数寻优的,其学习过程采用误差(损失值)反向传播算法对权重进行调节优化,其优化目标是使得损失值最小化,

即$\mathop{\arg\min}\limits_{\theta} \mathrm{Loss}(x;\theta)$。深度学习中的这种调节优化通常由特定的优化器完成,该优化器包含梯度下降算法在内的多个变种。深度学习权重参数调节寻优流程如图2-31所示。深度学习权重参数寻优的大致流程为:首先对深度神经网络各层权重随机赋初值,在网络输入数据后,初始网络对输入数据进行一系列的随机变换,此时的网络输出结果与目标输出(真实值)相差甚远,损失值相当高,网络一旦获得损失值,便会传至优化器对权重进行一次微调。随着输入数据的不断更新,微调后的权值作用于输入数据产生新的损失,进而传至优化器进行下一次权值更新,这种循环式的迭代优化过程称为训练循环。一般对数千条输入数据进行数十次迭代,当损失值不再减小,深度神经网络的权值收敛于最优解时,网络的输出值与真实目标值相当接近,这便是训练好的神经网络。

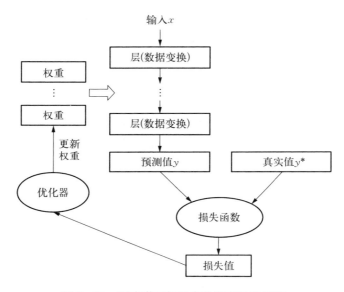

图 2 - 31　深度学习权重参数调节寻优流程

随着深度学习的广泛应用,深度学习的网络结构也变得多种多样,即便如此,其仍然离不开反向传播神经网络[9]、受限玻尔兹曼机[10]、自编码网络[11]、卷积神经网络[12]、循环神经网络[13]以及生成式对抗网络[14]等基础模型。

反向传播(back propagation, BP)神经网络是1986年由Rumelhart和McClelland为首的科学家提出的概念,是一种按照误差逆向传播算法训练的多层前馈全连接(层间通过一个线性的数据变换加一个非线性的激活函数连接)神经网络,也是目前应用最广泛的神经网络。

受限玻尔兹曼机(restricted Boltzmann machines, RBM)是一种基于能量的双层模型,连接方式为层内无连接、层间全连接,所以严格意义上来讲其并不属于深度学习的范畴,不过由多个受限玻尔兹曼机以堆栈的方式连接得到的深度信念网络(deep belief networks, DBN)[15]是一种广受欢迎的深度生成网络。

自编码(auto-encoder, AE)网络通常称为自编码器,是一种能够通过无监督学习学习到输入数据高效表示的三层人工神经网络。输入数据的这一高效表示称为编码(codings),其维度一般远小于输入数据,使得自编码器可用于降维。自编码器也可作为强大的特征检测器(feature detectors, FD),应用于深度神经网络的预训练。常用的自编码器包括降噪自编码器(denoising auto-encoder, DAE)[16]、稀疏自编码器(sparse auto-encoder, SAE)[17, 18]、卷积自编码器(convolutional auto-encoder, CAE)[19, 20]、收缩自编码器(contractive auto-encoder, CAE)[21, 22]和变分自编码器(variational auto-encoder, VAE)[23]等。由多个自编码器堆叠相连可以得到深度堆叠自编码网络(deep stacked auto-encoder, DSAE)[24],相应地,深度堆叠自编码网络的训练方式通过逐层无监督学习与整体有监督学习精调来完成。

卷积神经网络(convolutional neural networks, CNN)是一种极具代表性的前馈神经网络,其主要由卷积层、池化层和全连接层组成,与全连接不同的是卷积操作是一种局部连接,其权值特征由卷积核(用于卷积操作的一组数据)来体现,具有局部感知、权值共享和平移不变性等特点。经典的深度卷积神经网络包括LeNet[25]、AlexNet[12]、VGGNet[26]、GoogLeNet[27]、ResNet[28]和DenseNet[29]等,它们在计算机视觉的图像分类、目标检测等领域得到了广泛应用。

循环神经网络(recurrent neural networks, RNN)是一类具有短期记忆能力的神经网络。在循环神经网络中,神经元不但可以接收其他神经元的信息,也可以接收自身的信息,形成具有环路的网络结构。与前馈神经网络相比,循环神经网络具有“记忆功能”,更加符合生物神经网络的结构。RNN采用随循环序列变化的梯度反向传播算法,因此在长序列下也存在梯度消失或爆炸的问题(长序依赖问题)[30]。为了解决梯度消失问题,学者提出了长短时记忆(long short-term memory, LSTM[31])循环神经网络,并已证实LSTM循环神经网络是解决长序依赖问题的有效技术,并且该技术的普适性非常高[32]。循环神经网络已经被广泛应用在语音识别、语言模型以及自然语言生成等任务上。

生成式对抗网络(generative adversarial networks, GAN)是由蒙特利尔大学Goodfellow在2014年提出的一种无监督学习的深度学习框架。该框架中包含两部分:生成器和判别器,其中生成器用于获取数据的分布,生成文字、图像等信息,判别器用于判别生成信息真伪的概率。在训练过程中,通过双方博弈使这两个模型同时得到增强,即生成网络产生更加真实的数据分布,相应地,判别网络的评判水平更高。常见的生成式对抗网络包括条件生成式对抗网络(conditional GAN, CGAN)[33]、深度卷积生成式对抗网络(deep convolutional generative adversarial networks, DCGAN)[34]、拉普拉斯塔式生成式对抗网络(Laplacian pyramid generative adversarial networks,

LAPGAN)[35]、沃森斯坦生成式对抗网络(Wasserstein generative adversarial networks, WGAN)[36]等。在实际应用中,GAN 通常用于图像生成和数据增强。

在深度学习的实际应用中,针对不同的领域和问题选择合适的深度学习网络模型,通过数据预处理、激活函数选择、权值初始化、训练调优等一系列环节得到满足求解需求的最优网络模型。

2.4.2 深度学习基础

深度学习是一类基于深度神经网络的机器学习算法,基本组成单元是神经网络。神经网络的多层连接体现了深度的概念,而学习就是利用相关算法对各层神经网络的权重进行不断优化的过程。本节从表征深度学习的基础单元神经网络入手,首先介绍神经网络的基本概念和构成,对常用神经元模型和各种激活函数进行详细阐述;其次以 BP 神经网络为例,对深度神经网络结构、前向传播、误差反向传播算法给出解释和算法的详细推导过程;再次给出常用的深度学习目标函数及其推导;最后针对深度学习的正则化给出详细理论解释和说明。

1. 神经元模型

目前,神经网络是一个庞大的多学科交叉领域,各个学科对神经网络的定义多种多样,一个普遍且广泛使用的定义为:神经网络是由具有适应性的多个简单单元构成的并行互联计算网络,能够模拟生物神经系统对真实世界信息做出交互反应。在生物神经网络中,每个神经元之间相互连接,通过神经元上的树突结构接收信息并进行信息处理和激活,通过轴突结构传递信息,通过突触将信息输出给下一个神经元。类似于生物神经元,在以神经网络为基础模型的深度学习中,神经网络是由一个或多个神经元模型通过一定的连接方式互连而成的。这里的神经元模型是从生物神经网络上抽象得到的数学模型,称为麦卡洛克-皮特斯(McCulloch - Pitts, M - P)神经元模型,如图 2 - 32 所示。在该神经元模型中,输入来自多个其他神经元传递过来的数据 $x_i(i = 1, 2, \cdots, n)$,对每个输入给定相应权重后输入至

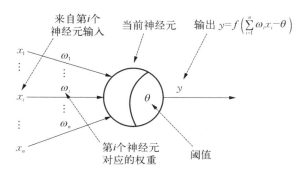

图 2 - 32 M - P 神经元模型

当前神经元,神经元接收到加权后的总输入值并与神经元阈值进行差运算,之后通过激活函数进行一次非线性变换后输出。

在生物神经元中,神经元个数非常庞大,人脑的神经元多达五百万亿,而真正被激活的神经元个数可能不到 4%,可见生物神经元具有广阔的稀疏激活性。在 M－P 神经元模型中,这种稀疏性可以通过给定不同的激活函数实现,例如,在深度神经网络中普遍采用的整流线性单元(rectified linear unit,ReLU)激活函数,可以对比神经元阈值小的输入值进行抑制,充分体现了神经元模型的选择激活特性。此外,一些正则化方法(如 Dropout 方法)可以随机地对部分网络节点失活,已达到神经网络的稀疏激活性。

神经元的激活函数是一种非线性函数,将加权求和的线性输入特征转变为非线性特征,这在以神经网络为基础的深度学习中起到了十分重要的作用,是深度神经网络有效学习的关键。不同的神经元激活函数表征不同的神经元模型,理想的激活函数是如图 2－33(a)所示的阶跃函数,其表达式为

$$\text{sgn}(x) = \begin{cases} 1, & x \geqslant 0 \\ 0, & x < 0 \end{cases} \tag{2-1}$$

任意大于或等于 0 的输入值经过阶跃函数后输出为 1,而小于 0 的输入值则会被映射为 0 输出,"1"输出表示此处的神经元被激活,而"0"输出表示此处的神经元被抑制。这种采用阶跃函数为激活函数的 M－P 神经元模型称为线性阈值神经元(linear threshold neuron,LTN),也称为 M－P 神经元。虽然阶跃函数对输入信息的处理与生物神经元极为相似,但在神经元模型中,往往更倾向于得到输入数据某种状态下的激活值,而并非这种简单的二值"0/1"输出,并且不连续和梯度为 0 导致反向传播很难通过梯度下降进行权值优化。在实际应用中,通常使用 sigmoid、ReLU 等作为神经元的激活函数。

以 sigmoid 为激活函数的神经元称为 sigmoid 神经元,如图 2－33(b)所示,它与阶跃函数相似,但是解决了阶跃函数不连续、不光滑的问题,并且成功引入了非线性,即在接近 0 输入时为线性,而在远离 0 输入时为非线性。由于其输出连续平滑地限制在 0~1 范围内,所以常常被用于二分类模型的输出层进行概率预测。其数学表达式为

$$\text{sigmoid}(x) = \frac{1}{1 + e^{-x}} \tag{2-2}$$

sigmoid 函数的一个极大特点是求导方便,假设其输出为 y:

$$\frac{\partial y}{\partial x} = \left(\frac{1}{1 + e^{-x}}\right)' = -\frac{-e^{-x}}{(1 + e^{-x})^2} = \frac{1}{1 + e^{-x}} \cdot \frac{1 + e^{-x} - 1}{1 + e^{-x}} = y \cdot (1 - y) \tag{2-3}$$

这使得以梯度下降法进行网络权值更新的过程中对梯度的计算变得极为简便。即便如此,sigmoid 函数并不完美,其作为激活函数近年来鲜少使用,主要存在以下两个缺陷。

(1)当输入过大或过小时(处于 sigmoid 函数饱和区),会造成梯度消失。从图 2-33(b)中不难发现,在函数曲线两端输出值接近 0 和 1,且曲线近乎为水平直线,此处的导数趋近于 0。在深层神经网络误差反向传播的过程中,极易出现梯度消失,导致误差很难传至前面几层而使得网络难以训练。

(2)sigmoid 函数输出不以 0 为中心。在深度网络训练过程中,每层数学期望接近 0 的输入更有利于网络的训练,而如果一直都是偏向于全正或全负的输入,则将对梯度下降造成影响。因为对于一个神经元 $y = f\left(\sum\limits_{i=1}^{n} \omega_i x_i - \theta \right)$,权值的梯度为 $\dfrac{\partial y}{\partial \omega_i} = f' \cdot x_i$,如果输入 x_i 全正或全负,则所有权值的梯度符号将只取决于激活函数导数 f' 的正负,这对网络训练是极为不利的。

为了解决 sigmoid 函数不以 0 为中心的偏向问题,tanh 函数应运而生,tanh 函数是对 sigmoid 函数的继承,将输出控制在 $(-1, 1)$,同时改进了 sigmoid 函数变化过于平缓的问题,如图 2-33(c)所示。其表达式为

$$\tanh(x) = \frac{e^x - e^{-x}}{e^x + e^{-x}} \tag{2-4}$$

其求导结果为

$$\frac{\partial y}{\partial x} = \frac{(e^x + e^{-x})(e^x + e^{-x}) - (e^x - e^{-x})(e^x - e^{-x})}{(e^x + e^{-x})^2} = 1 - y^2 \tag{2-5}$$

近年来,在基于深度学习的图像识别领域,ReLU 函数广泛应用于卷积神经网络的图像特征提取,如图 2-33(d)所示。其数学表达式为

$$y = \begin{cases} x, & x > 0 \\ 0, & x \leqslant 0 \end{cases} \tag{2-6}$$

ReLU 函数又可以表示为 $y = \max(0, x)$,对大于阈值的输入保持线性不变,对小于阈值的输入进行 0 输出"截断"。全局非线性的特点以及局部线性特征,使得其对信息的整合能力大大提高,网络训练也变得简单、快速。Alex 等[12]实验发现在网络训练过程中 ReLU 函数比 tanh 函数收敛速度快 6 倍。由于 ReLU 函数对小于阈值的输入进行了 0 输出"截断",在训练过程中可能出现神经元"死亡",即流经一个大梯度后,权重更新处于一个不再被任何数据激活的位置,梯度永远为 0,出现神经元权值无法更新的"死亡"状态。

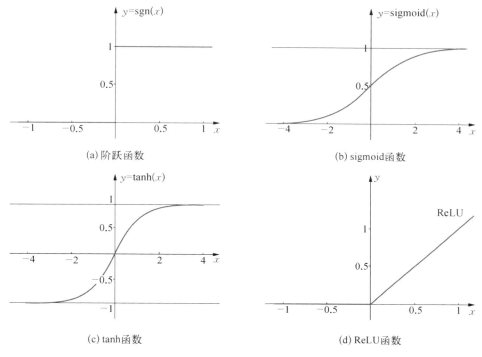

图 2-33　常用激活函数

为解决 ReLU 函数导致神经元"死亡"的问题,又相继出现了基于 ReLU 函数的多个变种,如 Leaky ReLU,表达式为 $f(x) = \max(x, 0.01x)$,以及之后出现的含参变量 α 的 PReLU,表达式为 $f(x) = \max(x, \alpha x)$。由此可见,ReLU 函数是一种特殊的 Maxout 函数。

Maxout 函数也是一种用于神经网络模型的激活函数,即最大值函数 max,对函数的多个输入取最大值,Maxout 函数表示为 $y = \max_{i}(a_i)$,其梯度在输入最大值处为 1,其他输入值处梯度为 0。Maxout 函数在一定程度上缓解了梯度消失的问题,同时避免了 ReLU 函数神经元"死亡"的问题,但是参数和计算量增加,计算收敛速度减缓。

Softmax 与 sigmoid 函数相类似,其输出值为 0~1,并且可以产生多值输出,输出值的总和为 1,因此通常应用于多分类问题的输出层,其输出值对应相应类别的预测概率。Softmax 函数的数学表达式为

$$y_j = \frac{\mathrm{e}^{x_j}}{\sum_{i=1}^{k} \mathrm{e}^{x_i}} \tag{2-7}$$

其偏导数分为以下两种。

（1）当 $i = j$ 时，有

$$\frac{\partial y_i}{\partial x_i} = \frac{e^{x_i}\left(\sum\limits_{i=1}^{k} e^{x_i}\right) - e^{x_i}e^{x_i}}{\left(\sum\limits_{i=1}^{k} e^{x_i}\right)^2} = y_i(1 - y_i) \tag{2-8}$$

（2）当 $i \neq j$ 时，有

$$\frac{\partial y_j}{\partial x_i} = \frac{0 - e^{x_i}e^{x_j}}{\left(\sum\limits_{i=1}^{k} e^{x_i}\right)^2} = -y_iy_j \tag{2-9}$$

激活函数是神经元的主要组成部分，在深度学习中起到了非常重要的作用，表 2-2 汇总了常用激活函数的名称、公式、导数及值域。

表 2-2 常用激活函数的名称、公式、导数及值域

名 称	公 式	导 数	值 域
IL	$f(x) = \begin{cases} x \\ wx + b \end{cases}$	$f'(x) = \begin{cases} 1 \\ w \end{cases}$	$(-\infty, +\infty)$
LTN	$f(x) = \begin{cases} 0, & x < 0 \\ 1, & x \geqslant 0 \end{cases}$	$f'(x) = \begin{cases} 0, & x \neq 0 \\ \text{不存在}, & x = 0 \end{cases}$	$\{0,1\}$
sigmoid	$\dfrac{1}{1 + e^{-x}}$	$f(x)[1 - f(x)]$	$(0, 1)$
tanh	$\dfrac{e^x - e^{-x}}{e^x + e^{-x}}$	$1 - f(x)^2$	$(-1, 1)$
ReLU	$f(x) = \begin{cases} 0, & x \leqslant 0 \\ x, & x > 0 \end{cases}$ 或 $\max\{0, x\}$	$f'(x) = \begin{cases} 0, & x < 0 \\ 1, & x > 0 \\ \text{不存在}, & x = 0 \end{cases}$	$[0, +\infty)$
Softplus	$f(x) = \ln(1 + e^x)$	$f'(x) = \dfrac{1}{1 + e^{-x}}$	$(0, +\infty)$
ELU	$f(x) = \begin{cases} \alpha(e^x - 1), & x \leqslant 0 \\ x, & x > 0 \end{cases}$	$f'(x) = \begin{cases} \alpha e^x, & x < 0 \\ 1, & x > 0 \\ 1, & x = 0, \alpha = 1 \end{cases}$	$(-\alpha, +\infty)$
SELU	$f(x) = \begin{cases} \lambda\alpha(e^x - 1), & x < 0 \\ \lambda x, & x \geqslant 0 \end{cases}$ $\lambda = 1.050\,7, \alpha = 1.673\,26$	$f'(x) = \begin{cases} \lambda\alpha e^x, & x < 0 \\ \lambda 1, & x \geqslant 0 \end{cases}$	$(-\lambda\alpha, +\infty)$
Leaky ReLU	$f(x) = \begin{cases} 0.01x, & x < 0 \\ x, & x \geqslant 0 \end{cases}$	$f'(x) = \begin{cases} 0.01, & x < 0 \\ 1, & x > 0 \\ \text{不存在}, & x = 0 \end{cases}$	$(-\infty, +\infty)$

续　表

名　称	公　式	导　数	值　域
PReLU	$f(x) = \begin{cases} \alpha x, & x < 0 \\ x, & x \geqslant 0 \end{cases}$	$f'(x) = \begin{cases} \alpha, & x < 0 \\ 1, & x > 0 \\ 1, & x = 0, \ \alpha = 1 \end{cases}$	$(-\infty, +\infty)$
SReLU	$f(x) = \begin{cases} t_1 + \alpha_1(x - t_1), & x \leqslant t_1 \\ x, & t_1 < x < t_r \\ t_r + \alpha_r(x - t_r), & x \geqslant t_r \end{cases}$	$f'(x) = \begin{cases} \alpha_1, & x \leqslant t_1 \\ 1, & t_1 < x < t_r \\ \alpha_r, & x \geqslant t_r \end{cases}$	$(-\infty, +\infty)$
Softmax	$f(x) = \dfrac{e^{x_i}}{\sum\limits_{j=1}^{J} e^{x_j}}, \quad i = 1, \cdots, J$	$f'(x) = f(x_i)[\delta_{ij} - f(x_j)]$ $\delta_{ij} = \begin{cases} 1, & i = j \\ 0, & i \neq j \end{cases}$	$(0, 1)$
Maxout	$f(x) = \max\limits_{i} x_i$	$f'(x) = \begin{cases} 1, & j = \operatorname*{argmax}\limits_{i} x_i \\ 0, & j \neq \operatorname*{argmax}\limits_{i} x_i \end{cases}$	$(-\infty, +\infty)$

2. 深度神经网络

深度神经网络开始于两层神经元连接结构的感知机,输入层的神经元不带激活函数,输入层数据传递至输出层神经元经过激活函数后输出,实际只含有一层有效神经元,其学习能力非常有限,只能实现逻辑与、或、非这样的线性问题,对于稍加复杂的异或问题,由于非线性的原因而无能为力。解决感知机非线性问题的有效方法就是进行多层网络连接。在深度学习中,对大于三层(包含三层)的神经网络统称为深度神经网络(deep neural networks, DNN)。深度神经网络的第一层称为输入层,最后一层称为输出层,输入层与输出层之间的多个网络层称为隐层或隐含层(hidden layer, HD),隐层和输出层含带激活函数的神经元。一般地,常见的深度神经网络结构是形如图 2 - 34 所示的神经元连接结构,每层神经元之间不连接,层间神经元全连接,输入信号依次经过层间神经元进行传递,最后被输出。该网络结构不存在环路或回路,称为多层前馈神经网络(multi-layer feedforward neural networks)。由于输入层不对数据进行函数处理,所以图 2 - 34 实则为 2 层,图 2 - 35

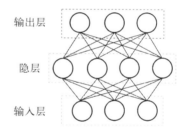

输出层　　隐层　　输入层

图 2 - 34　单层前馈神经网络结构示意图

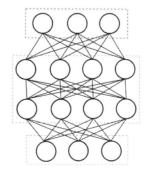

图 2 - 35　多层前馈神经网络示意图

实则为 3 层。图中的每条连接线代表了神经元之间的连接权,深度学习的过程则是利用大量输入数据不断调整连接权以及神经元阈值,学到的知识也就蕴含在这些连接权和神经元阈值中。

常说的深度学习其实就是对深度神经网络进行训练,即对网络权值进行迭代寻优。误差反向传播算法是目前深度神经网络权值优化的核心算法,误差反向传播算法用于多种深度神经网络的训练。给定训练集 $D = \{(\boldsymbol{x}_1, \boldsymbol{y}_1), (\boldsymbol{x}_2, \boldsymbol{y}_2), \cdots,$ $(\boldsymbol{x}_i, \boldsymbol{y}_i), \cdots, (\boldsymbol{x}_m, \boldsymbol{y}_m)\}, \boldsymbol{x}_i \in \mathbb{R}^d, \boldsymbol{y}_i \in \mathbb{R}^l$,其中包含样本个数为 m,每个输入样本有 d 个属性,对应的真实标签有 l 个属性。图 2-36 给出了包含输入层、隐层和输出层的单隐层前馈网络结构及其对应变量符号,其中输入层神经元个数为 d,隐层神经元个数为 q,输出层神经元个数为 l。其中,输出层第 j 个神经元的阈值表示为 θ_j,其接收到来自隐层的输入表示为 β_j,隐层的 h 个神经元阈值表示为 δ_h,其接收到的输入为 α_h。 隐层和输出层的神经元均采用相同的激活函数 σ。

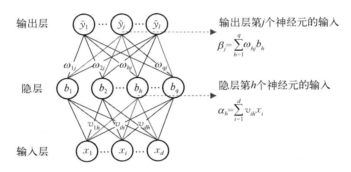

图 2-36 单隐层前馈网络结构及其对应变量符号

这里,隐层第 h 个神经元的输入为 $\alpha_h = \sum\limits_{i=1}^{d} v_{ih} x_i$;输出层第 j 个神经元的输入为 $\beta_j = \sum\limits_{h=1}^{q} \omega_{hj} b_h$,其中 b_h 为隐层第 h 个神经元的输出,即 $b_h = \sigma(\alpha_h - \delta_h)$。

对于某一输入训练样本 $(\boldsymbol{x}_k, \boldsymbol{y}_k)$,网络输出可表示为 $\hat{\boldsymbol{y}}_k = (\hat{y}_1^k, \hat{y}_2^k, \cdots, \hat{y}_l^k)$,每个输出层神经元的输出为 $\hat{y}_j^k = \sigma(\beta_j - \theta_j)$。 整个网络从输入到输出包含的需训练的参数个数为 $(d + l + 1)q + l$,其中输入层到隐层是 $d \times q$ 个权重,隐层到输出层是 $l \times q$ 个权重,隐层含有 q 个阈值,输出层含有 l 个阈值。BP 算法基于梯度下降法对这些参数进行调整,梯度的反方向即为参数更新的方向。假设网络的损失函数为 L,则参数 ω 的更新公式为

$$\omega_{n+1} = \omega_n - \eta \cdot \frac{\partial L}{\partial \omega_n} \tag{2-10}$$

式 (2-10) 中的 η 表示学习率, 用于衡量每次参数调整的步长, 其中, $-\dfrac{\partial L}{\partial \omega_n}$ 代表参数更新的方向。以图 2-36 中的参数 ω_{hj} 和 v_{ih} 为例进行推导。其中,

$$\omega_{hj} \leftarrow \omega_{hj} + \Delta\omega_{hj} = \omega_{hj} - \eta \cdot \frac{\partial L_k}{\partial \omega_{hj}}, \quad v_{ih} \leftarrow v_{ih} + \Delta v_{ih} = v_{ih} - \eta \cdot \frac{\partial L_k}{\partial v_{ih}}$$

$$(2-11)$$

在反向传播中首先对隐层到输出层的权值 ω_{hj} 进行调整。根据链式求导法则, 有

$$\frac{\partial L_k}{\partial \omega_{hj}} = \frac{\partial L_k}{\partial \hat{y}_j^k} \cdot \frac{\partial \hat{y}_j^k}{\partial \beta_j} \cdot \frac{\partial \beta_j}{\partial \omega_{hj}} = L_k' \cdot \sigma' \cdot b_h \qquad (2-12)$$

$$\frac{\partial L_k}{\partial \theta_j} = \frac{\partial L_k}{\partial \hat{y}_j^k} \cdot \frac{\partial \hat{y}_j^k}{\partial \theta_j} = - L_k' \cdot \sigma' \qquad (2-13)$$

$$\Delta\omega_{hj} = - \eta \cdot L_k' \cdot \sigma' \cdot b_h \qquad (2-14)$$

令

$$g_j = L_k' \cdot \sigma' \qquad (2-15)$$

则

$$\Delta\omega_{hj} = - \eta \cdot g_j \cdot b_h \qquad (2-16)$$

$$\Delta\theta_j = \eta \cdot g_j \qquad (2-17)$$

根据链式求导法则, 损失函数 L_k 对参数 v_{ih} 的偏导数用到了中途的 b_h 和 α_h, 即

$$\frac{\partial L_k}{\partial v_{ih}} = \frac{\partial L_k}{\partial b_h} \cdot \frac{\partial b_h}{\partial \alpha_h} \cdot \frac{\partial \alpha_h}{\partial v_{ih}} = \sum_{j=1}^{l} \frac{\partial L_k}{\partial \beta_j} \cdot \frac{\partial \beta_j}{\partial b_h} \cdot \sigma' \cdot x_i = \sum_{j=1}^{l} g_j \cdot \omega_{hj} \cdot \sigma' \cdot x_i$$

$$(2-18)$$

令

$$e_h = \sum_{j=1}^{l} g_j \cdot \omega_{hj} \cdot \sigma' \qquad (2-19)$$

同理得

$$\Delta v_{ih} = - \eta \cdot e_h \cdot x_i \qquad (2-20)$$

$$\Delta\delta_h = \eta \cdot e_h \qquad (2-21)$$

3. 深度学习的损失函数

深度学习的损失函数是指深度神经网络参数优化过程中所使用的优化函数,通常也称为目标函数或代价函数。损失函数描述了深度学习模型预测值 $\hat{y}$ 与真实值 y 之间的差距。如果预测值与真实值之间的差距较大,损失函数将会得到一个较大的值,深度学习往往通过最小化损失函数来进行模型参数的优化。损失函数不是固定的,不同的深度学习任务需要根据自身的目标输出等因素选择恰当的损失函数进行模型的学习和优化。根据学习任务的类型,可以将损失函数分为两大类:回归损失和分类损失。回归损失适用于回归任务,模型的目标输出为确定的连续数值,如发动机排气温度预测、图像目标检测中位置坐标回归。常见的回归损失有均方误差(L2 损失)、平均绝对误差(L1 损失)、平滑平均绝对误差(smooth MAE)、对数双曲余弦损失(log-cosh loss)以及分位数损失(quantile loss)。分类损失适用于分类任务,分类任务多见于图像识别领域,如图像分类、图像异常检测。常见的分类损失包括 0-1 损失(zero-one loss)、对数损失(logistic loss)、交叉熵损失(cross entropy loss)、合页损失(hinge loss)、指数损失(exponential loss)以及焦点损失(focal loss)。

1)回归损失

以性能为目标的航空发动机数字工程模型常用到回归损失,以下为常用的损失模型。

(1)L2 损失。

L2 损失又称为均方误差(mean square error, MSE)或平方损失(quadratic loss),是指预测值与真实值差的平方和的均值。平方的作用使得偏离真实值较多的预测值比偏离真实值较少的预测值得到更大的惩罚。这种损失使得模型在梯度计算和收敛速度上更为有利。L2 损失的表达式如下:

$$\text{MSE} = \frac{1}{N} \sum_{i=1}^{N} (y_i - \hat{y}_i)^2 \qquad (2-22)$$

在一定的假设下,L2 损失可以由最大似然推导得到。假设模型预测值与真实值的误差满足标准高斯分布,每个预测值与真实值的误差表示在给定输入 x_i 下模型输出为真实值的概率,即

$$p(y_i \mid x_i) = \frac{1}{\sqrt{2\pi}} \exp\left[-\frac{(y_i - \hat{y}_i)^2}{2} \right] \qquad (2-23)$$

进一步假设训练样本集中 N 个样本点都是相互独立的,对应 N 个样本的似然函数即为每个输出概率 $p(y_i \mid x_i)$ 的累乘,即

$$L(x, y) = \prod_{i=1}^{N} \frac{1}{\sqrt{2\pi}} \exp\left[-\frac{(y_i - \hat{y}_i)^2}{2} \right] \qquad (2-24)$$

等式两边取对数,即

$$\ln[\,L(x,\ y)\,] = -\frac{N}{2}\ln(2\pi) - \frac{1}{2}\sum_{i=1}^{N}(y_i - \hat{y}_i)^2 \qquad (2-25)$$

式(2-25)的第一项为常数项,从第二项可以看出,对数似然与负的均方误差是一致的,最小化均方误差损失等价于极大似然估计。L2 损失是平滑可导的,在较大的输入误差下梯度值大,收敛快,在预测误差较小时,梯度小,更容易收敛至极值点。然而 L2 损失的稳定性差,受离群点(outlier)的影响容易出现梯度爆炸。

(2) L1 损失。

L1 损失又称为平均绝对损失(mean absolute error, MAE),是模型预测值与真实值误差的绝对值的平均,表示为

$$MAE = \frac{1}{N}\sum_{i=1}^{N}|\,y_i - \hat{y}_i\,| \qquad (2-26)$$

同理,假设模型的预测值与真实值的误差服从拉普拉斯分布(Laplace distribution),模型在给定一个 x_i 输出真实值 y_i 的概率为

$$p(y_i \mid x_i) = \frac{1}{2}\exp(-|\,y_i - \hat{y}_i\,|) \qquad (2-27)$$

与推导 MSE 类似,其负的对数似然与 MAE 的表达式一致,即最小化 MAE 等价于极大似然估计。相比于 MSE,由于 MAE 不使用平方,其对异常值更加稳健,鲁棒性更好。

(3) Huber 损失。

Huber 损失又称平滑平均绝对误差(smooth mean absolute error, Smooth MAE),其表达式如下:

$$L_\delta(y,\ \hat{y}) = \begin{cases} \dfrac{1}{2}(y - \hat{y})^2, & |\,y - \hat{y}\,| \leqslant \delta \\[2mm] \delta\,|\,y - \hat{y}\,| - \dfrac{1}{2}\delta^2, & \text{其他} \end{cases} \qquad (2-28)$$

Huber 损失是一个分段函数,对 L1 损失在 $[-\delta,\ \delta]$ 的输入值进行了平滑处理。它综合了 L2 损失和 L1 损失的优点,即在输入较大时采用更为稳健的 L1 损失,在输入较小时采用平滑的 L2 损失。δ 是一个超参数,一般通过不断迭代训练得到,因此 Huber 损失的好坏与超参数 δ 密不可分。

(4) log-cosh 损失。

log-cosh 损失定义为预测误差的双曲余弦的对数,表达式为

$$L(y, \hat{y}) = \sum_{i=1}^{n} \ln[\cosh(\hat{y}_i - y_i)] \qquad (2-29)$$

log - cosh 损失是回归问题中广泛使用的一种损失函数,它比 MSE 更加平滑。当模型的预测误差较小时,log - cosh 损失约等于 $\frac{(\hat{y}_i - y_i)^2}{2}$;而当预测误差较大时约等于 $|(\hat{y}_i - y_i)| - \ln 2$。这意味着 log - cosh 损失在很大程度上与 Huber 损失函数类似,兼具了 Huber 损失函数的所有优点,并且在全局范围内二次可微。

(5) 分位数损失(quantile loss)。

分位数损失是 L1 损失的扩展,通过引入分位数 γ 给予正误差和负误差不同的惩罚度。其表达式为

$$L_\gamma(\hat{y}_i, y_i) = \sum_{i: \hat{y}_i < y_i} (1 - \gamma)|\hat{y}_i - y_i| + \sum_{i: \hat{y}_i \geqslant y_i} \gamma|\hat{y}_i - y_i| \qquad (2-30)$$

式中,γ 是所需的分位数,其值为 0~1。分位数损失适用于许多商业、工程问题中的区间预测。

2) 分类损失

分类损失在航空发动机损伤智能判别等领域经常用到,以下为几种常用的分类损失函数。

(1) 0 - 1 损失。

0 - 1 损失考虑一个二分类问题,数据标注为 $y_i \in \{-1, +1\}$。对于一个分类模型 $f(x_i)$,其 0 - 1 损失表示为

$$\ell[y_i, f(x_i)] = \begin{cases} 0, & y_i f(x_i) > 0 \\ 1, & y_i f(x_i) \leqslant 0 \end{cases} = 1_{\{y_i f(x_i) \leqslant 0\}} \qquad (2-31)$$

式中,$1_{\{\cdot\}}$ 是指示函数。该函数表示当 y_i 与 $f(x_i)$ 同号时,模型预测正确,损失为 0;否则,模型预测错误,损失为 1。该损失函数非凸且不连续,无法应用梯度下降法进行模型优化,因此在基于梯度优化的深度学习模型中并不适用。

(2) 对数损失。

对数损失是逻辑回归(logistic regression)中通常使用的损失函数,其表达式如下:

$$L[y, f(x)] = \ln(1 + e^{-yf(x)}) \qquad (2-32)$$

式(2-32)的简单证明如下:在逻辑回归中,使用 sigmoid 函数输出作为二分类的预测概率,即

$$g[f(x)] = P(y = 1 \mid x) = \frac{1}{1 + e^{-f(x)}} \qquad (2-33)$$

对于标签 $y \in \{-1, +1\}$，由二分类的性质得

$$P(y = -1 \mid x) = 1 - P(y = 1 \mid x) = 1 - \frac{1}{1 + e^{-f(x)}} = \frac{1}{1 + e^{f(x)}} = g[-f(x)]$$

$$(2-34)$$

利用 $y \in \{-1, +1\}$，有 $P(y \mid x) = \dfrac{1}{1 + e^{-yf(x)}}$，是一个概率模型。假设有 m 个样本相互独立并服从该概率模型，根据极大似然估计得

$$\max\left[\prod_{i=1}^{m} P(y_i \mid x_i)\right] = \max\left(\prod_{i=1}^{m} \frac{1}{1 + e^{-y_i f(x_i)}}\right) \qquad (2-35)$$

等号两边取对数，并将其转为最小化得

$$\max\left[\sum_{i=1}^{m} \ln P(y_i \mid x_i)\right] = -\min\left[\sum_{i=1}^{m} \ln\left(\frac{1}{1 + e^{-y_i f(x_i)}}\right)\right] = \min\left[\sum_{i=1}^{m} \ln(1 + e^{-y_i f(x_i)})\right]$$

$$(2-36)$$

证毕。

（3）交叉熵损失（cross entropy loss）。

交叉熵损失是分类问题中最为常见的损失，衡量了模型预测分布与真实分布之间的差异。二分类问题中的交叉熵表达式为

$$J_{CE} = -\sum_{i=1}^{N} \left[y_i \ln(\hat{y}_i) + (1 - y_i) \ln(1 - \hat{y}_i)\right] \qquad (2-37)$$

推导如下：对于一个二分类问题，假设样本服从伯努利分布（0-1 分布），则有

$$\begin{aligned} P(y_i = 1 \mid x_i) &= \hat{y}_i \\ P(y_i = 0 \mid x_i) &= 1 - \hat{y}_i \end{aligned} \qquad (2-38)$$

整理得

$$P(y_i \mid x_i) = (\hat{y}_i)^{y_i} (1 - \hat{y}_i)^{1-y_i} \qquad (2-39)$$

假设样本之间独立同分布，则似然函数可写为

$$L(x, y) = \prod_{i=1}^{N} (\hat{y}_i)^{y_i} (1 - \hat{y}_i)^{1-y_i} \qquad (2-40)$$

对式（2-40）等号两边取对数变为对数似然，加负号变为最小化负对数似然，即为交叉熵损失函数：

$$- \ln \left[\prod_{i=1}^{N} (\hat{y}_i)^{y_i} (1 - \hat{y}_i)^{1-y_i} \right] = - \sum_{i=1}^{N} \left[y_i \ln(\hat{y}_i) + (1 - y_i) \ln(1 - \hat{y}_i) \right] = J_{CE}$$

$$(2-41)$$

在信息论中熵表示了事件所含信息量的大小,熵越大,表示所含信息量越大;反之亦然。假设 X 是一个离散随机变量,其概率分布为 $P(X = x)$,所含信息量 $I(x)$ 表示为

$$I(x) = - \ln P(x) \qquad (2-42)$$

假设事件 X 有 N 个可能的结果,其中 $x_i (i = 1, 2, \cdots, N)$ 发生的概率为 $P(x_i)$,而它的信息量为 $- \ln P(x_i)$,对该事件信息量求期望可得该事件的熵 $H(x)$ 为

$$H(X) = - \sum_{i=1}^{n} P(x_i) \ln P(x_i) \qquad (2-43)$$

除了采用极大对数似然推导交叉熵以外,还可以通过 K-L 散度(Kullback-Leibler divergence)得到交叉熵的数学表达式。K-L 散度用于衡量两个分布之间的不同,假设一个随机变量 X 服从两个独立的概率分布 $P(x)$ 和 $Q(x)$,其 K-L 散度为

$$D_{K-L}(P \parallel Q) = \sum_{i=1}^{n} P(x_i) \ln \left(\frac{P(x_i)}{Q(x_i)} \right) \qquad (2-44)$$

由式(2-44)可以看出, $Q(x_i)$ 越接近 $P(x_i)$, $D_{K-L}(P \parallel Q)$ 值越小。对其进行如下变形:

$$\begin{aligned} D_{K-L}(P \parallel Q) &= \sum_{i=1}^{n} P(x_i) \ln \left(\frac{P(x_i)}{Q(x_i)} \right) \\ &= \sum_{i=1}^{n} P(x_i) \ln P(x_i) - \sum_{i=1}^{n} P(x_i) \ln Q(x_i) \\ &= - H[P(x)] + \left(- \sum_{i=1}^{n} P(x_i) \ln Q(x_i) \right) \end{aligned} \qquad (2-45)$$

由式(2-45)可以看出,K-L 散度=交叉熵-信息熵。假设 $P(x)$ 为模型的真实分布, $Q(x)$ 为模型的预测分布。式(2-45)中等号右边第一项则表示真实分布的信息熵,其大小与模型参数无关,等号右边第二项即为交叉熵。由此可得,最小化交叉熵等价于最小化 K-L 散度。

在多分类问题中,真实值 y 采用 One-hot 向量表示,向量中的元素个数代表类别数,每个值代表当前类对应的概率,模型通过 Softmax 函数输出预测结果。因此,多分类的交叉熵可以写为

$$J_{CE} = - \sum_{i=1}^{N} y_i^{c_i} \ln(\hat{y}_i^{c_i}) \qquad (2-46)$$

式中, c_i 表示样本的目标类。多分类任务中的交叉熵损失函数也称为 Softmax 损失。

（4）合页损失（hinge loss）。

合页损失也称为铰链损失,常用于最大间隔（maximum-margin）的分类任务,如支持向量机。其数学表达式为

$$L(y) = \max(1 - y\hat{y}) \qquad (2-47)$$

式中,真实值 $y \in \{-1, +1\}$。如果 $y\hat{y} < 1$,则损失为 $1 - y\hat{y}$;如果 $y\hat{y} \geqslant 1$,则损失为 0。可以看出,合页损失对负的预测值施加一个较大的惩罚,并且当模型预测值在 $(0, 1)$ 时,也会有一个小的惩罚,即不仅惩罚错误的预测,而且对于正确但置信度不高的预测也给予一定的惩罚,只有置信度高的正确预测结果才会给零惩罚。

（5）指数损失（exponential loss）。

指数损失函数的表达式为

$$L[y, f(x)] = e^{-yf(x)} \qquad (2-48)$$

式中,真实值 $y \in \{-1, +1\}$。指数损失用于 Adaboost 算法,在 Adaboost 算法中,经过 m 次迭代得到 $f_m(x)$: $f_m(x) = f_{m-1}(x) + \alpha_m G_m(x)$, 每次迭代的目的是找到最小化下如下公式的参数 α 和 G,即

$$\underset{\alpha}{\arg\min} \, G(x; \alpha) = \sum_{i=1}^{N} \exp\{-y_i[f_{m-1}(x_i) + \alpha G(x_i)]\} \qquad (2-49)$$

可以看出,Adaboost 算法的目标式子就是指数损失, n 个样本下 Adaboost 的损失函数可表示为

$$L[y, f(x)] = \frac{1}{n} \sum_{i=1}^{n} \exp[-y_i f(x_i)] \qquad (2-50)$$

（6）焦点损失（focal loss）。

焦点损失是二分类交叉熵损失的改进版,其主要解决了目标检测任务中正负样本比例严重失衡的问题。该损失函数在二分类交叉熵损失的基础上引入了两个因子 α 和 γ,用于调节正负样本比例不均和样本分类难易不同时损失的大小。其具体表达式如下:

$$L_{\mathrm{FL}} = \begin{cases} -\alpha(1 - y')^{\gamma} \ln y', & y = 1 \\ -(1 - \alpha) y'^{\gamma} \ln(1 - y'), & y = 0 \end{cases} \qquad (2-51)$$

当 $\gamma = 0$ 时,等价于二分类的交叉熵损失。给 γ 一个大于 0 的数（通常 $\gamma = 2$）,使得接近样本真实标签的预测值（易分类样本）的损失值减小,远离样本真实标签的预测值（难分类样本）的损失值增大。平衡因子 α 取值在 $(0, 1)$,用于平衡正负样本比例不均。

2.4.3 深度学习的正则化

深度学习的主要挑战是学习模型不仅要在训练数据集上表现良好,还需在未参与训练的新数据上表现良好,这种在未知输入数据上的预测能力称为模型的泛化能力。泛化性能是由学习任务本身的难易度、训练数据的充分性以及深度学习算法的性能共同决定的。通常深度学习模型在训练集上的误差为训练误差,在未知的新数据上进行预测所产生的误差为泛化误差(也称为测试误差)。泛化误差可以分解为方差、偏差和噪声。方差度量了模型在训练样本集微小变动下的敏感度,刻画了数据扰动对模型预测性能的影响;偏差度量了模型的期望预测与真实标签的偏离程度,刻画了学习模型本身的拟合能力;噪声表示当前学习任务上任何学习模型所能达到的期望泛化误差下界,刻画了学习任务本身的难度。尽管如此,学习的最终目标是得到较低测试误差的深度学习模型,然而在深度学习模型的训练过程中往往存在两种问题:① 模型难以得到足够小的训练误差;② 模型的训练误差很小而测试误差较大,训练误差与测试误差之间的差距大。该问题也称为欠拟合和过拟合问题。

选择合适的模型容量是解决上述问题的关键,特别是航空发动机机载测试点少,该问题更为突出。模型容量是指拟合各种函数的能力,可以简单理解为模型的参数量或复杂度。容量低的模型很难拟合训练集,难以学到足够多的知识而无法获得足够低的训练误差(欠拟合);过高的模型容量会产生过拟合,即学到了一些额外的区别于测试集和训练集的知识而使得模型在测试集上的误差较大。因此,控制模型容量适用于学习任务的复杂度和训练数据的数量是深度学习建模过程中必不可少的环节。

正则化是解决上述问题的有效方法,其广泛应用于各类深度学习模型。采用正则化策略可以有效调控深度学习模型容量、改善模型结构、防止模型欠拟合或过拟合,进而提高模型的泛化能力。大量的试验研究表明,一个好的深度学习模型通常是包含适当正则化的大型模型。目前,在深度学习中广泛应用的正则化方法有:① 参数范数惩罚;② 标签光顺(label smoothing);③ Dropout;④ 随机深度(stochastic depth);⑤ 提前终止(early stopping);⑥ 批归一化(batch normalization);⑦ 数据增强。

1. 参数范数惩罚

参数范数惩罚是指在损失函数 J 之后添加一个参数范数惩罚[正则项 $\Omega(\theta)$],相当于对损失函数的一种约束优化,限制了模型的学习能力。一般将未添加正则项的损失称为经验风险损失,将添加正则项的损失称为结构风险损失。给定 $\tilde{J}$ 表示正则化后的目标函数,即

$$\tilde{J}(\theta; X, y) = J(\theta; X, y) + \alpha\Omega(\theta) \tag{2-52}$$

式中, θ 表示训练参数; X 表示输入; y 表示真实的目标标签; α 表示调整范数惩罚

对整体目标函数贡献大小的超参数，α 越大表示正则化惩罚越大。在以最小化 $\tilde{J}$ 为目的网络训练的过程中，会降低原始目标 J 关于训练数据的误差，并同时减小在某些衡量标准下参数 θ（或参数子集）的规模。选择不同的参数范数会偏好不同的解，有的 Ω 被设计为编码特定类型的先验知识，有的 Ω 则被设计为偏好某个简单模型，其中最为常见的是 L2 和 L1 正则化。

L2 正则化也称为权重衰减（weight decay）或岭回归（ridge regression），损失后添加的正则项表示为 $\Omega(\theta) = \dfrac{1}{2} \parallel \omega \parallel_2^2$，因此目标函数为

$$\tilde{J}(\omega; X, y) = J(\omega; X, y) + \frac{\alpha}{2} \parallel \omega \parallel_2^2 \qquad (2-53)$$

计算式（2-53）的梯度得

$$\nabla_\omega \tilde{J}(\omega; X, y) = \nabla_\omega J(\omega; X, y) + \alpha\omega \qquad (2-54)$$

引入学习率 $\lambda (\lambda \geqslant 0)$，利用单步梯度下降法更新权重，有

$$\omega \leftarrow \omega - \lambda \left[\alpha\omega + \nabla_\omega J(\omega; X, y) \right] \qquad (2-55)$$

即

$$\omega \leftarrow (1 - \lambda\alpha)\omega - \lambda \nabla_\omega J(\omega; X, y) \qquad (2-56)$$

不难发现，L2 正则化是对权重的衰减，即在每次通过求梯度更新权重时首先对当前权重进行缩小处理（权重乘以一个小于 1 的系数）。

L1 正则化也称为套索回归（lasso regression），其正则项是权重矩阵各元素绝对值的和，即权重的 L1 范数，表示为 $\Omega(\theta) = \parallel \omega \parallel_1 = \sum_i | \omega_i |$。L1 正则化后的目标函数为

$$\tilde{J}(\omega; X, y) = J(\omega; X, y) + \alpha \parallel \omega \parallel_1 \qquad (2-57)$$

对式（2-57）求梯度得

$$\nabla_\omega \tilde{J}(\omega; X, y) = \nabla_\omega J(\omega; X, y) + \alpha\operatorname{sign}(\omega) \qquad (2-58)$$

与 L2 正则化不同，L1 正则化对梯度的影响不再是线性缩放每个 ω_i，而是添加了一个具有交替符号的常数因子，使得权重趋于 0 而非缩小权重。因此，L1 正则化会产生更稀疏的解，这种稀疏性已广泛应用于特征选择机制。

有时很难权衡 L1 正则化和 L2 正则化对参数更新的利弊，因此出现了弹性网络回归（ElasticNet）。ElasticNet 将 L1 惩罚与 L2 惩罚相结合，组成了一个具有两种惩罚因素的单一模型。使用这种方式得到的模型与纯粹的套索回归一样稀疏，但

同时具有岭回归的权重衰减特性。ElasticNet 的损失函数为

$$\tilde{J}(\omega; X, y) = J(\omega; X, y) + \alpha\beta \| \omega \|_1 + \frac{\alpha(1-\beta)}{2} \| \omega \|_2^2 \quad (2-59)$$

由式（2-59）可知，ElasticNet 的正则项包含两个超参数 α 和 β，α 用于表征正则项对整体目标函数的贡献度，β 用于调节 L1 惩罚和 L2 惩罚之间的比例。

2. 标签光顺

标签光顺是分类任务中普遍采用的一种正则化方法，通常的做法是对输出目标添加一定的噪声。深度学习分类模型的目标向量一般均采用只包含 0 或 1 的 one-hot 编码格式，形如 $[0, 1, 0, 0]$，而模型预测最后输出均采用 Softmax 与函数得到所属每一类别的概率值 $\left(\sigma(z_i) = e^{z_i} \Big/ \sum_{j=1}^{N} e^{z_j}\right)$，这就使得预测结果很难达到与目标向量一样的形式（Softmax 函数无法输出 0 或 1）。标签光顺将目标向量中难以达到的 0、1 修改为接近 0、1 的近似值，其做法是引入一个相对较小的修正系数 ϵ，0 替换为 $\epsilon/k - 1$，1 替换为 $1 - \epsilon$，k 为类别个数。

3. Dropout

Dropout 是深度神经网络建模过程中常用的正则化方法，其思想是在模型的每轮训练过程中以一定的概率 P 随机剪掉一些节点，而在模型测试阶段对每个单元节点参数乘以 P，之后使用完整网络进行预测。Dropout 使得每轮训练中层与层之间的连接结构发生了变化，相同节点的信息传至下一层的路径不断更替，其效果类似于训练了多个不同的深度神经网络，最后将这些网络进行集成，示意图如图 2-37 所示。采用 Dropout 可以有效防止过拟合，提高模型的泛化能力。在本章的数字工程 3 号模型中，Dropout 的选取影响较大。

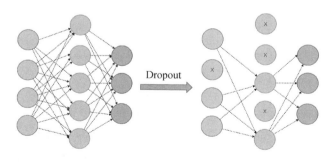

图 2-37　Dropout 示意图

4. 随机深度

随机深度正则化方法首次被应用于卷积神经网络残差连接结构（ResNet）的训练优化。原始的 ResNet 结构是一个由残差和恒等映射组成的网络连接结构，可以

表示为

$$H_\ell = \mathrm{ReLU}\big[\,f_\ell(H_{\ell-1}) + \mathrm{id}(H_{\ell-1})\,\big] \qquad (2-60)$$

式中,下标 ℓ 表示残差连接结构编号;f 表示残差部分;id 表示恒等映射,它们的和经 ReLU 函数激活后输出。随机深度正则化方法就是在网络训练时加入了一个随机变量 b,b 是一个满足伯努利的概率分布($b=0$ 或 1),b 取 0 的概率为 $1-p$, 取 1 的概率为 p,这里的 p 代表生存概率。随机深度正则化方法作用于残差连接结构的表达式为

$$H_\ell = \mathrm{ReLU}\big[\,b_\ell f_\ell(H_{\ell-1}) + \mathrm{id}(H_{\ell-1})\,\big] \qquad (2-61)$$

如式($2-61$)所示,b 作为 f 的系数对残差部分进行随机舍弃,使得网络结构多样化,降低了深度学习模型过拟合的风险。

5. 提前终止

提前终止是一种极其简单的正则化方法,其做法是在训练过程中时刻关注训练误差大小,当训练误差不再减小而测试误差开始上升时,停止训练。为了避免只进行一轮训练带来较大误差的问题,通常设置在连续几个轮次时,如果模型在验证集上的误差不下降,则终止训练。

6. 批归一化

批归一化是一种隐式的正则化方法,通常用于激活函数之后,目的是防止训练的每一批次获得不同的平均值和不同的标准偏差。批归一化的做法是在训练期间使用批次平均值和批次标准偏差对神经网络中间层的输出进行标准化处理,使得中间层的输出更加稳定。训练完成后,将训练过程中计算得到的均值、标准差等统计数据用于测试。批归一化可以有效提升深层网络中的数值稳定性,其主要有三大优点:

(1)学习速度快(可以使用较大学习率),该优点更加适应航空发动机的数据特点;

(2)降低模型对初始值的敏感度;

(3)从一定程度上抑制过拟合。

以 mini-batch 为单位,对神经元的输出进行批归一化的过程分为以下三步。

步骤 1:计算 mini-batch 内样本均值和方差:

$$\mu_B = \frac{1}{m}\sum_{i=1}^{m} x^{(i)} \qquad (2-62)$$

$$\sigma_B^2 = \frac{1}{m}\sum_{i=1}^{m} (x^{(i)} - \mu_B)^2 \qquad (2-63)$$

步骤 2:计算标准化输出:

$$\hat{x}^{(i)} = \frac{x^{(i)} - \mu_B}{\sqrt{(\sigma_B^2 + \epsilon)}} \qquad (2-64)$$

式中，ϵ 表示一个极小量，一般为 1×10^{-6}，以防止分母为 0。

步骤 3：进行平移和缩放：

$$y_i = \gamma\hat{x}_i + \beta \qquad\qquad (2-65)$$

式中，γ 和 β 通过学习得到，一般赋初值为 $\gamma = 1$、$\beta = 0$。

7. 数据增强

数据增强是指通过某些方法（注入噪声、相似变换、伪造等）创建更多的样本作为训练集训练模型。训练数据越多，模型的方差就越小，泛化误差也就越小。数据增强在航空发动机损伤图像学习中较为常用。实现数据增强的方法多种多样，概括为以下四种。

（1）基本数据操作，最简单的数据增强方法是对数据执行几何变换。

（2）特征空间扩充，在特征空间上对数据进行变换。例如，使用自动编码器提取潜在表示，之后在潜在表示中添加噪声，从而导致原始数据点的变换。

（3）基于生成对抗网络的数据生成，即利用生成对抗网络生成伪数据。

（4）元学习。在元学习中使用神经网络，通过调整超参数、改进布局等方式优化其他神经网络，类似的方法也可用于数据扩充，例如使用分类网络来调整增强网络，以生成更好的图像。

2.4.4　常规神经网络模型

神经网络的结构由隐层神经元连接方式决定，本节介绍常规神经网络模型，其隐层的神经元连接方式针对各类不同问题而提出。经过广泛的研究测试，在构造适用于研究的相关模型时，通常考虑常规神经网络模型的组合进行模型初步测试。

1. 多层感知机

多层感知机（multi-layer perceptron，MLP）是一种前向结构的人工神经网络层，能够将一组输入向量映射到另一组输出向量。相较于单层感知机这一简单的线性分类模型，多层感知机中隐层和激活函数的存在使其具有强大的非线性表达能力，广泛应用于数据预测、模式识别、图像处理等领域。

1）基本结构

多层感知机神经网络由多层全连接神经网络层构成，其结构图如图 2-38 所示。多层感知机由输入层、隐层和输出层构成，其中每一个神经元节点都与相邻网络层中所有的神经元相连接，即全连接，而同一神经网络层中的神经元无连接。

2）MLP 前向传播

多层感知机的前向传播过程较为简单，具体为：首先将前一层所有神经元的输出作为输入，并对其进行加权求和，然后通过激活函数进行非线性化表达，最后得到该神经元的输出值并向下一层传递。其计算公式如下：

输入层　　　　　　　隐层　　　　　　　输出层

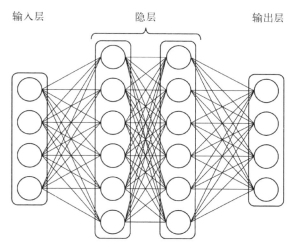

图 2 - 38　多层感知机结构图

$$a_j^n = \sigma(z_j^n) = \sigma\Big(\sum_{i=1}^{m} w_{ji}^n a_i^{n-1} + b_j^n \Big) \qquad (2-66)$$

式中，a_j^n 表示第 n 层神经网络层第 j 个神经元节点的输出值；b_j^n 表示该神经元的偏置参数，m 表示第 $n-1$ 层的神经元节点数；w_{ji}^n 表示网络第 $n-1$ 层第 i 个神经元与第 n 层第 j 个神经元之间的权重系数；σ 表示激活函数。

3）MLP 反向传播

权重是神经网络模型中可调整的参数，对权重参数进行优化可以使模型准确映射出数据中输入特征与标签之间的关系，使其具备解决实际问题的能力。多层感知机采用反向传播算法对模型的权重参数进行调节。反向传播算法的具体运算过程如下。

记模型损失函数对神经网络第 n 层未通过激活函数的输出 z^n 的梯度为 $\boldsymbol{\delta}^n$：

$$\boldsymbol{\delta}^n = \frac{\partial \boldsymbol{L}}{\partial \boldsymbol{z}^n} \qquad (2-67)$$

当 $n = N$，即目标层为输出层时，有

$$\boldsymbol{\delta}^n = \frac{\partial \boldsymbol{L}}{\partial \boldsymbol{z}^n} = \frac{\partial \boldsymbol{L}}{\partial \boldsymbol{z}^n} \cdot \sigma'(\boldsymbol{z}^n) \qquad (2-68)$$

当 $n \neq N$ 时，有

$$\boldsymbol{\delta}^n = \frac{\partial \boldsymbol{L}}{\partial \boldsymbol{z}^n} = (\boldsymbol{w}^{n+1})^{\mathrm{T}} \boldsymbol{\delta}^{n+1} \cdot \sigma'(\boldsymbol{z}^n) \qquad (2-69)$$

由式(2-69)可见,第 n 层的梯度可以由第 $n+1$ 层的梯度计算得出,即反向传播。

第 n 层权重和偏置的梯度的计算公式如下:

$$\frac{\partial L}{\partial w^n} = \frac{\partial L}{\partial z^n}\left(\frac{\partial z^n}{\partial w^n}\right)^{\mathrm{T}} = \delta^n (a^{n-1})^{\mathrm{T}} \tag{2-70}$$

$$\frac{\partial L}{\partial b^n} = \frac{\partial L}{\partial z^n}\left(\frac{\partial z^n}{\partial b^n}\right)^{\mathrm{T}} = \delta^n \tag{2-71}$$

在得到损失函数对各项参数的梯度后,使用梯度下降法使模型的参数朝着误差减小的方向更新,通过不断迭代计算,将模型误差控制在可接受范围内。

多层感知机梯度下降的运算公式如下:

$$w = w - \eta \frac{\partial L}{\partial w} \tag{2-72}$$

$$b = b - \eta \frac{\partial L}{\partial b} \tag{2-73}$$

式中, η 表示学习率; L 表示损失。

2. 循环神经网络

循环神经网络是一类能有效处理具有序列特性数据的神经网络,常用于语言建模、文本生成、机器翻译、语音识别、生成图像描述和视频标记等领域。

1)基本结构

RNN 的基本结构如图 2-39 所示。

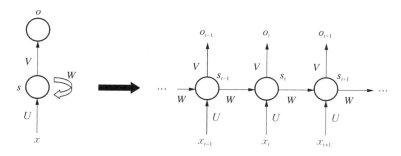

图 2-39 RNN 的基本结构

图 2-39 中 x_t 表示 t 时刻(或者是序列编号)输入层的值, s_t 表示 t 时刻隐层的值, o_t 表示 t 时刻输出层的值。U、V 分别表示输入层到隐层的权重矩阵和隐层到输出层的权重矩阵,W 表示相邻两个隐层之间的权重矩阵,即上一个时间步对当前时间步影响的大小。

　　RNN 的训练过程与一般神经网络类似,主要分为两个步骤,即前向传播和梯度的反向传播。相较于多层感知机和其他神经网络结构,其梯度的反向传播需要考虑两个步骤:第一步,计算出每个时间步的输出值;第二步,综合考虑每个时间步的损失函数,求出其相对参数的梯度,通过优化器更新权重。下面介绍 RNN 的前向传播和反向传播的训练过程。

　　2) RNN 前向传播

　　记隐层偏置系数为 b,则隐层的输出值 s_t 为

$$s_t = f(U \cdot x_t + W \cdot s_{t-1} + b) \tag{2-74}$$

式中,f 为激活函数。

　　由此,输出层的输出 o_t 为

$$o_t = g(V \cdot s_t + c) \tag{2-75}$$

式中,c 为输出层的偏置系数;g 为激活函数,一般在 RNN 中隐层采用 tanh 激活函数,输出层采用 Softmax 激活函数。

　　输出值再与样本标签值通过损失函数进行计算,以表示 t 时刻的误差,记此时的损失函数为 Loss_t。循环神经网络神经元如图 2-40 所示。

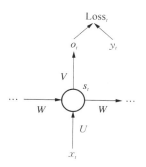

图 2-40　循环神经网络神经元

　　3) RNN 反向传播

　　RNN 反向传播算法和传统的全连接神经网络相同,使用梯度下降法更新模型参数,这里的参数主要有 U、V、W、b、c。

　　首先根据每个时间步的输出与对应真实值计算出总的损失函数 Loss:

$$\mathrm{Loss} = \sum_{t=1}^{t_0} \mathrm{Loss}_t \tag{2-76}$$

式中,t_0 表示总时间步长。

　　Loss 相对于 c 的梯度可以表示为

$$\frac{\partial \mathrm{Loss}}{\partial c} = \sum_{t=1}^{t_0} \frac{\partial \mathrm{Loss}_t}{\partial c} = \sum_{t=1}^{t_0} \frac{\partial \mathrm{Loss}_t}{\partial o_t} \frac{\partial o_t}{\partial c} = \sum_{t=1}^{t_0} \frac{\partial \mathrm{Loss}_t}{\partial o_t} g' \tag{2-77}$$

　　如果损失函数采用 MSE,激活函数为 Sigmoid 函数,则式(2-77)可写为

$$\frac{\partial \mathrm{Loss}}{\partial c} = \sum_{t=1}^{t_0} \frac{\partial \left[1/2(\hat{y}_i - y_i)^2 \right]}{\partial \hat{y}_i} \cdot \frac{\mathrm{d} \left[1/(1 + \mathrm{e}^{(-x)}) \right]}{\mathrm{d}x} \tag{2-78}$$

$$= \sum_{t=1}^{t_0} (\hat{y}_i - y_i) \cdot \sigma(x) \left[1 - \sigma(x) \right]$$

Loss 相对于 V 的梯度可以表示为

$$\frac{\partial \text{Loss}}{\partial V} = \sum_{t=1}^{t_0} \frac{\partial \text{Loss}_t}{\partial V} = \sum_{t=1}^{t_0} \frac{\partial \text{Loss}_t}{\partial o_t} \frac{\partial o_t}{\partial V} = \sum_{t=1}^{t_0} \frac{\partial \text{Loss}_t}{\partial o_t} g' \cdot s_t \qquad (2-79)$$

Loss 相对于 W 的梯度可以表示为

$$\frac{\partial \text{Loss}}{\partial W} = \sum_{t=1}^{t_0} \frac{\partial \text{Loss}_t}{\partial W} = \sum_{t=1}^{t_0} \frac{\partial \text{Loss}_t}{\partial o_t} \frac{\partial o_t}{\partial s_t} \frac{\partial s_t}{\partial W} \qquad (2-80)$$

式中，

$$\frac{\partial o_t}{\partial s_t} = \frac{\partial g(Vs_t + c)}{\partial s_t} = g' \cdot V \qquad (2-81)$$

$$\frac{\partial s_t}{\partial W} = \frac{\partial f(Ux_t + Ws_{t-1} + b)}{\partial W} = f' \cdot \left(s_{t-1} + W \frac{\partial s_{t-1}}{\partial W} \right) \qquad (2-82)$$

观察 $\dfrac{\partial s_{t-1}}{\partial W}$ 项，可以看出式(2-82)为递推式，因此有

$$\frac{\partial s_2}{\partial W} = f' \cdot \left(s_1 + W \frac{\partial s_1}{\partial W} \right) \qquad (2-83)$$

显然 $\dfrac{\partial s_1}{\partial W} = 0$，因此有

$$\frac{\partial s_2}{\partial W} = f' \cdot s_1 \qquad (2-84)$$

$$\frac{\partial s_3}{\partial W} = f' \cdot \left(s_2 + W \frac{\partial s_2}{\partial W} \right) = f' \cdot (s_2 + W \cdot f' \cdot s_1) \qquad (2-85)$$

根据递推即可得到 $\dfrac{\partial s_t}{\partial W}$ 的值。

Loss 相对于 U 的梯度可以表示为

$$\frac{\partial \text{Loss}}{\partial U} = \sum_{t=1}^{t_0} \frac{\partial \text{Loss}_t}{\partial U} = \sum_{t=1}^{t_0} \frac{\partial \text{Loss}_t}{\partial o_t} \frac{\partial o_t}{\partial s_t} \frac{\partial s_t}{\partial U} \qquad (2-86)$$

式中，

$$\frac{\partial s_t}{\partial U} = \frac{\partial f(Ux_t + Ws_{t-1} + b)}{\partial U} = f' \cdot \left(x_{t-1} + W \frac{\partial s_{t-1}}{\partial U} \right) \qquad (2-87)$$

根据上述递推式,容易得到

$$\frac{\partial s_2}{\partial U} = f' \cdot x_1 \qquad (2-88)$$

$$\frac{\partial s_2}{\partial U} = f' \cdot \left(x_2 + W \frac{\partial s_1}{\partial U} \right) = f' \cdot (x_2 + W \cdot f' \cdot x_1) \qquad (2-89)$$

根据递推关系即可得到 $\frac{\partial s_t}{\partial U}$ 的值。

Loss 相对于 b 的梯度可以表示为

$$\frac{\partial \mathrm{Loss}}{\partial b} = \sum_{t=1}^{t_0} \frac{\partial \mathrm{Loss}_t}{\partial b} = \sum_{t=1}^{t_0} \frac{\partial \mathrm{Loss}_t}{\partial o_t} \frac{\partial o_t}{\partial s_t} \frac{\partial s_t}{\partial b} \qquad (2-90)$$

式中,

$$\frac{\partial s_t}{\partial b} = \frac{\partial f(U x_t + W s_{t-1} + b)}{\partial b} = f' \cdot \left(1 + W \frac{\partial s_{t-1}}{\partial b} \right) \qquad (2-91)$$

根据上述递推式,容易得到

$$\frac{\partial s_1}{\partial b} = f' \qquad (2-92)$$

$$\frac{\partial s_2}{\partial b} = f' \cdot \left(1 + W \frac{\partial s_1}{\partial b} \right) = f' \cdot (1 + W \cdot f') \qquad (2-93)$$

根据递推关系,即可得到 $\frac{\partial s_t}{\partial b}$ 的值。

4) RNN 的缺点

由 RNN 反向传播推导公式可以看出,RNN 中的部分梯度计算与递推相关,而且该递推关系与总时间步长相关,当时间步长增长时,可能会出现梯度的激增或湮灭,因此 RNN 在训练过程中容易发生梯度爆炸或梯度消失的问题。上述特性使得 RNN 处理的时间序列数据的步长有所限制,即 RNN 短期记忆较强,但难以处理长序列问题。

RNN 的结构是串联关系,因此距离当前时间步长越远的隐层输出对当前时间步隐层输出的影响越小,即 RNN 对不同位置输入序列值的影响效果完全取决于序列的排布。此外,RNN 无法根据不同特征的重要性对当前的输出产生影响,例如,处理语言序列中一句话的所有词汇,RNN 都会提取其特征并作为输入,即 RNN 考虑了所有的信息特征,但并未对信息特征进行有效筛选,无法区分信息特征对应用问题的重要程度。

3. 长短期记忆神经网络

为了解决 RNN 存在的上述缺陷,研究人员提出了循环神经网络的变体——长短期记忆神经网络。LSTM 神经网络最早由 Hochreiter 和 Schmidhuber 于 1997 年提出,其在 RNN 的基础上引入了三个门控制机制,即遗忘门、输入门和输出门,LSTM 神经网络结构如图 2 - 41 所示,其选择保留或删除信息的能力在处理序列问题上被证明比传统 RNN 更有效。

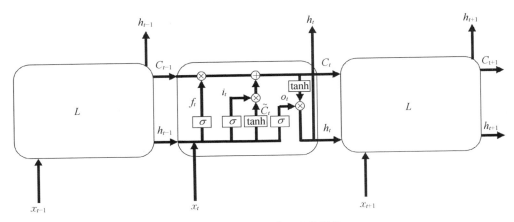

图 2 - 41　LSTM 神经网络结构

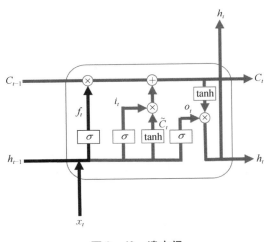

图 2 - 42　遗忘门

1) LSTM 神经网络结构及前向传播算法

(1) 遗忘门。

LSTM 神经网络通过遗忘门(图 2 - 42)来决定丢弃的信息,该门控单元会读取上一个神经元的输出 h_{t-1} 和当前神经元的输入 x_t,经过一个 Sigmoid 激活函数后输出一个 $[0,1]$ 的数值 f_t 并与长记忆线的 C_{t-1} 连乘。其中,0 表示完全舍弃,而 1 表示完全保留。该数值 f_t 可表示如下:

$$f_t = \sigma(W_f \cdot h_{t-1} + U_f \cdot x_t + b_f)$$

$$(2-94)$$

(2) 输入门。

LSTM 神经网络通过输入门(图 2 - 43)决定向长记忆线增添额外的信息量。

首先,需要经过一个 Sigmoid 层来决定
有多少比例的信息 i_t 需要更新,再经由
tanh 层计算出当前神经元的总更新信
息 $\tilde{C}_t$,两者相乘即为新信息的添加
量。i_t 和 $\tilde{C}_t$ 可分别表示如下:

$$i_t = \sigma(W_i \cdot h_{t-1} + U_i \cdot x_t + b_i)$$
$$(2-95)$$

$$\tilde{C}_t = \tanh(W_C \cdot h_{t-1} + U_C \cdot x_t + b_C)$$
$$(2-96)$$

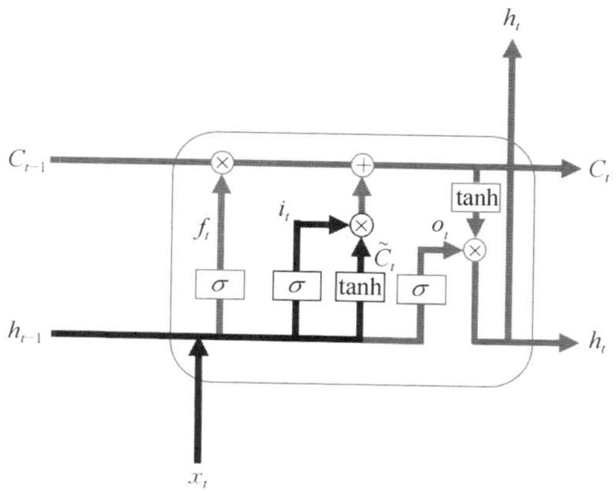

（3）输出门。

LSTM 神经网络通过输出门（图
2-44）确定当前单元的输出信息,其根
据长记忆线提供的信息进行筛选计算。
与输入门类似,输出门通过 Sigmoid 激
活函数决定输出信息 o_t 的比例,再与
经过 tanh 激活函数的长记忆线信息 C_t
相乘得到输出 h_t。o_t 与 h_t 可分别表示
如下:

$$o_t = \sigma(W_o \cdot h_{t-1} + U_o \cdot x_t + b_o)$$
$$(2-97)$$

$$h_t = o_t \cdot \tanh(C_t) \quad (2-98)$$

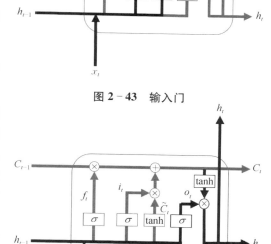

图 2-43　输入门

图 2-44　输出门

式中, C_t 为更新后的长记忆线信息,即

$$C_t = f_t \cdot C_{t-1} + i_t \cdot \tilde{C}_t \tag{2-99}$$

2）LSTM 神经网络反向传播算法

LSTM 神经网络的输出结果 y_t 可以表示为

$$y_t = g(V \cdot h_t + C) \tag{2-100}$$

式中, g 为激活函数。为了方便计算,定义 $\delta_{h,t}$ 和 $\delta_{C,t}$ 分别为

$$\delta_{h,t} = \frac{\partial \text{Loss}_t}{\partial h_t} \tag{2-101}$$

$$\delta_{C,t} = \frac{\partial \text{Loss}_t}{\partial C_t} \tag{2-102}$$

为了便于推导,将损失函数 Loss_t 分为两部分:一部分为 t 时刻的损失 loss_t,另一部分为 t 时刻之后的损失 Loss_{t+1},即

$$\mathrm{Loss}_t = \begin{cases} \mathrm{loss}_t, & \tau = t \\ \mathrm{loss}_t + \mathrm{Loss}_{t+1}, & \tau > t \end{cases} \tag{2-103}$$

当 $\tau = t$ 时,有

$$\delta_{h,\tau} = \frac{\partial \mathrm{Loss}_\tau}{\partial h_\tau} = \frac{\partial \mathrm{Loss}_\tau}{\partial y_\tau} \frac{\partial y_\tau}{\partial h_\tau} = \frac{\partial \mathrm{Loss}_\tau}{\partial y_\tau} g' \cdot V \tag{2-104}$$

$$\delta_{C,\tau} = \frac{\partial \mathrm{loss}_\tau}{\partial C_\tau} = \frac{\partial \mathrm{loss}_\tau}{\partial h_\tau} \frac{\partial h_\tau}{\partial C_\tau} = \delta_{h,\tau} \cdot o_\tau \cdot \left[1 - \tanh C_\tau^{\,2} \right] \tag{2-105}$$

当 $\tau > t$ 时,有

$$\delta_{h,t} = \frac{\partial \mathrm{Loss}_t}{\partial h_t} = \frac{\partial \mathrm{loss}_t}{\partial h_t} + \frac{\partial \mathrm{Loss}_{t+1}}{\partial h_{t+1}} \frac{\partial h_{t+1}}{\partial h_t} = \frac{\partial \mathrm{loss}_t}{\partial h_t} + \delta_{h,t+1} \frac{\partial h_{t+1}}{\partial h_t} \tag{2-106}$$

由于 $h_{t+1} = o_{t+1} \cdot \tanh C_{t+1}$,观察 o_{t+1} 关于 h_t 的偏导数,有

$$\frac{\partial o_{t+1}}{\partial h_t} = \frac{\partial \sigma(W_o \cdot h_{t-1} + U_o \cdot x_t + b_o)}{\partial h_t} = \sigma' \cdot W_o = o_{t+1}(1 - o_{t+1}) \cdot W_o \tag{2-107}$$

又因为 $C_{t+1} = f_{t+1} \cdot C_t + i_{t+1} \cdot \tilde{C}_{t+1}$,观察 C_{t+1} 关于 h_t 的偏导数,有

$$\frac{\partial o_{t+1}}{\partial h_t} = \frac{\partial(f_{t+1} \cdot C_t + i_{t+1} \cdot \tilde{C}_{t+1})}{\partial h_t} \tag{2-108}$$

其中,

$$\frac{\partial f_{t+1}}{\partial h_t} = \frac{\partial \left[\sigma(W_f \cdot h_t + U_f \cdot x_{t+1} + b_f) \right]}{\partial h_t} = f_{t+1}(1 - f_{t+1}) \cdot W_f \tag{2-109}$$

$$\frac{\partial i_{t+1}}{\partial h_t} = \frac{\partial \left[\sigma(W_i \cdot h_t + U_i \cdot x_{t+1} + b_i) \right]}{\partial h_t} = i_{t+1}(1 - i_{t+1}) \cdot W_i \tag{2-110}$$

$$\frac{\partial \tilde{C}_{t+1}}{\partial h_t} = \frac{\partial \left[\tanh(W_C \cdot h_{t-1} + U_C \cdot x_{t+1} + b_C) \right]}{\partial h_t} = (1 - \tilde{C}_{t+1}^2) \cdot W_C \tag{2-111}$$

综合式(2-90)~式(2-96),即可推导出 h_{t+1} 相对于 h_t 的导数:

$$\frac{\partial h_{t+1}}{\partial h_t} = \frac{\partial(o_{t+1} \cdot \tanh C_{t+1})}{\partial h_t} = \frac{\partial o_{t+1}}{\partial h_t} \tanh C_{t+1} + \frac{\partial C_{t+1}}{\partial h_t}(1 - C_{t+1}^2)o_{t+1}$$

$$= o_{t+1}(1 - o_{t+1}) \cdot W_o \cdot \tanh C_{t+1}$$

$$+ (1 - C_{t+1}^2)o_{t+1} \cdot f_{t+1}(1 - f_{t+1}) \cdot W_f \cdot C_t$$

$$+ (1 - C_{t+1}^2)o_{t+1} \cdot i_{t+1}(1 - i_{t+1}) \cdot W_f \cdot \tilde{C}_{t+1}$$

$$+ (1 - C_{t+1}^2)o_{t+1} \cdot (1 - \tilde{C}_{t+1}^2) \cdot W_f \cdot i_{t+1}$$

$$(2-112)$$

将式(2-112)代入式(2-75)即可求得 $\delta_{h,t}$ 的递推关系,进而求得每个时间步的 $\delta_{h,t}$,同理,按上述流程可求出 $\delta_{C,t}$。

根据上述推导,各个参数的反向传播求解如下所示。

(1)损失函数对 W_f 的偏导数:

$$\frac{\partial \mathrm{Loss}_t}{\partial W_f} = \frac{\partial \mathrm{Loss}_t}{\partial C_t}\frac{\partial C_t}{\partial W_f} = \sum_{t=1}^{\tau}\left[\delta_{C,t} \cdot f_t(1 - f_t) \cdot C_{t-1}\right] \cdot h_{t-1} \quad (2-113)$$

(2)损失函数对 W_i 的偏导数:

$$\frac{\partial \mathrm{Loss}_t}{\partial W_i} = \sum_{t=1}^{\tau}\frac{\partial \mathrm{Loss}_t}{\partial C_t}\frac{\partial C_t}{\partial W_i} = \sum_{t=1}^{\tau}\left[\delta_{C,t} \cdot i_t(1 - i_t) \cdot \tilde{C}_{t-1}\right] \cdot h_{t-1} \quad (2-114)$$

(3)损失函数对 W_C 的偏导数:

$$\frac{\partial \mathrm{Loss}_t}{\partial W_C} = \sum_{t=1}^{\tau}\frac{\partial \mathrm{Loss}_t}{\partial C_t}\frac{\partial C_t}{\partial W_C} = \sum_{t=1}^{\tau}\left[\delta_{C,t} \cdot (1 - \tilde{C}_{t-1}^2)\right] \cdot h_{t-1} \quad (2-115)$$

(4)损失函数对 W_o 的偏导数:

$$\frac{\partial \mathrm{Loss}_t}{\partial W_o} = \sum_{t=1}^{\tau}\frac{\partial \mathrm{Loss}_t}{\partial h_t}\frac{\partial h_t}{\partial W_o} = \sum_{t=1}^{\tau}\left[\delta_{h,t} \cdot o_t(1 - o_t) \cdot \tanh C_t\right] \cdot h_{t-1}$$

$$(2-116)$$

(5)损失函数对 U_f 的偏导数:

$$\frac{\partial \mathrm{Loss}_t}{\partial U_f} = \sum_{t=1}^{\tau}\frac{\partial \mathrm{Loss}_t}{\partial C_t}\frac{\partial C_t}{\partial U_f} = \sum_{t=1}^{\tau}\left[\delta_{C,t} \cdot f_t(1 - f_t) \cdot C_{t-1}\right] \cdot x_t \quad (2-117)$$

(6)损失函数对 U_i 的偏导数:

$$\frac{\partial \mathrm{Loss}_t}{\partial U_i} = \sum_{t=1}^{\tau}\frac{\partial \mathrm{Loss}_t}{\partial C_t}\frac{\partial C_t}{\partial U_i} = \sum_{t=1}^{\tau}\left[\delta_{C,t} \cdot i_t(1 - i_t) \cdot \tilde{C}_{t-1}\right] \cdot x_t \quad (2-118)$$

（7）损失函数对 U_C 的偏导数：

$$\frac{\partial \mathrm{Loss}_t}{\partial U_C} = \sum_{t=1}^{\tau} \frac{\partial \mathrm{Loss}_t}{\partial C_t} \frac{\partial C_t}{\partial U_C} = \sum_{t=1}^{\tau} \left[\delta_{C,t} \cdot (1 - \tilde{C}_{t-1}^2) \cdot i_t \right] \cdot x_t \qquad (2-119)$$

（8）损失函数对 U_o 的偏导数：

$$\frac{\partial \mathrm{Loss}_t}{\partial U_o} = \sum_{t=1}^{\tau} \frac{\partial \mathrm{Loss}_t}{\partial C_t} \frac{\partial C_t}{\partial U_o} = \sum_{t=1}^{\tau} \left[\delta_{h,t} \cdot o_t(1 - o_t) \cdot \tanh C_t \right] \cdot x_t \qquad (2-120)$$

（9）损失函数对 b_f 的偏导数：

$$\frac{\partial \mathrm{Loss}_t}{\partial b_f} = \sum_{t=1}^{\tau} \frac{\partial \mathrm{Loss}_t}{\partial C_t} \frac{\partial C_t}{\partial b_f} = \sum_{t=1}^{\tau} \left[\delta_{C,t} \cdot f_t(1 - f_t) \cdot C_{t-1} \right] \qquad (2-121)$$

（10）损失函数对 b_i 的偏导数：

$$\frac{\partial \mathrm{Loss}_t}{\partial b_i} = \sum_{t=1}^{\tau} \frac{\partial \mathrm{Loss}_t}{\partial C_t} \frac{\partial C_t}{\partial b_i} = \sum_{t=1}^{\tau} \left[\delta_{C,t} \cdot i_t(1 - i_t) \cdot \tilde{C}_t \right] \qquad (2-122)$$

（11）损失函数对 b_C 的偏导数：

$$\frac{\partial \mathrm{Loss}_t}{\partial b_C} = \sum_{t=1}^{\tau} \frac{\partial \mathrm{Loss}_t}{\partial C_t} \frac{\partial C_t}{\partial b_C} = \sum_{t=1}^{\tau} \left[\delta_{C,t} \cdot (1 - \tilde{C}_t^2) \cdot i_t \right] \qquad (2-123)$$

（12）损失函数对 b_o 的偏导数：

$$\frac{\partial \mathrm{Loss}_t}{\partial b_o} = \sum_{t=1}^{\tau} \frac{\partial \mathrm{Loss}_t}{\partial C_t} \frac{\partial C_t}{\partial b_o} = \sum_{t=1}^{\tau} \left[\delta_{h,t} \cdot o_t(1 - o_t) \cdot \tanh C_t \right] \qquad (2-124)$$

4. 门控循环单元神经网络

LSTM 神经网络虽然在处理序列问题时相较于传统 RNN 有优势，但其网络结构较为复杂，计算速度较慢。门控循环单元（gated recurrent unit，GRU）神经网络是 LSTM 神经网络的变体，其在保证网络性能的前提下，较 LSTM 神经网络的结构更加简单。GRU 神经网络主要包含两大改动：一是将 LSTM 神经网络结构中的输入门、遗忘门、输出门简化为更新门 z_t 和重置门 r_t；二是将循环结构单元状态与输出向量结合，仅用单个状态进行表示。GRU 神经网络结构如图 2-45 所示。

1）GRU 神经网络结构及前向传播算法

（1）重置门。

重置门（图 2-46）决定了输出信息作为下一步计算信息 r_t 并传入候选状态的

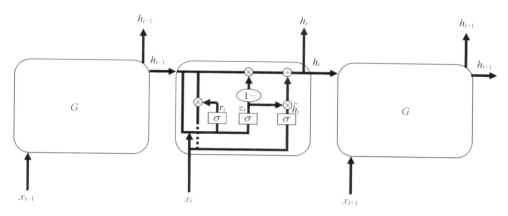

图 2 - 45　GRU 神经网络结构

比例,式(2 - 125)为重置门的计算公式:

$$r_t = \sigma(W_r \cdot h_{t-1} + U_r \cdot x_t + b_r) \qquad (2 - 125)$$

式中,下标 r 表示重置门的标识; W_r 表示重置门的相关隐藏神经元权重; U_r 表示重置门中处理当前输入特征的相关隐藏神经元权重。

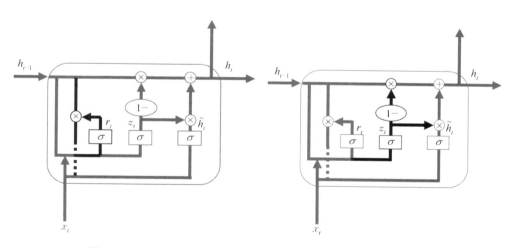

图 2 - 46　重置门　　　　　　　　图 2 - 47　更新门

(2)更新门。

更新门(图 2 - 47)可用于总结当前计算步中的信息,控制输出信息 z_t 的更新比例。

$$z_t = \sigma(W_z \cdot h_{t-1} + U_z \cdot x_t + b_z) \qquad (2 - 126)$$

式中,下标 z 作为更新门的标识; W_z 表示更新门的相关隐藏神经元权重; U_z 表示更新门中处理当前输入特征的相关隐藏神经元权重。

最终,当前循环结构体的输出 h_t 为

$$\tilde{h}_t = \tanh(W_{\tilde{h}} \cdot r_t \cdot h_{t-1} + U_{\tilde{h}} \cdot x_t + b_{\tilde{h}}) \tag{2-127}$$

$$h_t = (1 - z_t) \cdot h_{t-1} + z_t \cdot \tilde{h}_t \tag{2-128}$$

2) GRU 神经网络反向传播算法

GRU 神经网络的输出结果 y_t 可表示为

$$y_t = g(W_o \cdot h_t + b_o) \tag{2-129}$$

式中,g 表示激活函数。参照 LSTM 神经网络的反向传播算法的推导过程,定义 $\delta_{h,t}$ 为

$$\delta_{h,t} = \frac{\partial \mathrm{Loss}_t}{\partial h_t} \tag{2-130}$$

为了便于推导,将损失函数 Loss_t 分为两部分:一部分为 t 时刻的损失 loss_t;另一部分为 t 时刻之后的损失 Loss_{t+1},即

$$\mathrm{Loss}_t = \begin{cases} \mathrm{loss}_t, & \tau = t \\ \mathrm{loss}_t + \mathrm{Loss}_{t+1}, & \tau > t \end{cases} \tag{2-131}$$

当 $\tau = t$ 时,有

$$\delta_{h,\tau} = \frac{\partial \mathrm{Loss}_\tau}{\partial h_\tau} = \frac{\partial \mathrm{Loss}_\tau}{\partial y_\tau} \frac{\partial y_\tau}{\partial h_\tau} = \frac{\partial \mathrm{Loss}_\tau}{\partial y_\tau} g' \cdot W_o \tag{2-132}$$

当 $\tau > t$ 时,有

$$\delta_{h,t} = \frac{\partial \mathrm{Loss}_t}{\partial h_t} = \frac{\partial \mathrm{loss}_t}{\partial h_t} + \frac{\partial \mathrm{Loss}_{t+1}}{\partial h_{t+1}} \frac{\partial h_{t+1}}{\partial h_t} = \frac{\partial \mathrm{loss}_t}{\partial h_t} + \delta_{h,t+1} \frac{\partial h_{t+1}}{\partial h_t} \tag{2-133}$$

由于 $h_{t+1} = (1 - z_{t+1}) \cdot h_t + z_{t+1} \cdot \tilde{h}_{t+1}$,所以有

$$\frac{\partial h_{t+1}}{\partial h_t} = \frac{\partial[(1 - z_{t+1}) \cdot h_t + z_{t+1} \cdot \tilde{h}_{t+1}]}{\partial h_t} = \frac{\partial[(1 - z_{t+1}) \cdot h_t]}{\partial h_t} + \frac{\partial(z_{t+1} \cdot \tilde{h}_{t+1})}{\partial h_t} \tag{2-134}$$

计算上式各项的值得

$$\frac{\partial[(1 - z_{t+1}) \cdot h_t]}{\partial h_t} = -z_t(1 - z_t) \cdot W_z \cdot h_t + (1 - z_t) \tag{2-135}$$

$$\frac{\partial(z_{t+1} \cdot \tilde{h}_{t+1})}{\partial h_t} = z_t(1 - z_t) \cdot W_z \cdot \tilde{h}_{t+1} + z_{t+1}(1 - \tilde{h}_{t+1}^2) \cdot \frac{\partial(W_{\tilde{h}} \cdot r_{t+1} \cdot h_t)}{\partial h_t}$$

$$(2 - 136)$$

$$\frac{\partial(W_{\tilde{h}} \cdot r_{t+1} \cdot h_t)}{\partial h_t} = W_{\tilde{h}} \cdot r_{t+1}(1 - r_{t+1}) \cdot W_r \cdot h_t + W_{\tilde{h}} \cdot r_{t+1} \quad (2 - 137)$$

将式(2－120)~式(2－122)代入式(2－119)整理后,再代入式(2－118)即可求出 $\delta_{h, t}$ 的值。

紧接着,计算损失函数相对各参数的偏导数。

(1)损失函数相对 W_r 的偏导数:

$$\frac{\partial \mathrm{Loss}_t}{\partial W_r} = \sum_{t=1}^{\tau} \frac{\partial \mathrm{Loss}_t}{\partial h_t} \frac{\partial h_t}{\partial \tilde{h}_t} \frac{\partial \tilde{h}_t}{\partial W_r} = \sum_{t=1}^{\tau} \delta_{h, t} \cdot z_t \cdot (1 - \tilde{h}_t^2) \cdot W_{\tilde{h}} \cdot r_t(1 - r_t) \cdot h_{t-1}^2$$

$$(2 - 138)$$

(2)损失函数相对 U_r 的偏导数:

$$\frac{\partial \mathrm{Loss}_t}{\partial U_r} = \sum_{t=1}^{\tau} \frac{\partial \mathrm{Loss}_t}{\partial h_t} \frac{\partial h_t}{\partial \tilde{h}_t} \frac{\partial \tilde{h}_t}{\partial U_r} = \sum_{t=1}^{\tau} \delta_{h, t} \cdot z_t \cdot (1 - \tilde{h}_t^2) \cdot W_{\tilde{h}} \cdot r_t(1 - r_t) \cdot h_{t-1} \cdot x_t$$

$$(2 - 139)$$

(3)损失函数相对 W_z 的偏导数:

$$\frac{\partial \mathrm{Loss}_t}{\partial W_z} = \sum_{t=1}^{\tau} \frac{\partial \mathrm{Loss}_t}{\partial h_t} \frac{\partial h_t}{\partial \tilde{h}_t} \frac{\partial \tilde{h}_t}{\partial W_z} = \sum_{t=1}^{\tau} \delta_{h, t} \cdot (- h_{t-1} + \tilde{h}_t) \cdot z_t(1 - z_t) \cdot h_{t-1}$$

$$(2 - 140)$$

(4)损失函数相对 U_z 的偏导数:

$$\frac{\partial \mathrm{Loss}_t}{\partial U_z} = \sum_{t=1}^{\tau} \frac{\partial \mathrm{Loss}_t}{\partial h_t} \frac{\partial h_t}{\partial \tilde{h}_t} \frac{\partial \tilde{h}_t}{\partial U_z} = \sum_{t=1}^{\tau} \delta_{h, t} \cdot (- h_{t-1} + \tilde{h}_t) \cdot z_t(1 - z_t) \cdot x_t$$

$$(2 - 141)$$

(5)损失函数相对 $W_{\tilde{h}}$ 的偏导数:

$$\frac{\partial \mathrm{Loss}_t}{\partial W_{\tilde{h}}} = \sum_{t=1}^{\tau} \frac{\partial \mathrm{Loss}_t}{\partial h_t} \frac{\partial h_t}{\partial \tilde{h}_t} \frac{\partial \tilde{h}_t}{\partial W_{\tilde{h}}} = \sum_{t=1}^{\tau} \delta_{h, t} \cdot z_t \cdot (1 - \tilde{h}_t^2) \cdot r_t \cdot h_{t-1} \quad (2 - 142)$$

(6)损失函数相对 $U_{\tilde{h}}$ 的偏导数:

$$\frac{\partial \mathrm{Loss}_t}{\partial U_{\tilde{h}}} = \sum_{t=1}^{\tau} \frac{\partial \mathrm{Loss}_t}{\partial h_t} \frac{\partial h_t}{\partial \tilde{h}_t} \frac{\partial \tilde{h}_t}{\partial U_{\tilde{h}}} = \sum_{t=1}^{\tau} \delta_{h, t} \cdot z_t \cdot (1 - \tilde{h}_t^2) \cdot r_t \cdot x_t \quad (2 - 143)$$

（7）损失函数相对 b_r 的偏导数：

$$\frac{\partial \mathrm{Loss}_t}{\partial b_r} = \sum_{t=1}^{\tau} \frac{\partial \mathrm{Loss}_t}{\partial h_t} \frac{\partial h_t}{\partial \tilde{h}_t} \frac{\partial \tilde{h}_t}{\partial b_r} = \sum_{t=1}^{\tau} \delta_{h,t} \cdot z_t \cdot (1 - \tilde{h}_t^2) \cdot W_{\tilde{h}} \cdot r_t (1 - r_t) \cdot h_{t-1}$$

$$(2-144)$$

（8）损失函数相对 b_z 的偏导数：

$$\frac{\partial \mathrm{Loss}_t}{\partial b_z} = \sum_{t=1}^{\tau} \frac{\partial \mathrm{Loss}_t}{\partial h_t} \frac{\partial h_t}{\partial \tilde{h}_t} \frac{\partial \tilde{h}_t}{\partial b_z} = \sum_{t=1}^{\tau} \delta_{h,t} \cdot (-h_{t-1} + \tilde{h}_t) \cdot z_t (1 - z_t) \quad (2-145)$$

（9）损失函数相对 $b_{\tilde{h}}$ 的偏导数：

$$\frac{\partial \mathrm{Loss}_t}{\partial b_{\tilde{h}}} = \sum_{t=1}^{\tau} \frac{\partial \mathrm{Loss}_t}{\partial h_t} \frac{\partial h_t}{\partial \tilde{h}_t} \frac{\partial \tilde{h}_t}{\partial b_{\tilde{h}}} = \sum_{t=1}^{\tau} \delta_{h,t} \cdot z_t \cdot (1 - \tilde{h}_t^2) \cdot r_t \quad (2-146)$$

2.5 大涵道比民用涡扇发动机数字工程模型

本节利用大涵道比民用涡扇发动机历史运行数据构建数字工程模型并进行试验验证。所使用的发动机数据集来源于某型民航客机的运行数据。该数据记录了不同飞行循环中飞机以及发动机的状态监控数据，采样方式为等时间间隔采样，采样周期为 1 s，每个飞行循环中有三万多条数据。数据的特征维度如表 2-3 所示。

表 2-3　数据的特征维度

飞 机 参 数	发 动 机 参 数
毛重	排气温度
偏航角	海拔
俯仰角	大气静温
滚转角	大气总压
垂直加速度	飞行马赫数
横向加速度	压气机进口压力
纵向加速度	发动机低压转速
垂直速度	发动机高压转速
	压气机出口温度
	发动机增压比
	油门杆角度

飞 机 参 数	发 动 机 参 数
	燃油流量
	燃油压力
	燃油温度
	涡轮出口压力
	反推装置位置

数据质量对于深度学习至关重要,其质量的好坏在很大程度上决定了模型的收敛速度和精度。因此,在训练深度学习模型之前,必须对数据进行预处理。

1) 数据清洗

飞行数据文件的格式一般为 csv,该格式文件以纯文本的形式保存表格数据,以特定字符作为分隔符。在数据记录的过程中,表格内容中可能包含该分隔符,从而导致表格顺序被打乱,因此需要利用算法去除表格中多余的字符分隔符,并对数据进行修正。

2) 相关性分析

由于飞机的飞行参数以及发动机的性能参数对输出参数的影响程度是不同的,所以需要将不同的参数与输出数据进行相关性分析,筛选出与输出数据强相关的数据特征作为模型的输入。通过特征筛选,不仅可以节约计算资源,还能够提高模型的性能,防止出现过拟合。同时,对所有数据指标两两计算相关性,可以得出不同数据特征之间的关系,有助于模型结构的优化以及试验结果的分析。本节采用皮尔逊相关系数对数据进行相关性分析,计算公式为

$$\rho_{(X, Y)} = \frac{\mathrm{cov}(X, Y)}{\sigma_X \sigma_Y} = \frac{E\big[(X - u_X)(Y - u_Y)\big]}{\sigma_X \sigma_Y} \qquad (2-147)$$

基于该公式计算得到的相关系数,其绝对值越接近 1,表示指标间的相关程度越高,越接近于 0,指标间的相关程度越低。以排气温度为例,经数据分析不同指标间的相关系数如图 2-48 所示。

从图 2-48 可以看出,与发动机排气温度最相关的特征是压气机进口压力、发动机高低压转速、燃油流量和燃油温度,这符合对航空发动机物理规律的认知。而与排气温度最不相关,即相关系数为零的参数有滚转角、垂直加速度以及反推装置位置。极有可能的原因是,飞机在飞行过程中这些参数基本不会发生改变,更不会对发动机的排气温度产生影响,所以在训练特征中不包含这三个指标。此外,对于横向加速度和纵向加速度两个参数,可以发现它们与其他指标的相关系数均为-1,经过对原始数据的仔细检查,发现这两个特征参数中的数据均为 0,因此将其判定为不可用

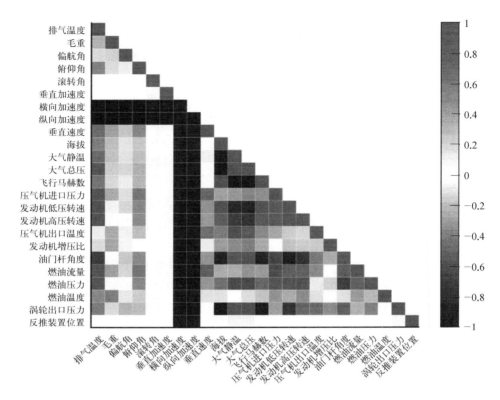

图 2-48　相关系数热力图

数据,将其从训练特征中移除。因此,该例所构建的数据集中包含 24 个特征维度。

3)数据标准化

不同指标下的数据具有不同的量纲和取值范围,将数据直接输入模型进行训练会使模型沿不同方向的梯度变化很大,从而使模型难以收敛,因此需要对数据进行归一化。将所有维度的数据都缩放至 $[0,1]$ 内,可以加快模型的收敛速度,提高模型的精度。Min-Max 方法对数据的标准化处理是常用方法,计算公式如下:

$$x^* = \frac{x - x_{\min}}{x_{\max} - x_{\min}} \tag{2-148}$$

式中,$x_{\min}$ 和 $x_{\max}$ 分别表示每个数据特征的最小值和最大值;x 表示原始数据;x^* 表示归一化后的数据。在使用归一化的数据完成模型训练后,再使用式(2-148)对模型的输出进行逆归一化。

2.5.1　简化数字工程模型

本节利用深度学习框架来建立深度学习网络模型,分别为多层感知机模型和增强型长短期记忆网络模型,在此基础上对模型的具体结构进行详细描述。

图 2 - 49　多层感知机模型架构图

1. 多层感知机

多层感知机具有强大的非线性拟合能力,因此多层感知机模型简单且高效。本节所构建的多层感知机模型架构如图 2 - 49 所示,该模型由 4 个全连接层和 3 个 Dropout 层组成。全连接层是多层感知机的核心组件,Dropout 层的作用是防止模型过拟合,有利于提升模型的性能。

为了研究多层感知机模型的内部参数对多层感知机模型性能的影响,本节构建 4 个内部参数不同的多层感知机模型,具体参数如表 2 - 4 所示。表 2 - 4 中,节点数 i 表示第 i 个全连接层的神经元数目,是影响多层感知机模型参数数量的重要因素。最后一个全连接层的输出维度是固定的,因此只对前 3 个全连接层参数进行调节。

表 2 - 4　多层感知机模型具体参数

模型序号	节点数 1	节点数 2	节点数 3	参数数量
0	64	128	32	14 k
1	64	256	32	27 k
2	128	256	64	54 k
3	128	512	64	103 k

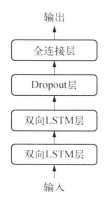

图 2 - 50　LSTM 神经网络模型结构

2. 双向长短期记忆神经网络

在发动机运行过程中,发动机系统、部件、元件之间按照一定的规律高效匹配工作,其参数也相互耦合。因此,为了使得数字工程模型能够表征这些物理规律,本节采用双向长短期记忆(bidirectional long short-term memory, BiLSTM)神经网络来构建模型,以提取特征参数之间的映射关系。BiLSTM 神经网络的架构是在网络内部建立两个 LSTM 层,输入数据相同,但输入顺序不同,一层从前向后输入,另一层则从后向前输入,最后将两层的输出进行拼接作为最终的输出向量。

1) LSTM 神经网络模型

本节构建的 LSTM 神经网络模型结构如图 2 - 50 所示。同样为了探究模型内部参数对模型精度的影响,此处构建了

4 个参数不同的 LSTM 神经网络模型,模型参数如表 2 - 5 所示。节点数 1、2 分别表示第 1 个和第 2 个 BiLSTM 层的神经元节点数。同时,为了横向对比不同模型结构的性能,尽量将模型的参数数量保持一致。

表 2 - 5　LSTM 神经网络模型参数

模型序号	节点数 1	节点数 2	参数数量
0	8	32	13 k
1	8	64	42 k
2	16	64	52 k
3	16	128	167 k

2) CMPT - LSTM 神经网络模型

在上述 LSTM 神经网络模型中,参数只是按照一定的顺序输入网络模型中,模型所包含的物理规律信息有限。因此,为了将更多的先验知识融入模型中,进一步提升模型的性能,本节构建基于航空发动机物理部件信息的长短期记忆(component long short-term memory, CMPT - LSTM)神经网络模型。建立部件网络将航空发动机的部件信息融入模型中,有利于模型精度的提升。为了将该模型的性能与 LSTM 神经网络模型进行比较,并消除其他因素的影响,本节设计的 CMPT - LSTM 神经网络模型结构与 LSTM 神经网络模型类似,只是将第一层的双向 LSTM 神经网络按部件结构进行划分,然后将输出向量进行拼接,作为下一神经网络层的输入。CMPT - LSTM 神经网络模型结构如图 2 - 51 所示。该模型的内部参数设置与

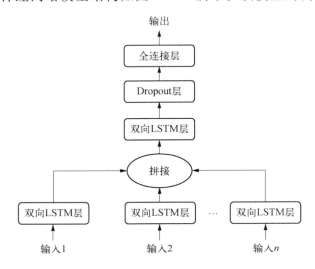

图 2 - 51　CMPT - LSTM 神经网络模型结构

LSTM 神经网络模型保持一致,具体参数如表 2 - 6 所示。由于模型结构的不同,所以尽管网络每一层的节点数相同,但参数数量却不同。

表 2 - 6　CMPT - LSTM 神经网络模型参数

模型序号	节点数 1	节点数 2	参数数量
0	8	32	19 k
1	8	64	48 k
2	16	64	73 k
3	16	128	188 k

3. 模型训练

在模型搭建完成后,需要对模型进行训练以优化模型参数。在训练过程中,一般选择均方误差作为模型的损失函数,其计算公式为

$$\text{MSE} = \frac{1}{n} \sum_{i=1}^{n} (y_i - \hat{y}_i)^2 \tag{2-149}$$

模型的优化器选择 Adam 优化器,该优化器是目前应用最广泛的优化器之一。Adam 优化器能够在训练过程中根据梯度动态地调整学习率,从而使模型快速收敛。本节对模型所使用的数据集进行了合理划分,取一个飞行循环中 80% 的数据作为训练集用于模型训练,其余 20% 作为验证集用于模型的性能评估,以选取最优的模型进行保存。在模型训练完成后,选取同一飞机相同发动机另一个飞行循环的数据作为测试集,用于评估模型的性能,并以此为试验结果。

模型训练过程中的超参数设置如下:轮次设为 300,表示训练集完整地输入模型 300 次。由于训练集中有三万多条数据,数据量较大,所以需要将数据分批送入模型进行训练。batch_size 表示每批数据中的样本数量,此处将其设置为 512,即每次将 512 个数据样本送入模型以计算损失函数的梯度并取其平均值作为权重参数更新的依据。

4. 模型评估

在模型完成训练后,需要对模型的性能进行评估,据此分析影响模型精度的因素。对于数字工程模型,一般可采用平均绝对百分比误差(mean absolute percentage error, MAPE)以及最大绝对百分比误差(maximum absolute percentage error, MaAPE)作为评价指标,其对应的计算公式如下:

$$\text{MAPE} = \frac{1}{n} \sum_{i=1}^{n} \left| \frac{y_i - \hat{y}_i}{y_i} \right| \times 100\% \tag{2-150}$$

$$MaAPE = \max\left(\left|\frac{y_i - \hat{y}_i}{y_i}\right|\right) \times 100\% \qquad (2-151)$$

式中,y_i 表示样本数据中的真实值;$\hat{y}_i$ 表示模型的预测值;n 表示样本数量;max 表示最大值函数。这些评价指标的取值均为非负数,其值越接近 0,表明模型的精度越高;反之,其值越大,模型的精度越低。

5. 试验结果分析

上述三种模型完成训练后,使用测试集对模型的性能进行评估,以排气温度为例给出了试验结果,如表 2-7 所示。其中,推理耗时表示模型接收一组数据输出排气温度过程中模型运算所耗费的时间,推理耗时越短表示模型的运算速度越快。表 2-7 中模型编号前面的字母表示模型的类型,后面的数字表示该模型的序号。表中,最优指标数值加粗表示。

表 2-7 试验结果

模型编号	MAPE/%	MaAPE/%	推理耗时/ms
MLP - 0	1.26	14.15	0.151 5
MLP - 1	1.23	15.14	0.153 7
MLP - 2	**0.97**	**12.27**	0.154 4
MLP - 3	1.38	12.55	0.155 3
LSTM - 0	1.68	14.80	0.168 3
LSTM - 1	1.54	17.60	0.169 0
LSTM - 2	1.60	**12.43**	0.169 3
LSTM - 3	**1.15**	14.04	0.171 8
CMPT - LSTM - 0	0.45	13.21	0.277 3
CMPT - LSTM - 1	0.44	12.77	0.278 4
CMPT - LSTM - 2	0.45	12.52	0.279 0
CMPT - LSTM - 3	**0.44**	**12.32**	0.279 8

为了更加直观地对不同结构模型的精度进行对比分析,本节将试验结果以模型推理耗时为横坐标,以 MAPE、MaAPE 为纵坐标绘制到如图 2-52、图 2-53 所示的气泡图中。

对该试验结果进行详细分析,可得出如下结论。

(1)对于 MLP 模型,选择合适的参数数量较为重要。从表 2-7 中可以看出,随着模型参数数量的增加,模型的精度呈现先升高后降低的趋势。模型参数数量

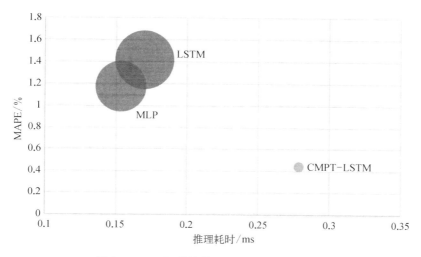

图 2-52　不同结构模型的 **MAPE** 指标分布

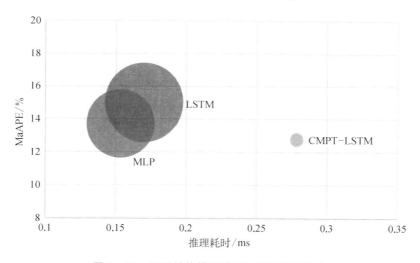

图 2-53　不同结构模型的 **MaAPE** 指标分布

最大的 3 号模型出现了很明显的过拟合,需要采取一定的措施降低过拟合,提升模型的精度。

(2) 从图 2-52、图 2-53 中可以看出,单纯地采用 LSTM 神经网络模型不仅不能提高模型的精度,反而增加了模型的推理耗时,模型性能低于 MLP 模型。如果对 LSTM 神经网络模型按照发动机工作的物理规律进行修改,将神经网络层按部件划分,即可大幅度提升模型的精度,但推理耗时有所增加。这样看来,在数据驱动的模型中融入先验知识,可以提升模型的性能。

图 2-54~图 2-56 分别为每种模型在测试集上的效果。图中实线为发动机

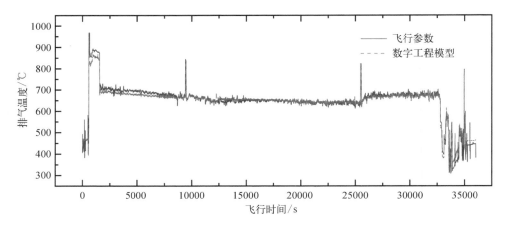

图 2 - 54　MLP 模型测试图

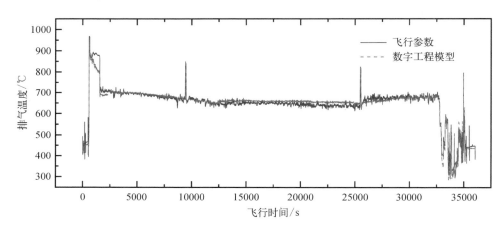

图 2 - 55　LSTM 神经网络模型测试图

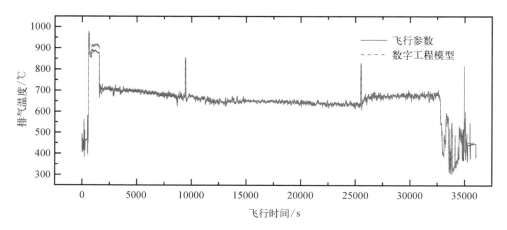

图 2 - 56　CMPT - LSTM 神经网络模型测试图

排气温度的历史数据,可以看到该曲线在飞机起飞降落时数据波动较大,这是因为在该过程中发动机的状态并不稳定,并未处于稳定工作状态。虚线即为模型的输出值,从图中可以直观地看出,CMPT‐LSTM 神经网络模型的效果要优于 MLP 模型和 LSTM 神经网络模型。测试集中包含了一个完整的飞行循环,排气温度数据量较大,将其全部绘制在同一幅图中会使得数据分布过于密集,无法对模型的细节进行详细对比分析。因此,本节选取该飞行循环中 7 500～12 500 s 的数据进行局部放大,其结果如图 2‐57~图 2‐59 所示。

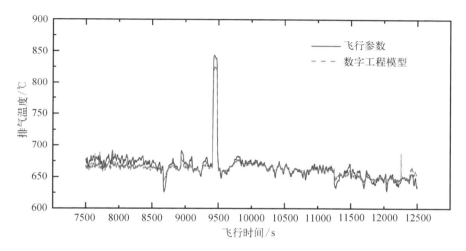

图 2‐57　MLP 模型测试局部图

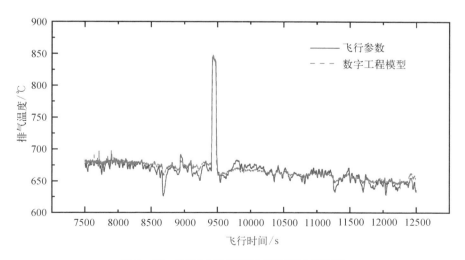

图 2‐58　LSTM 神经网络模型测试局部图

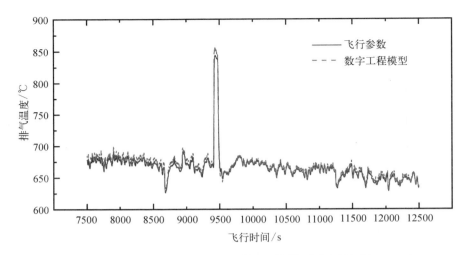

图 2 - 59　CMPT - LSTM 神经网络模型测试局部图

在本节所选取的数据范围内,飞机处于巡航状态,发动机处于稳定工作状态,同时该范围内还包含飞机的爬升或转弯过程。因此,模型在该数据范围内的输出结果能够有代表性地反映不同模型的性能。从图中可以看出,CMPT - LSTM 神经网络模型不仅能够精确地预测排气温度的大幅度变化,而且能够准确地跟踪发动机运行过程中排气温度的小范围波动,效果远优于其他 MLP 模型和 LSTM 神经网络模型。

6. 本节小结

本节首先对原始数据进行了分析和处理,建立了学习数据集。然后构建了三种结构的深度学习神经网络模型,分别为 MLP 模型、LSTM 神经网络模型、CMPT - LSTM 神经网络模型,通过试验对模型的性能进行了分析验证。试验结果表明,在模型结构基本一致的条件下,融入物理规律的模型效果优于原始模型。

2.5.2　强化数字工程模型

2.5.1 节对三种网络模型进行了试验对比验证,在模型参数数量相当的情况下,CMPT - LSTM 神经网络模型的精度远高于 MLP 模型和 LSTM 神经网络模型,但运算时间较长。因此,本节在保证模型精度的前提下,为了提高模型的运算速度,将注意力机制应用到网络中,构建了基于注意力机制的数字工程模型,并将试验结果与上述模型进行对比,总结试验结论。

1. 注意力机制

注意力机制是认知科学领域的概念,在面对纷繁复杂的信息时,人们往往只会关注重要的信息,而忽略无关信息,即人们会对看到的所有信息分配一个权重,权值越大,表明该信息越重要,权值越小,说明该信息越无关紧要。注意力机制是人类在注意力资源有限的情况下面对海量信息而做出的高效决策。

在深度神经网络模型中引入注意力机制,能够使模型更加有效地提取输入序列中的重要信息并据此对序列信息进行高效建模,显著提升模型的性能。此外,相较于循环神经网络,注意力机制能够通过矩阵运算实现并行化,从而提升模型的运算速度。因此,注意力机制受到广大研究者的青睐,诸多研究结果表明,注意力机制在序列信息的处理上效果显著。

注意力机制的核心思想是计算每一个查询(query)向量在键值对(key-value)序列上的映射。注意力机制的算法流程如图 2 – 60 所示。首先计算 query 向量与每一个 key 向量之间的相似性,相似度的计算有很多不同的方法,如点积、拼接以及缩放点积等。然后使用 Softmax 函数对相似性参数进行标准化,得到每一个 key-value 对应的注意力权重(attention value)。最后使用该权重对 value 向量序列进行加权求和,得到最终的输出向量。

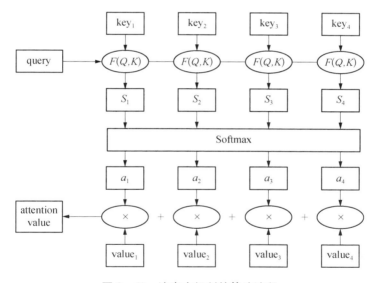

图 2 – 60　注意力机制的算法流程

注意力机制的计算公式如下:

$$Attention(\boldsymbol{Q}, \boldsymbol{K}, \boldsymbol{V}) = Softmax\left(\frac{\boldsymbol{Q}\boldsymbol{K}^{\mathrm{T}}}{\sqrt{d_k}}\right)\boldsymbol{V} \qquad (2-152)$$

式中,$\boldsymbol{Q}$、$\boldsymbol{K}$、$\boldsymbol{V}$ 分别表示 query、key、value 向量序列所组成的矩阵;d_k 表示 key 向量的维度,除以 $\sqrt{d_k}$ 可以防止点积过大。

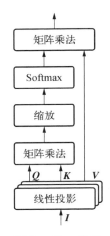

图 2 - 61 自注意力机制的计算原理

在注意力机制中,key-value 数据对来源于原始输入(source),而 query 向量是目标输出(target)中的元素。一般来说,source 和 target 是不同的,例如,在机器翻译任务中,source 是需要翻译的语句,target 则为翻译之后的句子,注意力机制提取的是 source 和 target 数据之间的映射关系。当 source 和 target 相同时,注意力机制则转变为自注意力机制,又称为内部注意力机制。自注意力机制中的 Q、K、V 矩阵均来源于同一输入,有效避免了模型对外部信息的依赖,更擅长捕捉序列数据内部的相关性。自注意力机制对序列数据关系的学习不受数据所在位置的影响,解决了循环神经网络的长期遗忘问题,也提升了网络的运算速度。自注意力机制的计算原理如图 2 - 61 所示。

由图 2 - 61 中可以看出,Q、K、V 矩阵分别由输入矩阵 I 经过不同的线性层投影得到,这也是自注意力机制的核心算法。在计算得到 Q、K、V 矩阵后,将矩阵 Q 与矩阵 K 的转置相乘,然后除以 $\sqrt{d_k}$ 对注意力矩阵进行缩放,通过 Softmax 函数归一化注意力权重,最后将其与矩阵 V 相乘,输出处理后的向量序列。

2. Transformer 模型

Transformer 模型是谷歌在 2017 年提出的应用于自然语言处理领域的模型,该模型自提出以来,就以其强大的序列建模能力以及全局信息感知能力获得了专家学者的广泛关注。鉴于其在自然语言处理任务上的优秀表现,许多研究者尝试将其应用于其他领域并均取得了显著成效,例如,图像处理领域的 Vision Transformer 模型在数据量较大的情况下,效果要优于卷积神经网络,基于 Transformer 的对比文本-图像预训练(contrastive language-image pre-training,CLIP)模型建立了图像和文本之间的联系,推动了多模态融合发展。

自注意力机制是 Transformer 模型的核心算法,该模型结构图如图 2 - 62 所示。Transformer 模型采用了编码器-解码器(encoder-decoder)架构,首先使用编码器对输入序列进行编码,为解码器中的自注意力层提供 key-value 数值对,解码器的输出向量按输出顺序再次输入解码器,作为 query 向量对经过编码的数据进行特征提取,输出预测向量。每个编码器都由多头自注意力层和前馈神经网络层所构成,每层都使用了残差连接,该结构有助于模型的收敛。其中,多头自注意力算法的原理是构建数个不同的自注意力层,然后将输出进行拼接,再投影到目标维度。多头自注意力机制能够有效提取数据不同维度的特征,从而提升模型性能。解码器的结构与编码器类似,在编码器的基础上增加了具有掩码的多头自注意力机制,使输出序列中初始化的向量不参与注意力的计算。

本节开展基于注意力机制的数字工程模型研究,模型结构图如图 2 - 63 所示。

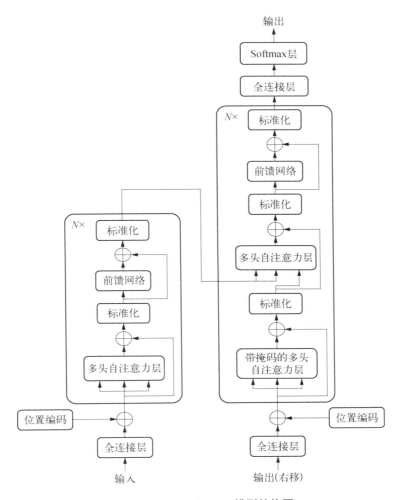

图 2 - 62　**Transformer 模型结构图**

该模型同样采用了编码器-解码器架构,编码器用于提取发动机状态参数中隐含的
参数特征信息,解码器用于解码该信息,对关心的参数进行输出。其中,编码器的
架构与原始 Transformer 模型中的编码器类似,解码器则根据目标任务的特性进行
一定的修改与简化。该数字工程模型是一个多参数输入单参数输出模型,模型输
入为数据序列,输出为单一数值。自注意力算法所要求的输入为向量序列,因此
输入数据首先要经过一个全连接层,将数值投影为向量。然后对向量序列进行
位置编码,在向量中添加位置信息后将其输入编码器进行特征提取。编码器的
输出序列中包含大量的排气温度信息,需要进行特征融合,这里采用全局平均池
化(global average pooling, GAP)来完成这项工作。最后将数据输入全连接层,得
到输出值。

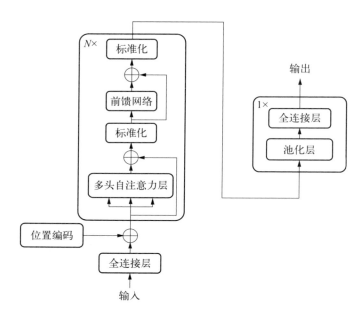

图 2 - 63　基于注意力机制的数字工程模型结构图

3. 位置编码

不同于 MLP、CNN、RNN 等神经网络模型,对于 Transformer 模型,其位置编码是至关重要的。因为注意力机制无法捕捉输入序列中的位置信息,改变输入序列的顺序并不会影响注意力层的输出。因此,需要在输入序列的基础上添加数据的位置信息,即对序列进行位置编码。不同的位置编码方式主要可分为两大类:绝对位置编码和相对位置编码。

绝对位置编码相对比较简单,主要内容是根据位置的不同产生相应的位置向量,然后将其加入输入向量中,形成新的具有位置信息的输入序列。相对位置编码则没有完整地对输入序列的位置信息进行建模,而是在计算注意力时考虑当前位置与其他位置的相对距离,根据距离的不同对注意力权重进行修改,进而改变输出向量。

本节采用的是三角函数式位置编码,这是一种绝对位置编码,该编码方式具有显式的生成规律,可以外推到任意位置范围。编码矩阵计算公式如下:

$$PE_{(pos, 2i)} = \sin(pos/10\,000^{2i/d}) \qquad (2-153)$$

$$PE_{(pos, 2i+1)} = \cos(pos/10\,000^{2i/d}) \qquad (2-154)$$

式中,pos 表示向量在输入序列中的位置;$2i$、$2i+1$ 分别表示向量的第 $2i$、$2i+1$ 个维度;d 表示位置向量的总维度,通常与输入向量维度保持一致。

图 2 - 64 是当序列长度为 50、向量维度为 128 时的位置编码矩阵,其中每一行都表示一个位置编码向量。

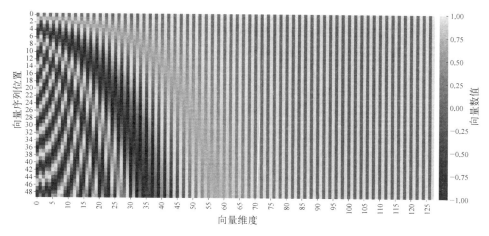

图 2 - 64　位置编码矩阵

4．试验结果分析

本节构建了 7 个内部参数不同的 Transformer 模型，具体参数如表 2 - 8 所示。

表 2 - 8　**Transformer 模型参数**

模型序号	编码器个数	投影向量维度	向量维度	注意力头数	前馈网络维度	参数数量
0	2	8	32	2	32	6 k
1	2	16	32	2	32	11 k
2	2	16	32	2	64	13 k
3	2	16	64	2	64	22 k
4	4	16	64	2	64	43 k
5	4	32	64	2	64	85 k
6	4	32	64	4	64	152 k

对模型进行训练并在测试集上测试模型精度，试验结果如表 2 - 9 所示。表中，最优指标数值加粗表示。

表 2 - 9　**Transformer 试验结果**

模型序号	MAPE/%	MaAPE/%	推理耗时／ms
0	0.73	15.00	0.156 4
1	0.53	12.03	0.157 6
2	0.56	**11.72**	0.159 1
3	**0.47**	12.26	0.159 1
4	0.90	32.4	0.163 5

续　表

模型序号	MAPE/%	MaAPE/%	推理耗时/ ms
5	1.38	16.61	0.165 6
6	1.54	13.22	0.172 7

从表中可以看出,随着模型参数数量的增加,模型的精度先升高后降低。在4号模型中编码器的数量变为3号模型的2倍,模型性能显著降低。对比4号、5号、6号模型的试验结果,参数数量越多,模型的效果越差。对于 Transformer 模型,要想在参数较多的模型上取得更好的效果,需要提供更多的数据并使用一些特殊方法来提升模型精度。因此,在与其他模型横向对比时,将后三个模型去除。

3号模型在测试集上的结果如图 2-65 所示。

选取相同范围内的数据进行局部放大,其结果如图 2-66 所示。

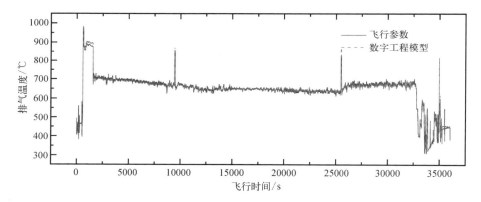

图 2-65　3 号模型在测试集上的结果

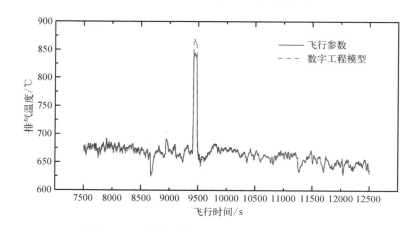

图 2-66　3 号模型在测试集上结果的局部放大图

　　将图 2 - 65 和图 2 - 66 与简化数字工程模型的结果进行对比分析可得，Transformer 模型的精度与 CMPT - LSTM 神经网络模型相当，优于 MLP、LSTM 神经网络模型。

　　最后，将本节所讨论模型的试验结果进行整合并分析，模型的试验结果如表 2 - 10 所示。表中，最优指标数值加粗表示。

表 2 - 10　所有模型试验结果

模 型 编 号	MAPE/%	MaAPE/%	推理耗时/ ms
MLP - 0	1.26	14.15	0.151 5
MLP - 1	1.23	15.14	0.153 7
MLP - 2	**0.97**	**12.27**	0.154 4
MLP - 3	1.38	12.55	0.155 3
LSTM - 0	1.68	14.80	0.168 3
LSTM - 1	1.54	17.60	0.169 0
LSTM - 2	1.60	**12.43**	0.169 3
LSTM - 3	**1.15**	14.04	0.171 8
CMPT - LSTM - 0	0.45	13.21	0.277 3
CMPT - LSTM - 1	0.44	12.77	0.278 4
CMPT - LSTM - 2	0.45	12.52	0.279 0
CMPT - LSTM - 3	**0.44**	**12.32**	0.279 8
Transformer - 0	0.73	15.00	0.156 4
Transformer - 1	0.53	12.03	0.157 6
Transformer - 2	0.56	**11.72**	0.159 1
Transformer - 3	**0.47**	12.26	0.159 1

　　将上述试验结果中的 MAPE、MaAPE 指标绘制到如图 2 - 67、图 2 - 68 所示的气泡图中，可以更加直观地对不同模型的性能进行对比分析。

　　由试验结果可知，Transformer 模型的推理耗时与 MLP 模型和 LSTM 神经网络模型相当，但模型精度远高于这两种模型。与 CMPT - LSTM 神经网络模型相比，Transformer 模型的精度略有降低，但运算速度得到大幅度提升，这得益于注意力机制并行化运算的特点。Transformer 模型在保证高精度的同时显著提升了模型的推理速度，为航空发动机高精度高实效性数字工程模型的建立提供了可能。

　　本节构建了基于注意力机制的深度学习神经网络模型，并通过实例分析验证了该模型的可行性与高效性。首先介绍了注意力机制及其变体自注意力机制的算

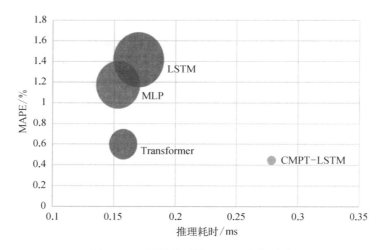

图 2‑67　不同模型的 **MAPE** 指标分布

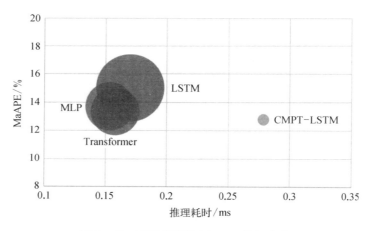

图 2‑68　不同模型的 **MaAPE** 指标分布

法原理,然后对自注意力机制应用最成功的模型之一 Transformer 模型进行简要介绍,并在此基础上构建了强化数字工程模型,并简述了模型所采用的位置编码。最后将该模型的试验结果与 2.4 节中简化数字工程模型的试验结果进行对比分析,从模型精度、推理耗时等方面对模型进行评估,总结了不同神经网络模型的优缺点,明确了基于注意力机制的强化数字工程模型的优势所在,并得出以下结论。

　　(1)将航空发动机物理规律作为先验知识融入深度神经网络模型中,可以显著提高模型精度。本节中 CMPT‑LSTM 神经网络模型的平均绝对百分比误差均保持在 0.45% 左右,与结构基本相同的原始 LSTM 神经网络模型相比,该指标降低了 0.7% 以上,大幅度提升了模型性能。

　　(2)将注意力机制应用到航空发动机数字工程模型中,能够在高运算速度的情况下保证较高的模型精度。基于 Transformer 模型的精度略低于 CMPT－LSTM 神经网络模型,但运算速度得到了显著提升,模型推理耗时降低了 0.12 ms 左右,同时模型的参数数量更少,约为 CMPT－LSTM 神经网络模型的 10%。Transformer 模型在该任务上的优异表现为航空发动机高精度高时效性数字工程模型的建立提供了可能。

2.6　军用涡扇发动机数字工程模型

以 F100 发动机为例,其是世界上最早投入使用的推重比达 8 的一级军用发动机,在发动机参数选择中注重提高发动机性能,采用"两高一低"策略,即高增压比、高涡轮前温度和低涵道比。军用涡扇发动机相比于民用涡扇发动机,其任务多变、环境恶劣、要求苛刻,因此对数字工程模型的精确性、安全性和实时性要求更高。

1) 数字工程模型的精确性

数字工程模型需要从控制参数众多,结构化数据和非结构化数据交叉融合,采集频率高、体量大、结构多样、时效性强的参数中精准发现航空发动机参数中隐含的发动机工作模式和变化模式。

2) 数字工程模型的安全性

航空发动机是极其复杂的热力机械系统,其结构/气动/热力/信息/控制的复杂性对数字工程模型的"学习深度"提出了更高要求。为保证军用航空发动机的安全,特别是在突发故障下数字工程模型决策的绝对安全,对数字工程模型算法提出了苛刻要求。目前,流行的大数据挖掘算法和广泛应用的图像/目标处理、视频/语音辨识等智能算法并不完全适用于军用航空发动机数字工程模型。

3) 数字工程模型的实时性

航空发动机又完全不同于地面热力机械系统,特别是军用航空发动机,其处于瞬息万变的飞行工作环境中,运用数字工程模型对数据进行分析研判、信息融合必须具备实时、迅速的特点;如果数据利用不具备实时、迅速的特点,发动机的数字化、信息化、智能化就缺少了高速通道,效能会大打折扣。就好像汽车没有高速公路、性能优越的火车没有高速铁路,综合效能无法全面展现。

2.6.1　数字工程模型的自我修正网络

2.4 节给出了常用人工智能算法的基本架构,这类架构的共同特点是一旦网络训练结束,权重矩阵将被永久固定,然后根据网络在测试数据上的泛化结果评估其有效性。然而,许多环境在训练结束后会继续进化,测试数据可能会偏离训练,超出神经网络的泛化能力。而对于军用航空发动机,由于其任务的复杂性和多变性,无论是设计数据、试验数据、机载数据还是维护数据,均不能遍历整个数据空间,如图2-69所示。因此,精确的数字工程模型,特别是用于数字化试验、控制和健康的数字工程模型必须要求智能网络具备超强的泛化能力。

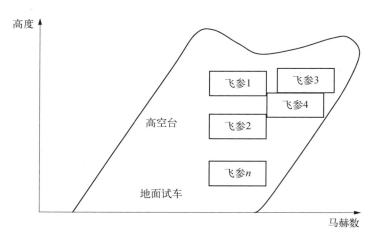

图2-69 航空发动机数据集渐变的积累过程

目前,传统神经网络的主体是权重矩阵,大部分传统神经网络的权重矩阵都是在训练时计算误差函数,然后进行梯度下降得以更新的,在预测时保持不变。这类固定不变的网络架构导致泛化能力不强,针对图像、语音这类海量数据类型的深度学习尚可以使用,对民用航空发动机而言,由于其任务较为单一,也可以勉强使用,但对军用航空发动机数字工程建模而言,已经无能为力。自引用权重矩阵是一种可变权重矩阵网络,可以在整个运行过程中进行自我修正,即在训练过程与预测过程中,权重矩阵都是变化的。这类特点契合了航空发动机数据环境在训练结束以后会继续发展,测试设置会因此偏离训练设置,保证了所设计的神经网络具备适应环境改变的能力,即学会根据环境的变化进行自我修正。

自引用权重矩阵于20世纪90年代提出,最初的架构包含两个神经网络,即慢网络与快网络,慢网络的作用是更新快网络的权重矩阵,即快网络的权重矩阵始终由慢网络生成,而慢网络的权重矩阵由梯度下降更新。2021年一类新的改进自引用权重矩阵被提出并被命名为"DeltaNet",其主体结构如式(2-155)~式(2-158)所示:

$$k_t, \ v_t, \ q_t, \ \boldsymbol{\beta}_t = W_{\text{slow}} x_t \tag{2-155}$$

$$\bar{v}_t = W_{t-1} \phi(k_t) \tag{2-156}$$

$$W_t = W_{t-1} + \sigma(\boldsymbol{\beta}_t)(v_t - \bar{v}_t) \otimes \phi(k_t) \tag{2-157}$$

$$y_t = W_t \phi(q_t) \tag{2-158}$$

式中，x_t 是输入向量；y_t 是输出向量。x_t 首先与可以被训练的慢网络的权重矩阵 W_{slow} 相乘（慢网络的权重矩阵可以通过梯度更新）得到四个向量：k_t、v_t、q_t、β_t。然后利用式（2－156）和式（2－157）更新快网络的权重矩阵 W_t，其中，$\otimes$ 代表向量外积，σ 代表 S 型激活函数，ϕ 代表一种逐元素激活函数。最后利用式（2－158）计算得到输出。

在上述工作的基础上，一种新的自引用权重矩阵架构被提出，将其命名为 SRWM，其计算方法如式（2－159）~式（2－162）所示。

$$y_t,\ k_t,\ q_t,\ \beta_t = W_{t-1}\phi(x_t) \tag{2－159}$$

$$\bar{v}_t = W_{t-1}\phi(k_t) \tag{2－160}$$

$$v_t = W_{t-1}\phi(q_t) \tag{2－161}$$

$$W_t = W_{t-1} + \sigma(\beta_t)(v_t - \bar{v}_t) \otimes \phi(k_t) \tag{2－162}$$

对比 DeltaNet 和 SRWM，可以发现很多共同点，基本运算是一致的，采用了相同的激活函数，但是在 SRWM 计算公式中没有出现 W_{slow}；在 SRWM 中，首先利用上一时刻的权重矩阵 W_{t-1} 与当前时刻的输入 x_t 相乘得到四个向量：y_t、k_t、q_t、β_t，其中直接包括输出向量 y_t，其他三个向量在后面式（2－160）~式（2－162）中用于更新权重矩阵 W_t。 具体的计算流程如图 2－70 所示。值得注意的是，虽然在 SRWM 的计算公式中没有出现 W_{slow}，但是 SRWM 中初始时刻的权重矩阵 W_0 是唯一由梯度下降完成更新的权重矩阵。

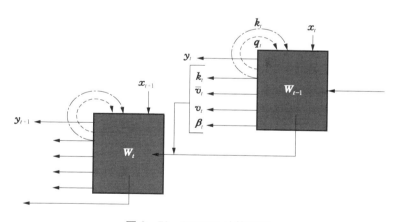

图 2-70　SRWM 计算流程

2.6.2　军用涡扇发动机数字工程模型的迁移学习

如前所述，对于军用航空发动机，由于其任务的复杂性和多变性，无论地面试车试验参数、高空台试验参数还是机载参数,均不能遍历整个航空发动机数据空间,所以需要此三类数据驱动数字工程模型以用于智能控制、数字试验、险情预警、健康管理和应急决策等领域,如图 2-71 所示。

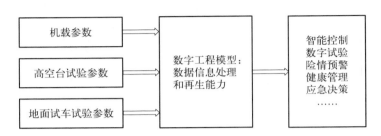

图 2-71　数字工程模型打通数据链原理图

　　一个比较现实的问题是机载参数、高空台试验参数和地面试车试验参数所测参数数量、类型不同。例如,机载参数在 20 个左右,但地面试车试验参数一般会超过 200 个,如果通过数字工程模型能够机载实时孪生出 180 个未测参数类似于虚拟传感器的概念,则会大大增加智能推理判据,如图 2-72 所示。

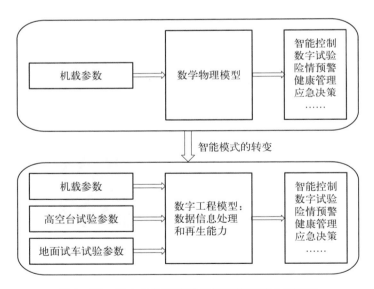

图 2-72　数字工程迁移学习模型推理能力原理图

　　本节给出一种经过工程检验的技术路径。如图 2-73 所示,把测量参数分成两大类:一类是环境参数如外界温度、压力(气压高度)等,状态参数如转速,控制参数如油门杆位置、喷口面积、导叶角度和电流参数等;另一类是测量参数,如各截面温度压力、振动参数等。显而易见,这两类参数之间的参数映射和发动机部件、元件、零件的性能衰减直接相关。

如图 2-74 所示,将测试参数分为 2 组:B组为机载、试车、高空台均测试,C 组为机载不测但试车、高空台测试,可知推力等参数被分配在 C 组。举例来讲,假设机载发动机测试参数 20 个,地面试车参数 200 个,则 180 个机载未测参数被归入 C 组。

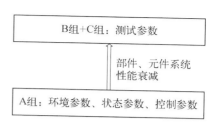

图 2-73　传统的数据关系映射原理图

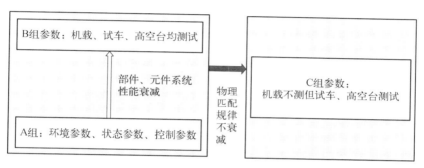

图 2-74　机载、高空台试验和地面试车试验参数的分类

A 组和 B 组为一集合,利用机载数字工程模型可紧密跟踪,隐含了部件、元件系统的性能衰减。A+B 组到 C 组的映射为物理规律不衰减,打通了试车、高空台和机载数据链,实现了知识迁移,即大幅度孪生出数量庞大的未测参数。西北工业大学依据机载参数、地面试车试验参数和高空台试验参数建立了数字工程模型,已经应用于数字化试验、喘振故障预警、推力衰减预警、智能控制等诸多领域。图 2-75~图 2-77 给出了无量纲化的推力衰减、转差、排气温度机载预警曲线,图 2-78 给出了数字化试验系统样例。

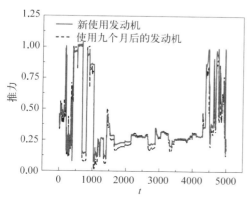

图 2-75　发动机推力衰减实时预警曲线

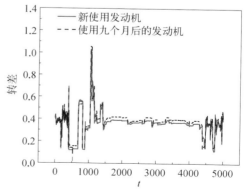

图 2-76　发动机转差衰减实时预警曲线

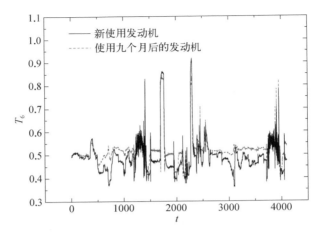

图 2－77　发动机排气温度衰减实时预警曲线

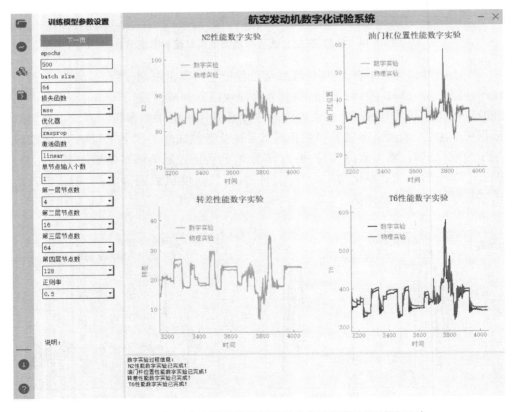

图 2－78　西北工业大学开发的涡扇航空发动机数字化试验系统

2.7　极速策略人工智能算法

目前,人工智能训练网络的建立大多是尽可能高逼真度地模拟大脑的思维活动,以网络节点代替大脑神经元并建立它们之间的逻辑架构。而人工智能算法通过不断检验学习,构建神经元网络节点自身响应规律及其之间的映射关系。更高级的人工智能网络和算法,还能通过无间断学习过程重构网络架构,以达到尽可能模拟人类思维的效用。虽然上述过程有人为痕迹在,其被称为"人工"智能,但未来通过算法的进阶特别是极速算法的发掘,初始网络可以更广,人为痕迹更弱,最终逐步由人工智能走向类脑智能。

从上述分析可以看出,人工智能算法无论在现有网络重构还是在未来类脑智能进阶过程中均扮演着极其重要的角色。特别是极速人工智能算法的发展正起着承前启后的作用,一是其能快速反馈调整重构节点,破解精度高置信度强需求网络复杂而实时性和速度性要求网络简单的难题;二是具备大规模调整网络节点的能力,减弱了人为影响,是未来类脑智能的核心技术。

目前,市面流行的人工智能算法反馈调整为

$$w^{n+1} = w^n + \eta \frac{\partial \mathrm{Loss}}{\partial w} \qquad (2-163)$$

(1) 该调整为显式结构,数学不稳定。

(2) 调整过程为线性的,其缺点是只着眼于当前状态,无"全局"数学策略,因此也只能进行小幅度调整,速度慢。

(3) 线性小幅度调整极易陷入局部极值。

(4) 只有单纯数学步骤,不能实现与网络架构的融合,反馈算法与网络架构割裂。

(5) 学习率 η 等人为痕迹明显,干预性过强会造成不同人训练出现不同结果。

1. 极速策略人工智能算法

在粒子动力学中,熵增是由大量无规则的粒子碰撞带来的不可逆能量耗散。定义两粒子 x_i、x_j 的正碰撞和逆碰撞分别为

$$x_{i,j} = x_i + x_j, \quad y_{i,j} = x_i^* + x_j^* \qquad (2-164)$$

简化熵增可写为

$$\hat{\sigma}_{\mathrm{ent}} = \frac{1}{4} \sum_{i=1}^{r} \sum_{j=1}^{r} \langle\langle (x_{ij} - y_{ij})[\exp(-y_{ij}) - \exp(-x_{ij})]\rangle\rangle \qquad (2-165)$$

此外,定义如下积分:

$$\kappa = \frac{1}{2}\left\langle\left\langle \sum_{i=1}^{r}\sum_{j=1}^{r}(x_{ij} - y_{ij})^2 \right\rangle\right\rangle^{1/2}$$

$$\kappa_2 = \frac{1}{4}\left\langle\left\langle \sum_{i=1}^{r}\sum_{j=1}^{r}(x_{ij} - y_{ij})^2(x_{ij} + y_{ij}) \right\rangle\right\rangle \qquad (2-166)$$

$$\kappa_3 = \frac{1}{4}\left\langle\left\langle \sum_{i=1}^{r}\sum_{j=1}^{r}(x_{ij} - y_{ij})^2(x_{ij}^2 + x_{ij}y_{ij} + y_{ij}^2) \right\rangle\right\rangle$$

则可以得到如下卷积形式的熵增表达式:

$$\hat{\sigma}_{\text{ent}}(\boldsymbol{r}, t) = \frac{\kappa}{2}\left\{ \begin{array}{l} \exp\left[\kappa - \frac{1}{2}(\kappa_2/\kappa + \kappa^2) + \frac{1}{3!}(\kappa_3/\kappa + 3\kappa_2 + 2\kappa^3) + \cdots\right] \\ -\exp\left[-\kappa - \frac{1}{2}(\kappa_2/\kappa - \kappa^2) - \frac{1}{3!}(\kappa_3/\kappa - 3\kappa_2 + 2\kappa^3) + \cdots\right] \end{array} \right\}$$

$$(2-167)$$

省略二阶及以上的高阶项,有

$$\hat{\sigma}_{\text{ent}}(\boldsymbol{r}, t) = \kappa\frac{e^{\kappa} - e^{-\kappa}}{2} = \kappa\sinh\kappa = \kappa^2 q(\kappa) \qquad (2-168)$$

函数 $q(x)$ 的表达式为 $(\sinh x)/x$,且有 $\lim\limits_{x\to 0}q(x) = 1$,当系统接近平衡态时,$\kappa$ 接近于零,因此当气体接近平衡态时,有

$$\hat{\sigma}_{\text{ent}}(\boldsymbol{r}, t) \to \kappa^2 \qquad (2-169)$$

此外,在接近平衡态时,Rayleigh - Onsager 耗散函数表征能量耗散,故 κ^2 就是 Rayleigh - Onsager 耗散函数。

若对式(2-167)保留三阶精度,则熵增可写成如下形式:

$$\hat{\sigma}_{\text{ent}} = \kappa\exp\left[\frac{1}{2}(\kappa_2 - \kappa^2)\right]\sinh\left[\kappa - \kappa_2/(2\kappa) + \kappa_3/(6\kappa) + \kappa^3/3\right]$$

$$(2-170)$$

若高阶卷积近似的熵增保持上述形式,则熵增为正。式(2-168)和式(2-170)给出了熵增的最佳路径,其加速原理图如图2-79所示。

针对常规人工智能算法所遇到的技术问题,极速人工智能算法的核心理念为

$$w^{n+1} = f_1\{w^n, w^{n+1}, f_2[q(\text{Loss})]\} \qquad (2-171)$$

(1)首先将原算法变为隐式算法,实现数学稳定。

(2)损失函数 Loss 隐含着网络调整策略,其大小直接决定调整幅度,w^{n+1} 和

w^n 由远及近是由网络不平衡到平衡的过程,而数学的平衡调整由熵方程决定,不是由梯度决定的。

（3）将原人为设定的梯度调整 $\eta\dfrac{\partial \text{Loss}}{\partial w}$ 变为熵方程 $f_2[q(\text{Loss})]$,而熵方程与网络架构紧密关联,将网络架构与智能算法高度融合,利用了熵方程 $f_2[q(\text{Loss})]$ 的物理意义即过程朝着最大熵方向发展的理念。

（4）熵方程 $f_2[q(\text{Loss})]$ 在非平衡态为强非线性,比线性高出多个数量级,大幅度加速了调整过程。

（5）熵方程 $f_2[q(\text{Loss})]$ 在近平衡态演化为线性,即网络调整即将完成时才演化为线性小幅度调整。

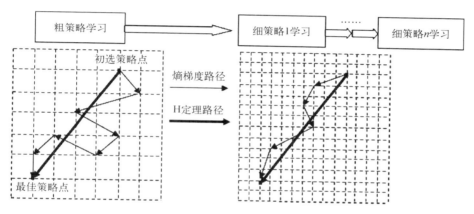

图 2-79　极速策略人工智能算法图

2. 极速策略人工智能算法优势

极速策略人工智能算法优势表述如下:

（1）高度融合网络架构和反馈调整算法,具备"全局策略";

（2）熵方程强非线性和线性高度统一保证了其唯一性,强非线性加速,线性收敛稳定;

（3）实现了真正意义上的网络+算法的一体化。

2.8　数字工程模型智能芯片

传统的 CPU 芯片虽然通用计算性能强,适合复杂的运算环境,但其基于的冯·诺依曼架构运算时为存储程序顺序执行,其内部只有少部分晶体管用于运算,不能满足日益增长的计算需求。专用集成电路（application specific integrated circuit,ASIC）能够基于特定的使用场景进行定制,将计算程序硬件化,通过特定的硬件排布大大提高计算并行度和算力,具有计算性能强、能效比高、延迟率低、体积小、安全性高等优势。但其开发周期长、成本高、技术难度大,且一旦生产就无法更改,在复杂的智能应用场景中缺乏灵活性。现场可编程逻辑阵列是在可编程阵列逻辑器件(programmable array logic, PAL)、通用阵列逻辑器件(generic array logic, GAL)和复杂可编程逻辑器件(complex programmable logic device, CPLD)等基础上发展而来的一种半定制电路器件。其作为专用集成电路中的一种半定制电路,允许对其进行无限次的编程,其设计制造成本低、开发周期短、使用灵活性高,且允许通过后期对其重新编程以进行错误修正或算法升级,以适应复杂多变的使用环境,延长使用周期。FPGA 作为一种可编程逻辑器件,能够通过改变和重组其内部逻辑电路的方式满足不同计算任务的需求,具有灵活性强、运算性能高、能效比出众、并行度高、运算延迟低、稳定性好、安全性高等特点,自 20 世纪 80 年代由 Xilinx 公司推出后就在通信、工业控制、汽车电子和航空航天等领域得到了广泛应用,如图 2-80 所示。

图 2-80   Xilinx Zynq UltraScale+ 芯片[37]

FPGA 芯片在具有定制芯片加速计算优势的基础上,还具有专用集成芯片所不具备的灵活性,其独特的性能和优势使其在数字化、智能化发展浪潮中具有广阔的应用前景。2015 年,英特尔公司斥巨资 167 亿美金收购全球 FPGA 领域双巨头之一的 Altera,并把 FPGA 变成英特尔重要的产品板块之一。2022 年,AMD 也以 498 亿美金收购另一 FPGA 龙头 Xilinx。与此同时,谷歌、微软、亚马逊、华为、百度、阿里巴巴等互联网巨头企业也致力于 FPGA 及相关器件研发,显示出了其在数字化智能化领域的重要地位。

2.8.1   FPGA 的发展历史

FPGA 作为一种可编程逻辑器件,其发展历史从早期的逻辑器件开始。早期的数字逻辑电路多为设计人员通过在电路板上将多个晶体管-晶体管逻辑电路(transistor-transistor-logic, TTL)组合连接而成,从而实现简单的逻辑计算功能。早期的可编程逻辑器件只有可编程只读存储器(programmable read-only memory, PROM)、紫外线可擦除只读存储器(erasable programmable read-only memory, EPROM)和电可擦除只读存储器(electrically erasable programmable read-only memory，EEPROM）三种。这些器件需要使用专用的编程器对其进行一次性编程，从而将程序数据进行永久写入。

随着技术的发展，可编程阵列逻辑（PAL）器件于 20 世纪 70 年代末出现。其由标准方式连接的逻辑门阵列组成，用户可通过编程熔断器件内的熔丝，从而实现特定的逻辑功能。这使得用户可以自由设计元件逻辑，使用少量器件实现复杂功能。且 PAL 器件的程序编写可由用户自行完成，不必依赖器件生产厂家，从而大大缩短了研制周期，提高了产品的市场竞争力。PAL 器件主要由门阵列、可编程输入/输出（input/output，I/O）和带有反馈的寄存器三部分构成[38]，图 2 - 81 展示了 PAL 器件门阵列的基本结构，由可编程的与阵列和固定的或阵列组成。

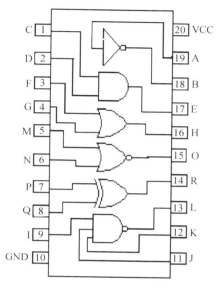

图 2 - 81　PAL 器件门阵列的基本结构

通用阵列逻辑（GAL）器件是在 PAL 器件基础上发展起来的一种可编程逻辑器件，采用互补型金属氧化物半导体（complementary metal-oxide-semiconductor，CMOS）电路实现更低的功耗，编程器件使用电可擦除/编程的 EEPROM，具有功耗低、速度快、可靠性高、集成度高和可重复编程等特点。其编程较 PAL 器件更加方便，且能够进行上百次的编程与擦除。同时，GAL 器件还使用了输出逻辑宏单元的设计，从而使其电路逻辑的设计更加灵活。GAL 器件的主要结构由输入端、可编程与阵列、输出宏单元、系统时钟和输出三态控制端五个部分组成（图 2 - 82）。

20 世纪 80 年代中期，复杂可编程逻辑器件（CPLD）出现，其由可编程逻辑器件（programmable logic device，PLD）发展而来。典型的 PLD 由一个"与"门和一个"或"门阵列组成，从而通过"与-或"组合表达复杂逻辑。早期 PLD 的一个共同特点是可以实现速度特性较好的逻辑功能，但其过于简单的结构也使其无法实现大规模逻辑电路运算。而 CPLD 的出现弥补了上述缺陷。CPLD 的主要结构由宏单元、可编程连线阵列（programmable interconnect array，PIA）和 I/O 模块三部分组成。宏单元是 CPLD 的基本结构，负责实现基本的逻辑功能。可编程连线阵列连接所有的宏单元并进行信号传递。I/O 模块负责输入输出的电器特性控制。全局控制线则负责全局时钟、清零和输出使能控制，典型的 CPLD 内部结构如图 2 - 83 所示。

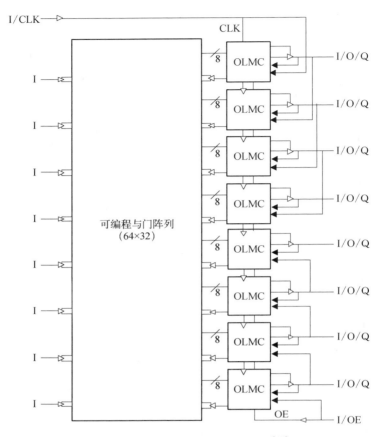

图 2 - 82   GAL16V8 型器件原理图[39]

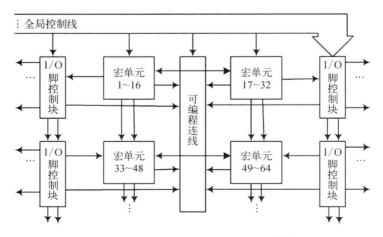

图 2 - 83   典型的 CPLD 内部结构[40]

1984 年，Xilinx 公司推出了全球首款 FPGA 产品 XC2064，其基于 2 μm 工艺制作，包含 64 个逻辑模块和 85 000 个晶体管，其逻辑门数量不超过 1 000 个。由于 FPGA 具有体系结构和逻辑单元灵活、集成度高且适用范围广等特点，一经推出就受到研究者广泛的关注与好评。与 CPLD 基于乘积项技术和 FLASH 工艺制造不同，FPGA 是一种基于查找表技术和静态随机存取存储器（static random-access memory，SRAM）工艺制造的，需要外挂配置 EEPROM 的可编程逻辑器件，更适合复杂的时序逻辑结构。1987 年，超高速集成电路硬件描述语言（very-high-speed integrated circuit hardware description language，VHDL）被电气与电子工程师协会（Institute of Electrical and Electronics Engineers，IEEE）和美国国防部确认为标准硬件描述语言，进一步推动了 FPGA 的设计应用。随着半导体设计、制造和封测技术的快速发展，FPGA 器件的逻辑门数量也从最初的几百到几千发展到现在的亿门级别。同时，许多通用的嵌入式模块如锁相环（phase locked loop，PLL）、延迟锁相环（delay locked loop，DLL）和数字信号处理器（digital signal processor，DSP）等都嵌入 FPGA 内部，从而满足愈发多样的使用场景需求。例如，1995 年 Altera 公司推出的 FLEX 10 K FPGA 就是一种带有嵌入式模块随机存取存储器（random access memory，RAM）的 FPGA。2002 年，其推出的 Stratix 是世界首款带有嵌入式 DSP 模块的 FPGA[41]。

在 FPGA 上部署实现高速神经网络的尝试从 20 世纪末就已经开始。GANGLION[42] 等成为神经网络首次在 FPGA 上实现运行的项目。1996 年，卷积神经网络首次在 Altera 公司的 EPF81500 上实现运行[43]。随着云计算、边缘计算和人工智能技术的快速发展，许多高性能数字系统都积极使用 FPGA 芯片作为计算核心。为了进一步降低系统复杂度，集成各个不同架构芯片的优势，可编程片上系统（system on chip，SoC）正在成为 FPGA 最重要的发展方向，众多 FPGA 厂商相继推出了集成高性能 ARM 硬核处理器和通用可编程逻辑的新架构芯片。2000 年，Altera 公司推出了世界上首款带有硬件嵌入式处理器的 FPGA。Xilinx 公司的 Zynq 系列全可编程芯片和 Intel 公司推出的 SoC FPGA 可编程芯片上的系统芯片就是典型代表。其都是在同一个晶圆片上将高性能的 ARM 处理器与 FPGA 有机结合，并集成常见的外设，从而实现完整的处理系统。依赖 ARM 处理器强大的开发工具链和丰富的软件生态环境，使得这类新架构芯片拥有更加灵活的使用环境及强大的计算能力。

据 Xilinx 公司官网新闻报道[44]，搭载其车规级芯片平台 Zynq ® UltraScale+™ MPSoC 的百度自动驾驶计算平台（Apollo Computing Unit，ACU）2020 年 8 月于苏州工厂正式下线。借助 Xilinx Zynq UltraScale+ 5EV 平台的强大传感器融合和 AI 处理能力，该智能平台能够支持 5 路摄像头和 12 路超声波雷达的传感信号输入，同时能够适配百度自研的 PaddlePaddle 深度学习框架，且支持算法的快速迭代和升级。这充分展现了基于 FPGA 的智能芯片在数字化智能化浪潮中极大的发展潜力。可以预计,未来发展的先进计算加速平台将不再拘泥于传统 FPGA 或 SoC 架构,而是从头开始构建的异构、灵活的平台,通过支持多种特定领域架构和计算结构,从而实现更优异的能效和计算性能。

2.8.2　FPGA 的基本结构

典型的 FPGA 芯片由三大主要结构构成(图 2 - 84),分别是逻辑阵列块(logic array block,LAB)、输入输出单元(input output element,IOE)和可编程内部连线(programmable interconnect,PI)。其内部除主要核心逻辑块外还集成了多种功能与资源模块,如嵌入式存储模块、时钟网络模块、DSP 模块、高速收发器等。FPGA 的多样结构使其能够集成大量用户逻辑,从而满足愈发多样的应用场景。

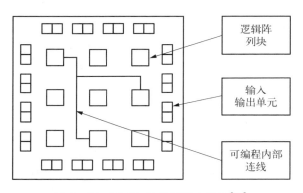

图 2 - 84　FPGA 芯片的基本结构[40]

1）逻辑阵列块

逻辑阵列块是 FPGA 芯片的基础逻辑单元,由多个逻辑单元(logic element,LE)组成。典型的 FPGA 逻辑阵列块主要由三部分组成:查找表(look-up-table,LUT)、触发器(d flip flop,DFF)和进位寄存器链。各个逻辑块通过可编程内部连线互相连接,组成 FPGA 的复杂逻辑结构。LUT 是 FPGA 生成乘积函数和等组合逻辑的核心结构,其本质上是一个 RAM。FPGA 芯片使用 LUT 结构取代了 CPLD 中的乘积表达项阵列,其中每个 LUT 都可以看成一个拥有 4 位地址线的 16×1 RAM,而芯片中一般使用四输入或更多输入的 LUT,从而实现复杂的逻辑功能(图 2 - 85)。

在设计人员使用硬件描述语言(hardware description language,HDL)等设计语言构建了一个逻辑电路后,软件会计算逻辑电路的所有输出结果并将其写入 RAM,从而将逻辑运算转化为从相应信号代表的地址进行查表,对应地址所存储的内容即是逻辑电路的运算结果。每个查找表都会连接到一个 D 触发器的输入端,

实际逻辑电路		LUT的实现方式	

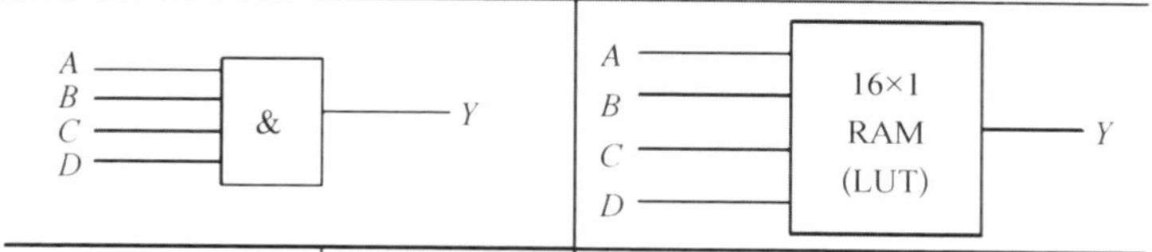

逻辑输入ABCD	逻辑输出Y	地址	RAM中存储内容
0000	0	0000	0
0001	0	0001	0
…	0	…	0
1111	1	1111	1

图 2-85　LUT 的实现原理

再通过触发器驱动其他逻辑电路或驱动 I/O 模块进行逻辑输出,从而构成一个既能够实现组合逻辑功能又能够实现时序逻辑功能的基本逻辑单元。

与 CPLD 不同,大多数 FPGA 是基于 SRAM 技术编程互连的逻辑器件,所以其每次掉电后 FPGA 逻辑都会复位,必须在重新上电后对其进行重新配置才能继续使用。故 FPGA 的配置信息存储于其他非易失性存储介质中,通过主动配置或被动配置的方法对其进行初始化配置。主动配置是 FPGA 在上电时自行与外部设备通信并执行配置操作。被动配置是通过 CPU 等外部设备读取存储器中的配置数据后对 FPGA 进行配置。

虽然 FPGA 使用的 LE 单元与 CPLD 宏单元相比具有更加灵活的性能优势,但其仍需要通过级联和反馈生成多于可用输入的函数。因此,一种名为自适应逻辑模块(adaptive logic module,ALM)的逻辑结构应运而生,其能够使逻辑单元支持更加复杂的多输入函数功能,使用更少的片上资源实现更高性能的复杂逻辑运算。

2)输入输出单元

FPGA 的输入输出单元布置于阵列外缘周围的模块中,作为连接芯片与外部电路的物理接口,主要完成不同电气特性下输入/输出信号的驱动与匹配功能,并通过可编程内部连线与芯片内部其他结构互联(图 2-86)。其具有多种器件常用的通信接口,如基本的 LVTTL/LVCMOS 接口、多种差分接口 PCI/LVDS/RSDS 等。FPGA 的 IOE 分为多组,其每组接口都能通过软件灵活配置以支持不同的 I/O 标准、支持输入/输出双向传输功能。IOE 还支持调整芯片驱动电流的大小,改变上/下拉电阻、开漏/三态输出等功能。

3)可编程内部连线

FPGA 的可编程内部连线主要分为两种:局部互连和行列互联(图 2-87)。内部连线联通 FPGA 内部的所有单元,从而使设备资源与芯片上其他位置的资源

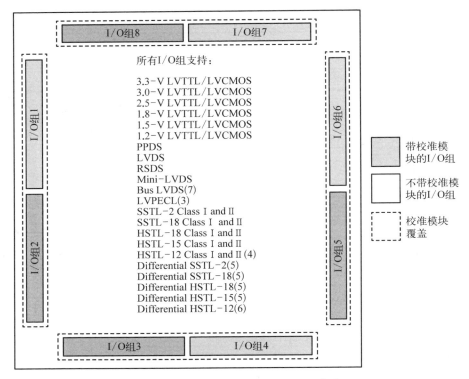

图 2-86 Cyclone Ⅳ 设备的 I/O 组[45]

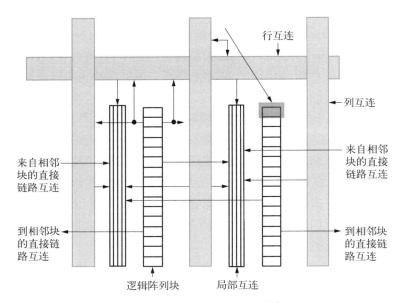

图 2-87 FPGA 内部连线[46]

进行通信,而连线的长度和工艺决定信号在连线上的驱动能力和传输速度。局部互联一方面在单个 LAB 内的 LE 之间布线,另一方面在相邻的 LAB 之间提供成为直接链路的连接。行列互联具有固定的长度,有的跨越特定数量的 LAB,有的则具有整个设备的长度或宽度。

在实际的设计开发过程中,布局布线器可以根据设计者的要求,根据输入逻辑网表的拓扑结构和约束条件自动选择连接线,从而连通各个逻辑单元。图 2 - 88 展示了 FPGA 中一条连接 I/O 接口和多个逻辑单元的内部连线结构。

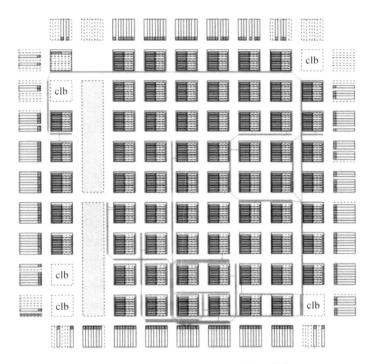

图 2 - 88　FPGA 一条内部连线结构[47]

4）嵌入式存储模块

嵌入式存储模块是一种可以配置为不同类型存储器[单端口 RAM、双端口 RAM、只读存储器(read-only memory，ROM)、移位寄存器或先进先出(first input first output，FIFO)缓冲器]的专用硬件模块。其可以在上电配置时按任意设计需求进行初始化,从而成为其他器件灵活使用的任何内存模式。每个存储器模块的存储容量是固定的,但是设计人员可以对其进行灵活组合,从而根据需要实现不同容量的存储器。典型的 FPGA 存储模块,其排布列数、每列存储器在芯片中的位置、每列存储器包含的存储模块数目和每列存储器第一个存储器模块的起始物理位置都会在结构描述中进行定义,从而方便设计人员参考。

5）时钟网络

时钟网络是 FPGA 结构的重要组成部分,这是由 FPGA 基于同步寄存器逻辑的工作特性决定的。时钟基本上是高频控制信号,但是时钟可能存在误差和抖动,使其到达目标器件的时间不同步,进而导致 FPGA 上的逻辑系统运行不稳定,因此 FPGA 需要具有控制时钟信号传递位置及传递路径的硬件结构。时钟控制模块是 FPGA 的时钟管理者,一方面负责对片上设备分配时钟布线网络;另一方面负责控制所选时钟的启用。时钟布线网络主要由将时钟连接到设备中所有逻辑模块的布线通道组成(图 2 - 89),但是有些 FPGA 还包括区域性时钟网络,使得仅用于特定区域或部分逻辑模块的时钟不会占用全局时钟网络,从而节约了片上资源。

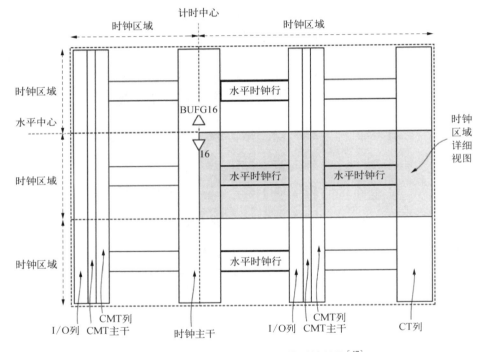

图 2 - 89　Xilinx 7 系列 FPGA 的时钟结构[47]

FPGA 中通常还嵌入了锁相环 PLL 硬核模块,其主要由输入时钟、可编程模块及生成时钟(时钟域)组成。PLL 能够生成不同时钟域并确保生成的输出时钟之间的偏差最小,并可以完成时钟高精度、低抖动的倍频和分频,以及占空比调整和移相等功能,从而使设计人员能够在其中创建多个时钟域,满足复杂时序逻辑结构要求。

6）DSP 模块

FPGA 芯片受限于技术和工艺,为满足可编程性的需求,其内部结构十分复杂,总计算延迟相较于 ASIC 更高,所以其计算频率无法达到 ASIC 的水平。为了进一步提高 FPGA 的运算性能,设计人员在可编程门阵列的基础上将 FPGA 与其他处理器结合。现代 FPGA 芯片具有越来越丰富的内嵌功能模块,DSP 模块就是一种典型的嵌入式专用资源模块,相当于将用于 DSP 运算的 ASIC 芯片集成嵌入

FPGA 芯片中,使 FPGA 芯片能够更高效率地进行乘法、乘加法等基础运算。2002 年,Altera 公司率先推出了集成 DSP 硬核的 Stratix 系列芯片(图 2-90),已经能够实现较为复杂的加法和乘法运算。Xilinx 公司也在7 系列 FPGA 上首次搭载了 DSP 模块。随着技术的发展,2016 年并入Intel 公司的 Altera 公司推出的 StratixV 系列芯片 DSP 硬核内乘法器运算的操作位数已能够在 18 bit 和 27 bit之间进行转换,Stratix 10 系列已经集成可独立实现浮点数运算的 DSP。

图 2-90　Altera 公司发布的支持硬核浮点数
运算的 DSP 的 FPGA[48]

2.8.3　FPGA 芯片的特点

FPGA 芯片作为一种可编程逻辑器件,能够将硬件设计重复烧写入其可编程存储器中,从而灵活执行多种硬件设计和功能,具有灵活性强、运算性能高、能效比出众、并行度高、运算延迟低、稳定性好、安全性高等特点,自 20 世纪 80 年代由Xilinx 公司率先推出后就在无线通信、工业与测试、汽车、航空航天与防务以及测量与仿真等领域得到了广泛应用。在数字化、智能化技术飞速发展的 21 世纪,FPGA芯片的独特优势更使其在智能化道路上得到广泛应用。本节主要内容就是介绍FPGA 芯片相较于其他芯片的主要特点及优势,从而更好地认识其应用场景并研判其未来发展方向。

1) FPGA 芯片具有强大的高速并行数据流处理能力

FPGA 具有的并行计算、硬件化处理特点使得其能更快速地进行大量线性计算。与常见的 CPU 等芯片相比,FPGA 芯片具有强大的高速并行数据流处理能力。

首先,FPGA 芯片作为可编程逻辑器件,通过逻辑门结构的定制排布将运算程序映射为物理逻辑架构,从而得到为当前计算定制的高速计算结构。传统的 CPU芯片虽然通用计算性能强大,但其工作方式基于冯·诺依曼架构,是一种时域计算方式。当 CPU 工作时,首先从存放计算指令的存储器中获取一部分执行指令,然

后根据指令集规则将其翻译为数据并传输至计算单元,计算完成后再将其存储回内存,再进行下一步的计算工作,周而复始。但 FPGA 芯片通过将程序使用硬件进行表达,将指令锁定在架构上,然后直接进行数据流计算。例如,执行 3 个数据的乘加运算,FPGA 芯片可以设置两个乘法器和一个加法器,从而在 1 个时钟周期内完成运算并输出运算结果。而 CPU 则需要 2 个时钟周期才能完成运算。虽然CPU 主频能达到 3~4 GHz 级别,而 FPGA 主频仅为数百兆赫兹级别,但 CPU 使用多个时钟周期完成的计算 FPGA 仅需一个时钟周期即可完成。

其次,FPGA 芯片可以按数据构成搭建对应数量的流水线处理结构,不同流水线处理不同数据,实现流水线并行、数据并行功能。当 CPU 处理大量数据集时,其每处理一单元数据都需要执行一系列重复性指令。而 FPGA 芯片可以通过功能复制的方式,在一个芯片上布置多个相同功能的逻辑结构,从而实现高速多路数据处理,大大提高了并行计算能力。例如,CPU 能够同时处理 4~8 个指令,而 FPGA 芯片利用并行结构能够同时处理上百个指令(图 2-91)。

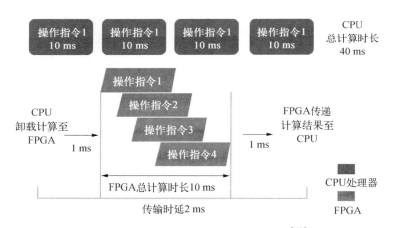

图 2-91　FPGA 与 CPU 计算时间对比[49]

此外,FPGA 芯片内部用于计算的逻辑门数量多于 CPU 等,进一步赋予了其更强大的计算能力。CPU 内部近 70% 的晶体管用于构建高速缓冲存储器及芯片控制单元,用于计算的晶体管比率远低于 FPGA。例如,Xilinx 公司的 VirtexUltraScale+ VU19P 芯片拥有 350 亿个晶体管、900 万个系统逻辑单元,Intel 公司的 Stratix 10 GX 10 芯片则拥有 430 亿个晶体管和 1 020 万个逻辑单元。与之对比,Apple 公司集成了 CPU 与 GPU 的旗舰级处理器 M1 MAX 芯片的晶体管数量为 570 亿个,用于计算的晶体管数量少于前两者。

随着 CPU 进步的放缓和摩尔定律尽头的到来,人们为进一步提高性能和效率对硬件专业化的需求不断增长,因此 FPGA 被广泛用于数据中心、5G 通信、自动驾

驶、边缘计算等多种应用场景。以
数据中心为例,Ansys LS‐DYNA 是
一种被全球汽车公司广泛使用的碰
撞仿真软件。Ansys 公司与 Xilinx
公司进行深入合作,通过在计算中
使用基于 FPGA 设计的 Alveo 数据
中心加速器卡,利用超并行数据流
水线在 Alveo 卡上进行性能扩展,相
较于 X86 CPU 芯片实现超过 5 倍的
性能加速,大幅缩短了性能仿真时
间(图 2‐92)。

图 2‐92 Xilinx Alveo U55C 数据中心加速器卡[50]

2) FPGA 芯片具有较低且固定的延迟

同样地,由于 FPGA 芯片具有并行计算、硬件化处理的特点,其相较 CPU、GPU
等通用芯片具有较低且固定的计算延迟。CPU 由于计算架构特点,需要频繁进行
指令获取及翻译,并且计算需要多个时钟周期才能完成。典型的 GPU 使用的是单
指令多数据流(single instruction multiple data, SIMD)的并行处理模式。GPU 内部
拥有大量计算单元,其使用单条指令使计算核心并行处理近似数据集。GPU 虽然
具有并行结构,但只是运算数据并行,执行指令仍需获取与翻译,虽然能带来处理
吞吐量的巨大提升,但并不能大幅降低延迟。FPGA 等定制化硬件计算芯片省去
了指令的获取与翻译时间,其流水线并行、数据并行的独特结构也大大缩短了计算
时钟周期。GPU 计算延迟通常为毫秒量级,而 FPGA 只有微秒量级的延迟(图
2‐93)。FPGA 在延迟方面的一个优点是延迟确定,硬件化运算能够确保在单个
时钟周期内完成确定的计算,而通用处理器需要高速访问缓存并获取翻译指令,其
运算延迟不能完全得到保证。如图 2‐93 所示,使用 FPGA 的访问延迟明显更加
集中,而在通用处理器上运行软件的访问延迟有明显散点。

图 2‐93 FPGA 相较于 GPU 具有更低的延迟[51]

FPGA 具有强大的数据处理能力与较低的延迟,这是由其作为一种半定制器件具有定制计算能力带来的。但其作为一种灵活可编程的逻辑门电路,同样付出了一定的代价。表 2-11 展示了 FPGA 芯片相较于其他芯片数据处理能力与延迟的不同。多伦多大学的研究[52]表明,对于一个只有组合和时序逻辑的电路,FPGA需要 ASIC 40 倍电路面积,3~4 倍的关键路径延迟和 12 倍的功耗。这是由其内部为编程所设计的复杂可编程布线导致的,复杂的互连线路和线路开关节点极大地延长了内部线路长度,并占据了 60%~70% 的芯片面积。通过内嵌如 DSP 模块、高速收发器等专用硬核结构,相当于将 ASIC 与 FPGA 相结合,从而减少了可编程逻辑电路的计算内容,进而加快了 FPGA 的计算速度并降低了计算延迟。

表 2-11   不同体系结构不同计算任务参数对比[53]

N/A 体系结构	流 式 任 务				密 集 任 务			
	吞吐量	延时	功耗	灵活性	吞吐量	延时	功耗	灵活性
CPU	约 1 TB	N/A	约 100 W	很高	约 200 M	约 10 μs	约 100 W	很高
GPU	约 10 TB	约 1 ms	约 300 W	高	约 200 M	约 1 ms	约 300 W	高
FPGA(Stratix V)	约 1 TB	约 1 μs	约 30 W	高	约 200 M	约 1 μs	约 30 W	高
FPGA(Stratix 10)	约 10 TB	约 1 μs	约 30 W	高	约 200 M	约 1 μs	约 30 W	高
ASIC	约 10 TB	约 1 μs	约 30 W	低	约 1 G	约 1 μs	约 100 W	低

但 FPGA 相较于 ASIC 具有不可替代的灵活可编程优势,从而使其能够在需要灵活配置的数据中心、边缘计算等设备中充分发挥高算力、低延迟的优势。例如,微软就将 FPGA 应用于服务器加速和网络加速任务中[54],通过在数据中心服务器中分布式布置 FPGA 加速器,在数据吞吐量达到 2.25 倍的同时显著降低了搜索延迟。

3) FPGA 芯片具有出众的能效比

随着芯片设计与制造技术的不断进步,CPU 与 GPU 处理器的核心数量和工作频率不断提高,计算性能增长迅速,但摩尔定律的发展已接近物理极限,一味地加大芯片面积和工作频率带来的是计算功耗的大幅增加,例如,虽然 NVIDIA H100 Tensor Core GPU 的 FP8 浮点计算能力高达 3 200 TFLOPS①,但也将消耗 700 W 的功率,能效比难以取得突破性进展。FPGA 则具有明显的能耗优势(图 2-94),这主要有两方面原因: 一方面 FPGA 不需要执行指令的获取和翻译操作,也无须共享内存,而这在 CPU 中约占芯片功耗的 50%,GPU 中约占 15%;另一方面 FPGA 的主频较 CPU、GPU 较低,更低的频率也带来了更低的功耗。

———————————

①   1 TFLOPS 等于每秒一万亿次的浮点运算。

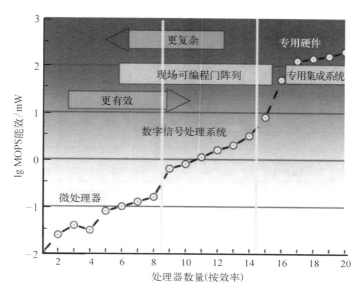

图 2－94　不同架构芯片性能对比[55]

随着以神经网络为代表的智能技术应用的不断深入，微型机器人、小型无人机、便携式智能检测设备、小型监控设备等智能化终端不断普及，针对轻量化、低功耗平台的智能芯片需求显著增长。而传统的 GPU 平台存在功耗高、体积大及成本高等缺陷，基于 FPGA 平台搭建的智能系统具有轻量化、高能效比的优势，更加符合智能设备的需求。例如，在目标检测加速研究中[56]，研究者基于 Intel Core i5－8265U CPU 平台的能效比为 0.124 GOP/s/W，基于 GTX1080 GPU 平台系统的平均能效比为 12.59 GOP/s/W，为 CPU 的 101.5 倍，而使用 Xilinx Zynq－7000 FPGA 系统的平均能效比为 75.2 GOP/s/W，是 CPU 平台能效的 606.5 倍，GPU 平台能效的 6 倍。体现了 FPGA 芯片出众的能效比优势。

4）FPGA 芯片具有更加灵活的使用

FPGA 作为一种半定制器件，其相较于执行同一任务的 ASIC 专用芯片在吞吐量、延迟和功耗方面都具有劣势。但实际的任务需求复杂多变，FPGA 具有的灵活可编程特性也使其能够快速变换内部逻辑电路配置，以适应不同需求。FPGA 的灵活可编程特性使其成为定制电路中设计周期最短、开发费用最低、风险最小的器件之一。用户不需要经过 ASIC 的流片生产过程就可以自行设计芯片逻辑，从而获得所需芯片，且能够对其设计进行快速迭代，修正设计错误或进一步优化其性能。FPGA 的灵活性使其在交付后仍然能够进行调整升级，简化了使用中硬件缺陷的修复过程，且能不断将新的算法和功能添加进硬件，从而大大延长了产品使用时间，也降低了芯片使用的全寿命周期成本。而 ASIC 专用芯片的设计制造周期长、成本高，不能满足用户快速调整的需求，更适用于大量（流片 5 万片以上）、专业应用领域。此外,FPGA 的灵活性还使其在异构计算中具有显著优势(图 2 - 95)。FPGA 等芯片拥有强大的并行计算能力,而 CPU 拥有强大的逻辑控制能力,FPGA 能够在 CPU 的控制下快速变换内部逻辑结构,从而满足不同任务的定制计算需求,兼顾计算灵活性与性能。可编程片上系统已成为高性能计算的一大热点方向。

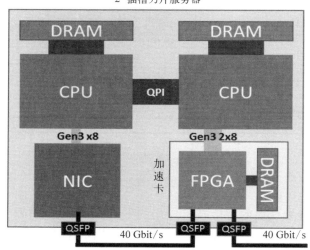

TOR (The Onion Router):洋葱路由
QSFP (Quad Small Form-factor Pluggable):四通道SFP接口

图 2 - 95　服务器+FPGA 架构示意图[54]

正是由于以上原因,FPGA 获得了 ASIC 无法替代的优势,例如,微软在数据中心使用 FPGA 而没有选用 ASIC,一方面是数据中心的任务灵活多变,有神经网络计算加速、数值仿真加速、网络加速、搜索引擎加速及图形处理加速等多种任务需求,ASIC 专用加速芯片只能满足单一用途,而 FPGA 芯片可以通过需求快速变换逻辑排布,在多种加速结构中快速变换,充分发挥服务器能力;另一方面,算法、架构技术发展迅速,ASIC 专用加速芯片定制的算法可能很快落伍,而 FPGA 则可以灵活升级新的算法与架构,大大延长了设备使用时间,减小了部署风险。

安川电机公司也选用 Intel FPGA 芯片应用于机器人控制器系统(图 2 - 96),其能够带来以下优势。

(1)提高伺服控制性能。与使用软件在微处理器上执行机器人运动学计算相比,FPGA 的硬件计算容易实现更高的精度,并具有更高且稳定的速度。

(2)降低控制系统功耗,提升可靠性。FPGA 在提供充足计算性能的同时能够集成多种硬件 IP,从而降低电路复杂度,减少系统功耗,免去复杂的主动散热系统。

(3)产品寿命周期长。FPGA 的灵活性及可靠性使其能够满足工业设备 10 年以上的寿命周期,具有未来功能增加及系统升级的可能。

（4）研发时间短。与开发专用控制 ASIC 芯片相比,FPGA 能够缩短开发和验证周期,并能在出现问题时进行快速修改。

（5）FPGA 较短的设计研发周期、较长的使用周期及高可靠性和低功耗,都能够降低机器人控制系统的成本,从而带来更大的效益。

图 2 - 96　应用 Intel FPGA 芯片的安川机器人[57]

2.8.4　FPGA 芯片与人工智能

随着以深度神经网络为代表的人工智能技术快速发展,数字化智能化浪潮席卷了工业、教育、政府、农业等各行各业,并随着 5G 时代的到来进一步加速发展。FPGA 在自动化、信息化时代常用于通信、信号处理及图像处理等传统领域,并凭借其灵活、强大的并行计算能力、低成本及高可靠等优势得到广泛应用。而其特点及优势在智能应用领域更加契合,从而将其应用扩展到消费电子、汽车电子、工业控制、测试测量等更加广泛的领域,基于 FPGA 加速部署神经网络的研究也成为新的研究热点方向(图 2 - 97)。

深度学习的发展也进一步提高了对算力的需求,硬件加速的实现方法主要有传统通用处理器、FPGA 和 ASIC。传统处理器具有最高的灵活性,能够处理各种智能应用,但计算能力与效率都最弱。ASIC 的大批量生产成本、性能和功耗最好,但其无法改变,在智能算法快速发展的时代无法满足需求。FPGA 和 GPU 都兼具灵活与效率,但 FPGA 相较于 GPU 芯片能效比更高。通常来说,FPGA 更适合应用于边缘设备中进行推理计算,而 GPU 更适合用于服务器执行模型训练。

FPGA 芯片能够通过其可编程逻辑门结构针对不同算法设计专用的硬件加速结构,例如,针对深度学习算法常用的矩阵运算和浮点运算设置加速结构,并通过提高计算并行性、轻量化网络、降低数据位宽、稀疏/共享权重等方式大幅提高计算

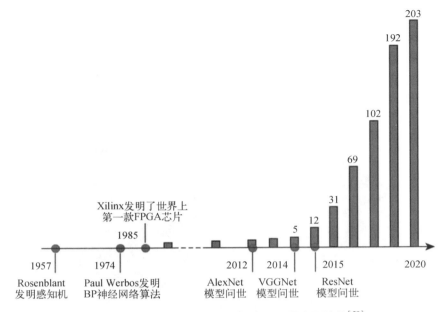

图 2 - 97   基于 FPGA 的神经网络加速器发展趋势[58]

速度,从而使用轻量化的器件平台满足图像检测、语音识别、智能控制等任务计算需求。FPGA 用于神经网络推理能保证稳定且较低的延迟,从而满足边缘设备严苛的实时响应需求,特别是自动驾驶(图 2 - 98)、智能监控等使用场景,较长且不稳定的延迟可能引发灾难性后果。FPGA 丰富的 I/O 接口可以满足智能设备多路复杂传感器的高速数据输入,其灵活配置也能够便于拓展系统功能模块,从而满足智能机器人、无人机、自动驾驶等多路可见光、红外、雷达、超声波等传感器实时数据输入。FPGA 优异的功耗表现能够在保证充足推理算力的基础上减小系统功耗,一

图 2 - 98   百度 Apollo 自动驾驶计算平台[59]

方面满足边缘设备严苛的功耗限制,另一方面能够降低散热需求,提高设备可靠性,这对于微型机器人、小型无人机、智能便携设备、工业智能控制器等应用十分重要。

下面从图像检测与识别、自然语言处理和语音识别三个方面简要介绍 FPGA 在人工智能领域的应用。

1. 图像检测与识别

在人工智能应用的各个领域中,计算机视觉应用最为普遍。近年来,以卷积神经网络 CNN 为代表的深度学习模型广泛应用于人脸识别、图像增强、增强现实、自动驾驶、医学健康、遥感图像等场景。在计算机视觉发展初期,大多数研究人员使用 CPU 作为处理器,通过软件方法实现智能算法,但这无法进一步满足实时性需求。FPGA 能够提高 CNN 网络并行计算能力,减小数据量及访存次数从而降低数据通信压力,有效提高模型计算速率。FPGA 利用其计算并行性、流水线性及吞吐量强大等优点越来越多地应用于图像识别领域,近年来研究人员对如何在 FPGA 上部署深度神经网络的研究也愈发深入。

人脸识别作为图像识别应用的典型场景,是目前人工智能发展最深入的领域之一。一方面随着模型精度的不断提高,对计算平台的性能不断增强;另一方面随着应用环境越发多样,对低功耗边缘设备上部署图像识别模型有着更高要求。FPGA 凭借其特点能够针对图像识别算法进行硬件加速,大幅提升计算性能,且具有较高能效比,满足低功耗需求。在 FPGA 上部署人脸识别模型有诸多案例。纽约大学的 Farabet 等[60] 就充分利用卷积神经网络固有的并行性特点并与 FPGA 独特的硬件乘法单元结构进行结合,成功在低功耗 FPGA 平台上进行部署,并能够达到 10 fps 的处理速度,从而具备部署于微型无人机或小型机器人等设备的能力(图 2-99)。电子科技大学的屈伟针对图像识别的并行计算性能受硬件资源和带宽影响的问题,根据 roofline 模型选取最合适的并行展开因子使其在 FPGA 部署时有最高的性能峰值。其设计的加速架构优化了权值缓存方式,使用流式架构分别优化卷积层和全连接层,并将全连接层进行展开从而充分利用 FPGA 并行计算能力。最终部署于 ZCU102 FPGA 平台的性能峰值达到 81.2GFLOPS,远高于 i7 8750H CPU 处理器的 11.7GFLOPS,而功耗仅有 CPU 的 25%,且模型识别精度高出 3%。奥斯陆大学的 Glette 等[61] 将一种用于运行时自适应可进化硬件分类系统部署于 FPGA 上,通过使用中间级重配置技术减小了三分之二的电路需求,并同时达到了 97.5% 的人脸识别准确率。胡志明大学的研究团队[62] 进一步关注人的表情变化,他们将 Tensorflow 模型成功部署于 FPGA,利用更少的计算资源达到了其他模型相近的准确度。

FPGA 也广泛应用于自动驾驶领域,如行人检测、车辆检测、障碍检测、车道检测、交通识别等自动驾驶实现的基础识别要求(图 2-100)。据 Xilinx 统计,其 FPGA 芯片在汽车高级驾驶辅助领域出货 8 000 万片,并随着自动驾驶技术的不断

图 2-99 基于 **FPGA** 的嵌入式人脸识别系统[60]

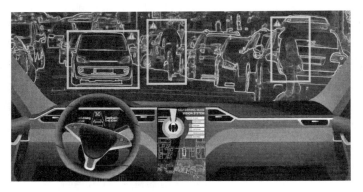

图 2-100 自动驾驶汽车对路况进行实时检测[65]

普及还在大幅增长。自动驾驶技术要求汽车能够通过多路激光雷达、毫米波雷达、超声波雷达、车内外摄像头对周围环境状况进行准确的态势感知,并对海量的传感器数据进行预处理,实现行人、车辆、障碍物、车道、交通信号等多种类别目标信息的分类处理任务。FPGA 凭借其灵活应变能力、扩展能力及强大的处理能力在智能驾驶领域具备巨大发展潜力。加州大学滨河分校的 Ma 等[63]就将人员检测的定向直方图 HOG 算法成功部署于 FPGA 平台,并通过全图像评估方法减小算法位宽,增加并行度的方法提高设备吞吐量,最终实现了高端 CPU 平台 68.7 倍、高端 GPU 平台 5.1 倍的计算性能,且功耗仅为 CPU 的 1/130、GPU 的 1/31。来自意大利的 Marzotto 等[64]将道路路径提取和跟踪的算法成功部署于 FPGA 平台,并实现 30 fps 的图像处理速度。其研究证明了 FPGA 满足车道偏离警告系统要求的高性能、低成本特点,并具有良好的性能及适应性。

　　医学影像是辅助临床诊断最有效的方式,而分析医学影像主要依靠医生肉眼观察,凭借其积累的丰富经验做出诊断。随着医疗水平的快速发展,医学影像也以每年 40%的增速高速增长,这给临床医生带来了前所未有的压力。智能医学影像识别能够辅助医生在大规模的影像中快速定位疾病区域,提高早诊率,减少误诊率。医学影像检查包括 X 射线检查、CT 检查、核磁共振检查、超声类检查及内窥镜检查等多种检查手段,基于人工智能的智能分析技术主要进行图像的分类、检测与分割。FPGA 能够凭借其强大的影像处理能力及低延迟、低功耗、高可靠的特点,满足临床诊断环境的时效性、复杂性、安全性要求(图 2 - 101)。

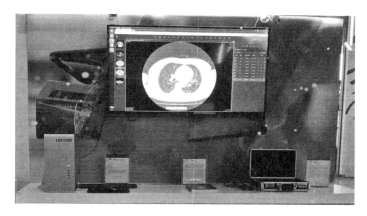

图 2 - 101　医学影像智能检测系统[66]

　　2. 自然语言处理

　　自然语言处理 NLP 也是深度学习的一个重要应用领域,其主要研究人与计算机之间通过自然语言的方式进行有效通信的理论和方法。基于 FPGA 的自然语言处理器模型具有显著进展,推动了嵌入式语言处理设备的交互应用。基于 FPGA 的自然语言处理主要有 RNNLM 架构、DNN 架构、SimNet 语义匹配架构等。Li[67]基于 Transformer 模型提出了 Ftrans 加速框架,从而应用于基于转换器的大规模语言表示。该框架使用了基于增强块循环矩阵(BCM)的权重表示,从而在算法级别实现大规模语言表示的模型压缩。其实验表明该框架将 NLP 模型大小减小为原来的 1/16,在 FPGA 平台的能效是 CPU 平台的 81 倍、GPU 平台的 8.8 倍。针对自然语言模型数量巨大且发展迅速的特点,Khan 等[68]提出了一种基于 FPGA 的覆盖式处理器 NPE。该架构通过充分利用各种功能单元和相应的内存缓冲区,灵活配置 FPGA 从而搭建一个具有类似软件可编程性的物理架构进而为多种自然语言处理模型提供应用环境。在 UltraScale+ VCU118 FPGA 平台上,NPE 能够仅使用相当于 i7 8700k CPU 1/4 的功耗或 RTX5000 GPU 1/6 的功耗满足实时对话要求。

3. 语音识别

语音识别是让计算机自动识别语音中所携带信息的技术,具有实时性强和集成度高的特点。智能语音识别产品往往要求其结构上具有一定的灵活性和移动性,性能上具有较高的实时性、准确性和高效性,因此在低功耗、低延迟的 FPGA 平台上部署语音识别模型成为研究的热点方向。语音识别模型主要有连续隐马尔可夫模型、液体状态机以及循环神经网络等,其中以 LSTM(长短期记忆网络)为代表的 RNN(循环神经网络)模型(图 2 - 102)发展迅速。循环神经网络以序列数据为输入,在序列演进方向进行递归且所有节点按链式连接,其具有记忆性、参数共享等特点,擅长学习序列特征,因此常被用于自然语言处理等时序相关领域。

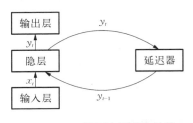

图 2 - 102　循环神经网络结构

Zhang 等[69] 提出了一种基于 FPGA 主板的神经网络硬件加速器,并结合网络稀疏和流水线计算等方法实现了高于 ARM Cortex - A9 的处理速度。Maor 等[70] 将随机计算(stochastic calculus, SC)应用于 LSTM 网络,有效简化基本运算电路,降低硬件成本和功耗,并成功将其在 FPGA 上进行部署。为了解决 LSTM 模型压缩后出现的多核并行负载不均衡的问题,研究人员[71] 提出了针对 LSTM 的神经剪枝和相应的 ESE(Efficient Speech Recognition Engine)架构(图 2 - 103)。该架构通过

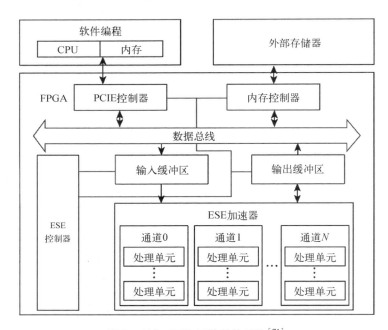

图 2 - 103　ESE 系统整体架构[71]

使用多个由处理单元和激活向量队列单元组成的通道单元解决多核并行负载问题,在 Xilinx XCKU060 FPGA 平台部署的 ESE 模型能够达到 43 倍 i7‑5930k CPU 和 3 倍 GTX Titan X 的速度,能效比也提升了 40 倍和 11.5 倍。

2.8.5　基于 FPGA 的神经网络加速方法

如前所述,FPGA 作为一种灵活可编程的半定制芯片,已在智能化浪潮中得到了广泛应用。但其中很多应用场景对硬件设备的性能、功耗等都有严格要求,FPGA 的可编程特性也为其针对神经网络进行硬件加速提供了多种可能,所以越来越多的研究聚焦于基于 FPGA 的深度学习硬件加速方法。

为了能够充分利用 FPGA 有限的片上资源,满足实际应用中低功耗、高性能、低延迟等要求,首先要充分了解制约 FPGA 加速神经网络性能的瓶颈。虽然近年来发展的更深层次网络结构能够显著提高模型准确率,但随之而来的是模型大小和计算量的显著增加。吴艳霞等[72]总结了 2012~2015 年在 ImageNet 挑战赛中获取冠军的 4 个经典网络模型的相关信息,从表 2-12 中可以看出,虽然 Top‑5 分类的错误率从 15.5% 降低到了 3.57%,但神经网络的层数从 8 层增加到了 152 层,模型大小从 240 MB 增加到了 500 MB,计算量从 7.2 亿操作提升到了 196 亿。模型规模的增大和计算量的大幅增加使其对硬件计算能力、内存容量及带宽都产生了极大的压力,而芯片性能瓶颈就主要体现在计算和数据传输及存储两个方面。因此一方面设计人员需要通过硬件加速方法,减少神经网络所需计算量并利用并行计算等方法提高神经网络的片上计算吞吐量,减少计算时间;另一方面还需要掌握网络计算中数据传输及需求内存容量,保证数据交换速率与计算吞吐量相匹配,从而充分利用 FPGA 片上资源,最大限度地提升 FPGA 加速计算能力。本节首先将介绍常见的神经网络压缩方法,减少神经网络本身的计算量与内存需求量;然后将介绍常见的基于 FPGA 的神经网络计算加速方法,通过设计特殊的硬件加速结构提高性能;最后将介绍基于 FPGA 的内存优化方法,通过设计运算流程减小内存带宽需求,满足计算性能要求。

表 2-12　4 个经典神经网络模型的相关信息[72]

网 络 模 型	Top‑5 错误率/%	层 数	模型大小/MB	乘加计算或操作/亿
AlexNet(ILSVRC'12)	15.30	8	240	7.2
VGG(ILSVRC'14)	7.30	19	500	196.0
GoogLeNet(ILSVRC'14)	6.70	22	24	15.5
ResNet(ILSVRC'15)	3.57	152	240	113.0

1. 神经网络压缩方法

愈发庞大的深度神经网络虽然能够显著提高精度,但同时会导致网络计算量巨大,占据内存较大。虽然随着芯片技术的进步,以 GPU 为代表的计算平台计算能力实现了指数级别增长,但训练及部署这些模型仍然需要消耗数天甚至数周的计算时间,以及大量的计算存储资源,且难以在嵌入式系统中进行实际部署。因此必须对神经网络进行压缩处理,从源头降低其所需计算资源及内存占用,从而在满足实际部署精度要求的条件下尽可能减小硬件需求。压缩后的轻量级网络具有参数量少、计算复杂度低、推理时间短等特点,更适合部署于低功耗、低算力的移动设备和边缘设备中。常用的神经网络压缩方法有神经元剪枝、低秩分解、模型量化、知识蒸馏等。

1) 神经元剪枝

神经元剪枝是通过评判网络参数的重要程度,使用结构化剪枝或非结构化剪枝的方法对冗余连接进行剪枝,删除不重要的参数,从而削减大型网络存在的冗余结构减少网络模型参数,实现模型压缩的目的。这与人脑中的突触剪枝十分相似,在人脑发育过程中一部分不常用的神经元突触会逐渐消亡,从而使人脑更高效地工作(图 2-104)。

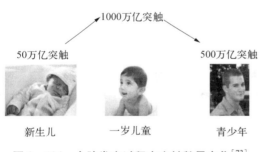

图 2-104　人脑发育过程中突触数量变化[73]

结构化剪枝直接将神经元进行裁剪,其优势是能够使模型在现有硬件条件下实现明显的推理加速,但其剪枝颗粒度较大,可能导致压缩后模型精度受较大影响。非结构化剪枝主要是对于权重进行裁剪,从而实现网络的局部调整,同样减少了不必要的内存读取与计算。非结构化剪枝能够最大限度地保留模型精度,但压缩后的网络为稀疏权重矩阵,需要专门设计的硬件结构才能够有效支持。对于未经剪枝的卷积神经网络(图 2-105),FPGA 可以通过设计多个计算引擎并行计算,使每个计算引擎计算不同卷积核的卷积操作[74]。计算引擎中的硬件结构为规则卷积网络的树形结构,数据先使用多个乘法器执行卷积中的乘法运算,其后设置多层加法器执行后续的求和运算,从而大幅提高计算效率。但经过非结构性剪枝的稀疏网络需要硬件结构针对其不规则特性进行单独设计,Nurvitadhi 等[75]就提出了一种 FPGA 加速硬件结构设计,如图 2-106 所示,通过实验证明 FPGA 较 GPU 拥有更加优异的不规则网络加速能力。

神经元剪枝法(图 2-107)可以分为一次性剪枝和迭代剪枝两种方式。一次性剪枝通过对预训练好的模型中神经元和权重进行重要性评估,通过设置权重阈

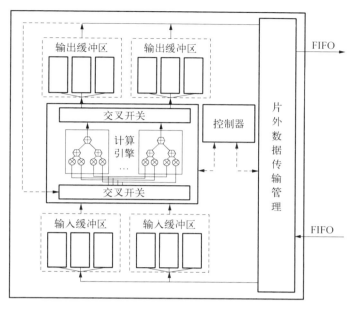

图 2-105　未压缩网络的硬件加速结构[72]

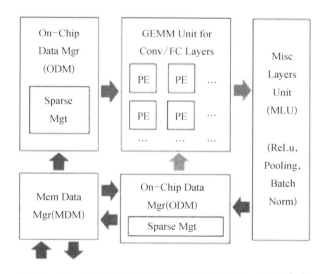

图 2-106　针对稀疏卷积神经网络设计的加速结构[75]

值等方法裁剪非重要神经元或权重,之后再对神经网络进行参数微调。多次迭代剪枝是在单次剪枝的基础上,继续进行重要性评估,减去新的不重要的神经元或权重,其对模型造成的精度损失更小,鲁棒性更强。

　　2)低秩分解

　　低秩分解是通过合并维数和施加低秩约束的方式稀疏化卷积核矩阵,由于权

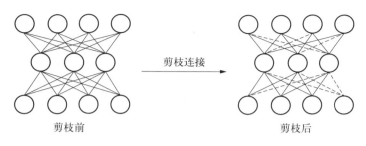

剪枝连接

剪枝前   剪枝后

图 2‑107   神经元剪枝法

值向量多分布于低秩子空间,所以可以用少数的基向量来重构卷积核矩阵,达到缩小存储空间的目的[76]。高维矩阵通常采用 Tensor 分解方法进行神经网络压缩,主要方法包括 CP 分解、Tucker 分解、Tensor Train 分解和 Block Term 分解方法等[77]。低秩分解在大卷积核和中小型网络上有不错的压缩效果,其没有改变网络基础运算结构,也不需要额外定义新的操作,且任何的矩阵或者张量分解方法都可以用于低秩分解。但新网络越来越多地采用 1×1 卷积,不利于低秩分解方法的使用。

3)模型量化

模型量化是一种利用定点量化法缩小模型网络参数大小实现神经网络加速的方法。神经网络参数往往是以 32 位浮点数存储在存储器中,如网络各节点权重值、激活函数输出值、梯度更新值和误差值等。通过使用统一的低精度位宽(如 16‑bit、8‑bit、2‑bit、1‑bit 等)代替全精度参数,从而减小网络在低功耗设备上的存储和运算开销,实现模型计算复杂度压缩最大化,精度损失最小化。例如将 32 位浮点参数量化为 8‑bit 整型参数可以减小 75% 的存储空间,这一方面节省了内存空间占用及内存带宽占用,另一方面整型参数运算速度也高于浮点型参数,从而有效地提升了模型整体计算速度。

主要的量化方法有二值化、三值化和混合精度量化。二值化法仅使用−1 或 1 表示网络参数,并将乘法操作转化为加法或位移操作,Courbariaux 等[78] 提出的 BNN 模型就将权重和激活值进行二值化处理,将计算速度提高了 7 倍。但二值化带来的精度损失也十分明显,为此出现了多比特的模型量化方法。三值化是在二值化的基础上引入 0 作为第三阈值,从而提高网络精度,代表模型有 TWN、TTQ、VNQ 等。为了更好地根据网络不同深度重要性和灵敏度的不同匹配参数精度,研究人员提出了混合位宽量化方法。例如 Faraone 等[79] 就提出了基于梯度的对称量化方法 SYQ,设定多种重要性级别调整量化精度。经过量化的神经网络模型也成功部署于 FPGA 上,深鉴科技 Han 等[71] 发表的基于 FPGA 的 ESE 轻量化 LSTM 语音识别模型就通过神经元剪枝(10 倍)和模型量化(2 倍)大幅缩小了原 LSTM 模型,并实现了 CPU 和 GPU 平台 40 倍和 11.5 倍的能效比。

4）知识蒸馏

为了使较小的神经网络模型实现复杂模型相近的精度性能,除了对原模型进行压缩之外,还可以将大模型在训练过程中学习到的知识迁移到小模型中,这个迁移过程就叫知识蒸馏(knowledge distillation, KD)。在 2006 年的 Model Compression 中,Caruana[80]就提出了一种将大模型学习到的函数压缩到更小规模模型中,从而获得近似大模型的推理性能的方法。知识蒸馏由 Hinton 等[81]首次提出,其主要思想是在给定输入的情况下训练迁移模型,让其输出与原模型输出一致,从而实现将大模型学习到的知识迁移到小模型的目标。该算法引入了软目标辅助硬目标一起训练的思想,其中硬目标指的是样本的原始标签,软目标指的是大模型输出的预测结果。常见的目标分类原始标签所包含的信息熵较低(只有是或否),而大模型输出的预测结果拥有不同类之间关系的信息(包含各分类概率信息)。通过软硬目标按一定比例作为损失函数对小模型进行训练,从而有效迁移大模型所学知识。

2. 神经网络计算加速方法

神经网络计算常涉及大量重复性计算,如卷积神经网络中的卷积层运算时间占据总运算时间 90%以上。通过采用合理的计算优化策略能有效提缩短模型整体计算时间,这些方法主要包括循环分块、循环展开、循环平铺和循环流水等。北京大学的 Zhang 等[82]在论文中综合运用了循环分块、循环展开和循环流水等加速方法,使用 roofline 模型在片上计算资源和内存带宽受限条件下寻找最优的设计参数,并在 Xilinx VC707 FPGA 平台上实现了 17.42 倍的加速。

1）循环分块

循环分块使将矩阵循环拆分成更小的模块进行计算,从而使片上的存储数据得到重复利用,减少访问内存次数,缓解因矩阵太大而出现的高速缓存缺失情况。但循环大小会影响计算的并行度,一定程度上决定了单位时间内进行的计算操作。因此在使用循环分块操作时,需要考虑特征图行和列分块大小等关键参数,并进行自身约束,如行分块大小必须小于总行数等,并考虑片上资源的限制给出相应的约束条件。

2）循环展开

循环展开利用卷积层内核之间的并行性来处理多个卷积操作,即将输入输出特征图进行部分展开,在卷积层中进行并行流水线乘法和加法运算(图 2-108)。每次从 T_n 个独立输入特征图中读取相同位置的像素块 T_n 个,并读取 T_n 个相应的权值。$T_m \times T_n$ 个并行乘法单元将 T_n 个输入像素块进行乘法运算,T_m 个加法树将乘积加法结果写入缓冲区。通过该循环展开实现局部并行结构,提高性能密度。

3）循环平铺和循环流水

循环平铺利用卷积计算数据的局部性,在计算输出特征图时,输入特征图会

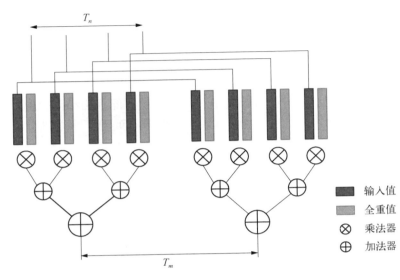

图 2-108   循环展开示意图

被以同样的方式访问多次。所以我们将输入特征图的数据保存在片上缓存中,减少外部内存访问,降低计算延时并提高计算性能。循环流水是加速神经网络的一项重要优化技术,其通过将不同循环层次操作执行交叠,从而提高系统计算吞吐量。虽然设计人员能够使用高层次综合工具设置 FPGA 结构实现循环流水优化,但神经网络算法中的循环可能存在数据依赖的情况,需要根据实际情况设置。

3. 神经网络内存优化方法

FPGA 片上存储资源与通信带宽有限,而诸如卷积神经网络等算法在运算中需要频繁与 FPGA 片上或片下存储进行数据交换,面对日益庞大的数据体积,内存大小与带宽也常常是影响计算速度的瓶颈。面向内存的加速方法主要是通过提高带宽上限或减小带宽需求对网络模型进行加速。前面介绍的神经网络压缩方法从网络本身层面降低了内存需求,下面将主要从数据复用和数据传输机制两方面介绍内存优化方法。

1) 数据复用

FPGA 芯片内部具有一定的存储单元,计算单元访问片上缓存的速度远高于片外存储。数据复用是将输入、输出、权重和中间结果等数据先存储到片上缓存,从而减少访问片外存储次数进而提高计算性能并降低功耗[83]。王超等[84]利用数据复用减少冗余通信操作,并在 Xilinx FPGA 平台上实现了 Intel Core2 CPU 平台 36.1 倍的加速比。张坤宁等[85]通过采用有效的分块策略分配各个片上缓存容量大小,并结合优化的卷积循环、池化循环计算顺序,实现了卷积核及池化数据复用。

Tu 等[86]针对神经网络每一层不同特点配置数据复用模式,相较于使用一种固定复用模式进一步节约了数据访问消耗。

2)传输机制

基于双缓冲区的"乒-乓"数据传输机制通过设立 AB 两组传输缓冲区,利用 A 缓冲区内数据处理时间对 B 缓冲区进行数据传输,从而有效地掩盖数据传输带来的时间占用,提高模型整体运算速度。张坤宁等设计的一种基于 FPGA 的多核可扩展卷积加速器中就使用了"乒-乓"数据传输机制,令片上缓存时间得到充分利用[83]。

2.8.6　FPGA 航空发动机智能芯片的实现

FPGA 具有的并行计算、硬件化处理特点使其能更快速地进行大量线性计算(即大批量简单计算)。但神经网络在训练时不仅有前向传播,而且有反向传播,且反向传播中涉及大量非线性计算,需要占用 FPGA 较多的硬件空间和计算资源,导致计算速度大大降低。因此,常用 FPGA 对神经网络进行加速计算或模型刻录,通过将模型信息和训练得到的权值文件刻入 FPGA,从硬件上获得具有神经网络模型所有信息的定制化芯片。这样,刻录好的 FPGA 就相当于一个训练完成的神经网络模型,直接输入需要处理的数据,其输出结果和在 CPU 平台上使用软件得出的结果一致。神经网络模型的推理过程以大量简单的线性计算为主,因此使用 FPGA 能够进行大幅计算加速。下面就以 LSTM 为例,阐述基于 FPGA 平台实现 LSTM 神经网络的基本流程(图 2-109)。对于航空发动机数字工程模型专用网络(如西北工业大学采用的自重构网络),其开发过程也类似。

FPGA 的开发流程一般分为九个部分,分别是电路设计、设计输入、功能仿真、综合优化、综合后仿真、布局布线、时序仿真、板级验证仿真、芯片烧录调试。电路设计进行整个系统方案设计以及 FPGA 芯片等硬件资源的选择。设计输入主要利用开发工具将所设计的方案表示出来,也就是编程过程,主要的开发工具有 Verilog 硬件描述语言(hardware description language,HDL)和超高速集成电路硬件描述语言(very-high-speed integrated circuit hardware description language,VHDL),为方便实现更复杂的模型,一些科技公司开发了 C-to-FPGA 编译器,可以使用 C 语言进行开发。在完成这两步之后,进行功能的综合仿真验证,最后在对所用硬件完成布局布线设计后,可以进行板级验证仿真和芯片烧录调试。除设计输入外的其他八个流程主要与硬件有关,软件部分集中体现在设计输入中,而在将 LSTM 用 FPGA 实现的过程中,设计输入是最主要的环节。

在进行 FPGA 设计之前,需要先由 CPU 或 GPU 训练得到 LSTM 网络的权值文件,其中包含了 LSTM 网络中的权重和偏置信息。之后就可以用 C 语言构建出 LSTM 网络的模型,这个过程主要包括计算设计和 LSTM 网络层设计,其中计算设

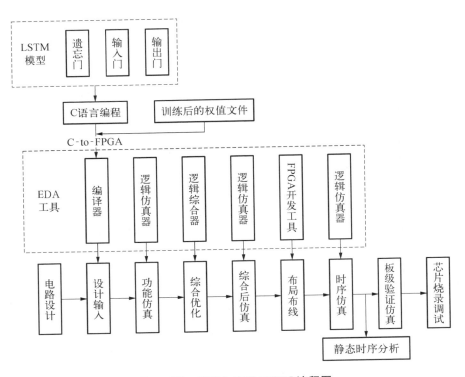

图 2-109 FPGA 实现 LSTM 流程图

计部分主要是功能函数的设计、线性计算、非线性激活等。在设计非线性激活时,考虑到 FPGA 处理非线性计算较为困难,可以用分段线性函数拟合 Tanh 激活函数和 sigmod 激活函数来提高计算速度和硬件资源的利用率。LSTM 可简化为三个门控单元,即遗忘门、输入门、输出门,对 LSTM 网络层的设计实际上就是用编程语言模拟出三个门控单元的计算过程。在遗忘门中,将上一时间步的输出和当前时间步的输入激活后与记忆线做乘法运算;在输入门中,将上一时间步的输出和当前时间步的输入激活后与记忆线做加法运算;在输出门中,将上一时间步的输出和当前时间步的输入与记忆线各自激活后做乘法运算得到当前时间步的输出。这样,通过模拟 LSTM 的计算过程,LSTM 网络的模型信息就用编程语言构建好了。之后,需要将训练后的权值文件写入模型信息中,也就是给定 LSTM 的权重和偏置。最后将构建好的 LSTM 网络模型 C 语言程序送入 C-to-FPGA 编译器,由该编译器转码后送入 FPGA 的电子设计自动化(electronic design automation, EDA)编译器中,设计输入部分完成。之后按照 FPGA 的基本流程进行后续的仿真、优化和调试,就可以得到定制的 LSTM 智能 FPGA 芯片(图 2-110)。图 2-111 为西北工业大学开发的以自重构网络为基础的航空发动机数字孪生智能芯片。

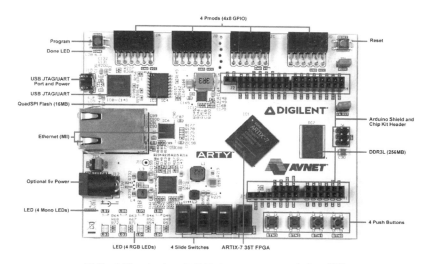

图 2 - 110　**Artix - 7 35T Arty FPGA** 开发套件[75]

图 2 - 111　西北工业大学开发的航空发动机数字孪生智能芯片

2.9　本　章　小　结

　　如前所述,智能航空发动机的核心体现在对外界信息数据的利用能力上,本章介绍了其核心技术(即智能化大脑-数字工程模型)的构建方法,以及对应的人工智能极速选择策略,并以 FPGA 为例介绍了其硬件载体——智能芯片。作者认为,上述三类技术是智能化的核心和关键所在,也是智能航空发动机研究的重中之重。

参考文献

[1]　AO "ОДК". ОДК ЗАВЕРШИЛА ВТОРОЙ ЭТАП СОЗДАНИЯ ЦИФРОВОГО ДВОЙНИКА

АВИАЦИОННОГО ДВИГАТЕЛЯ АИ－222－25［EB/OL］. https://www. aviaport. ru/ digest/2022/07/05/723639. html［2022－7－6］.

［2］ ADS CFD Inc. Multi-stage high pressure artio compressor review and analysis［EB/OL］. https://new. aerodynamic-solutions. com/services［2022－1－19］.

［3］ GasTurb. Steady state and transient behavior［EB/OL］. https://www. gasturb. de/software/ gasturb/predefined-configurations. html［2022－1－19］.

［4］ An D, Choi J H, Kim N H. Prediction of remaining useful life under different conditions using accelerated life testing data［J］. Journal of Mechanical Science and Technology, 2018, 32(6): 2497－2507.

［5］ Stuart J R, Peter N. Artificial intelligence: A modern approach［M］. Upper Saddle River: Prentice Hall, 2020.

［6］ Kendal S L, Creen M. An introduction to knowledge engineering［M］. Berlin: Springer, 2007.

［7］ Flach P. Machine learning: The art and science of algorithms that make sense of data［M］. Cambridge: Cambridge University Press, 2012.

［8］ Ohlsson S. Deep learning: How the mind overrides experience［M］. Cambridge : Cambridge University Press, 2011.

［9］ Ahlam-Shakeel-Ahmed A, Devadkar K K. Grid computing based back propagation network ［C］. 2012 IEEE Communication, Information and Computing Technology, Mumbai, 2012.

［10］ Sergey B, Santoro A, Richards B A, et al. Assessing the scalability of biologically-motivated deep learning algorithms and architectures［EB/OL］. https://proceedings. neurips. cc/paper/ 2018/file/63c3ddcc7b23daa1e42dc41f9a44a873-Paper. pdf［2022－10－30］.

［11］ Pascal V, Larochelle H, Lajoie I, et al. Stacked denoising autoencoders: Learning useful representations in a deep network with a local denoising criterion［J］. Journal of Machine Learning Research, 2010, 11(12): 3371－3408.

［12］ Alex K, Sutskever I, Hinton G. ImageNet classification with deep convolutional neural networks［J］. Advances in Neural Information Processing Systems, 2012, 25(2): 84－90.

［13］ Deutsch. Supervised sequence labelling with recurrent neural networks［M］. Heidelberg: Springer, 2012.

［14］ Ian-J G, Pouget-Abadie J, Mirza M, et al. Generative adversarial networks［J］. Advances in Neural Information Processing Systems, 2014, 3: 2672－2680.

［15］ Geoffrey E H, Osindero S, Teh Y W. A fast learning algorithm for deep belief nets［J］. Neural Computation, 2006, 18(7): 1527－1554.

［16］ Chandra B, Sharma R K. Adaptive noise schedule for denoising autoencoder［M］. Berlin: Springer International Publishing, 2014.

［17］ Deng J, Zhang Z X, Marchi Erik, et al. Sparse autoencoder-based feature transfer learning for speech emotion recognition［C］. 2013 Humaine Association Conference on Affective Computing and Intelligent Interaction, Geneva, 2013.

［18］ Jiang X J, Zhang Y H, Zhang W S, et al. A novel sparse auto-encoder for deep unsupervised learning［C］. 2013 6th International Conference on Advanced Computational Intelligence, Hangzhou, 2013.

［19］ Masci J, Ueli M, Ciresan D, et al. Stacked convolutional auto-encoders for hierarchical feature extraction［J］. Springer-Verlag, 2011(6791)：52 – 59.

［20］ Euijoon A, Ashnil K, Fulham M J, et al. Unsupervised domain adaptation to classify medical images using zero-bias convolutional auto-encoders and context-based feature augmentation［J］. IEEE Transactions on Medical Imaging, 2020, 39(7)：2385 – 2394.

［21］ Rifai S, Pascal V, Xavier M, et al. Contractive auto-encoders：Explicit invariance during feature extraction［C］. Proceedings of the 28th International Conference on Machine Learning, New York, 2011.

［22］ Rifai S, Grégoire M, Pascal V, et al. Higher order contractive auto-encoder［C］. Joint European Conference on Machine Learning and Knowledge Discovery in Databases, Athens, 2011.

［23］ Wang K, Chen J H, Song Z H. Fault detection based on variational autoencoders for complex nonlinear processes［C］. 12th Asian Control Conference, Kitakyusyu, 2019.

［24］ Nguyen V, Nguyen V, Phan V. Deep stacked auto-encoder network based tool wear monitoring in the face milling process［J］. Strojniski Vestnik/Journal of Mechanical Engineering, 2020, 66(4)：227 – 234.

［25］ Lecun Y, Bottou L. Gradient-based learning applied to document recognition［J］. Proceedings of the IEEE, 1998, 86(11)：2278 – 2324.

［26］ Simonyan K, Andrew Z. Very deep convolutional networks for large-scale image recognition ［EB/OL］. https：//arxiv. org/abs/1409. 1556v6［2022 – 10 – 30］.

［27］ Szegedy C, Liu W, Jia Y Q, et al. Going deeper with convolutions［EB/OL］. https：//arxiv. org/abs/1409. 4842［2022 – 10 – 30］.

［28］ Kaiming H, Zhang X Y, Ren S Q, et al. Deep residual learning for image recognition［C］. 2016 IEEE Conference on Computer Vision and Pattern Recognition, Las Vegas, 2016.

［29］ Gao H, Liu Z, van der Maaten L. Densely connected convolutional networks［EB/OL］. https：//arxiv. org/abs/1608. 06993［2022 – 10 – 30］.

［30］ Schmidhuber J. Gradient flow in recurrent nets：The difficulty of learning long-term dependencies［M］. New York：Wiley-IEEE Press, 2001.

［31］ Shi X J, Chen Z R, Wang H, et al. Convolutional LSTM network：A machine learning approach for precipitation nowcasting［C］. Proceedings of the 28th International Conference on Neural Information Processing Systems, Bali, 2015：802 – 810.

［32］ Hu Y H, Adrian H, Jithendar A, et al. Overcoming the vanishing gradient problem in plain recurrent networks［EB/OL］. https：//arxiv. org/abs/1801. 06105v3［2022 – 10 – 30］.

［33］ Mirza M, Simon O. Conditional generative adversarial nets［EB/OL］. https：//arxiv. org/abs/1411. 1784［2014 – 11 – 6］.

［34］ Radford A, Luke M, Soumith C. Unsupervised representation learning with deep convolutional generative adversarial networks［EB/OL］https：//arxiv. org/pdf/1511. 06434v2. pdf［2022 – 4 – 5］.

［35］ Denton E, Soumith C, Arthur S, et al. Deep generative image models using a laplacian pyramid of adversarial networks［D］. New York：New York University, 2015.

［36］ Arjovsky M, Soumith C, Léon B. Wasserstein gan［EB/OL］. https：//arxiv. org/abs/1701.

07875［2022－10－30］.

［37］ 赛灵思. 以成本优化型 UltraScale＋产品组合拓展新应用,实现超紧凑、高性能边缘计算［EB/OL］. https://china. xilinx. com/news/press/2021/xilinx-expands-into-new-applications-with-cost-optimized-ultrascale-portfolio-for-ultra-compact-high-performance-edge-compute. html［2022－4－5］.

［38］ 陈亚明. PAL 可编程逻辑器件开发和应用［J］. 现代电子技术,2006,29(8)：1－3.

［39］ 张煜. 基于 GAL 器件的开发研究［J］. 数字技术与应用,2011(2)：94－95.

［40］ 徐伟业,江冰,虞湘宾. CPLD/FPGA 的发展与应用之比较［J］. 现代电子技术,2007(2)：4－7.

［41］ AMD. Xilinx overview［EB/OL］. https://www. amd. com/system/files/documents/xilinx-overview. pdf［2022－7－7］.

［42］ Cox C E, Blanz W E. GANGLION — A fast hardware implementation of a connectionist classifier［C］. The IEEE 1991 Custon Integrated Circuits Conference, San Diego, 1991.

［43］ Farabet C, Poulet C, Lecun Y. An FPGA-based stream processor for embedded real-time vision with convolutional networks［C］. Fifth IEEE Workshop on Embedded Computer Vision (ECV'09), Palm Springs, 2000.

［44］ 赛灵思中国. 从实验室到生产线：Xilinx 助力百度 Apollo 自动驾驶计算平台 ACU 量产下线［EB/OL］. https://china. xilinx. com/news/press/2020/xilinx-apollo-acu. html［2022－7－7］.

［45］ 英特尔 FPGA 中国创新中心. FPGA 组成、工作原理和开发流程［EB/OL］. https://knowledge. fpga-china. com/home/kfyy/info. html? id＝119&catId＝208［2022－7－7］.

［46］ Li T. 为什么 ASIC 的频率可以达到 GHz，而 FPGA 只能达到几百 MHz？［EB/OL］. https://blog. csdn. net/kebu12345678/article/details/79074122［2022－7－7］.

［47］ 孤独的单刀. 从底层结构开始学习 FPGA(14)——时钟结构［EB/OL］. https://blog. csdn. net/wuzhikaidetb/article/details/121895673［2022－7－7］.

［48］ 胥京宇,Altera. 发布支持硬核浮点 DSP 的 FPGA［J］. 世界电子元器件,2014(6)：48.

［49］ 英特尔 FPGA 中国创新中心. FPGA 基础知识［EB/OL］. https://knowledge. fpga-china. com/home/jsjs/index. html? catId＝164［2022－7－7］.

［50］ 赛灵思中国. Xilinx 推出史上最强大加速器卡 Alveo U55C，专为 HPC 与大数据工作负载打造［EB/OL］. https://china. xilinx. com/news/press/2021/xilinx-launches-alveo-u55c-its-most-powerful-accelerator-card-ever-purpose-built-for-hpc-and-big-data-workloads. html［2022－7－7］.

［51］ 赛灵思中国. 为什么选择 XILINX AI：从边缘到数据中心的业界最高级 AI 加速［EB/OL］. https://china. xilinx. com/applications/ai-inference/why-xilinx-ai. html［2022－7－7］.

［52］ Kuon I, Rose J. Measuring the gap between FPGAs and ASICs［J］. IEEE Transactions on Computer-Aided Design of Integrated Circuits & Systems, 2007, 26(2)：203－215.

［53］ 郭勇. FPGA 技术在生物医学成像中的研究进展［J］. 生物化学与生物物理进展,2020,47(6)：483－497.

［54］ Caulfield A, Chung E, Putnam A, et al. A cloud-scale acceleration architecture［C］. 49th Annual IEEE/ACM International Symposium on Microarchitecture, Taipei, 2016.

［55］ Putnam A. Large-scale reconfigurable computing in a microsoft datacenter［C］. 2014 IEEE Hot

Chips 26 Symposium, Cupertino, 2014.

[56] 张刚. 基于 FPGA 的目标检测加速方法研究与实现[D]. 合肥：合肥工业大学,2021.

[57] 英特尔 FPGA 中国创新中心.案例分享：安川电机将英特尔 FPGA 应用于机器人控制器（上）[EB/OL]. https：//knowledge. fpga-china. com/home/gy/info. html? id = 305&catId = 215[2022 - 7 - 7].

[58] 刘腾达,朱君文,张一闻. FPGA 加速深度学习综述[J]. 计算机科学与探索,2021, 15(11)：2093 - 2104.

[59] Advanced Micro Devices Inc. AMD newsroom[EB/OL]. https：//china. xilinx. com/news/ press/2020/xilinx-apollo-acu. html[2022 - 7 - 8].

[60] Farabet C, Poulet C, Han, Jefferson Y, et al. CNP：An FPGA-based processor for Convolutional Networks[C]. 2009 International Conference on Field Programmable Logic and Applications, Prague, 2009.

[61] Glette K, Torresen J, Hovin M. Intermediate level FPGA reconfiguration for an online EHW pattern recognition system [C]. 2009 NASA/ESA Conference on Adaptive Hardware and Systems, San Francisco, 2009.

[62] Hanh P X, Thuong L T, Sy Nguyen T. FPGA platform applied for facial expression recognition system using convolutional neural networks[J]. Procedia Computer Science, 2019, 151： 651 - 658.

[63] Ma X, Najjar W A, Roy-Chowdhury A K. Evaluation and acceleration of high-throughput fixed-point object detection on FPGAS[J]. IEEE Transactions on Circuits and Systems for Video Technology, 2015, 25(6)：1051 - 1062.

[64] Marzotto R, Zoratti P, Bagni D, et al. A real-time versatile roadway path extraction and tracking on an FPGA platform [J]. Computer Vision and Image Understanding, 2010, 114(11)：1164 - 1179.

[65] 英特尔 FPGA 中国创新中心.应对自动驾驶新征程的三大挑战,为什么说非 FPGA 不可？ [EB/OL]. https：//www. fpga-china. com/14322. html[2022 - 7 - 8].

[66] 知 in. 汇医慧影：通过人工智能助力新冠肺炎防控战疫[EB/OL]. https：//knowledge. fpga-china. com/home/yl/info. html? id = 134&catId = 216[2022 - 7 - 8].

[67] Bingbing L, Santosh P, Haowen F, et al. FTRANS：Energy-efficient acceleration of transformers using FPGA[EB/OL]. https：//arxiv. org/abs/2007. 08563 [2022 - 10 - 30].

[68] Khan H, Khan A, Khan Z, et al. NPE：An FPGA-based overlay processor for natural language processing[EB/OL]. https：//arxiv. org/abs/2104. 06535 [2022 - 10 - 30].

[69] Zhang Y, Chao W, Lei G, et al. A power-efficient accelerator based on FPGAs for LSTM network[C]. 2017 IEEE International Conference on Cluster Computing (CLUSTER), Honolulu, 2017.

[70] Maor G, Zeng X, Wang Z, et al. An FPGA implementation of stochastic computing-based LSTM[C]. 2019 IEEE 37th International Conference on Computer Design (ICCD), Abu Dhabi, 2019.

[71] Han S, Wang Y, Yang H, et al. ESE：Efficient speech recognition engine with sparse LSTM on FPGA [C]. FPGA 17th：The 2017 ACM/SIGDA International Symposium on Field-Programmable Gate Arrays, California, 2017.

[72] 吴艳霞,梁楷,刘颖,等. 深度学习 FPGA 加速器的进展与趋势[J]. 计算机学报,2019, 42(11): 2461 - 2480.

[73] Walsh C A. Peter Huttenlocher (1931 - 2013)[J]. Nature, 2013, 502(7470): 172.

[74] Suda N, Chandra V, Dasika G, et al. Throughput-optimized OpenCL-based FPGA accelerator for large-scale convolutional neural networks[C]. The 2016 ACM/SIGDA International Symposium on Field-Programmable Gate Arrays, Monterey, 2016: 16 - 25.

[75] Nurvitadhi E, Venkatesh G, Sim J, et al. Can FPGAs beat GPUs in accelerating next-generation deep neural networks? [C]. The 2017 ACM/SIGDA International Symposium on Field-Programmable Gate Arrays, Monterey, 2017: 5 - 14.

[76] 高晗,田育龙,许封元,等. 深度学习模型压缩与加速综述[J]. 软件学报,2021,32(1): 68 - 92.

[77] 焦李成,孙其功,杨育婷,等. 深度神经网络 FPGA 设计进展、实现与展望[J]. 计算机学报,2022,45(3): 441 - 471.

[78] Courbariaux M, Hubara I, Soudry D, et al. Binarized neural networks: Training deep neural networks with weights and activations constrained to+ 1 or - 1[EB/OL]. https://arxiv. org/abs/1602. 02830v3 [2022 - 10 - 30].

[79] Faraone J, Fraser N, Blott M, et al. SYQ: Learning symmetric quantization for efficient deep neural networks[C]. 2018 IEEE/CVF Conference on Computer Vision and Pattern Recognition, Salt Lake City, 2018: 4300 - 4309.

[80] Buciluă C, Caruana R, Niculescu-Mizil A. Model compression[C]. 12th ACM SIGKDD International Conference on Knowledge Discovery and Data Mining, Philadelphia, 2006: 535 - 541.

[81] Hinton G, Vinyals O, Dean J. Distilling the knowledge in a neural network[EB/OL]. https://arxiv. org/abs/1503. 02531 [2022 - 10 - 30].

[82] Zhang C, Li P, Sun G, et al. Optimizing FPGA-based accelerator design for deep convolutional neural networks[C]. The 2015 ACM/SIGDA International Symposium on Field-Programmable Gate Arrays, Monterey, 2015: 161 - 170.

[83] 赵烁,范军,何虎. 基于 FPGA 的 CNN 加速 SoC 系统设计[J]. 计算机工程与设计,2020, 41(4): 939 - 944.

[84] Wang C, Gong L, Yu Q, et al. DLAU: A scalable deep learning accelerator unit on FPGA [J]. IEEE Transactions on Computer-Aided Design of Integrated Circuits and Systems, 2016, 36(3): 513 - 517.

[85] 张坤宁,赵烁,孙庆斌,等. 基于 FPGA 的多核可扩展卷积加速器设计[J]. 计算机工程与设计,2021,42(6): 1592 - 1598.

[86] Tu F, Yin S, Ouyang P, et al. Deep convolutional neural network architecture with reconfigurable computation patterns[J]. IEEE Transactions on Very Large Scale Integration (VLSI) Systems, 2017, 25(8): 2220 - 2233.

第3章
智能航空发动机的关键技术

如前所述,智能航空发动机基于发动机实时运作,将人工智能技术融入信息收集、信息处理、决策执行、结果反馈和信息再利用等流程。虽然智能化的核心是数据的利用、推理和再生能力,但是最终实现智能化还需要更多关键技术的配合,主要包括感知、决策、执行、维护和互联等,目前论述的材料按丰富程度排列分别为控制(决策)、维护、感知和执行等。本章依次对上述内容进行概述。

3.1 控　制

3.1.1 发动机分布式控制架构

航空发动机控制系统从集中式架构向分布式架构的转变,是未来高效航空推进系统发展的必然结果。然而随着自适应控制技术在航空发动机中应用的逐渐普及,以及发动机核心机的小型化、轻量化发展,控制系统的相对体积和重量不减反增。分布式发动机控制系统采用耐高温电子元器件设计,具有开放系统通信功能,将有效调整控制系统重量在发动机总重量占比中的增长趋势,并降低航空推进系统的总体运营成本。然而该实现过程仍面临一些重大的技术挑战,主要受制于耐高温电子元器件、简单可靠的通信设备和控制系统电源设备等核心部件的研发进程。

1. 分布式控制简介

历史上,燃气涡轮发动机性能的提升在很大程度上取决于系统创新。控制系统从复杂机械液压控制发展到如今的全权限数字电子控制(full authority digital electronic control, FADEC),是技术自然渐进发展的结果。虽然控制系统对发动机运行至关重要,但其设计目的是实现发动机的功能,并不是提高发动机的驱动力性能。相比之下,提高发动机性能往往需要多学科高度融合。材料和设计的进步以及自适应控制技术的日益成熟,将改善发动机推重比、单位推力和耗油率等性能参数,并缓解噪声和排放等环境问题。

随着各类发动机新技术的应用,控制系统的设计也迎来了新的挑战和巨大压力。目前,生产的发动机中控制装置和附件系统占发动机总重量的15%~20%,与其所占购置成本的百分比相当,同时是计划外维修的主要组成部分。随着新技术的不断涌现,在其他条件相同的情况下,控制装置和附件系统将在重量、成本、维修三个方面的占比增加。安装在发动机上的典型控制装置和附件系统示例如图 3-1 所示。

图 3-1　发动机控制装置和附件系统

针对上述问题,发动机控制系统设计应在系统结构上进行改变,这种改变不是细微的调整,而是基于航空领域以外的电子和信息处理技术行业中取得的实质性进展,进行系统结构的大幅改变。航空发动机控制系统从集中式控制架构向分布式控制架构的转变是未来航空发动机设计的必然趋势。

2. 集中式控制架构

目前,发动机控制系统的体系架构大多采用集中式设计,分散的传感器和执行机构直接与安装在发动机上的电子设备单元相连。该航空电子设备单元通常称为FADEC,其包含所必需的电路,以便与发动机控制设备以及驾驶舱命令和数据通信进行交互。发动机集中式控制系统设计的首要问题是控制系统的轻量化,因为其对发动机整体性能的影响显著,该问题严重限制了工程师的设计选择。发动机集中式控制系统架构如图 3-2 所示。

在发动机集中式控制系统中,控制系统重量主要由控制系统元素的数量和位置决定,虽然其重量也取决于发动机的接入点,但最大限度地减少传感器和执行器的数量更为关键。在控制元件数量有限的情况下,每个元件的设计必须具有最高的可靠性和具备充分可解释性的故障模式。为了使元件平均无故障时间(mean time between failures, MTBF)达到可接受的水平,通常采用双模冗余设计,但是该设计在将控制元件连接到 FADEC 时,所需导线的数量和线束的结构导致重量损失较大,而且连接器尺寸会增加外壳尺寸。因此,可以通过优化 FADEC 在发动机上的安装位置,使其重量损失最小化。

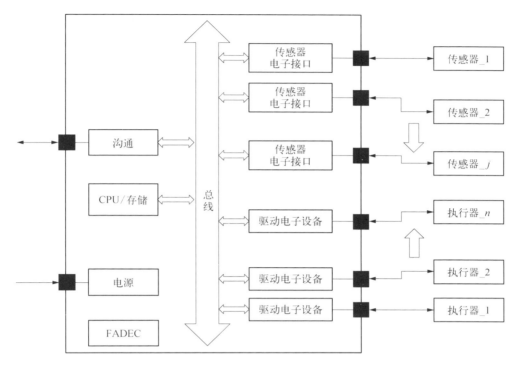

图 3 - 2　发动机集中式控制系统架构

　　受发动机的影响,航空电子设备的工作环境相当恶劣,极端的振动和温度使得发动机需要定制其航空电子设备。特殊的电路元件都是采用最大密度设计,以实现较小的物理尺寸,从而增加刚度并提高共振机械振动模式的固有频率,但不利于组件散热。安装在 FADEC 外壳上的大量导线和连接器外壳的物理尺寸通常会影响封装尺寸。整个机组必须安装在低频隔离器上,以减少任务剖面上作用的冲击载荷。典型的 FADEC 示例如图 3 - 3 所示。

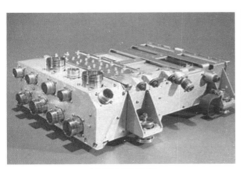

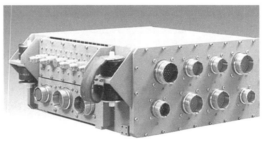

(a) F414发动机　　　　　　　　　　　　　(b) CFM56发动机

图 3 - 3　典型的 FADEC 示例

在发动机工作的极端高温环境下,需要将供应的航空燃料作为散热介质,对整个组件进行冷却,以防止电子设备超温。在集中式控制系统架构下,降低总重需求带来了一系列设计上的约束,这些约束需要对发动机控制系统进行优化,从而使得采购和维护成本显著增加。此外,如果对其进行深度优化,移植至其他平台使用,则会变得不灵活,甚至出现现有应用程序升级困难的问题。未来分布式控制系统可以从根本上改变相互关联的约束链,从而最终优化总成本。

3. 分布式控制架构

在分布式控制架构中(图3-4),任意数量的控制元件通过通用的、标准化的网络通信接口连接在一起。传感器和执行机构由控制节点代替,控制节点提供传感器数据、操作执行机构或执行两者的组合。在其设计中,控制元件与接口电路连接的大型线束被一个简单但坚固的通信结构所取代。分布式控制架构最主要的目标是减轻重量,但为了有效实现未来自适应控制的应用,标准化的界面和接口也同样重要[1]。

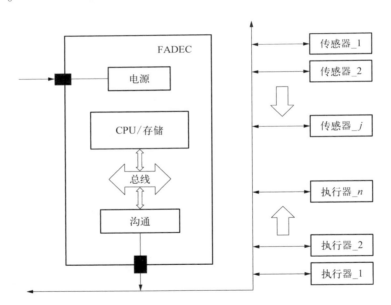

图3-4   发动机分布式控制架构

由于采用了标准化网络通信接口,FADEC 的尺寸大大减小,并可能降低恶劣安装环境的影响,不过系统效应需要使用智能标准协议进行通信。重量将不再是限制系统设计的主要因素,这使得开放式通信体系架构大大简化。分布式控制系统体系中的控制节点定义为智能节点。传感器节点使用预定义的数据结构生成有关发动机物理状态的信息,其包含时间数据流或发动机功能的预处理状态等形式,如失速预警等。类似地,执行机构节点从一个或多个源节点接收数据命令,以智能且最有效的方式操作发动机执行机构。在某些情况下,特别是在诸如失速预警、高带宽、高响应控制等新的自适应控制应用中,可能需要在整个控制通信架构下运行传感器和执行器的嵌套控制节点。如图3－5所示,开放式网络通信体系架构不限制控制元件的功能。智能嵌套子循环可以应用于自适应控制子系统中,以内部数据传输运行。

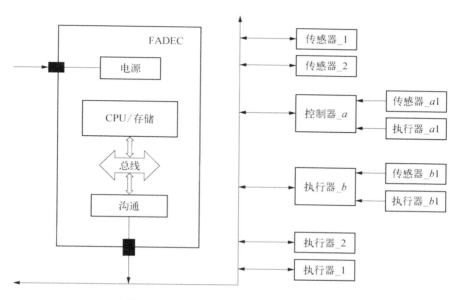

图3－5　扩展后发动机分布式控制架构

　　整个控制系统仍然由 FADEC 协调,但分布式架构下 FADEC 的体积更小,其功能是进行信息处理和通信。通信网络是标准化的,因此不再需要为每个控制元件提供单独的接口和信号调节电路。每个线束和连接器外壳中的导线数量并不决定电子设备组件的配置。FADEC 的位置不再是关键,这能确保最关键最复杂的电子硬件在更加合适的环境中工作。在发动机分布式控制架构中,针对重量的优化不再限制 FADEC 的设计和封装,这将更有利于实现跨平台的标准化,并大大降低采购和维护成本。系统升级将不再是整个系统硬件和软件的升级,而主要体现在软件的升级上。

　　4. 分布式控制架构的技术挑战

　　发动机分布式控制架构的实现存在一些技术难点,其中耐高温电子设备和简单可靠的通信技术至关重要。

　　1）耐高温电子设备

　　集中控制架构的重量取决于大型设备封装和冷却的组件。虽然 FADEC 已经被安置到一个比较利于系统工作的环境中,但是智能控制节点的出现意味着一些电子电路仍然需要在发动机极端环境中进行信号波形加工和特定应用程序的处理。这些安装在发动机上的部件必须能够承受极端环境的温度和振动。

在很多情况下,分布式架构的节点靠近发动机部件,因此安装在发动机上FADEC组件的温度要求比集中式架构的温度要求更为苛刻。由于控制系统的首要目标是重量限制,电子设备必须能够在没有冷却系统的环境下正常工作。在某些情况下,节点的工作温度可能高达500℃,但标准硅技术要求环境温度低于125℃才能可靠运行。电子设备在连接处的散热能力高度依赖设计,其环境温度最高不能超过85℃。目前,一些前沿技术如绝缘体硅以及潜在的碳化硅,有望扩大设计范围,但仍远未达到所需的工作温度,以实现最大的重量减轻。在没有足够耐温能力的情况下,分布式控制架构要实现功能正常运行,可能会导致系统重量的增加。

将大部分电子硬件解析到控制节点,FADEC设备的体积将大大减小,尽管目前发动机结构上有很多附件结构,但较小的物理轮廓可以使机械共振频率增加,这从本质上减少了与振动激励共振相关的疲劳问题。

2)通信技术

通信网络取代了占系统重量主要部分的点对点式配线线束。通信网络的有效性不仅要求通信可靠,而且要求连接节点的结构简单。通信网络必须基于开放系统标准,以实现最大的灵活性和更低的成本。文献[2]中提供了一个适用于分布式控制的网络传感器示例。

同时,物理通信媒介不太可能服务所有功能,包括无线技术、光纤和配电线路上的通信等。尽管分布式控制可以使用多个物理层介质,但是其对通信网络的有效性意义不大。

21世纪初,美国航空航天局格林研究中心与美国国防部等曾共同成立了发动机分布式控制工作组(Distributed Engine Controls Working Group, DECWG),以研究当前和未来的技术要求,实现对飞机发动机的分布式控制。文献[3]不仅总结了该工作组的研究进展,包括评估从集中式控制体系到基于使用开放系统标准的分布式控制体系的范式转变等工作,还总结了自20世纪90年代以来在发动机分布式控制技术开发方面的工作进展。

分布式控制系统的开放式模块化模型具有很多优点,这些优点可以节省成本、提高系统可靠性和性能。随着嵌入式智能化成为每个控制节点的标准,综合运载器健康管理(integrated vehicle health management, IVHM)将变得更加便利。每个传感器和执行机构都设计有内置测试模式,能在启动时或飞行过程中根据FADEC或飞行员的要求执行本地诊断。在许多情况下,其可以合并自校准,提高系统数据的准确性并改善整体性能。同时,趋势分析可用于跟踪系统和组件的退化情况,从而通过取消不必要的计划性拆卸降低维护成本。

在分布式体系结构中,诊断可以从本地节点开始在多个级别上执行,也可以在整个系统中进行。事实上,诊断模块可以插在任何地方,以不影响系统控制的方式被动地监视数据并评估状况。分布式系统也为更紧密耦合的飞发匹配提供了适用性。如果飞机传感器和执行机构遵循相同的架构,那么发动机和飞机机身只是同一控制系统的扩展。在这种模式下,发动机甚至可以被视为辅助飞机操纵的机身执行机构。

5. 分布式控制架构发展趋势

航空发动机控制系统从集中式架构向分布式架构的转变,是未来更高效航空推进系统发展的必然结果。随着自适应控制技术在航空发动机中的应用逐渐增加,以及发动机核心机的小型化、轻量化发展,控制系统的重量和体积不减反增。分布式发动机控制系统采用耐高温电子元器件设计,具有开放系统通信功能,将有效调整控制系统重量在发动机总重量占比中的增长趋势,并降低航空推进系统的运营成本。

值得注意的是,实现发动机分布式控制并不需要新的传感器或执行机构,而是使机载电子设备位于传感元件或执行机构上或在这些设备附近,以便开启网络通信,同时传感器和执行机构以及发动机控制器之间通信所需的线束可大大减少。实现发动机分布式控制的另一个挑战是为机载电子设备提供所需的电源(需要开发新型电源架构和技术),以充分发挥发动机分布式控制系统的潜在优势。

3.1.2 主动控制技术架构

主动控制技术可主动改善发动机部件的性能,有助于满足未来高性能发动机的需求,其基于控制逻辑感测实际工作条件,通过执行机构做出反应。主动控制技术一方面可以直接改善发动机的性能、可操作性、耐久性和排放等问题;另一方面,可解决进气畸变、压气机喘振、燃烧不稳定、气流分离、振动和噪声等非定常现象带来的设计约束,虽然这些非定常现象只发生在特殊工况下。本节介绍各发动机部件的主动控制技术,需要强调的是,有些技术仍处于研究阶段需要强有力的技术攻关,以便实现真正的工程应用。同时,本节将介绍发动机的适航性、安全性、可靠性和耐久性要求。需要说明的是,主动控制受传感器和执行机构之间差距的限制,必须要求传感器和执行机构能够在恶劣环境下正常运行。本节的主要任务是介绍主动控制部件在智能航空发动机中的潜在应用。首先介绍技术目标和方法;然后给出典型发动机各部分气路装置的主动控制应用,即进气道、压气机、燃烧室、涡轮和尾喷管;最后给出各种技术所需传感器和执行机构的具体技术和指标要求。

1. 主动控制技术的思路

现代发动机面临任务和需求的多重挑战,为了满足发动机的高效运行,人们付出了很大努力,但是涡轮机械的设计仍需要大量折中的设计来满足技术要求。一般来说,涡轮和压气机(宽广的工况范围内)应具有较高的操作灵活性,同时在较长的维护周期内具有较低的维护成本,且保持极高的效率。推进系统必须能够在全寿命周期内发挥预定任务所需的性能,同时必须保证安全可靠。航空发动机的环境适应性也越来越受到人们的重视,将成为未来航空发动机发展的重要方向之一。为了满足这些挑战性的目标,发动机必须在由材料和气动性能给出的物理极限下安全运行。发动机在运行过程中也面临很多不稳定现象,如下所示:

(1) 进气气流畸变和分离;

(2) 压气机喘振和失速;

(3) 燃烧不稳定性;

(4) 叶片通道流动分离;

(5) 颤振和高周期疲劳;

(6) 发动机噪声。

尽管这些不稳定现象只会在特殊条件下发生,但必须加以避免,因此其成为发动机的约束设计条件。这些物理约束限制了可用的设计空间,阻碍了有关图 3-6 所示的发动机总体目标的实现。因此,需要对发动机设计进行必要的优化。

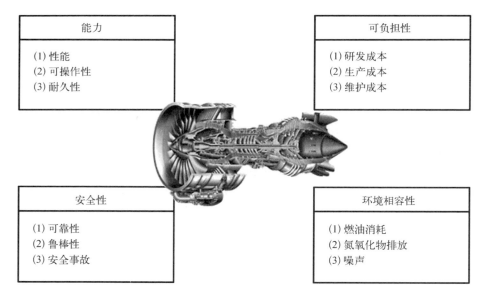

图 3-6　现代发动机的设计要求

目前,发动机大多是开环装置,受限于机载计算能力和传感器技术[4],发动机无法对不断变化的外界条件做出相应反应,使其设计受到最恶劣工况下性能退化和运行条件的制约,因此在设计时应留有较大的安全裕度,从而导致设计过程中必须考虑不同的限制和裕度,发动机部件的潜力得不到充分发挥[5],限制了发动机性能的进一步提升[6]。

　　未来,克服这一障碍的可行方法是在发动机中使用智能元件,以改善控制系统性能。主动控制的理念是感知当前的状态,并以最佳的控制行动做出反应。这也引出了智能控制的基本原理:组件自身感受当前状态,并在必要时做出反应以改善其当前性能。主动控制的特点是具备自我诊断和自我预测能力,同时,其可根据发动机的当前状况或当前任务进行自适应优化[7]。例如,通过改变部件或组件的行为避免不稳定的工况,使部件适应当前状态,包括极端条件或恶劣条件。因此,主动控制可以在设计阶段对部件进行优化,达到不因操作限制或突发恶劣工况而影响其性能的目的。因此,主动控制的目标是保证发动机在任何飞行条件和部件衰退状态下都能发挥最佳性能[8-11]。

　　传统的控制设计问题是在不影响任何预定限制的情况下,以最快捷的方式使发动机的工作点从一点过渡到另一点[7]。在大多数现代飞机上,全权限数字式电子控制的出现为采用更先进的控制技术提供了可能性。微处理能力的快速发展与传感器技术的进步相结合,使控制系统成本更低、速度更快且体积更小,为高效的发动机控制提供了可能性。虽然宏观驱动仍在缓慢发展,但微观驱动正在迅速变化,电力电子产品也越来越便宜。此外,在现代航空推进系统中,跨网络传感器和执行机构的使用也在增加。传感器技术的进步且在下一代推进系统中的应用,将使传统控制逻辑向先进的自适应控制过渡,使得智能航空发动机的愿景成为现实。智能的关键不仅在于感知力,还在于解释力,以及根据这种解释力改变或适应预先设定的动作。智能航空发动机的另一关键功能是发动机性能监测和健康管理[11],其第一步可通过增加用于监测目的的传感元件或虚拟传感器来完成。

　　一般来说,控制系统由三个子部件组成:执行机构、控制器和传感器。系统的特性取决于上述要素的组合,其控制方法基本包括以下三种[11,12],具体结构如图3-7所示。

　　(1)开环控制。开环控制系统仅由执行机构和控制器组成。执行机构必须能够充分改变物理过程。由于其固有的简单性,开环系统较容易实现。为了确定该方法是否适用于给定系统,需要通过实验或分析获得一个开环传递函数,这一步最为关键,因为优化的性能取决于固定的控制动作。

　　(2)闭环控制。闭环控制将传感器添加至开环控制中,传感器的作用是实时监控部件性能,并相应地主动修改控制动作。由于需要反馈,闭环传感器的频率响应需要超过执行机构和控制器的工作频率,其中一个关键环节是控制器的设计,控制器的设计要求具有稳定性和鲁棒性。

　　(3)自适应控制。自适应控制可以根据外部环境的变化改变控制器的动作。额外控制层可提供调整闭环滤波器的方式,其控制行动也是优化的所有条件,通常需要改变控制器设置的参数变化比闭环控制器慢得多。如果时间平均参数的变化未知,自适应控制器需要额外的传感器来提供短时平均输出的瞬态响应。自适应控制系统的扩展目的是提供自校准的控制系统。

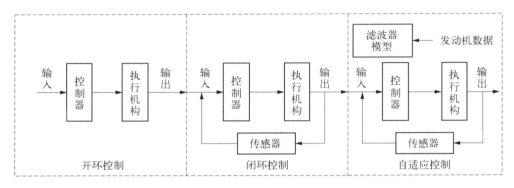

图 3-7 不同的控制方法

闭环控制和自适应控制系统均可以看作主动控制方法,可以通过错误检查程序进行扩展,错误检查程序可以防止系统根据错误的结论(如传感器故障)生成错误的命令。机载模型可用于提供传感器位置、物理特性和无法直接测量的发动机参数(虚拟传感器),并预测即将发生的状况。

有效的控制依赖控制所能影响的不稳定现象的存在,这些不稳定现象可以通过控制作用稳定下来。在此过程中,执行机构和传感器的安放至关重要,而确定改善部件行为的机制需要对物理有深刻的理解和认识,这也是建立控制器设计所必需的简化模型基础。如果由于其复杂性而无法获得一致的物理模型,则需要开发和应用一个简化模型,以涵盖正确因果链中的主要影响。为了捕捉物理模型中的关键系统动力学行为,需要深入理解其物理工作机理[11]。虽然简化模型可能无法预测正确的因果链,但复杂模型一般需要较高的人力和算力。因此,设计工程师有责任评估和选择最合适的方法来设计合适的控制系统。

所控部件行为可以通过具体的建模和测试来描述。尽管目前在建模方面取得了令人瞩目的进展,但实验测试仍占有一席之地。在实验测试中获取物理信息需要精确的测量技术,在大多数情况下,识别真实的几何物理关系和相应的系统行为也是一个巨大的挑战,如动态过程的量化。测试结果直接有助于物理理解,并为工具和模型的验证提供数据源。复杂的工具和模型对于部件分析和设计必不可少,它们可以识别由位置、尺寸或不稳定性导致无法测量的物理现象,与运行校准模型相比,执行测试要更加有效。对于主动控制,需要一个模型来设计控制系统,因此也需要新的和更复杂的方法来达到预期效果。随着人们对物理知识认知的进步,引进和应用先进的数值方法也非常重要。

针对上述要求,切实可行的知识认知可以从两方面发挥作用[13]。首先,多学科信息可支持主动控制组件的研发;其次,受控元件实际上是探索元件特性的一种新的诊断工具,也可以为设计提供新的信息源。

主动控制的另一个重要方面是其系统性质。尽管控制系统由许多独立的子组件组成,但在设计这些子组件时,必须具有整个系统的全局观。物理过程是由不同现象的相互作用和单个元素的相互作用决定的。加入反馈控制可以改变系统的动态特性,被控元件可以具有不同的特性。实现主动控制需要跨学科(流体、控制、结构、仪器等)方法[13]的深入融合。

传感器在主动控制系统中起着至关重要的作用,其必须准确捕获描述系统状态的特征信号,并能够将其转化为数据作为控制器的输入。为了完成该目标,传感器需要选择正确的安装位置,并能够进行准确可靠的测量。通常航空发动机上安装控制传感器(温度、压力、转子速度等),其输出作为发动机控制逻辑的输入。此外,还包含其他类型的传感器,用于健康监测和驾驶舱显示,这些传感器包括滑油和燃油系统传感器(压力和流量)、加速度计和用于性能监测的气路仪表等。根据主动控制技术的不同,特殊的传感任务、可靠性要求和恶劣的环境均对传感器提出了新的苛刻要求。目前,主动控制技术仍然受到传感器、执行机构和航空发动机运行环境的限制。

根据输入信号,控制器对执行机构的命令信号做出反应。与传感器类似,执行机构必须安装在能够影响当前部件状态的位置。由于控制系统完全依赖执行机构的功能,所以执行机构必须保证安全可靠。这使得主动控制又面临一个新的挑战,即虽然可以通过增加执行机构的复杂性来提升控制性能,但增加执行机构的复杂性又会对其可靠性带来不确定的影响[12]。

根据被控部件的物理特性,主动控制系统的执行机构主要包括如下三类。

(1)机械流量装置:襟翼、微型襟翼、机械涡流发生器。

(2)射流执行装置:吹气、吸气、雾化、射流涡流发生器、零质量射流等。

(3)结构执行机构装置:减振、间隙控制、形状改变和变形技术。

执行机构的能量需求也必须认真考虑,以满足较大的功率需求。非线性驱动是值得关注的技术方向,例如,湍流结构直接干预频率变化到振幅变化的非线性转换。最佳的执行机构遵循小型化和智能化的原则,执行机构的重量必须最小化,以防止燃油消耗带来的负面影响。

主动控制技术实现的主要障碍是电源系统,执行机构和处理单元(在某些情况下还包括传感器)均需电源才能运行。合适的传输路径和电源将是未来需要深入研究的课题,最简单的方法即是(中央)电源和主动控制系统之间通过有线链路进行电力和信息传输。出于安全和设计(如电线穿过易燃区)的考虑,需要定制大量的解决方案(如无线或红外)。虽然信息传输相对容易实现,但电力的产生和(无线)传输仍然是一个悬而未决的问题。因此有线链路的简单方法并不适用。基于磁场或电场传输是目前最有前途的传输方案,首选的解决方案是在用电设备(执行机构、处理单元)的位置发电。航空发动机具有可以在极高的能量密度水平下提供各种能源的潜在优势,如局部速度、压力或温度梯度,然而对这方面的研究相对较少。

除了高效性和可操作性外,新的技术还必须满足适航性、安全性和耐久性要求。虽然某些技术的有效性已经在实验室进行了演示验证,但为了技术的落地应用,未来还需要花费巨大的精力。

下面将讨论主动控制对于每个发动机部件的优点和缺点。审查主动控制技术对进一步提高每个部件的操作灵活性和效率的益处,包括突出物理控制过程和描述传感器与执行机构的技术需求。传感器和执行机构在工作环境(温度和压力)、传感器能力(频率、带宽、精度、分辨率)和执行能力(频率、带宽、性能)方面的详细要求将在后续的汇总表中进行总结。

2. 部件主动控制技术

1)进气道

(1)进气道流动主动控制。

发动机进气道为压缩系统提供空气来流,根据民用和军用需求,有三种安装方式。

a. 发动机进气道集成于发动机短舱。这是民机的典型安装方式,最常见的是机翼下安装(大型飞机)或尾翼安装(小型飞机、窄体飞机)。此类安装方式增加了对侧风的耐受性要求,因此需要较厚的进气唇口,也会造成较大的气动损失,在巡航过程中会产生较高的燃油消耗。安全需求需要更厚、更宽的进气唇口,由此带来燃油消耗的增加,折中设计是必然选择。通过主动式或可展开式的流动控制能有效避免上述设计上的弊端。可对巡航条件的短舱/进气道进行优化,在恶劣飞行条件下(侧风、起飞)应用主动控制,此设计理念对控制装置的可靠性提出了苛刻要求,即必须是零故障。目前,有学者研究了将被动流动控制装置(如涡流发生器)修改成主动控制器并集成到控制回路中,如图3-8所示。

(a) 高质量流量时发动机侧风工况

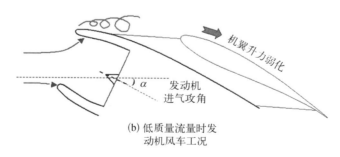

(b) 低质量流量时发动机风车工况

图 3-8　发动机进口气流分离

b. 发动机集成于飞机机体。此为军机的典型安装方式,发动机完全嵌入飞机机体,减小了气动损失和机身雷达反射面积。战斗无人机也有类似要求,较常规的应用是采用 S 形进气道,连接机身进气道和发动机,以改善飞机隐身特性。涡桨发动机也有类似的流路结构,其进气道位于螺旋桨转速器附近。S 形进气道的作用是重构来流,以便为压缩系统提供均匀的进气条件。此种构型的挑战在于如何在全工况范围内(起飞、巡航和爬升)以最小的流量损失阻止气流分离。涡流发生器等被动流动控制装置已有应用,但该类被动装置的缺点是会产生较大的气动损失,尤其是在无须控制来流的工况下气动损失更大。

c. 翼身融合飞机。未来飞机(民用和军用)的翼身融合结构可以看作带有集成发动机的飞机衍生产品,该类构型的发动机大多后置。与传统安装方式相比,后置发动机可以获得合适的来流条件,但受翼身融合边界层的影响。飞行条件改变了边界层结构,从而导致发动机进气条件发生显著改变。安装在融合机翼或发动机进气道的主动控制元件能自主调节压缩系统的来流品质。因此,主动流动控制成为翼身融合飞机的关键技术之一。

一般来说,主动控制发动机(风扇或低压压气机)进气流量畸变可以提高进气效率(通过减少进气损失)和与压气机流量匹配的性能。减小的流量畸变降低了压气机失速风险,并可与更高的压气机效率进行权衡。目前,存在的主动流动控制装置包括可展开涡流发生器、脉冲微射流或主动进气形状改变。

进气道激波位置主动管理可以显著减少激波引起的损失(如激波引起的气流分离)和激波引起的不必要气流转向,特别是在非设计点或侧风条件下。

文献[14]~[17]中给出了有关进气道流动控制的详细信息。

(2)进气道噪声主动抑制。

为了提高商用飞机发动机进气道声学处理的声学效果,人们提出了许多技术,其中一些技术包括主动改变覆盖蜂窝面板的孔隙率,从而主动改变蜂窝中空腔的声学特性[18-22]。

(3)进气道主动降噪技术。

进气道主动降噪技术是在飞机发动机进气道处主动产生噪声,以抵消风扇产生的噪声。该项技术的作用是降低音调,这是转子与定子相互作用产生噪声的特征。进气道主动降噪技术可以降低噪声,但附带的系统(测量设备、声源和控制器)加大了将设备封装在实际系统中的难度[23,24]。

2)风扇和压气机

(1)压缩系统要求。

风扇和压气机是航空发动机的关键部件,其设计要求保持高压比、低损失。常规的叶轮机械损失除了摩擦、二次流、分离和冲击损失外,还包括叶尖泄漏等,这些损失严重时会降低压缩效率并导致压缩系统不稳定,因此压缩系统的设计要求还包括足够的稳定裕度。在工程设计阶段,稳定裕度需要考虑多个因素,包括瞬态工作线偏移、进口畸变和叶尖间隙等。典型的稳定裕度要求如表 3-1 所示。虽然上述恶劣因素在发动机实际工作过程中不一定出现,但设计中必须保持足够的稳定裕度,稳定裕度的设计安全要求在一定程度上限制了压气机压比、效率等性能的进一步提升。

表 3-1　典型的稳定裕度要求[25]

飞 机	风 扇	低压压气机/中压压气机	高压压气机
军用战斗机	15%~20%	20%~25%	25%~30%
商用飞机	10%~15%	15%~20%	20%~25%

同时,压缩系统零部件的机械性能和适航性能也至关重要。高温、高转速等苛刻的工作条件和严格的可靠性要求,使得长寿命压气机零件设计较为困难。除此之外,发动机减重的需求导致压气机叶型采用薄壁结构,需要具有较高的应力水平,同时受到转速变化振动的影响。压气机叶型的构建也需要保持小损失气动构型,这又与寿命要求相矛盾。

（2）喘振主动控制。

喘振主动控制不仅能提高压缩系统的稳定性,还有利于提升发动机的加速性能,具体如图 3-9 所示。在设计中只允许较低的喘振裕度增量,主动控制能提供

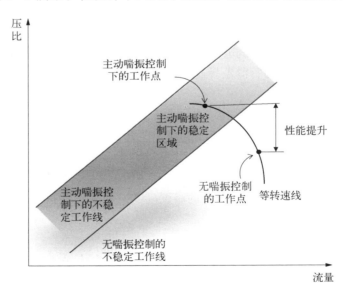

图 3-9　主动喘振控制增强压气机工作点[26]

喘振裕度叠加,这将释放新的设计空间,有利于整体性能的优化、部件效率的提升和部件数量的下降,从而降低生产和维护成本。

喘振控制的可行性已在不同型号的压气机和发动机上得到验证。其基本原理是通过检测压气机失速点附近的流动状况,采用吹气、导叶调节或去节流的方式抵消流动的不稳定性。

当压气机接近失速点时,产生诸如高频压力和速度波动的失速前兆,这些失速前兆可通过压力探头或热线传感器测量出来,速度波动以波或压力尖峰的形式出现。失速、喘振事件的临界状态与真正发生之间的过渡时间取决于环境的空气动力学性质,失速前兆的首次出现与失速事件真正发生之间的时间延迟仅有几毫秒。因此,对导致压气机失速的非定常扰动特征进行测量和响应是一个非常具有挑战性的问题。此外,非定常事件的类型对实际压气机设计有很强的依赖性,因此不同的压气机设计不能直接转换。

通过监测压气机工作点的气动热力参数,可以检测发动机的工作状态是否接近失速点。实际上并不能得到任一时间点的喘振线位置,因此必须采用具有增量安全裕度的阈值[27],以保证发动机的安全工作。

在检测到失速预兆之后,需要根据具体情况采取抵消流动不稳定性或扩大稳定工作范围等措施。第一种方法是通过机匣孔向叶尖间隙注入射流,这是一项很有应用前景的技术,如图 3-10 所示。通过叶尖射流扩展工作范围的可行性已经在多个压气机试验台[28-31]以及整机实验[32-34]中得到证明。实际取得的效益受喷射系统设计、喷射参数和控制系统[35]影响,这项技术可以使喘振裕度增加40%。

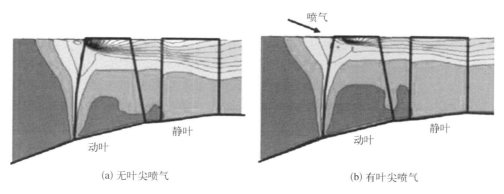

(a) 无叶尖喷气　　　　　　　　　　　(b) 有叶尖喷气

图 3-10　叶尖射流主动喘振控制

第二种方法是快速调整可变导叶,该方法可以扩大压气机的工作范围。单叶片调制驱动可以在环形空间周围产生行波,从而稳定压气机中的流量,该技术的有效实现需要一个特别设计的控制器将执行机构与传感器单元耦合[36,37],可以提供合适的调制频率以及实现对不稳定条件的快速反应。

第三种方法是使用快速启动放气阀来稳定压气机系统。虽然传统排气口只能影响压气机级的工作点,但能在一定程度上改善系统的喘振线。压气机后面放气阀的动态打开和关闭,可以改变系统的动态行为。特别设计的控制器甚至能够直接在传统不稳定状态下控制压气机[38, 39]。

尽管这项技术具有很大的潜力,但可惜的是目前还没有一种具有飞行价值的主动喘振控制系统投入使用。

(3)主动流动控制。

主动流动控制指的是通过控制发动机内部空气和燃气的流动,在飞行过程中动态地影响发动机性能的一系列技术。采用主动流动控制,设计师可以制造出重量轻、耗油率低、排放量少的发动机。此外,主动流动控制技术可以扩大发动机的工作范围,极大地增强运输系统的安全性能。未来推进系统的实现需要许多基础技术的协同开发,以在发动机最有效的位置实现智能嵌入式控制。从 20 世纪 30 年代开始,人们就已经对主动流动控制及其相关的空气动力学原理展开了深入研究。然而,落后的制造技术阻碍了一些主动流动控制技术在涡轮机械中的应用。随着人们对流动理论认识的加深、对效率和可操作性要求的提高以及制造技术的进步,主动流动控制技术的应用越来越受到人们的重视。

目前所提出的一些技术可以认为是被动或至少是半主动的流动控制技术,因为它们的存在或多或少地改变了发动机子部件的气动特性。这些技术可以有效改善部件非设计点运行状态下的空气动力学性能,但设计点运行状态下的空气动力学性能会受到一定程度的影响。边界层陷阱是一个典型的纯被动流动控制装置,迫使层流向湍流过渡,同时不可避免地造成永久性的流动损失。主动流动控制技术可以与纯被动流动装置同时部署,用来减少流动损失。当类似叶片失速这种可避免事故发生的概率显著增大时,其中一些技术将提前部署。这种方法可能会对发动机的总体性能产生影响,更好的方法是完全应用主动流动控制程序,令其只在需要时工作。这种方法的实现需要集成传感器,其优点是对发动机效率的影响较小。然而,目前主动流动控制技术还不是非常成熟,需要更多的研发工作进一步推动控制装置的小型化,并降低其对发动机性能(重量、效率)的影响。以下为几种主动流动控制技术的介绍。

a. 压气机放气环。装有放气环的压气机叶片或叶片级上有一排排小孔,空气通过小孔喷出或吸入,这两种机制可以控制边界层,避免出现边界层分离。该方法可以显著地扩展压气机级的工作范围,达到相同工况所需的叶片级数减少 10% ~ 20%,并且可以根据需要打开和关闭放气环。

b. 脉冲射流。实现主动流动控制的一种特殊结构是在叶片的吸入侧施加一些脉冲射流,以延迟部分速度下的边界层分离。脉冲射流可以基于零质量流量装置(也称为合成射流)、高速微型阀(驱动频率为几百赫兹,孔径约为 1 mm)、等离子体射流(由高压产生)或微燃烧器(在叶片表面下的小腔内燃烧少量燃料)来设计。所有脉冲射流都由外部能源(一般由电力)驱动,因此可以包含在发动机控制和管理系统中。

c. 微射流。尺寸小是微型流量驱动装置最大的优点,发动机只需增加较少的额外重量。通常发动机的保养周期约为 20 000 h,因此必须考虑控制装置的可靠性和鲁棒性。射流驱动装置可用于低温发动机部件(如进气、低压和中压压气机)。驱动装置的环境温度介于−50~600℃。具体的装置设计不必涵盖整个温度范围,但执行器技术应适用于给定的温度范围。根据要影响的流动现象,驱动装置需要覆盖不同的频谱,其中前两种应用最有可能出现在未来一代发动机上。

(a)随着转速增加的流动现象(如失速叶片通道)需要一个工作在 200 ~ 300 Hz 的装置;

(b)叶片(失速叶片)处的大流量分离等流动现象可能会受到 500 Hz 到数千赫兹装置的影响;

(c)与叶片通过频率有关的流动现象需要一个工作在 5 000~20 000 Hz 的装置;

(d)与较薄压气机叶片漩涡脱落频率成比例的流动现象需要 50 000~100 000 Hz 的装置。

d. 附壁效应在叶片后缘的应用。附壁效应能使绕着圆形后缘的壁面流动以非常大的角度转向,而不产生流动分离,可使叶片设计在非设计点工况下具有更高的转向率。然而缺点是后缘与标准翼型相比较厚,产生的损失更大。

e. 翼型变形。翼型变形,特别是与形状记忆合金(shape memory alloys, SMA)结合是一种根据压气机运行过程中空气动力学要求调整叶片几何形状的方法。当压气机以低于设计条件的空气质量流量运行时,气流的入射角/偏离角增大/减小。如果叶片配备形状记忆合金(如嵌入复合叶片中的形状记忆合金丝),则可以通过激活形状记忆合金效应来略微改变叶片几何形状。应用该技术的难点在于相变温度的产生,这是引发形状记忆合金效应的关键。目前,可用的 SMA 材料的相变温度约为100℃,在不久的将来,SMA 材料的相变温度有望达到 500~800℃。

f. 涡流发生器。涡流发生器是一小片垂直(或倾斜)安装在部件表面且倾斜于来流的金属片,广泛应用于机翼和进气道中。无源装置的主要缺点是会产生永久性损失,涡流发生器的部署可以极大地降低损失。

传感器技术是主动流动控制的关键要素,传感器机械、结构和操作上的要求与主动流量执行器的要求非常相似。两种装置的工作环境相似,大多数用于发动机监测的最先进传感器主要用于测量(非定常)压力和温度,很少用于测量速度。然而,速度梯度或剪切应力等其他物理性质的测量量,有时更适合用于描述流体流动的内部条件。光学测量技术(激光或红外二极管)基于无损测量原理,因此更适于采用。先进传感器的发展可以显著提高预测能力,例如,剪应力传感器可以比压力传感器更可靠地识别流动分离。文献[40]~[62]提供了有关主动流动控制的详细背景信息。

（4）主动间隙控制。

间隙是叶轮机械普遍存在的基本问题之一,对效率造成了较大的负面影响。压气机中的间隙同样对部件性能和稳定性产生不利影响,尤其是径向叶尖间隙。主动间隙控制(active clearance control, ACC)通过在压气机整个工作范围内对径向间隙进行优化,能够有效维持压气机的稳定性和效率。传统设计通常通过增加机匣重量来调整压气机的热特性。目前,可用的系统是通过调节冷却空气来控制机匣热膨胀,从而调整压气机的热特性,冷却空气量取决于操作参数(如修正的速度或压力比)。由于机匣热惯性以及实际间隙与冷却空气量之间缺少联系,所以当前的 ACC 系统无法实现对间隙变化的瞬时补偿。

具有创新性的 ACC 系统被设计成一个闭环系统,可以测量实际叶尖间隙值,并产生对应的信号送入执行机构,进而调整机匣与叶尖之间的相对位置,保证间隙处于最佳状态,如图 3-11 所示。执行机构可设计为热、机械或气动作用系统[63]。先进间隙控制系统的主要优点在于能够对任何间隙变化做出反应,从而抵消退化和瞬态效应。这种方法可以有效提高部件效率,不仅适用于具有较低增量裕度的新发动机,而且通过在发动机寿命期间保持最佳间隙对发生衰退的发动机同样适用,压气机稳定裕度也得到了提高,应用 ACC 对油耗、安全性、可靠性和维护成本都有积极作用。

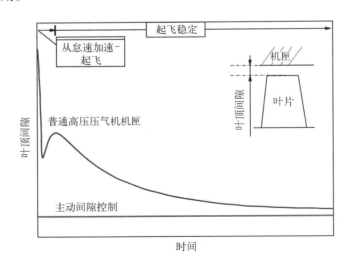

图 3-11   在高功率设置下,进行加速后稳定的高压压气机叶尖间隙

主动间隙控制能够以闭环系统的形式提高压气机气动稳定性,该系统可以将径向叶尖间隙调整到最佳值,并抵消机匣、叶片和转子的瞬态响应。间隙是高压压

气机后级的关键问题之一,因此先进的间隙控制系统具有巨大潜力。间隙传感器必须能够承受压气机压力和温度,其频率要求适中,因为结构变形发生在 0.1 s 内。为了避免磨损,传感器和执行器必须考虑非轴对称间隙和故障安全特性。目前,离心压气机中的闭环 ACC 系统[64]已被证实。此外,使用磁性轴承修改局部叶尖间隙来控制压气机的稳定性[65]也是可行的。

（5）主动振动控制。

压缩系统的动叶和静叶都具有固有频率,如果发生共振,则会导致部件寿命受损,甚至引起发动机故障。针对这些问题有两种解决办法,包括:

a. 设计无临界固有频率的部件;

b. 引入阻尼装置,允许在工作范围内产生临界共振,阻尼装置能够减小振幅,因此不会导致高周期疲劳失效。

上述第一种方法通常会导致零件增重,同时受到气动设计的限制。此外,声振动也会产生强烈的噪声信号。第二种方法使用阻尼装置,虽然克服了上述限制,但引入了更复杂的系统。因此,未来主动控制系统可能需要在旋转系统上施加额外的电力,有可能需要在发动机上安装发电机。

在过去的几十年里,被动阻尼系统发展较为快速,代表了最先进的机械阻尼装置,但是它们大多适用于基本模态阻尼,因此必须根据重量和形状对其进行调谐。被动阻尼的一个明显限制是,不能适应部件振动频率的变化(如导致振动变化的几何偏差)。因此,被动阻尼需要在位移足够大的位置设置阻尼装置,以便阻尼器能够约束这些位置。这种限制使其不适用于低频振动模式和高频振动模式(例如弦振动模式)。

主动振动控制(active vibration control, AVC)有助于克服工作范围内共振引起的设计限制。在应用 AVC 时,可以接受工作范围内的振动,并为改进叶片气动设计概念开辟新的空间。主动阻尼系统的发展使阻尼装置能够应对较小的振动幅度,并扩大了阻尼装置的使用范围。有源器件可以作为附加部件引入,甚至可以整体安装在部件上。

主动阻尼系统的优点如下:

a. 由于设计限制较少,部件重量较轻;

b. 在工作范围内接受临界共振,以得到有效的气动设计,产生共振剖面;

c. 降噪;

d. 减少失速条件下的损坏。

主动阻尼系统的缺点如下:

a. 需要电流发生器;

b. 额外的电子设备会产生更复杂的系统,导致可靠性降低。

一种很有前途的主动阻尼线是利用压电元件或其他材料/物理现象来耗散能

量的。这些元件将机械能转化为电能,从而降低振幅,已成功应用于航空结构(机翼)中,但由于受到工作温度、工作压力、变形范围的限制,尚难以应用在发动机上。

由于下一代航空发动机具有更高的兼容性和功率容量,一些改进航空发动机转子动力学性能的先进设计思想再次受到重视,其包含了被动系统到完全主动系统的相关内容[66-76]。

3)燃烧不稳定性控制

燃烧不稳定性主动控制(active combustion instability control,AIC)通过一个动态硬件部件(执行器)来控制燃烧行为,该部件可以快速修改进入燃烧过程的输入。在闭环控制中,传感器实时监测燃烧室的输出,通过控制方法确定执行机构动作。

AIC 燃烧室的初始目的是控制航空发动机燃烧室的燃烧不稳定性。近年来,不稳定性控制已集中在低排放燃气轮机上,并将成为未来运行在贫油燃烧极限附近的航空发动机的关键技术。AIC 也在探索降低涡轮进口温度分布的不均匀性(减少模式因子),通常专注于高带宽驱动的燃烧动力学,典型频率范围为 100 ~ 400 Hz。

AIC 通过控制喷油来实现燃烧的稳定,而非传统被动方法依靠空间和几何变化来实现。由于控制喷油比被动控制相关的精确几何修改更简单,因此 AIC 具有较高的灵活性并可以避免昂贵的设计更改。此外,对于未来的燃烧室需求,特别是在航空发动机领域,由于紧凑的设计、瞬态运行和广泛的工作范围,传统的设计变更方法可能会接近其临界。AIC 实现面临的挑战包括复杂度的提高、用于恶劣环境操作的可靠传感器和执行器,以及鲁棒控制器的开发和嵌入 AIC 组件。以下将简要讨论如下方面:

a. 控制过程物理模型;

b. 回顾最近的 AIC 进展;

c. AIC 控制组件;

d. 执行器和传感器的特殊要求。

关于更多细节,读者可以参考相关 AIC 文献[77-87]。

(1)控制过程物理模型。

a. 燃烧不稳定性。

燃烧不稳定性通常是由热和声引起的,由不稳定的热释放(由局部燃油/空气比的振荡引起)、高频(大于 1 000 Hz)和低频(100 ~ 1 000 Hz)的声振荡耦合而成。火焰稀薄是低排放燃烧室的特点之一,具有极高的热声学敏感性。高频振荡可以通过被动方式(如阻尼谐振器)得到有效控制,因此主动控制的重点是低频振荡。

局部油气比的振荡可由非定常流动结构、涡/火焰相互作用、火焰/边界相互作用、压力振荡与瞬时火焰位置和形状之间的耦合、燃料管线/空气供给扰动等多种机制引起。实际燃烧室的主动控制主要是利用异相燃油喷射来抑制不稳定性。在实验室试验中也有正在探索的其他方法,例如,控制涡流动力学作为控制温度波动的方法,可以提高主动控制的可靠性和效率。

b. 污染排放。

在低火焰温度下采用稀薄燃烧策略,可使燃气轮机的氮氧化物排放达到最低水平。然而,当油气比接近贫油熄火极限时,火焰温度无法支持足够快的一氧化碳氧化速率,因此燃烧室排气中的一氧化碳浓度将增加。空燃比以及相应的火焰温度存在一个导致低氮氧化物和一氧化碳同时降低的"空窗"。在这些限制下热声不稳定性也成为一个巨大挑战。

c. 模式因子。

当油气比分布不均匀时,进入涡轮的燃烧室出口面上会出现热条纹。这些热条纹限制了涡轮进口的工作温度,从而限制了其性能和效率。消除热条纹可延长涡轮寿命,有效提升最高工作温度,提高发动机效率和性能,且有助于减少排放。

（2）燃烧主动控制。

a. 试验测试。

21 世纪初有较多的工作研究了大规模流动结构在驱动燃气轮机压力振荡中的作用,以及利用前兆来识别和控制贫油熄火极限。在研究的燃烧室试验中,采用了融合多尺度及相关燃烧过程的主动控制,以抑制燃烧不稳定性、优化燃油/空气混合、延长贫油熄火极限限制、提高燃烧效率,同时减少烟尘、一氧化碳和氮氧化物的排放[88]。一些研究还扩展到了旋流稳定燃烧[89,90],通过降低涡旋结构的相干性抑制了轴对称和螺旋不稳定模态的不稳定性。在多旋流稳定燃烧室中,声压、局部氢氧自由基排放和相分辨氢氧化学发光成像的同步测量表明,不稳定燃烧过程中火焰前沿脉动与大尺度结构演化有关。这些结果表明,流体控制在驱动燃气轮机振动中起到了重要作用,可能导致执行器对燃烧过程控制权限的提高。在预混旋流稳定燃烧室中,为了扩大工作包线,需要检测并积极防止贫油火焰熄火。控制系统通过将总燃油的一部分重新定向到中央预混合引燃器中[91],在较低当量比下保持稳定燃烧(低氮氧化物排放)。利用同步局部氢氧化学发光数据和高速可视化技术,进一步深入研究了井喷现象的动力学。除了声发射外,类似工作还扩展到利用火焰离子特征来监测与爆炸的接近程度[92]。尽管 AIC 在地面动力燃气轮机中得到了成功应用,但在航空发动机中的应用仍然面临挑战。这些挑战包括开发轻型可靠的执行器、执行机构对燃烧过程的高效安全控制以及鲁棒控制方法。

b. 燃烧室试验。

随着全尺寸航空发动机试验和动力燃气轮机现场运行超过 19 000 h,AIC 作为使能技术的可靠性显著增强。AIC 已成功应用于西门子重型燃气轮机,其基本负载功率输出可达 250 MW[93,94],使用脉冲气体引燃燃油调制,抑制了高达 290 Hz 的方位角模式的不稳定性。在中间负荷水平、切换过程以及基本负荷水平下,在预混合和扩散操作中实现了燃烧不稳定性抑制,允许负荷增加了 5%。早在 20 世纪 90 年代初,罗罗公司就已经对航空发动机加力燃烧室进行了 120 Hz 的燃烧不稳定性主动控制,尽管这个结果直到 2000 年才公开[95]。采用直接喷射脉冲二次液体燃料的方法,抑制了 RB199 发动机的燃烧不稳定性。联合技术研究中心(United Technologies Research Center,UTRC)在实际运行条件下对一个实用的 AIC 系统进行了演示,该系统用于减轻单管预混燃烧室的贫油燃烧不稳定性[96]。一个 4 MW 功率输出的全尺寸发动机燃油喷嘴被改进,纳入了一个简单的液体燃料流量执行机构。该执行机构能够减少贫油熄火极限附近的压力波动,同时保持或降低氮氧化物和一氧化碳的排放水平。此外,研究人员还提出了简单的相移算法和更复杂的自适应控制算法。美国国家航空航天局(National Aeronautics and Space Administration,NASA)也采用单喷嘴燃烧室复现了航空发动机的纵向燃烧不稳定性[97],并提出了两种自适应控制方法。第一种控制方法是燃料调制,控制相位在稳定区域内连续地来回滑动;第二种控制方法结合了小波分析和观测器来预测不稳定状态。控制方法通过燃烧不稳定性的简化模拟、基于物理的模型和燃烧室试验台[98]成功评估了控制方法。整合了高带宽 AIC 与低带宽 AIC 的燃油流量控制方法也得到了研究,以降低和避免贫油熄火的发生[99],并减小了模式因子[83]。

(3)AIC 控制部件。

a. 传感器。

燃烧规范和基于物理的燃烧动力学模型等先进的设计和分析工具可以指导现代低排放燃烧室的设计与开发。然而,动态建模较稳态建模不成熟,限制了其在设计阶段的使用。NASA 曾开发了一维模型,展示了预混燃烧室中的自激热声振荡,模拟结果在振幅、频率和发生不稳定性的工作点上与试验数据非常吻合[100]。在闭环反馈控制系统应用中,需要具有适当时间响应特性的传感器,且满足成本低、能在高温和振动环境下稳定运行的要求。

传统传感器通常包括用于压力测量的压阻型传感器或压电型传感器,以及提供化学发光和热释放信息的光电二极管和光电倍增管。半导体激光器[101]已被证明可用于闭环主动控制,用来监测一氧化碳排放和涡流特性(如燃烧温度波动),已被建议用于燃气轮机健康监测系统[102]。基于微机电机械系统的传感器具有小型化、冗余、低质量、高可靠性、低能耗和低成本等优点,因此得到了快速发展。目前,传感器可以提供全局信息和局部信息,未来传感器将能够确定局部条件,有利于主动控制(如局部熄火传感器和局部油气比分配传感器)。

b. 执行机构。

执行机构是实现主动控制的关键部件。流体动力学和燃烧对激励的响应是决定主动控制潜力和成功的最重要特性。除了提高驱动权限外,在恶劣环境下运行时的低重量和高可靠性也是至关重要的。西门子采用由德国穆格公司专门开发的直接驱动阀（direct drive valve，DDV）进行气体引燃燃料调节。随着液体燃料雾化及液滴加热、蒸发和燃烧，延迟时间增加，液体燃料调制的扩大仍面临挑战。随着 AIC 的要求向更高频率发展，当前驱动器在振幅、速率和带宽方面的限制将在未来应用中变得更加严格。针对 NASA 单喷嘴燃烧装置，乔治亚理工学院开发了一种磁致伸缩执行器，该执行器连接到枢轴式喷油器[103]。其他 AIC 执行机构还包括：

（a）在特定频率增加声能的压缩驱动器；

（b）在特定时间增加二次质量流量的流量喷射器；

（c）机械装置、压电执行器和脉冲空气射流要么触发瞬态边界层，要么改变剪切层混合；

（d）周期性热释放和声波的脉冲燃烧执行器；

（e）产生局部扰动的移动表面。

最近，乔治亚理工学院开发了一种智能液体燃料喷射器，通过控制两个同轴反向旋转气流的流量来控制喷雾模式，从而实现主动控制[104]。由于机电驱动固有频率的限制，需要探索新的方法，例如，采用微机电技术实现高分布流动控制和燃料驱动。此外，还应研究新型执行器材料，如改进型形状记忆合金、电磁材料、变形材料等。

c. 控制算法。

为了通过使用反馈回路来主动控制燃烧，多年来已经有许多不同的控制方法得到实施。为了基于实时传感控制驱动时间和持续时间，需要了解特定系统对给定驱动的响应，这通常是通过系统辨识方法来获得的，此外通过实验传递函数或者基于模型的方法也可以获得。传统的需要在线辨识系统的方法包括比例控制（通常基于时间或相位延迟）、神经网络控制（可以通过仿真数据或直接实验进行预训练）和模糊逻辑控制（与神经网络类似，区别是用模糊函数和模糊规则来代替神经网络中实际的传感器）。

基于模型的控制描述了基于物理模型的各种自适应控制方法，这些模型包括系统声学、流动动力学、反应动力学、执行器和传感器及其耦合的降阶模型或仿真。开发这些模型的目的是降低对实验系统辨识程序的依赖。UTRC[105]开发了一种控制方法，将燃烧动力学的降阶模型与控制理论结合，采用线性和非线性频域描述，用于确定被控系统的基本性能极限，包括执行器带宽、饱和延迟、控制器存在不确定性时的鲁棒性、实际系统对噪声的敏感性以及阻尼的影响。

4）涡轮

涡轮效率对燃料燃烧、二氧化碳排放均有显著影响，此外航空发动机的重量也与燃料燃烧直接相关，因此需要进行轻量化设计。涡轮以较少的级数完成做功，导致其承受了极高的气动负荷。涡轮流动呈现大转角和高压力梯度的特点，这些特点使得涡轮叶栅通道内引起强烈的三维流动效应，产生强烈的二次流，从而进一步降低了部件效率。部件效率的下降带来发动机耗油率的增大,如图 3 - 12 所示。目前,采用先进的三维气动设计、端壁轮廓和高升力叶型等技术[106]来改善部件效率。涡轮另一个重要的损失是由叶尖间隙导致的,间隙泄漏导致其做功能力下降,并在叶尖造成强烈的旋涡流动。

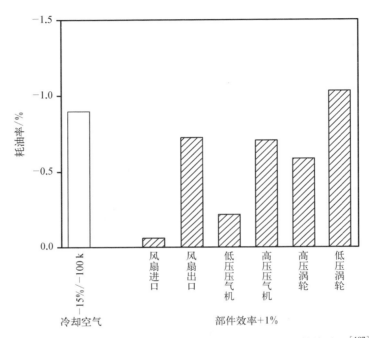

图 3 - 12　典型涡扇发动机耗油率与其他部件效率之间的转换关系[107]

−15%/−100 K 为发动机排放的降低幅度：−15%表示 NO$_x$ 排放降低了 15%，

−100 K 表示 CO$_2$ 排放降低了 100 kg

随着涡轮前总温升高,需要更加高效的冷却措施,导叶中的冷却流动将在很大程度上降低循环效率。喉部面积也是发动机运行的一个重要参数,其限制了通过燃气涡轮的流量并控制了压气机的工作线。此外,噪声排放限制对涡轮的气动设计也有很大的影响,同时涡轮的生产成本和维护成本还会极大地影响航空发动机的经济性。

（1）主动间隙控制。

涡轮机匣和转子动叶间的径向间隙会导致气动损失,从而对涡轮性能产生负面影响。增大此间隙会导致涡轮效率降低,从而导致单位燃油消耗率增加。由于离心力和气动条件的影响,叶尖间隙也随转子转速的变化而变化。在外场任务中,快速变换的环境条件和工作任务使得叶尖间隙发生剧烈变化。此外,在飞机机动过程中,由于涡轮部件转子叶片和机匣的热变形,叶尖间隙同样会发生变化。例如,在加速过程中转子速度的增加导致叶尖间隙闭合,燃气温度快速升高导致叶片快速升温,但机匣的升温速度比叶片要慢得多,导致叶尖间隙增大。同时,转子盘较重,周围内部空气系统的温度较低,因此转子盘的加热速度比机匣的加热速度更慢,从而导致间隙变化。在飞行中,叶尖间隙最小的情况称为夹点。不同部件的热变形差异导致叶尖间隙变化,即使在加速到稳定转速后也是如此。为了确保发动机的安全运行,间隙设计一方面是尽可能使叶尖间隙最小化,另一方面在所有工况下避免叶片和机匣间的摩擦。然而在实际工况中,除夹点外的每个工作点都有较大的间隙,引起效率下降。被动间隙控制使用不同的材料、绝缘技术等改变热行为,但这些装置不能补偿速度变化引起的间隙变化。为了在不同工况条件下确保叶尖间隙最小化,主动间隙控制是一项较有前景的技术。

热态涡轮主动间隙控制系统是较为常见的控制方法,通过在发动机的支承结构上施加冷却空气,可以改变机匣的径向位置,以便通过热膨胀使叶尖间隙最小化,该技术主要用于巡航状态的发动机主动控制。然而,热态主动间隙控制系统响应速度相对较慢,无法对快速的变化做出反应,还必须配合机匣的冷却空气调节,以提供额外的间隙控制,保证发动机加速过程中不发生摩擦。

另外一种克服机匣位置变化延迟的有效方法是机械定位。NASA 在其超高效发动机技术(ultra efficient engine technology, UEET)计划中对高压涡轮的不同机械驱动系统[108]开展了研究。较为复杂的机械式 ACC 系统使用带有机械传动的电气或液压机构驱动。此外,基于压电运动或形状记忆合金的其他驱动也包含很有应用前景的技术路径。与所有主动系统一样,主动间隙控制需要冷却空气、电力或液压动力。无论采用哪种驱动方案,此类主动控制部分补偿了通过提高涡轮效率而获得的收益。因此,必须在提升经济性和复杂性提高产生的维护成本之间做出平衡。

大部分发动机采用热态主动控制系统的开环控制方案。根据滑阀速度、环境条件等调整涡轮冷却空气量,但这些开环控制律只适用于稳态运行。在非稳态运行过程中,需要通过特殊的控制规律来调节阀门,直至重新获得稳态条件。在开环控制中,可使用基于模型的控制方案。发动机控制单元内的叶尖间隙模型可根据性能参数不断估算实际叶尖间隙,从而提供反馈信号数据。依据此信号,主动控制执行器使稳态或瞬态操作的叶尖间隙最小化。然而,无论是开环控制还是基于模型的控制方案都不能补偿由退化导致的叶尖间隙增长。在闭环控制规律中包含叶尖间隙传感器,其向控制单元提供信号,主动控制执行器根据该信号调整其位置。原则上,这种闭环控制可以检测到任何类型的间隙变化(对称、不对称、退化),并与机械驱动系统一起快速反应[109]。然而,涡轮叶尖间隙传感器对精度的要求较高,且必须适应高温、高振动和污染气流的环境[110]。

根据工程经验,涡轮叶尖间隙减小 0.25 mm 等同于发动机排气温度降低 10℃,涡轮效率提高 1%。在按比例减少排放的情况下,能使单位燃油消耗最多减少1%。如果在民机上应用,每年可为一个中等民航机队节省1.6亿美元以上的燃油成本,相应的减排也将带来收益[111]。

(2) 冷却空气控制。

冷却空气流量在一定程度上代表了热力损失,因此需要对其流量进行优化。如下三种冷却空气主动控制方法是较有前途的技术。

a. 气膜冷却。

气膜冷却是目前涡轮等热端部件的主要冷却技术之一。该技术的有效性取决于冷却气流附着于冷却部件表面的程度,但冷却射流或其他气流掺混会导致冷却效果降低,因此通过防止/延迟射流和抑制掺混的主动控制射流可以有效提高冷却效率。此外,主动控制气膜冷却系统与传感器系统结合,可以快速适应热气路的空间和时间变化。气膜冷却系统高效工作可以通过在引导气流的智能匹配上采取措施。有研究表明,冷却流量减少4%可使燃油消耗率降低约0.45%。由于内部流路限制,可以预见微机电技术在涡轮气膜冷却主动控制的开发中起到关键作用[112]。

b. 冷却空气调节。

冷却空气量的优化,为减少燃油消耗提供了可能。当航空发动机在非设计点工作时,其热效率一般较设计点会有所下降,而且通常冷却流量设计也是基于极端恶劣工况的。通常情况下,在所有运行条件下冷却空气量和压气机空气流量的比值几乎恒定。叶片温度也会随着涡轮工作温度的降低而降低,叶片过冷也会导致效率降低。然而部分研究发现,典型的民用航空发动机的冷却空气量减少1%,单位燃油消耗将降低0.5%~0.7%。降低上述弊端的有效方法是将冷却空气进行智能调整,潜在的解决方案是智能控制压气机供给涡轮叶片的冷气抽吸量。一种理想的调节方式是智能调节叶片温度使之保持恒定,所采取的可行方案是降低流道温度直到叶片和流体温度相等。

与传统发动机相比,在部分负载条件和等效功率水平下,调节冷却空气流量可得到较低的涡轮进口温度、较低的燃油消耗以及较高的压气机和涡轮效率,有研究曾使得压气机效率提高了1.5%[113]。现代发动机涡轮前总温较高,消耗的冷却空气量较大,因此通过对冷却空气量的智能调节获得的增益对于高性能发动机更为显著。有研究曾模拟了巡航期间冷却气流量减少[114],通过优化设计,燃油消耗降低了0.5%。

c. 冷却空气再冷却。

在核心机中,高压压气机输送的冷却空气量甚至占到其总流量的20%~30%,该部分空气不参与热力循环,会对核心机效率产生巨大影响。实际工程中,冷却空气流路是固定的,冷却空气来自热的压气机出口气流。如果所提供的气流继续由热交换器冷却,可在理论上获得温度更低的冷却气流。因此,可以通过减少冷却空气量或增加热交换器两个方向来改进热力循环,如图3-13所示。

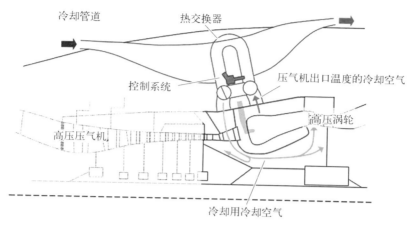

冷却管道　热交换器

控制系统　压气机出口温度的冷却空气

高压压气机　高压涡轮

冷却用冷却空气

图 3 - 13　冷却空气再冷却的航空发动机

美国综合高性能涡轮发动机技术（integrated high-performance turbine engine technology，IHPTET）和通用经济可承受先进涡轮发动机（versatile affordable advanced turbine engine，VAATE）计划均已将空气冷却确定为提高涡轮效率的重要措施。对于中等热力循环，减少不必要的冷却空气量技术实现的可能性较大。有研究给出了为涡轮叶片提供冷却空气的空气冷却系统，但冷却空气量和温度是固定的。更为先进的技术还可以向涡轮中的静子叶片、盘腔和衬套提供冷却空气。根据工况对冷却空气质量流量和温度进行主动控制，该项技术不仅能将冷却空气量的需求降至最低，而且能够对发动机的设计产生一定的积极影响。

a. 主动流动控制。

与压气机类似，流经涡轮的燃气流量可以通过主动方式进行调节。主动方式包括注入二次流以促进局部流动或吸入流量以减少气体耗散。典型的流动控制通常施加于叶型面的潜在分离处、端壁区域或叶顶间隙处。在大多数情况下，主动流动控制与高频调制驱动一起使用，以最小化必要的能量输入，也可采用稳定的吹扫或抽吸，但需要抽调流量，导致整体效率降低，必须与潜在收益进行权衡。涡轮流动控制能够防止局部分离，改变二次流结构，提高冷却效率。因此，涡轮的主动流动控制有助于提高效率和降低油耗。例如，高压涡轮中的二次流可以通过从端壁区域叶片表面的小槽中吹出射流来改善[115]。所有喷射气流都产生了明显的角分离抑制，并在小喷射流量下显著降低总压损失。防止分离的典型控制策略包括局部流体注入[116]，其可在预期吸力面分离点上游的斜面壁射流用于抑制分离。壁面射流向吸力峰值下游的减速边界层提供能量，增加了边界层近壁区域的动量，反过来，这又会抵抗更强的压力梯度，并可能延迟甚至抑制分离。

此外，对于低压涡轮，可以通过使用等离子体执行器的方式实现分离控制[117]。等离子体执行器由电极对组成，由位于叶片表面的薄介电绝缘体隔开。高交流电压产生电场,使空气电离并产生速度分量,该技术在稳态和非稳态驱动下都能有效地控制分离。

过渡段也为流动控制的应用提供了可能。以涡扇发动机为例,低压系统比高压系统具有更低的转速和更大的半径。因此,需要使用中间S形过渡段连接高半径低压系统和低半径高压系统。这些S形过渡段通常承载荷载,支撑轴承,并配有较厚结构的支撑,其体积、重量大且昂贵,已成为满足性能和重量指标的重要部分。高压涡轮和低压涡轮之间的流通面积增大,气流减速,过渡段充当了扩散器,这种逆压梯度会导致边界层分离,因而可能的设计空间有限。在关键区域应用流量控制可以允许采用高扩散系数,同时防止有害分离的发生[118, 119]。这使得过渡段的压力损失较低,且涡轮能以较高的效率运行。欧洲 AIDA(Aggressive Intermediate Duct Aerodynamics for Competitive and Environmentally Friendly Jet Engines)研究计划展示了该技术较有希望的结果。

b. 变几何涡轮。

燃气轮机在非设计工况下的性能损失很大程度上归结于部件匹配超出了最佳匹配范围。为了使发动机性能在不断变化的工况下也能保持恒定的水平,对发动机循环进行匹配以及改进部件内部匹配也至关重要。因此,采用主动控制方法控制发动机工作点具有重要意义。一种可能的候选技术是可变涡轮,其通常通过在 $-10° \sim 10°$ 范围内旋转静子叶片调整有效喉部面积来实现。

涡轮的主动控制可以使涡轮前总温保持在恒定水平,可在降低功率需求的同时显著降低燃油消耗。功率输出与流量和涡轮前总温直接相关,因此可以通过可变涡轮来提高最大功率容量。涡轮导叶喉道面积可控制压气机共同工作线,因此变几何涡轮和压气机的组合匹配可以有效地避免失速和喘振现象的发生。现有的变几何涡轮方案已经在地面燃机中得到应用,读者可参考相关文献[120]~[124]了解更多信息。

5)喷管

(1)主动噪声控制。

近年来发动机降噪一直备受关注,而主动降噪是发动机降噪中的热门研究领域,其中大部分研究工作集中在改进降噪技术上,此类技术可以主动控制降噪的开启和关闭,甚至可以改变相关几何形状。但降噪技术的应用往往会导致发动机性能的下降,如果能够开发出自适应降噪技术(即在不需要降噪的情况主动关闭降噪),则会对推进系统极为有利。以下将介绍潜在的技术方案。

a. 可变几何V形喷管。

降噪方案之一是锯齿形喷管,也称为V形喷管。不同流速的气流之间剪切产生噪声,20世纪60年代使用的波瓣混合器具有良好的降噪效果,但也产生了巨大的性能损失和燃油消耗。从此,高涵道比涡扇发动机的发展趋势一直是通过降低喷气速度来降噪,并取得了巨大的进步。随着对降噪的要求不断提高,人们开始研究降噪的其他方法。锯齿形喷管是一种更巧妙的方法,旨在使两种气流更快地混合,以减少噪声源。固定锯齿形喷管飞行试验(图 3 - 14)证实了锯齿形喷管的降噪效果,同时证实了其会带来一定的性能损失。

图 3 - 14　固定锯齿形喷管飞行试验[125]

由于仅在极低的飞行高度需要降噪,民机中的另一种降噪方法是在发动机短舱的 V 形喷管中使用形状记忆合金材料,该材料可在高空收回锯齿。形状记忆合金的一个独特之处是其可以在特定的温度下改变形状,见图 3 - 15。因此,在起飞阶段,喷管可以是一个 V 形喷管,一旦脱离噪声敏感区,其可以变成其他高效外形。

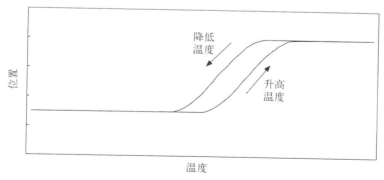

图 3 - 15　形状记忆合金材料位置/形状控制[126]

单位重量的形状记忆合金材料具有非常高的能量输出,因此不会造成明显的重量损失,但驱动速度慢和效率低的缺点可能会妨碍其广泛应用,此外其在高温环境下的运行也是需要研究的问题。最初的研究考虑使用环境加热,但困难是环境气温随海拔的升高而自然降低。目前,已经确定一种独特的形状记忆合金的工作温度范围,在该工作温度范围下锯齿将由环境温度完全自主地激活并部署于起飞和巡航中。为避免返航阶段具体高度的不确定性对操作产生影响,应考虑采用加热方式。在起飞阶段和早期爬升阶段,从发动机引入热空气可能是首选路径,此外电加热也是值得考虑的技术,主要的挑战是生产一种基于形状记忆合金的系统,该系统能够提供足够的操作刚度和灵活性,同时兼具成本效益和安全性[125-130]。

b. 主动射流。

射流注入是为了避免使用机械锯齿,同时可获得与注入流相同的流体动力效果。其优点是可以在不需要时随时关闭[131,132]。

(2)自适应喷管。

除了在军机上应用矢量喷管来获得不同工况下的循环和推力矢量控制外,大涵道比民机的自适应喷管也越来越受到重视。其具有以下优势:

a. 自适应喷管允许混合器在起飞和巡航阶段兼具不同的操作条件;

b. 可通过调整喷管面积进行主动喘振裕度控制;

c. 可使用可调喷管来减少发动机特征。

自适应喷管的概念是利用外涵道中的空气温度改变喷管形状,研究表明,其仅需要面积改变4%就能给发动机性能和喘振裕度带来显著改善,也可用于降噪。

有研究表明,环境或外涵空气温度适合作为发动机喷管的控制输入。这将直接作用于形状记忆合金,使其在两个稳定位置之间变化,但在使用形状记忆合金时,核心喷管仍需要空气冷却。首选设计可使用两个相对的预应力梁元件,钛等基材形成锯齿状预先弯曲至接近收回位置,形状记忆合金元件将钛拉入展开位置。热态时,形状记忆合金的模量足以保持该展开位置,冷却后或达到规定高度时,形状记忆合金在较小的温度变化下迅速软化,以允许钛收回锯齿。从表面上看,这种简单的锯齿元素安装类似于一个双金属条,在两个设置位置之间快速变化,但操作又完全不同,此类装置在空间、重量和复杂性上的优势较为明显[129]。

(3)推力矢量。

射流可实现推力矢量,如F-22的PW F119发动机和欧洲台风战斗机[133]的EJ200发动机所采用的机械矢量喷管,具有重量轻和可靠性高的潜在优势。联合仿真和缩比试验研究[133-136]证实了射流驱动在加力发动机喷管喉部区域控制以及推力矢量控制方面的巨大潜力,其不仅增强了战斗机的灵活性,还能在未来无人驾驶飞机中降低机身对空气动力学控制面的需求。通过喷管喉部的倾斜射流,可以实现有效的推力矢量控制,然而控制气流方向的喷射气流流量在每1.5°矢量角[136]可能需要1%数量级的空气流量,这必须在发动机整体循环中予以考虑。

(4)排放控制。

军用运输机发动机在地面运行和飞行过程中需要降低发动机的排气核心区温

度,以减弱红外信号[137]。该过程可以通过集成在喷管核心区中的脉冲喷射系统来实现,该系统主动破坏了排气核心区气流的稳定性,从而使排气核心区气流与周围空气之间的混合度显著增加。其将射流驱动系统集成到一个特殊形状的塞式喷管中,该塞式喷管设计用于减小对热涡轮部件的可视面积,形成高效的排气温度管理系统[138, 139]。

（5）加力燃烧室稳定性控制。

带加力的军用喷气发动机在加力燃烧过程中存在排气不稳定的潜在问题,通常具有以下两种形式的不稳定性:

a. 轴向、低频（嗡嗡声、隆隆声）响应会导致低压转子极高的振动,甚至导致灾难性后果;

b. 径向、高频（尖叫声）响应可能导致用于保护喷射管壁和执行器的隔热板损坏。

在确定上述问题之一发生的情况下,通常采用的方案是切断加力燃烧室燃油供给并增大喷管面积。为了避免误报,必须对现有识别方法进行改进,采用智能传感器替代压电传感器可以提高事件检测的有效性。

3.1.3　主动控制对传感器和执行机构的要求

作为一般设计规则,控制方案中使用的任何有源元件都应该具备轻量化、高鲁棒性、性能可靠、价格合理的特点,同时安装部署又要求必须能够承受极端的温度、压力和特殊的操作限制。表 3-2 概述了一般燃气涡轮发动机的运行环境。

表 3-2　燃气涡轮发动机的运行环境

参　　数	进气道	压　气　机		燃烧室	涡　　轮		尾喷管
		中　压	高　压		高　压	低　压	
压力/kPa	15~105	15~300	30~1 800	300~4 000	300~4 000	100~1 000	20~200
温度/℃	-60~55	-60~150	0~700	700~1 700	700~1 700	400~1 000	300~500 >1800（加力）

传感器和执行器应考虑以下操作限制:

（1）吞鸟;

（2）异物损坏（foreign object damage, FOD）;

（3）吞冰;

（4）吸入沙子和灰尘;

（5）大气液态水吸入;

（6）腐蚀性空气;

（7）湿度；

（8）结冰；

（9）吸入雨水和冰雹；

（10）转子振动。

详细要求可以参阅美国国防部 JSSG - 2007、FAR 33、MIL - STD - 810F 报告文档。

本节描述的主动控制技术对传感器和执行器提出了详细要求,如表 3 - 3 所示。

表 3 - 3　主动控制技术对传感器和执行器的要求

部件	技术	监测变量	传感器要求	受控变量	执行器要求
进气道	主动进气控制	静压	0~500 Hz 带宽,+0.1% 精确度,机匣安装方式	入口几何形状,涡流发生器几何形状,襟翼,射流,抽吸	流动控制带宽 0 ~ 2 kHz,0%~2% 核心机质量流量,几何控制带宽 0 ~ 100 Hz,超声速进气道控制 1~3 Hz
	主动噪声控制	动压	100 kPa 压差, 10 kHz 带宽,+0.5%FSO[①]	蜂窝几何形状,声波	压电作动器, 2.5 ~ 5 mm 偏转
	主动喘振控制	静压	35 kPa 动态范围,+0.2% 准确度, 5 ~ 100 kHz 带宽,机匣安装方式	射流,可调导叶	严重依赖失速/喘振动态带宽 80 ~ 150 Hz, 全振幅 500~600 Hz 小信号,1%~4%核心机质量流量
	主动流动控制	静压	35 kPa 动态范围,±0.5% 分辨率,20 Hz ~100 kHz 传感器带宽(取决于测量的流动现象)	射流(脉冲,零净质量流),抽吸,吹气,几何叶型改变	安装在不同频率范围的叶型上的射流驱动装置
	主动间隙控制	间隙	2.5 mm 范围,精度 25 μm, 50 kHz 带宽,机匣安装方式	机匣几何形状	热、机械、气动装置驱动速率>0.1 mm/s, 带宽 1 ~ 5 Hz,10 kN 力,3 mm 行程,0.02 mm 分辨率
	主动振动控制	到达时间	电容、涡流或微波探头精度 < 25 μm, 50 kHz 带宽,机匣安装方式	叶片几何形状	压力 > 3 000 N/cm², 变形 > 0.5 mm,安装在翼型中,1~30 kHz 带宽
燃烧室	燃烧不稳定性控制	静压	10 kPa, 动态范围精度±5%, 1 kHz 带宽	燃料调制,声能,射流,运动表面	高带宽驱动, 通常为 500~1 000 Hz 频率范围。燃油流量调节目标为平均流量的 1%~5%
	排放控制	排放物(CO, CO₂,NOₓ)	±5% 精度, < 5 Hz 带宽,安装在高压涡轮中	燃油流动控制	排放传感一览表总燃油流量的 5% ~ 10%,调制频率为 0.1~1 Hz
	燃烧室模式因子控制	温度	±5℃ 精度, < 1 Hz 带宽,安装在高压涡轮定子叶片上	燃油流动控制	每个喷嘴上的燃油流量调节,总燃油流量的 5% ~ 10%,调制频率为 0.1~1 Hz

部件	技术	监测变量	传感器要求	受控变量	执行器要求
涡轮	主动间隙控制	间隙	2.5 mm 范围,精度 25 μm,50 kHz 带宽,机匣安装方式	机匣几何形状	热、机械、气动装置驱动速率 > 0.1 mm/s,带宽 1 ~ 5 Hz,10 kN 力,3 mm 行程,0.02 mm 分辨率
	冷却空气控制	涡轮静叶表面温度	最小分辨率+5°,稳态 1 Hz	总流量调节或单个叶片流量调节	1 Hz 带宽,20%基准冷却流量的 20% 调节
	流动控制	静压	相当于压气机流动控制,稳定流动控制可基于工作点	射流,边界层抽吸,等离子体作动器	等离子驱动器带宽 10 ~ 200 Hz,5 kHz,电压 5 ~ 25 kV,稳定吹气<0.1% 核心机流量
尾喷管	主动噪声控制	无传感器	无	可变喷口几何形状,射流	形状记忆合金 30 mm 驱动,刚度<1 mm 偏转脉冲射流 1 ~ 4 kHz,0.6 倍排气速度,1%发动机流量
	推力矢量	喷射方向	反作用力,光学位置检测	喷口几何形状,射流	核心机流量的 1.5%,1.5° 矢量角
	加力燃烧室稳定性控制	动压	40 ~ 800 kPa 静态,±35 kPa 动态范围,20 Hz ~ 10 kHz,220 ~ 650 K	喷口几何形状/面积,燃油流量驱动	现有加力燃烧室执行器反应时间<0.1 s

① FSO 表示满量程输出(full scale out)。

3.2　维　护

基于模型的先进控制架构克服了现有发动机控制的局限性,并使虚拟传感器的潜力得以发挥,如直接推力控制和失速裕度控制。在健康监测领域,可应用独立监测装置进行机载分析,用以确定发动机的总体健康状况,并检测和诊断突发故障。自适应模型提供了调整控制逻辑的可能性,使得发动机在性能衰退或出现故障的情况下仍能保持预期性能。为了实现这些功能,未来需要改良或使用新的传感器,并在发动机气路中进行部署,对振动、质量流量、能量特性、废气成分和气路碎片等进行监测。

3.2.1　健康监测的背景

典型的航空发动机控制系统通过控制风扇转速或发动机压比来调节无法直接测量的推力[140]。控制逻辑通常采用基于比例积分的变形方案,并与限制逻辑相结合,如图 3 - 16 所示。该限制逻辑由一系列最小值选(min select)和最大值选(max select)模块组成,每个模块根据各种物理约束、加速/减速计划(作为转子速度函数的最大转子速度变化率)和当前的运行状态(调速器回路)选择燃油流量指令。

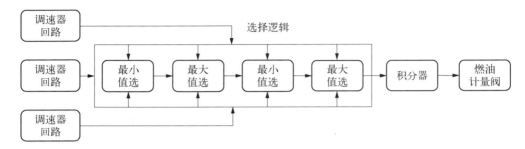

图 3‑16   典型发动机控制律结构框图

目前,各种机载健康监测系统是一系列独立的、不相关技术的集合,仅提供基本的监测功能。这类系统的能力相对有限,提供的信息主要用于启动维护操作,而不是用于实时决策。控制器具有一些简单的逻辑,可以对发动机传感器和执行器进行基本限制或变化率检查。在某些情况下,机载发动机模型可与控制器传感器表决方案结合使用,以帮助确定在冗余传感器不一致时哪个传感器正确。控制器还负责检查速度是否超过红线,并在超限时减小燃油流量。当前发动机振动监测系统的采样频率相对较低,无法获取有关系统振动模式的重要信息。通常检测系统通过检查振动幅度来确定其是否在正常范围内,幅值过高,表示轴承故障或发动机失稳,幅值过低,表示传感器故障或发动机抱死。润滑系统监测通过使用磁屑探测器来确定滑油中是否存在金属屑,进而确定零件磨损状况。发动机零件,尤其是热端零件,在报废前经历最多的可能是严重热瞬变。在发动机经历起动瞬态时,每个关键部件的寿命周期计数都会增加。通过这种方式,可以对零件寿命进行跟踪,以便于定期维护。

虽然传统控制和诊断技术经历了长时间的考验,但未来一批更为先进的技术有望满足高效率、高耐久性和长寿命、低寿命周期成本和操作灵活等要求。通过使用机载发动机模型来满足控制和诊断要求已成为最可行的方法之一。随着计算机处理能力的不断提高,利用基于模型的技术对发动机进行诊断和控制已成为现实。基于模型的技术也为发展智能推进系统提供了支持,智能推进系统被定义为具有自诊断、自预测、自优化、任务适应性和固有鲁棒性的系统,在性能、可靠性和安全性等方面远远超过现有系统。

基于模型的控制和诊断如图 3‑17 所示。发动机模型由测量的发动机输入(此处显示为控制信号 u,但通常也包括环境条件)来驱动,以获得预测的发动机输出 y。预测结果与实测发动机传感器输出 y 的差值构成残差,用于发动机健康诊断和模型适配。

在传统控制系统中,控制体系结构一直依赖单输入单输出(single-input single-output,SISO)反馈回路。从传统控制到基于模型的控制的过渡有几种方式。首先,当检测到故障时,可以通过预定方式改变控制规律来调节故障。这些变化旨在使发

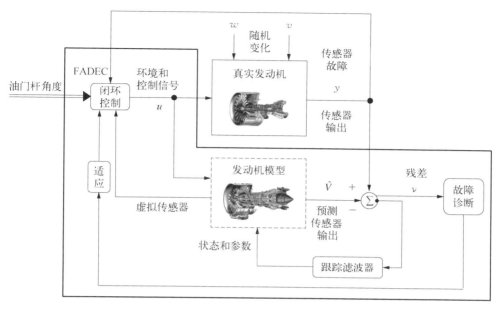

图 3 - 17　基于模型的控制和诊断

动机处于安全状态,最好保证发动机以最佳(尽管可能降低性能)状态安全运行。其次,该模型允许在没有传感器(即虚拟传感器)的未测量数据(如推力、失速裕度)时闭合回路。最后,模型直接用于控制,使控制能够随着模型适应任务、退化、故障、天气等进行自动调整。这里,控制可以通过设计保证性能最大化,而不会过度保守。

　　下面将概述使用基于模型的控制对发动机进行智能控制和健康监测,分为三个部分:基于模型的控制、机载状态监测和自适应控制。最后,总结了实现智能控制和健康监测的传感器技术。这些技术的重点是以软件形式在全权限数字电子控制中实现的算法,而不需要在发动机上添加任何附加控制效应器或执行器,也不需要对硬件进行更改。

3.2.2　基于模型的控制

　　单输入单输出控制方法简单,适用于以燃油流量为主要被控对象且控制要求不是很严格的传统发动机。但是,对于有多个执行器,且执行器和发动机被控输出之间存在显著交互作用的发动机,如变循环发动机或先进的商用/军用发动机,单输入单输出控制方法并不适用。图 3 - 18 给出了一种更先进的基于模型的多输入多输出(multiple-input multiple-output, MIMO)控制体系结构,克服了单输入单输出体系结构的局限性。其中,所有可用的控制执行器(如主燃料、可变几何结构、尾喷管面积、间隙控制执行器)互相协调运作,以实现对多个目标(如推力和速度)进行调节,以及对温度、压力、失速裕度等进行限制。

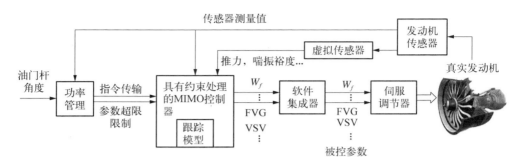

图 3 - 18　用于增强控制和调节的 MIMO 控制架构

在这种基于模型的控制结构中,模型可以提供没有传感器的输出,即虚拟传感器。这些虚拟传感器具备直接预测推力和稳定裕度等未测变量的能力。此外,模型输出可用于传感器故障调节,即模型输出(预测的传感器读数)临时替换故障传感器,如果是虚拟的双工作冗余传感器,则模型输出永久替换双工作冗余传感器中的一个传感器。随着基于模型的控制实现可信度越来越高,可以预见,这些虚拟传感器最终可以消除对某些传感器的依赖,其中模型输出永久性地取代了单工作传感器或双工作冗余传感器。

实现基于模型的控制的主要挑战之一是使模型能够反映发动机的实际情况。传统做法是,基于特定发动机类型的已知或预期发动机组平均性能,使用单一发动机组平均模型。使用此平均模型来预测发动机组中的单个发动机会导致不同的模型误差,该误差对应于每个发动机偏离平均值的程度。由此产生的模型误差与输入条件中的正常飞行变化进行耦合,导致残差中的系统误差,限制了模型准确预测未测变量的能力。此外,当发动机发生故障时,如果该故障没有适当地反映在模型中,则会导致对未测变量的估计出现重大错误。因此,确保基于模型的控制能充分反映发动机的真实状况非常重要。通常,跟踪滤波器用于估计与退化相关的模型参数,该参数的恶化导致模型随时间跟踪单台发动机。此外,还可以监测跟踪参数,对发动机部件的健康状况做出指示,如退化程度。通常使用诊断方法检测突发故障,并通过监测跟踪参数来评估缓慢变化的健康状况。

使用状态估计技术和参数估计技术可以降低模型误差,使模型与每台发动机匹配。基于实际可测量参数,必须确定一组适当的模型参数,以解决模型不匹配的问题。发动机模型是非线性的,而参数估计问题也是非线性的,通常可选用扩展卡尔曼滤波器(extended Kalman filter, EKF)[141, 142]方法进行参数估计。EKF 有许多变体,可以满足不同的性能和计算要求,例如,迭代扩展卡尔曼滤波器(iterated extended Kalman filter, IEKF)通常用于实现地面远程服务,而线性卡尔曼滤波器或次优增益调度卡尔曼滤波器则可用于机载模型。关于这些模型的介绍可以在文献[143]或其他与最优估计方法相关的文献中找到。

　　在发动机处于过渡态工作时,如起飞阶段,发动机状态估计器与模型参数估计器结合使用,以便衡量发动机状态的影响并将其从参数估计中分离出去,达到降低误差的目的。发动机状态通常由发动机转速和部分结构的表面温度表征。在发动机模型中,使用针对每台发动机在指定时间内得到的模型参数,跟踪发动机的状态,可以减小残差(测量值减去模型预测值)中的系统误差。例如,图 3 - 19 显示了几个蒙特卡罗模拟(随机退化)过程中开启状态估计器前后的残差对比,其中状态估计器在中途(25 s)被开启,对比可以发现,结合状态估计器可以有效减小残差。

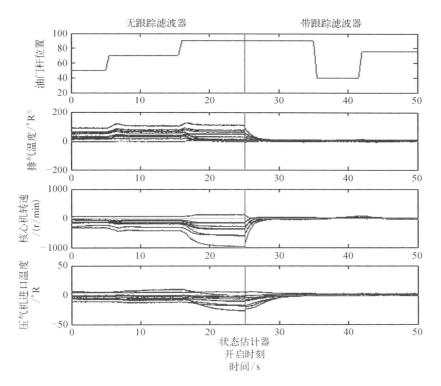

图 3 - 19　蒙特卡罗模拟过程中开启状态估计器前后的残差对比

　　参数匹配过程可以是连续的或周期性的,但必须保证该过程带宽合适,不能过高或者过低。需要足够高的带宽来消除发动机正常退化过程对误差的影响,同时应足够低以便在误差中能够快速响应发动机性能的异常变化。

　　MIMO 控制器有多个可用的闭环受控执行机构,可以通过设计来满足性能指标(如推力)以及优化其他重要指标,如最小化单位燃油耗油率或最小化涡轮叶片温度以延长发动机寿命,具体取决于任务目标。例如,在起飞过程中,控制器可

————————

① 　°R 为列氏温标,t℃ = (0.8t)°R。

设计为使涡轮叶片温度最小,而在巡航过程中,控制器可设计为使单位燃油耗油率最小。可以使用基于模型的虚拟传感器直接控制重要的不可测变量,如推力、喘振裕度、涡轮温度等。此外,随着时间的推移,与特定发动机匹配的跟踪模型的可用性会缓慢退化,因此可以通过适当降低保守性来改进控制和性能优化。最后,基于模型的 MIMO 控制架构可以自动进行故障调节,更新后的模型可以反映特定的部件故障,并为更新后的控制操作提供基础。文献[144]中提供了一个在发动机中进行基于模型的控制的应用实例。

3.2.3　机载状态监测

发动机状态监测(engine condition monitoring,ECM)系统包括机载部分和地面部分。图 3-20 描述了应用于 A380 客机上的 Trent 900 发动机的状态监测系统示例,该示例中显示了监测系统中的关键数据流通路径[145]。

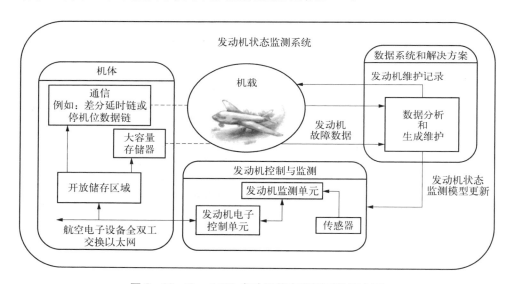

图 3-20　Trent 900 发动机状态监测系统概念图

长期以来,ECM 系统的机载部分都是嵌入在全权限数字电子控制系统的发动机电子控制单元(engine electronic controller,EEC)中,或者在一些情况下,发动机监控单元(engine monitoring unit,EMU)独立安装在发动机或机体上。

随着机载计算机性能和负荷能力的提高,目前出现了一种趋势,至少在大型民用发动机上可采用独立的、安装在其上的 EMU。这种 EMU 可以获得连续数据,数据量庞大难以传回地面,而 EMU 具有强大的计算能力,可以进行机载分析,在整个飞行期间进行实时监控[145]。

将 EMU 与 EEC 分离并安装在发动机上的原因有以下几点:

（1）不同的重要级别。FADEC 的重要级别最高,需要设置冗余通道和级别为 A 的软件;而 EMU 大多数是单通道,对软件级别不做要求。这种分离对 EEC 和 EMU 的开发成本都有积极影响,因为控制系统的平均故障间隔时间不受不参与控制的传感器、电子设备和发动机状态监测软件的影响。

（2）不同的生命周期。EEC 应在发动机认证时就已经成熟;而在具有初始功能的基础上,EMU 诊断算法在发动机运行过程中根据实际经验不断发展。

图 3 - 21 中给出了 Trent 900 发动机状态监测系统结构示例。EMU 和发动机上的相关监控传感器布置得非常接近,使其能够在不受数字传输速率限制的情况下捕获和处理高带宽信号,同时可以避免长距离信号传输所需附加电缆带来的额外重量与电辐射量[145]。

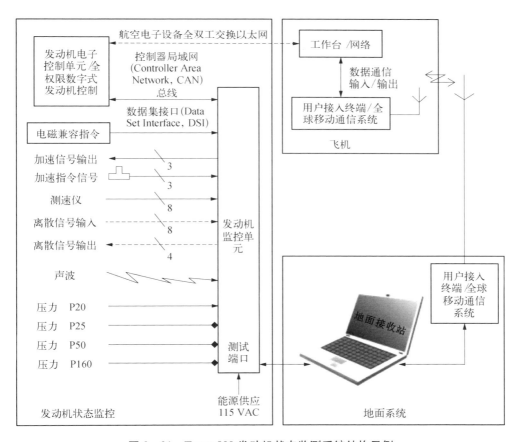

图 3 - 21　Trent 900 发动机状态监测系统结构示例

最先进的军用发动机预测和健康管理系统的功能,通常包括故障检测和隔离、故障预警、剩余使用寿命和失效时间预测、部件寿命跟踪、性能退化模拟、保修/保障跟踪、发动机健康报告、辅助决策、故障调节、信息融合和推理、信息管理等方面,可以为相应管理者在正确的时间提供正确的信息。

本节的重点是从气路诊断的角度介绍机载状态监测。气路诊断涉及对气路相关参数的估计,这些值的变化可能指示某种故障模式,监测发动机气路部件的总体健康状况和识别突发故障都是非常重要的功能。发动机的总体健康状况是衡量其退化程度或剩余寿命的基准。在气路中,每个部件的健康状况可由其效率和其他参数来定义,这些参数会随着发动机性能退化而缓慢变化。一般来说,没有足够的发动机传感器可用于估计飞行中的这些健康参数。一些诊断方案通过识别部件相关健康参数的突变来进行故障诊断,因此不可测量变量的在线监测是许多故障检测和隔离方法的基础[146, 147]。图 3-22 说明了故障与发动机性能下降的关系[148]。许多线性和非线性技术已被应用于该问题,但如果不增加诊断传感器的数量,上述问题仍然不能得到完全解决。参数估计问题的产生,是因为健康参数数量超过了测量参数数量,这意味着问题是欠定的,健康参数变化不能被唯一确定[149],模型不匹配、噪声和传感器偏差引起的估计误差使问题变得更加复杂。

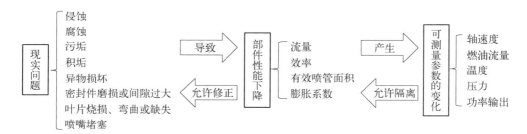

图 3-22　航空发动机气路诊断信息流示意图

正如在基于模型的控制部分所讨论的,机载状态监测的新兴方法是使用机载实时模型来估计发动机的健康状态和故障状态。当发动机发生故障时,基于传感器测量和模型预测值之间产生的残差会出现一种特殊模式,通常称为特征信号。诊断算法的工作是检测和识别残差中的独特特征(测量值和模型预测值之间的差异)。随机误差(如传感器噪声)和系统误差的存在,在一定程度上限制了故障检测的灵敏度,即可以检测到的故障信号大小。

传感器随机误差不能消除,但针对每台发动机采用单独的模型,可以消除平均模型中的系统误差,可使用跟踪滤波器方法。系统误差是噪声的一部分,因此降低残差(测量值减去模型预测值)中的系统误差,可以有效提高检测系统的信噪比(signal-to-noise ratio, SNR)。增加的 SNR 可以通过设置更小的检测阈值来提高故障检测的灵敏度,或者降低现有阈值的虚警率,从而提高检测能力。

故障检测是围绕信号处理领域中的经典技术进行的,如多模型假设检验

(multiple model hypothesis testing，MMHT）。其他如模糊逻辑和神经网络技术，也可以单独或结合使用，从而融合各技术优势[142]。针对 MMHT，具体故障检测决策基于应用残差的最大似然估计和贝叶斯概率计算，以及任何可用的可靠经验知识。残差中包含来自整个发动机多个位置的信息，通过使用多元似然函数实现这些信息的融合。

通过 MMHT 方法将上述故障检测技术扩展到一整套发动机的潜在故障模式，便可以实现发动机故障诊断与隔离。图 3 - 23 以一维（一个传感器）为例说明 MMHT 方法，其中 $L_i(\Delta)$ 是在给定故障 i 下残差为 Δ 的可能性，S_i 是故障 i 的特征，prob_i 是给定残差 Δ 的情况下故障 i 发生的概率。

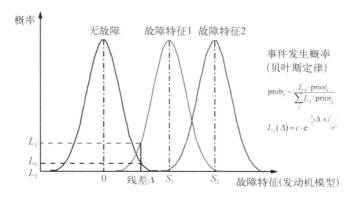

图 3 - 23　MMHT 一维示例

通常需要一个未发生故障的发动机模型作为参考，同时每种发动机的潜在故障对应一个模型，为每个候选假设（无故障和每种故障）生成残差。对比无故障发动机运行，获得每个故障模型的残差整体平均值，定义为每个故障的物理特征。在稳态条件下，每种故障特征和无故障特征的偏差是恒定的，因此可以简化成只需要运行无故障模型即可，而每个故障模型的残差是通过在无故障模型的残差中加入预计算的特征偏差来建立的。当稳态假设不成立时，也存在类似技术来简化实现[146-150]，尽管实践中通常是在瞬态中应用稳态信号。

通过对每个发动机模型进行单独设计实现对模型参数的估计，这些参数与每台发动机所有部件的健康状况（如性能退化）直接相关。在工作过程中实时监测这些参数信息，以评估每个部件的健康状况，并可用于优化工作范围。图 3 - 24 显示一个典型商用发动机参数变化趋势跟踪实例。

如文献[151]所述，气路故障可能由以下一个或多个组成：传感器故障、执行机构故障或气路部件故障。机载状态监测系统不仅能检测到故障，还能隔离故障，以便采取适当的调节措施。如果故障对发动机可操作性和安全性的影响很小，则不需要调节但可以在维护中适当采取相应计划。然而，如果故障有明显的影响，那

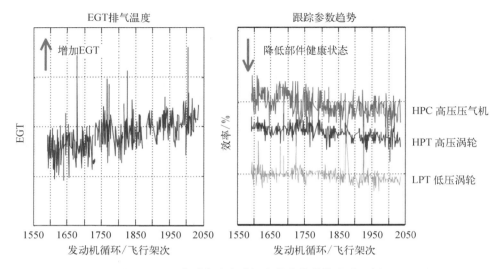

图 3-24　典型商用发动机参数变化趋势跟踪示例

么通过调节可以避免飞行中潜在的停机、失速、过度的寿命消耗等问题[152, 153]。针对每个故障的调节策略都是特定的,但通常分为三大类:传感器故障调节、执行机构故障调节和气路部件故障调节。此外,该调节策略还依赖控制系统的结构。

(1)传感器故障调节。传感器故障调节是最容易实现的,一旦检测到故障,便将信息反馈源切换到冗余传感器,可以是物理冗余传感器,对于双通道或更多通道的情况,也可以是由机载模型生成的虚拟冗余传感器。在某些情况下,虚拟传感器的精度可能低于物理传感器,那么就需要进行一些调节操作,如改变控制规律和计划。

(2)执行机构故障调节。执行机构故障调节所需的具体操作不仅取决于发生故障的执行机构,还取决于具体故障模式。例如,如果可调导叶(variable guide vanes,VGV)未能完全打开,那么在保持可操作性的同时,发动机可能无法在慢车以上状态运行。但是,也可以通过改变发动机操作(如改变约束条件并打开放气阀门)保持发动机运转,当然这需要在性能上做出一些妥协。

(3)气路部件故障调节。气路部件故障调节比上述两类更为复杂。这些部件通常是大型、复杂的系统,采用闭环控制,导致其在出现故障时可能仍运行得很好。当需要调节时,可能需要改变控制结构。然而,发动机控制器的高度非线性特性及其实现的复杂性使得这项任务变得艰难。此外,还存在许多不同的要求:保持喘振裕度高于特定极限,将最高温度和高于特定温度的持续工作时间降至最低,并实现对需求值变化较短的响应时间,所有这些都必须在宽广的飞行条件和输入存在干扰的情况下得到满足。

尽管本节讨论的重点是气路诊断,但发动机状态监测的一个重要部分是使用振动诊断确定发动机部件结构的健康状况[140]。随着发动机运行时长的增加,振幅增加表明转子平衡可能发生变化,如风扇叶片损坏或轴承故障。当前测量振动的采样率比较低,基本上排除了进行实时诊断的可能性,但可以实现对振动的高频率测量,并结合机载信号处理一起使用,将有望实现基于振动测量的实时诊断。

3.2.4　自适应控制

传统的发动机控制逻辑由一组固定的控制增益组成,该控制增益是基于发动机平均模型开发的。如果机载发动机模型能够适应发动机状态,那么就有可能调整控制逻辑,以便在发动机退化的情况下保持所需性能,或以某种方式适应一些故障,如保持最佳性能或在发动机剩余使用寿命中权衡性能。一种新兴的自适应发动机控制技术采用模型预测控制(model predictive control,MPC)。MPC 基于跟踪的发动机模型、约束条件和期望的优化目标,通过求解线性约束优化问题来获得最佳控制行为。

与其他控制方法相比,在控制器设计中直接考虑约束能力是 MPC 的一个关键优势,其允许直接解决发动机关键的可操作性和安全性约束,如速度和温度限制、喘振裕度限制。此外,基于运行模式或故障期间的情况,这些约束可以被很容易地修改,以提高或降低保守性。此外,由于 MPC 可以在线解决优化问题,所以可以根据运行模式改变优化目标,如最小化巡航期间燃油消耗、最小化涡轮温度,以延长寿命、最小化排放等。

图 3-25 显示 MPC 的总体方法。在每个时间样本点,对当前工作点的非线性

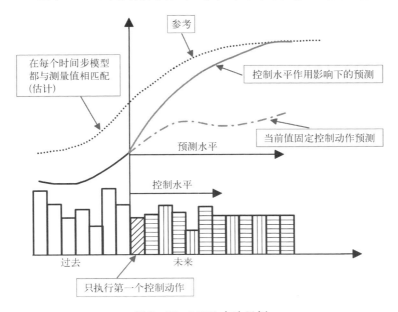

图 3-25　MPC 方法示例

发动机模型进行线性化处理,得到的线性状态空间模型被用来建立和求解有限范围约束的优化问题。通过这种方法得到了最优控制曲线族 uk,…, uk+n,同时在该范围内强制所有输入和输出满足约束。然而,只有最优控制曲线族的第一个样本(即 uk)被应用,并且在下一个样本处重复整个过程,同时相应地改变控制和预测范围。

图 3-26 演示了 MPC-MIMO 控制器相对于 SISO 控制器的性能改进。图中显示的是从慢车到起飞过程中,由 SISO 系统控制(基于 FADEC)和 MPC-MIMO 系统控制的发动机响应时间。本节关注于一些关键变量,如排气温度、涡轮温度、燃油流量,并注意到在 MIMO 系统控制下,所有这些变量的峰值都大幅降低,从而延

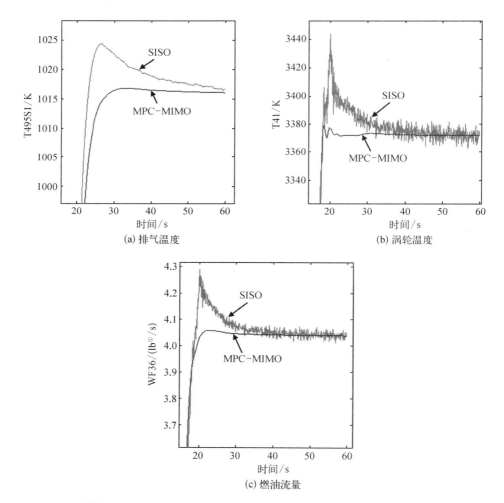

图 3-26　MPC-MIMO 控制器相对于 SISO 控制器的性能改进

①　1 lb=0.453 592 kg。

长了发动机寿命。这种改进主要来自这样一个事实,即当前的 FADEC 本质上是一个 SISO 控制器,其控制燃油流量而忽略了所有执行机构之间的相互作用。另外,MPC 可以控制多个变量,因此可以考虑多个执行机构之间的相互作用,并有效控制燃油流量。MPC 使用的执行机构的控制对象有燃油流量、可调静子叶片和放气阀门。文献[140]~[154]中提供了有关 MPC 在喷气发动机上应用的更多详细信息。

3.2.5　传感器技术

基于模型的先进控制架构技术的实施在一些方面仍然存在挑战,为了在不牺牲精度的情况下实时运行,模型必须具有较高的计算效率。足够的模型精度是实现性能提升的关键,然而模型误差很难量化,因为其必须在闭环(即跟踪滤波器)中进行评估,这将其与被跟踪参数的选择及其在给定传感器组中的可观测性耦合起来,转变了对传感器的需求,传感器的选择不再只是为了进行直接控制,而且要保障模型的准确性,还要考虑虚拟传感器的设置等。故障模型或特征也是同等重要的,因为它限制了故障检测的灵敏度。最后,复杂性的增大带来了认证和维护方面的挑战。控制回路中使用的任何发动机模型都需要经过认证,模型的复杂性和跟踪滤波器的自适应特性使得挑战增加。此外,所需模型精度可能需要在控制软件中对发动机变量进行更精细的区分,导致软件复杂性增大。

为了充分利用基于模型的控制和诊断的优点,可以添加新的传感器。选择的传感器不仅要直接作为控制器的信息反馈源,而且要提高模型精度、可靠性并增强虚拟传感器的测量能力。文献[155]对航空发动机智能控制和健康监测的传感器需求进行了总结,如该文献所述,结构健康监测是发动机状态监测的一个重要方面,需要全新的、改进的振动和滑油监测传感器。但是,本节的重点是使用气路信息进行机载状态监测,因此下面将着重讨论用于提升气路诊断和发动机控制所需的传感器。由于振动监测可用于间接气路诊断,所以以下也会对其进行讨论。

典型气路传感器的测量对象包括温度、压力和转子转速,通过提升气路传感器的精度、均匀性和可靠性,将直接提高气路性能诊断和基于模型的控制技术的精度。此外,目前发动机气路中有一些位置未设置传感器进行监测,主要原因是这些位置对传感器而言,环境温度过高,如果在这些位置进行测量,则将进一步提高气路分析技术的准确性。除了对气路压力和温度进行测量外,对额外一些参数进行测量将有助于诊断发动机的性能故障,并提升对不可测量参数(如推力)的预测精度,如用于监测与量化发动机碎屑摄入和排放的气路碎屑监测传感器。下面将讨论改进型传感器和新型传感器在振动监测、空气质量流量和燃料特性测量、废气成分监测方面的相关要求。

1. 振动监测

航空发动机的主要运动部件是转子及转轴,其在发动机机匣内高速旋转。这些转子部件,特别是风扇、压气机和涡轮叶片,容易发生磨损,这种磨损可能导致转子不平衡,从而对结构、发动机轴承、发动机零件和附件产生循环应力。发动机振动监测(engine vibration monitoring,EVM)系统可以监测转子不平衡产生的振动水平。

由振动传感器测量并随后由发动机振动监测单元处理的振动信号,包含了有关发动机部件(包括轴承、变速箱、减速齿轮、风扇、压气机、加力燃烧室和涡轮)的附加诊断信息,通过使用高速数字信号处理使其能够在机载 EVM 系统中提供非常复杂的振动分析。

EVM 系统可能检测到的风扇、压气机和涡轮故障包括[156]:

(1)涡轮和压气机叶片部分故障(损失);

(2)叶尖摩擦和垫圈磨损;

(3)因异物损坏导致的风扇叶片挡板(或风扇叶片中间凸肩)锁定和风扇不平衡;

(4)联轴器错位和压气机组固定螺栓松动;

(5)叶片锁紧垫片错位。

2. 空气质量流量和燃料特性测量

通过传感器测量预测风扇入口和尾喷管出口的气流流量,将有助于更精确地预测发动机产生的推力,特别是在发动机损坏导致发动机性能下降的情况下。输出到发动机的能量流量可以通过燃油质量流量与燃油比热值的乘积来计算。这种能量流量传感器可以单独测量燃油流量、温度、密度和热值。传感器对局部能量流量进行计算,可以实现在 EEC 中计算所需的能量流量。所面临的挑战在于测量含有添加剂、污染物和水的各种主要或应急燃油的比热值。

3. 废气成分监测

航空发动机燃烧室和加力燃烧室中的火焰,会发出反映燃烧过程化学性质的光学信号。光学监测窗口可以采集来自燃烧室的辐射能量,并通过光缆传输到光电传感器。化合物在燃烧过程中发出不同波长的光谱线。光谱学技术可以在可见光、紫外光和红外光光谱范围内识别火焰中的化学成分。光谱学技术有很多应用潜力,可应用于评估启动不稳定性和火焰向涡轮传播、计算燃烧室出口/涡轮进口温度、评估由燃油和进气污染造成的性能退化、实时监测排放和最小化排放(通过主动排放控制系统),以及控制燃烧不稳定性或振荡燃烧(通过在排放控制系统内提供不稳定性检测)。

表 3-4 总结了对先进传感器的能力要求,以实现对各种发动机部件的智能控制和健康监测。

表 3 - 4　智能控制和健康监测的传感器要求

部　件	技　术	监测变量	范围/要求
进气道	失速边界管理	压力	0 ~ 25 psi[①] 范围，±25% 精度，500 Hz 带宽
			入口静压传感器阵列
风扇/压气机	推力估计	流量	1.75% 精度
风扇/压气机	推力估计	扭矩	10 000 ~ 20 000 N·m，10 Hz
风扇/压气机	振动监测	加速度	3%，40 kHz，1 000 g 范围
燃烧室	模型预测控制与推力估计	燃油质量流量	实际值的 ±0.1%（kg/s）或（m³/s）
燃烧室	能量流	燃料特性	实际值的 ±0.5%（kJ/s）
		燃料密度	±0.1%（kg/m³）
涡轮	间隙管理	间隙	测量范围 2.5 mm，精度 25 μm，带宽 50 kHz，机匣外壳安装
涡轮	状态监测	加速度	误差 3%，带宽 40 kHz，量程 1 000g
涡轮	寿命管理/温度裕度管理	温度	测量 T41、T4B，偏差 ±5°，频率 2 ~ 10 Hz，用于气流和叶片温度测量
喷管	废气成分	NO_x，CO_x	1%

3.3　感　知

　　前面主要从性能和运行环境的角度讨论了传感器和执行机构的要求，即使现有技术能够满足这些性能要求，但要将现有技术实际应用到发动机上，仍有许多障碍需要克服。这些性能要求涉及技术储备水平（technology readiness level，TRL）、耐久性、可靠性、体积、重量、成本等。本节概述所有传感器技术或执行机构技术在产品实施前都必须满足的通用要求。本节的目标是帮助研究人员或技术开发人员了解技术到应用必须经历的一般过程，而不仅是满足性能要求。希望本节知识能够帮助到技术开发人员和决策者，避免在开发满足性能要求的解决方案时的浪费性投资，这些通用要求可分为以下两大领域：

　　（1）技术价值要求；

　　（2）技术成熟过程。

　　除了必须考虑的安全性和可靠性以外，将任何组件整合到发动机上或安装到发动机中的一个基本前提是：能够增加价值。有些部件是发动机设计和功能实现

---

① 1 psi = 6.894 76×10³ Pa。

的固有部件（如发动机控制系统、燃油系统、温度传感器等），因此其价值与整个产品属性（如耗油率、航程、维护成本）直接相关。所有添加到发动机上的其他非固有部件，都必须提供一定程度的价值，以减轻其安装附带的负面影响（如重量、体积、能耗、安装损失等）。

在最好的情况下，增加的价值将直接给客户带来积极影响，增加收入机会或降低生命周期成本。但实际情况并非总是如此，通过降低间接成本也可以为客户带来价值，通常发动机或飞机的原始设备制造商（original equipment manufacturer，OEM）最容易获得这些价值。在该情况下，通常假设此价值能以某种方式全部或部分传递给客户。

进行价值分析的一种常见方法是计算客户的净现值（net present value，NPV）。这个通用的度量方法可以获取所涉及组件或功能的生命周期成本和收益。典型的评估要素包括（但不限于）以下内容。

（1）对价值的影响，即这项技术是否提高了利用率、提高了调度可靠性、提高了双发动机延程飞行运行性能标准（extended-range twin-engine operation standard，ETOPS）的可用性，是否提升了发动机性能。如果这些增值目标中任何一个的答案是肯定的，那么就必须评估这项技术将对客户收入产生什么样的影响，即在该技术的生命周期中，客户收入可以增加多少。通常，传感器和执行机构是整个控制系统或故障诊断系统的一部分。因此，必须从整体上考虑该技术对收入的影响，并且根据启用该技术的重要程度确定传感器和执行机构的价值。

（2）对成本的影响。任何新技术都会以各种方式影响成本。第一个影响是采购成本，即如果这项技术在发动机中应用将会增加多少采购成本。采购成本必须考虑非经常性工程开发成本、从供应商处购买特定传感器或执行器相关的经常性成本、将传感器或执行器集成到发动机中的成本以及备件成本等因素。第二个影响是与维护相关的成本，传感器或执行器的可靠性及其对诸如中止起飞、飞行中发动机关闭和飞机改道等事件的作用对采用该技术的运营成本有很大影响。因此，在计算技术对发动机寿命周期成本的总体影响时，必须考虑与零件拆卸、生产线维护、车间维护、维修、故障排除相关的人工成本和时间成本。

（3）其他。除价值成本外，传感器和执行器需要考虑的一些其他因素，如对发动机总重量的影响、技术适应特定体积的能力（因为发动机上的空间非常宝贵）、安装到发动机上或安装到发动机中的可访问性、冷却要求以及电源和接线要求等。为了满足传感器或执行机构性能要求，任何技术解决方案的开发都必须考虑到设计应易于集成到发动机上。

将产品、过程或组件推向成熟的过程通常遵循 TRL 定义[157]中描述的开发路线。商业、制造业、立法等问题必须在各个阶段以适当的水平加以涵盖。该过程通常与特定的 TRL 有关，需要遵循一个封闭的过程，涉及特定阶段的正式审查。业务中的任何工作都必须有业务案例。投资水平将反映相关风险的水平，即在较低的 TRL 下,较低水平的资金用于简单的技术和业务风险评估,风险相对较高。随着 TRL 的提高,风险水平将会下降。为实现更高的 TRL,需要更高的投资,通常通过更清晰的业务案例和更低的风险来实现。封闭式审查流程通常用于监测和控制开发以及风险缓解。正式审查可能在 TRL4 下完成,即组件或系统在实验室环境中验证后进行。在该阶段,基本技术将与优选实例一起被制定为实际设备,并且对操作、业务等方面的效益进行评估,这将为最终实现提供一个很好的预测。TRL6(相关环境中的系统/子系统模型或原型演示)通常需要更高的投资才能达到。这个概念之后将有望被设计成适合开发的产品。TRL6 的开发关口通常会提供是否继续进行产品开发的最终决定,并且会有更严格的业务和应用程序评估。一旦该系统成为 TRL9 的产品(通过成功任务操作验证的实际系统),系统将准备好进入日常服务。系统的定期检查可能会在整个使用寿命中持续进行。

　　3.3.2 节定义涵盖所有传感变量的传感器通用要求。3.3.3 节将探讨当前常规传感器技术可以满足哪些要求,简要总结标准传感原理,并对电流传感器的详细信息进行描述。3.3.4 节描述新型传感器技术的传感原理及其在未来传感器中的潜在应用。微型技术和新兴传感原理代表先进燃气涡轮发动机传感器可能的发展方向。3.3.5 节试图为这些未来传感器制定路线图。本节首先简要概述传感器技术的研究现状。然后结合需求讨论其检测原理和集成阶段相关的方法,并基于实现推进系统分布式主动控制的传感器需求,讨论现有技术差距和选定的传感器技术类型将如何解决问题。选定的传感器技术应提供所需的灵敏度、分辨率、量程以及传感器带宽,并能在恶劣的环境条件下工作。改变当前传感器的包装和设计,其可以在 750℃ 的环境下工作,这将满足针对发动机进气道、压气机和某些情况下低压涡轮的传感器要求。但是,大多数靠近发动机燃烧室或加力燃烧室(工作温度高达 1 700℃)的传感器尚不存在。此外,还将介绍智能传感器,其是实现未来分布式控制体系结构的基础。对于更智能的燃气涡轮发动机,所需要的大部分传感器尚不存在或正在探索中,如涡轮排放种类传感器、燃烧模式因子传感器、燃料特性传感器和废气成分传感器等。近年来,涌现出了很多新兴技术,其中包括叶尖间隙测量技术,如涡流法和微波法。为了满足未来传感器的需求,需要探索新的制造和材料技术、先进的传感原理及其在新型传感器中的应用方式,其当前的研发状况和未来预期将汇总在一个综合表格中。

3.3.1　传感器

　　传感器是控制方案的重要组成部分之一,在控制回路中,传感器通过传递物理信号来完成发动机状态检测和其他控制工作。传感元件的可靠性是控制元件中最基本的要求,因此在开发适当的传感器系统时,其对智能发动机技术的经济性和可靠性而言至关重要。

不同的功能对传感器提出了不同的要求。例如,对于控制装置,传感器必须具有经过验证的扩展可靠性,这意味着其故障概率很低;但是对于健康监测,考虑到传感器的非关键作用,也可以使用可靠性较低的监测传感器。技术成熟的传感器可以直接使用,但其他类型的传感器仍需要大量的研究和开发工作。

传感器的开发,需要综合考量用户需求和供应商的技术能力,很多现有传感器是在遵循用户特定要求的基础上发展而来的,但其也可以在其他合适的行业得到进一步应用,并不局限于开发时的特定要求。此外,一个传感器平台可以通过改变其封装或可调特性而用于多种场合。除温度传感器外,所有其他传感器通常在超过环境温度限制的工作环境中工作,导致很少有传感器能够检测准确,如高温下检测压力。即使存在能够正常工作的传感器,其也可能不满足飞行任务中推进系统内环境运行的其他必要条件,如高可靠性和较轻的重量。合理的成本是选择传感器时要考虑的另外一个方面,为方便表述,后面的高温即指燃气涡轮发动机各部分运行时的温度状态,而不是在未来更智能的燃气轮机上,实施自适应分布式控制系统所必须测量的物理量。

一些国家和欧洲的项目组织间接地开发了能为智能燃气涡轮发动机提供帮助的新传感器技术,其主要能提高发动机性能和环境友好性,使推进系统的仪器仪表取得了重大进展。例如,通用经济可承受先进涡轮发动机计划-美国空军、先进技术计划(如嵌入传感器)-英国国防评估和研究机构(Defence Evaluation and Research Agency,DERA)以及先进动力概念(Advanced Actuation Concepts,ADVACT)计划-欧盟等。此外,还有一些组织负责研发未来燃气涡轮发动机技术,包括美国的推进仪器工作组(Propulsion Instrumentation Working Group,PIWG)和欧洲航空研究咨询委员会(Advisory Council for Aeronautics Research in Europe,ACARE)。欧盟委员会共同资助旨在实现ACARE 2020目标的技术项目,包括减少排放和噪声污染等。这些项目属于欧盟框架计划5(Framework Programme 5,FP5)中的高效和环保航空发动机(Efficient and Environmentally Friendly Aero Engine,EEFAE)项目和欧盟框架计划6(Framework Programme 6,FP6)中项目的范围。新航空发动机核心概念(New Aero Engine Core Concepts,NEWAC)项目是另一个FP6项目,验证了能够减少CO_x和NO_x排放的新技术。NASA实施的UEET计划也有类似目标。

3.3.2　传感器通用要求

对于温度和压力传感器,一般要求通过测量能力(量程、带宽、分辨率和精度)和承受特定操作环境(温度和振动)的能力来定义,而不考虑这些传感器的安装位置。表3-5总结了预计用于未来智能推进系统的传感器相关的具体通用要求。例如,对于温度和压力的测量,包含恶劣环境和测量能力的苛刻要求,如量程、分辨率、精度或带宽。尽管有些传感器不需要面对非常高的温度环境,然而它们现在仍不可用。因此,与这些传感器有关的飞行考核或者与嵌入结构相关的能力目前是未知的。

表 3 - 5　传感器通用要求

测量变量	传感器工作		应　用
	环　境	要　求	
温度	700~1 700℃	误差±5℃,带宽<1 Hz	燃烧模式因子测量
		误差±0.5℃,带宽 0~10 Hz	涡轮静子叶片温度测量涡轮冷却
压力	15~106 kPa,−60~65℃	压力+3 bar ①,误差±0.1%	进气道主动控制
	15~106 kPa,−60~65℃	误差±0.25%,带宽 500 Hz	进气畸变控制
	15~1 800 kPa,−60~500℃	35 kPa 动态,±0.2%误差,带宽 5~40 kHz	失速边界控制
	15~1 800 kPa,−60~700℃		
	15~1 800 kPa,−60~500℃	35 kPa 动态,±0.5%误差,带宽 1 Hz	主动喘振控制
	15~1 800 kPa,−60~700℃		
	300~4 000 kPa,700~1 700℃	10 kPa 动态,±5%误差,带宽 1 000 Hz	燃烧不稳定性抑制
振动(加速度)	15~300 kPa,−60~65℃	3%,40 kHz,1 000g 范围	风扇叶片振动控制
	300~4 000 kPa,700~1 700℃	3%,40 kHz,1 000g 范围	涡轮叶片振动控制
气体成分	300~4 000 kPa,700~1 700℃	CO_x,NO_x,5%误差,带宽 5 Hz	排放控制
叶尖间隙	15~1 800 kPa,−60~700℃	2.5 mm 量程,25 μm 偏差范围,带宽 50 Hz	压气机叶尖间隙测量
	300~4 000 kPa,700~1 700℃	2.5 mm 量程,25 μm 偏差范围,带宽 50 Hz	
流量	15~300 kPa,−60~150℃	1%误差,最小流量 1 kg/s	推力估计
扭矩	15~300 kPa,−60~150℃	10 000~20 000 Nm,10 Hz 带宽	推力估计
到达时间	15~1 800 kPa,−60~700℃	带宽 50 kHz	振动主动控制
燃油流量	300~4 000 kPa,700~1 700℃	1%误差,带宽>6 Hz	燃油流量测量
燃油特性	300~4 000 kPa,700~1 700℃	±0.5%误差,准静态	能量流量测量
排气成分	20~200 kPa,300~500℃	准静态	燃烧室状态

---

①　1 bar = 10^5 Pa。

目前,航空发动机中用于气路相关测量的主要传感器类型包括温度、压力、压差、转速、相位、扭矩、振动、位置和燃油流量测量等,还有一些其他类型传感器,如燃油品质和油屑探测器,不在本书描述范围内。目前,气路传感器类型可根据飞机和燃气涡轮发动机认证要求驱动的规范设计和包装,根据特定传感器在其整个使用寿命期间将经受的条件,调整传感器的环境设计和试验限值,以及通过建立实验室试验方法来模拟环境对传感器的影响[158, 159]。目前,大多数带有集成电子元件的传感器的规格仅限于−65~115℃的环境条件,安装在燃气涡轮发动机上温度可承受的集成连接电子元件有时可以克服温度限制。传感器需要非常坚固的包装,以便能够在发动机上温度限制的环境中工作,并满足可靠性要求。通过改变传感器系统的包装和可调设计特征(如传感器和发动机壁面之间的距离),可以使目前的一些传感器在高于当前温度限制范围的环境中工作,在750℃或更高温度的环境下正常工作,将满足针对发动机进气道、压气机和某些情况下低压涡轮的传感器的要求。然而,即使存在这样的传感器,其也可能不满足在推进系统内运行的其他必要条件,如寿命、大修间隔时间、可靠性、体积和重量。这些传感器的数据处理必须在低温位置进行,对于靠近发动机燃烧室或加力燃烧室的探测位置,需要能够承受更高温度的传感器。除了热电偶之外,需要新的传感器和传感器技术来实现高温区域的测量。分布式控制体系结构提出了对能够在高温下工作的传感器的需求,即需要能够在比目前更高温度下工作的智能传感器,负责执行测量、数据处理和决策,并在子系统提供驱动反馈。目前,压力、温度和转子速度传感元件分布在涡轮发动机系统中,以便在整个飞行包线和发动机寿命的所有阶段提供最佳的发动机控制和健康管理功能。按照传统方式,这些功能将嵌入全权限数字电子控制系统中,但最好将其分配到传感器级别,这需要针对能够承受燃气涡轮发动机中高温和振动环境的温度传感器和压力传感器的强大智能传感技术,特别是持续高马赫数飞行的工作情况。目前,可以使用基于硅(Si)技术制造的智能传感器,该制造技术包括微机电系统(micro-electro-mechanical system,MEMS)以及电子学概念,在芯片级集成传感和信号处理。然而,由于标准硅技术要求工作温度低于125℃,所以高温集成传感器需要更先进的技术。因此,短时间内高温传感器的集成无法从FADEC转移至传感元件。开发传感器的工作还有很长的路要走,主要研究方向是在工作温度为100~115℃或需要冷却的位置安装集成电子元件。下面将描述现阶段针对具有集成处理电子器件的传感器的开发进程,该类集成处理电子器件将在超过军用标准或工业标准电子元件的电流额定值温度下,实现上述要求。

传感器在发动机上的安装使用是另一个主要研究的问题,其应满足体积小、重量轻、成本低、可靠性高的要求。在发动机结构中嵌入传感器也是一个研究重点,但还没有在原型机或军用发动机上实现。解决上述问题将有望增强传感器的测量能力(例如,压力传感器或加速计的带宽上限可通过小型化而得到显著改善)。该传感器可通过应用 MEMS 或微技术来实现,其具有的尺寸小的特性可显著改善上述问题。

　　未来燃气涡轮发动机的部分功能将建立在当前传感器类型的基础上,且需要在更高的温度和更高的振动环境下工作。此外,为了利用微系统质量小、可靠性高、可冗余、低能耗和数据提供成本低等优点,传感器的小型化是可行的。如 3.2 节和 3.3 节所述,先进燃气轮机需要新的传感器类型,用于测量叶尖间隙、涡轮排放种类、空气通道流量变化、燃油流量、燃料特性和废气成分等。在运行期间传感器会暴露在不同的环境中,且需要不同的测量能力。下面将以测量能力和环境暴露的通用术语讨论传感器的状态和需求,而不提及其在燃气涡轮发动机中的特定位置或燃气涡轮发动机特定部件。

3.3.3　常规传感器技术

1. 现有传感原理与技术

　　目前,在燃气涡轮发动机中使用的传感器技术与很多大家熟知的传感原理相关联,只是根据当前的对应要求进行了微调。下面将概述与燃气涡轮发动机相关的传感器原理,并按传感变量分组讨论其在当前燃气涡轮发动机传感器中的应用,包括温度、压力、压差、转速、相位、扭矩、振动、位置、燃油流量和火焰检测。对于某些变量,也可以使用具有不同传感原理的其他类型的传感器,不过其尚未在燃气涡轮发动机中实现。讨论中的所有传感器都将显示一个电流信号输出,以便在控制系统中进一步使用。

　　1)温度测量

　　温度通过热电偶来测量,当热电偶两端温度不同时(塞贝克效应),连接在一点上的两种金属将产生稳定的电流。根据热电偶所用材料的类型,记录相同温差下的特定电位差。最精确的温度检测传感器是热敏电阻。热敏电阻的原理是基于导体加热时电阻的变化,温度升高导致大多数金属的电阻增大。铂是热敏电阻最常用的材料,因为在很大的温度范围内其电阻与温度呈线性关系。

　　2)压阻感应式

　　压阻原理基于导体试样在受到应变或弹性变形时的电阻变化。任何弹性恢复元件都可以用压敏电阻传感元件(应变计)来测量临时弹性变形或稳定时的弹性变形。传统方法中,压力就是按这种方式测量的,目前存在与微技术相结合的测量方式。基于硅的压阻原理对温度的依赖性很强,必须用外部电子器件进行补偿。

　　3)压电感应式

　　压电现象是在其结构内具有主导极化的材料中产生的,当发生应变时,结构中原子的电子将被释放,并产生与输入量相关的电荷。某些天然晶体在高达 750℃ 的高温下表现出稳定的压电特性。基于这一原理制成的振动传感器和加速计可以在市场上购买到。

4）电容感应式

电容传感依赖改变电容器两个极板之间的间距或介电常数的外部物理参数，电容传感的优点是功耗很低、温度测量稳定性较好。

5）光敏效应式

光电现象，即将照射在经过处理的材料（如硒）表面的光子能量转化为电信号。光电现象可以在许多方面被用来定量检测特定的物理量。温度可以通过光电测量方法检测，从而使接收光照的介质与已知温度的样品进行颜色匹配。该方法已推广到阵列高温计的温度梯度分析中。在可见光谱之外，介质释放光谱的傅里叶分析是气体组分检测的基础，而干涉法可以用来检测微小的几何畸变。此外，光纤中相干光的干涉会因温度、压力等物理环境的变化而发生明显畸变。这一原理可测量和传输信号，从而使独特的光纤用于推进系统中组成控制系统的一部分。光敏方法可以扩展到热喷涂技术，热喷涂可以观察到发动机某一部位的峰值温度。光电原理也用于光电二极管和光电倍增管的光探测中。

6）电感（电磁）感应式

电感（电磁）感应式基本原理是在具有磁性的材料或电磁铁的运动元件位置变化时，电感发生变化。电感的变化可以通过半导体器件（如霍尔效应传感器）来检测。该测量方法能够集成到许多应用中，包括流量测量、位置检测［如线性可变差动变压器（linear variable differential transformer，LVDT）和旋转可变差动变压器（rotary variable differential transformer，RVDT）］、位移速率、角速度以及力和扭矩测量。

7）惯性测量式

经典惯性传感器技术是基于质量弹簧谐振器来实现的，这种谐振器在微尺度上被缩小，通过电容或电感方式来检测运动。惯性传感器主要用于检测加速度和转速，最近的技术采用了多普勒效应。这种利用相干光束（激光）的非接触方法可以在非常高的温度条件下使用。

8）振动元件原理

振动元件原理为各种条件提供了频率输出，可应用于压力传感器或振动检测传感器。

9）磁-光学检测

磁-光学检测是利用光学介质上的磁性图案进行检测的。该测量原理实现了三维温度成像，在空间温度成像中具有良好的应用前景，也适用于位置传感器，其中施加的磁场会导致光偏转的变化。

2. 现有传感器技术

1）温度传感器

（1）热电偶。

热电偶（图3-27）是唯一已知的自供电温度传感器。塞贝克效应提供的电压随温度而变化,对于给定的一对导体,材料是唯一的,国际标准[158]对此进行了规定。按照国际标准制造的热电偶完全可互换,其性能与制造商或原产国无关。标准热电偶类型如表 3-6 所示。

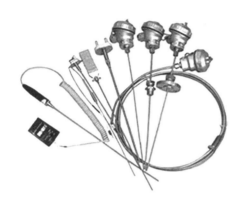

图 3-27　**Auxitrol Weston** 公司[159]和 **Harco** 公司[160]的热电偶

表 3-6　标准热电偶类型

种　　类	常　用　名　称	温度范围/℃
B	铂金 30%铑-铂金 6%铑	0~1 700
E	镍铬-铜镍	0~850
J	铁-铜镍	−200~750
K	镍铬-镍硅	−180~1 100
N	镍铬硅-镍硅镁	−180~1 100
R	铂金 13%铑-铂金	0~1 500
S	铂金 10%铑-铂金	0~1 500
T	铜-铜镍	−250~370

　　热电偶设计为单独可更换探头、集成热电偶/电缆组件或刚性热电偶耙组件。浸入式探头提供多个浸入深度处的特定温度或平均温度,并具有电阻平衡以实现真正的电平均,通常为双通道。根据时间响应要求,热电偶可设计为封闭或外露连接。

　　a. 公共连接布置,每个热电偶电路的电阻平衡,消除由电阻变化引起的误差;

　　b. 用于详细气路测量的单独接线探头。

　　热电偶温度的平均值是排气温度测量系统常用的方法。浸入式探头通常提供温度和压力测量,并集成在同一外壳中。在 260℃ 以上温度,K 型热电偶的典型精度为 0.4%[161]。热电偶通常用于测量尾喷管排气、压气机出口气流、轴承、滑油、燃油等位置的温度。

（2）电阻式温度探测器（resistance temperature detector，RTD）。

电阻式温度探测器的工作原理是导线电阻随温度变化，最常用的探测器是用镍和铂制成的，如表3－7所示。典型的电阻式温度检测器由一根细铂丝组成，铂丝缠绕在芯轴上并覆盖保护涂层，通常芯轴和涂层材料为玻璃或陶瓷。铂电阻式温度探测器具有非常好的长期稳定性，其每年精度波动小于0.1℃。尽管铂的温度-电阻曲线比热电偶的温度-电压曲线线性得多，但为了获得高精度的温度读数，仍然需要对该曲线进行非线性化处理。

表3－7　标准RTD类型

种　类	常用名称	温度范围/℃
镍	MIL－T－7990	−40~400
铂金	DIN 43760	−40~850

在最新的电阻式温度传感器（图3－28）中，铂丝被沉积在一个小平面陶瓷基板上的铂薄膜所取代，用激光修整系统蚀刻并密封。该装置能够对温度变化快速做出响应，并且精度更高，因此更适用于航空航天[159]。

图3－28　电阻式温度传感器　　　　图3－29　发动机进气压力和空气总温探头

（3）发动机进气压力和空气总温探头。

燃气涡轮发动机进气压力和空气总温（total air temperature，TAT）是发动机控制的关键变量。在实际飞行条件下的积冰、异物碎片和发动机自身产热使这些参数难以精确测量。发动机进气压力和空气总温探头（图3－29）可以是单个的或者复数的温度测量元件，同时需要融化积冰，防止结冰。需要通过独特的设计来确保发动机或探头用于除冰的产热量不会影响传感器性能。这些坚固的探头需要能够承受异物碎片的冲击。探头外部包装可保护传感元件不受磨损碎屑的影响,并提供可持续多年的服务。如今,大多数飞机动力装置依靠 TAT 或 P2T2 探头来感知这些关键控制参数。

(4)K 型热电偶与 RTD 用于温度测量的比较(表 3-8)。

表 3-8 K 型热电偶与铂电阻式温度检测器各种判据的比较

标　　准	K 型热电偶	RTD
500℃的测量精度	2℃	1.15℃
稳定性	2℃/年	<0.1℃/年
温度范围	−270~1 260℃	−270~850℃
灵敏度	40 μV/℃	2 mV/℃
线性	中等	好
测量类型	最高温度	平均温度

(5)辐射高温计。

涡轮发动机的热效率取决于燃烧气体温度的升高量。与其他控制方式相比,通过采用涡轮温度作为控制参数,发动机可以调整到更接近其热极限。涡轮叶片高温计可以检测涡轮叶片上特定点的特定温度。然后可以精确地调整燃油流量,以最大限度地提高发动机性能。此外,通过监测每个涡轮叶片的温度也可以预测待处理的叶片故障。

辐射高温计是一种非浸入式传感器,用于直接测量发动机内涡轮叶片的温度。辐射高温计由以下三个主要部分组成(图 3-30、图 3-31)。

a. 安装在发动机外壳中的头部组件,接收旋转涡轮叶片发出的红外射线(infrared radiation,IR)的辐射;

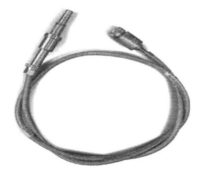

图 3-30 欧洲台风战斗机 EJ200 发动机辐射高温计

图 3-31 带燃料冷却的涡轮叶片高温计

b. 光纤束将红外信号传输至电子组件；

c. 电子组件将红外信号转换为两个电信号，经过放大、温度补偿直接输入数字式发动机控制单元(digital engine control unit, DECU)或 FADEC。

辐射高温计重量轻、精度高、可靠性高，主要体现在如下方面：

a. 在 950℃时测量精确达±4℃；

b. 可以测量 600~1 100℃的叶片温度；

c. 质量小于 1.2 kg。

2) 压力传感器

(1) 压力传感器和开关。

压力测量应用包括监测和控制燃气涡轮发动机的气路、滑油、燃油、引气、发动机扭矩、主齿轮箱和辅助齿轮箱润滑油。传统的传感技术可用于制作压力传感器，如线性可变差动变压器、电位计、可变磁阻、同步器等。

图 3-32　道威斯顿(DOWESTON)航空公司振动气缸气压传感器

为了达到高精度的压力测量，主要用于 FADEC 中的气路压力测量，设计了振动筒式空气压力传感器，如图 3-32 所示。其利用振动元件原理测量绝对空气压力，提供频率输出，并据此计算压力。压力作用在薄壁金属圆筒上，通过电磁驱动器使其以固有频率运动，随着气缸内空气压力的变化，气缸的谐振频率也随之变化，该频率由电磁拾波线圈检测，并反馈给驱动电路，以保持谐振状态，其检测到的共振频率可以换算成绝对压力。

在制造过程中，通过测量谐振频率(时间段)和二极管电压(温度)来校准传感器，测量矩阵包含 77 个数据点(11 个压力，7 个温度)，覆盖整个工作压力和温度范围。然后使用曲线拟合方程生成压力计算方法。该压力传感器具有优良的精度参数：线性<0.010%FSP，重复性<0.001%FSP，压力滞后<0.001%FSP，温度滞后<0.010%FSP，稳定性(每年漂移)最大值为 0.010%FSP；环境条件(根据 MIL-STD-810E)标准-55~125℃，振动 0.25~2 000 Hz，噪声 140 dB，加速度20g。

目前，应用最广泛的压力测量技术是压电陶瓷和硅蓝宝石技术，如图 3-33 所示的德鲁克压力传感器。硅压力传感器是由三层原子键结合在一起的复杂结构。第一层是 N 型单晶硅，该层被微机械加工成机械力总和膜片，膜片的厚度随其预期的满标度压力范围而变化。选择的膜片厚度应使该层在满标度压力下，应变为每英寸①350~400 微英寸。对于单晶硅,这是一个非常保守的应变水平。第二层是二氧化硅,生长在 N 型硅膜片的正上方,该层在包含惠斯通电桥电路的 P 型硅层和 N 型硅层之间提供介电隔离,从而消除器件中的 P-N 结。第三层通过高温过程使分子水平熔合到二氧化硅层,该层包含四个 P 型硅应变计,在惠斯通电桥电路中互连。应变片及其互连是一种 P 型硅连续集成电路,该电路的各个元件通过二氧化硅掩模彼此隔离,二氧化硅掩模是将 N 型硅层与 P 型硅层分离的二氧化硅层的延续。

图 3-33　德鲁克压力传感器

　　第三层应变片元件的位置和第一层机械膜片之间的物理关系如下:当施加压力时,膜片中产生应变使两个应变片进入拉伸状态(从而增大其阻力),另外两个应变片进入压缩状态(从而减小其阻力)。在惠斯通电桥电路中,两个被拉伸的应变片彼此相对,两个被压缩的应变片也是如此,结果是施加的应力导致电桥输出不平衡,这种不平衡的大小与施加的应力大小成正比。这是所有应变计压力传感器的基本工作原理。

　　蓝宝石纤维传感器上的硅压力传感器设计,采用了硅应变计作为一个完全主动的 4 臂桥分子连接到蓝宝石膜片。施加压力会引起应变,从而产生与激励和施加压力成比例的差动输出电压。这种结构利用材料特性,提供了一个很好的压力测量装置。在压力传感器中,一个与压力效应隔离的单独感温电阻器直接位于蓝宝石压力测量膜片上。这种集成的温度传感器允许最高精度的比例温度补偿。压力传感器可以测量绝对压力、压差或表压,典型温度范围为-55~260℃。

图 3-34　高温应用动态压力传感器

航空发动机市场每年都会耗费大量资金去购买高精度 MEMS 压力传感器,用于发动机控制、失速保护和健康/性能监测。微系统技术的三个重要属性对航空航天领域的应用意义重大,即精度、可靠性和重量。

　　(2)压电压力传感器。

压电动态压力传感器可用于极端温度环境,如图 3-34 所示。在膜片上产生的力施加到压电堆上,压电堆产生电信号。振动的二次效应是内部补偿的,因此产生的信号与施

---

①　1 英寸(in)= 2.54 厘米(cm)。

加在膜片上的动态压力成比例。这些传感器的工作温度可超过 700℃。该类型的传感器主要用于各种军用发动机的喷管共振检测。最先进的设备也已经发明了两个通道,以便内置冗余,并为机内自检设备(built-in test equipment,BITE)功能提供更好的接口。

(3)压差开关。

压差开关的基本设计包括一个全不锈钢外壳、一个活塞/管理组件、簧片开关和校准弹簧。位于外部 O 形密封圈后面阀体中的高压端口允许流体在活塞后部施加力,低压端口位于阀体前部,允许油液在活塞前部施加力,通过校准弹簧力将活塞保持在正常状态。当两个端口之间的压差增大到克服弹簧力的程度时,活塞开始移动。通过簧片开关监测运动,感应磁场强度,从而在精确位置闭合触点。一个或多个簧片开关位于靠近执行磁铁的空腔中,但与系统流体隔离。这种开关适用于多压差传感应用,且体积小、重量轻,具有密封输出开关触点。

3)速度和相位角传感器

传统的速度传感器基于电磁感应原理,利用旋转的轮齿或音圈来切割磁路,产生交流输出电压,输出频率与转速成正比。传统的线圈结构简单,但需要大量的匝数才能产生合理的输出电压。在变压器转速探头中,初级电路在低压和大电流下工作,输出端带有升压变压器,以提供所需的输出电压[159],其结构如图 3 - 35 所示。速度传感器的平均无故障时间超过 300 000 h[162]。

图 3 - 35　变压器转速探头[159-165]

相位角传感器通常是静止转速传感器,通过相位参考信号提供有关燃气涡轮发动机风扇配平平衡所需的发动机风扇和低压涡轮角度位置的信息[166-168]。

4)扭矩传感器

传统的变压器转速探头可以通过使用扭矩轴转换成扭矩传感器,如图 3 - 36 所示。当扭矩通过扭矩轴改变时,两组齿之间的信号相位也会改变。变压器探头在此类应用中具有优势,因为其对传感器和轴齿之间的间隙变化不太敏感[159]。

5)位置传感器

通常使用旋转可变差动变压器或线性可变差动变压器测量位置。

(1)旋转可变差动变压器(rotary variable differential transformer,RVDT)。

RVDT 是一种提供与输入轴角位移成正比的交流输出电压的变压器,输出信号

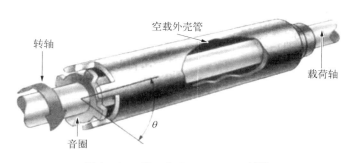

图 3-36　带两个音圈的扭矩轴[159]

在规定的角位移范围内是线性变化的,一次绕组和二次绕组都绕在 RVDT 的定子上。

（2）线性可变差动变压器(linear variable differential transformer, LVDT)。

LVDT 是一种提供与输入轴的线性运动成正比的交流输出电压的变压器,输出信号在规定的线性位移范围内是线性变化的,一次绕组和二次绕组都绕在 LVDT 的线轴上。RVDT 和 LVDT 是无源的,不需要电刷或变压器来提供任何电流。RVDT 或 LVDT 的输出通常是由来自二次绕组的两个相反的电压组成的。

6）接触传感器

接触传感器是为代替基于微动开关的位置开关而开发的。例如,可用于检测推力反向器的门锁执行器位置。接触传感器利用一个气隙变压器产生一个作为励磁电压比的电输出,如图 3-37 所示。接触传感器产生的输出取决于与系统运动元件相连的目标铁磁芯的轴向或横向位置,或产生的输出取决于与门锁执行器接触的传感器柱塞内部相连的铁磁芯的位置,通过消除电气开关触点,可以大大提高可靠性。

图 3-37　接触传感器[163]

7）磁光传感器

磁光传感器是一种采用光纤传输的固态传感器,工作原理和尺寸如图 3-38 所示,传感器需要和磁性目标一起使用。接口卡包含双向执行机构和检测器,并执行阈值和位置解码。在功能上,传感器旋转平面偏振光作为外加磁场的函数,导致电子设备检测到的光输出发生变化[160]。该传感器可用于近距离检测、位移检测和旋转角度检测,比目前用于航空的传感器具有更多优势,如传感器应用的小型化、可靠性和标准化程度更高。

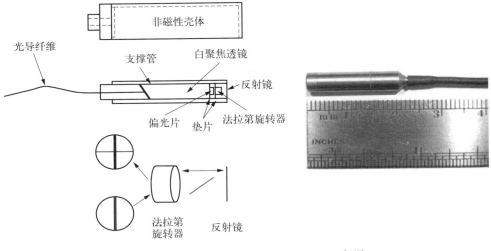

图3-38   磁光传感器的工作原理和尺寸[160]

图3-39   位移传感器

图3-40   燃料质量流量计[166]

8）位移传感器

位移传感器的工作原理是测量线性线圈的可变电感,如图3-39所示。温度补偿内置在位移传感器中,通过测量线圈的电阻来实现。位移测量是通过测量电抗来实现的,测量系统重量轻,特别适合应用于航空电子设备。与 LVDT 相比,这种位移传感器的空间包络长度减少了约40%[163]。

9）燃油流量计

在燃油质量流量计中,燃油首先进入液压驱动器,液压驱动器提供扭矩以旋转轴、滚筒和叶轮。然后,燃油通过固定的整流叶栅进入叶轮,流经旋转叶轮的燃油质量使其与弹簧成比例偏转。叶轮相对于滚筒的偏转由磁铁附在转鼓和叶轮上产生的脉冲通过两个传感器线圈进行测量。由叶轮相对于滚筒的角位移引起的启动和停止脉冲之间的时间,与燃油的质量流量成正比。燃油质量流量计不需要外部电源即可运行,如图3-40所示,其典型温度范围为-55~200℃,目前平均故障间隔时间超过 100 000 h。

10）振动传感器

用于燃气涡轮发动机的大多数振动传感器是压电加速度计，产生与平行于压电加速度计感应轴的加速度成比例的电荷。压电加速度计没有运动部件，因此非常可靠，如图 3-41 所示。

图 3-41　压电加速度计

压电加速度计是由许多压电形式（圆盘、正方形或矩形）和振动质量组成的机械组件。压电材料在被施加压力时产生电输出；反之，在施加电信号时改变其尺寸。压电加速度计利用这种压电效应将机械能转化为电能。压电加速度计本质上是具有高谐振频率的质量弹簧系统，频率高达加速度计谐振频率 1/5 的信号不受谐振上升的影响。如果是压缩模式的传感器，这种质量弹簧系统可以在纵轴上使用，如果是剪切模式的传感器，则可以在横轴上使用。一个新的推拉式系统的专利，结合了剪切模式和压缩模式加速计的优点。典型加速度计的灵敏度范围为 10~125 pc/g，50 pc/g 加速度计已成为燃气涡轮发动机振动监测的行业标准。加速度计工作温度最高可达 780℃。加速度计的定制、密封结构，带或不带整体导线、不锈钢、钛或铬镍铁合金加速计外壳，加上加速度计位置和安装的正确选择、电缆和连接器的正确选择、布线和夹持、合理的配置等可为振动传感器提供高可靠性（MTBF>100 000 h），宽频率最高可达 60 kHz，具有良好的线性（偏差<1%）。这种测量需要特殊的电荷放大器和信号调节[168]。

11）点火探测器

点火探测器使用紫外线辐射（ultraviolet，UV）探测器，通过内衬上的端口探测加力燃烧室火焰。该传感器的关键特性是抗阳光和检测速度快,尽管其暴露在加力燃烧室的温度和压力下。点火探测器用于探测军用飞机上是否存在加力点火。

12)火焰污染物探测器

火焰污染物探测器(flame contaminant detector,FCD)已用于各种商用燃气轮机平台,用于测量燃料中夹带的钠含量。FCD由光谱仪设备、光纤电缆和透镜组件组成,透镜组件安装在开放的燃烧室端口中,来自燃烧室的辐射能量由光学观察口收集,并通过光纤电缆传输到传感器阵列。每个传感器阵列都能感应火焰辐射的离散光谱区域。来自传感器的信号随后被转换成数字格式并传递给信号处理器,利用相关算法检验燃烧火焰中钠等选定污染物的存在[169]。

3. 小结

目前,燃气涡轮发动机中用于气路相关测量的主要传感器类型包括温度、压力和压差、转速、相位、扭矩、振动、位置和燃油流量测量等传感器,如果带有集成电子元件,那么仅限于-65~115℃的环境条件。有时温度限制可以通过安装在燃气涡轮发动机上且温度可接受的整体连接电子设备来克服。这些传感器根据飞机和燃气涡轮发动机认证要求驱动的规范进行设计和包装。这些电流传感器基于成熟的传感原理,包括塞贝克效应(温度检测)、压阻、压电和电容传感、光敏效应、电感原理、惯性效应、振动元件原理等。

通过改变系统的包装和设计特征可以修改一些电流传感器,以满足高于当前工作温度范围的要求,使其可以在750℃或更高的环境温度下工作,将满足针对发动机进气道、压气机和某些情况下低压涡轮的传感器要求。然而,即使存在这样的传感器,也可能不满足在推进系统内运行的其他必要条件,包括寿命、大修间隔时间、可靠性、体积和质量。这些传感器的数据处理必须在低温位置进行。对于靠近发动机燃烧室或加力燃烧室的位置,需要能够承受更高温度(高达1 700℃)的传感器。

智能传感器也是值得研究的,这将使未来的分布式控制系统结构成为可能。这些传感器执行测量、数据处理和决策,并为子系统的驱动提供反馈,这些功能仍然嵌入在FADEC中。由于这些传感器位于发动机附近,需要在高达500℃的高温下工作。目前,智能传感器使用基于硅的技术制造,具备芯片级集成传感、信号处理和电信号传输等功能。然而由于标准硅技术要求工作温度低于125℃,所以高温集成传感器需要更为先进的技术。集成各种电子元件的传感器需要被安装在工作温度为100~115℃或可以进行冷却的位置,但是,目前仍不存在能够将信号处理从FADEC转移到传感器上的集成式传感元件。

许多对更智能的燃气涡轮发动机发挥作用的传感器,由于技术不够成熟,尚不存在或尚未得到实际应用,包括叶尖间隙传感器、涡轮排放物种类传感器、废气成分传感器、燃料质量传感器、燃烧模式因子传感器等。其中,一些传感器可以进行间接测量,从而得到不可测量物理量(如推力)的信息。

可用传感器的实际应用是另一个主要问题,传感器应该体积小、重量轻、成本低、可靠性高。此外,在发动机结构中嵌入传感器也是一个研究人员已经研究过的问题,但还没有在原型机或军用发动机上得以实现。

3.3.4　新型传感器技术

为了满足未来传感器的要求,需要新的传感原理和技术,目前的传感原理和技术已无法满足要求,特别是在高温环境下工作的能力。此外,许多传感器对更智能的发动机非常重要,但目前并未投入生产,或者只是作为研究成果在非常有限的条件下进行了测试。此类传感器包括但不限于叶尖间隙传感器、涡轮排放种类传感器、废气成分传感器、燃油质量传感器和燃烧模式因子传感器等。这些传感器中的一些可以进行间接测量,能够获得目前无法测量物理量的信息(如推力)。这些新兴技术可以根据其对新传感原理、新技术或高温环境下测量能力的关注程度进行分类。这两个焦点主要是基于未来推进系统的行业需求,即实现更智能的发动机自适应分布式控制。

本节首先描述作为未来传感器候选的新兴传感原理和技术。随后,还将描述探索这些新兴技术的传感器示例。3.3.5 节将总结未来传感器的研发需求、差距和路线图。作为新兴传感技术介绍的开端,再次强调对高温操作能力和智能传感器的需求,并简要强调微技术解决智能传感器需求的潜力。

目前,大多数传感器需要非常坚固的封装,主要是由于工作环境以及可靠性要求。目前,大多数集成电子传感器的工作温度仅限于−65~115℃的环境条件,很少有特殊传感器可以在非常高的温度条件下工作(有时仅在有限的时间内)。正在进行的研究致力于开发新的传感技术,使传感器和带有嵌入式电子设备的微型传感器能够在超过 200℃的温度下工作。由于传统的硅基电子电路只能在温度低于115℃的环境下工作,目前不存在能够将信号处理从 FADEC 转移到高温下工作以实现分布式控制配置的传感元件。大量的努力都集中在集成处理电子器件的传感器开发上,这种集成处理电子器件能够在超过军用或工业级电子元件电流额定值的温度下满足上述要求。

智能传感器进展缓慢,是军用飞机推进系统实施先进的主动、智能和分布式控制发展缓慢的一个主要原因。智能传感器应能够感知、处理、做出适当的纠正决定并提供反馈信号,仅向 FADEC 发送纠正措施信息,以便在中央执行系统诊断。然而,传感器的智能化,要求传感器与适当的电子设备和软件代码融合,与这种执行相关的挑战很多。传输误差需要最小化,因此要求电子电路尽可能靠近传感元件。电源是另一个问题,因为各种智能传感元件的电源管理可能有多种要求。此外,软件代码应能与 FADEC 进行快速无误的通信。智能传感器的设计和制造空间需要满足各大发动机制造商的要求,限制了设计和制造过程的灵活性,对智能传感器设计和制造的任何修改都会增加巨大的成本。然而,上述所有问题都可以解决,除了能够满足推进系统内运行条件的硬件电子电路以外。如果可以从市场上购买到能够工作在750℃的传感器,便可以解决该问题,但是任何商业上可用的电子电路都不能在超过300℃(通常为115℃)的温度下工作。这是目前研究人员正在解决的一个重大问题。现有传感器通过一根足够长的集成电缆将电子元件集成到传感器上,从而缩小了这一差距,但是必须允许将电子元件安装在冷却器位置。

微电子机械系统技术通常是解决高温操作和智能传感器能力需求的良好候选技术。MEMS 是一种将电子技术与芯片级的传感和信号处理相结合的概念,具有质量小、可靠性高、功耗低、大批量生产成本低等优点。硅基电子器件与微传感器的集成采用了相同的制造工艺。下面将详细讨论 MEMS 的潜力,重点介绍恶劣环境下的 MEMS 和光学 MEMS。除了 MEMS 作为潜在的传感技术外,还将概述其他新兴的传感技术,如光谱学和激光诊断。

图 3-42 强调高温对传感新技术的需求,说明了在特定推进系统中遇到的特定温度环境的可用传感技术。由于传感器性能的不断提升,现在可以达到比图 3-42中所示更高的温度。例如,对于压电技术,可以使用天然晶体在高达750℃温度下工作的传感器设计,这比标准压电传感器的550℃要高得多。

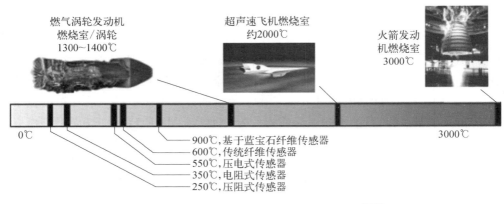

图 3-42　传感器和航空航天应用的高温状态[170]

1. 新型传感原理和技术

1) 微机电技术

MEMS 为未来的传感器技术提供了潜在的优势,包括小型化,通过冗余提高可靠性、降低成本以及开发智能传感器的潜力。结合其他传统传感原理,如压阻式传感器、压电式传感器、电容式传感和感应式传感器，MEMS 正被探索作为新型传感器（如压力传感器）的基础。此外，正在开发芯片级气体分析仪，使用气相色谱、质谱、场电离、傅里叶变换红外光谱（Fourier transform infrared spectroscopy，FTIR）、表面声波和气体分子吸附电阻调制等传感技术，这些技术中的大多数原理将在下面进行更详细的讨论。

MEMS 也使得智能传感器的发展成为可能。目前，MEMS 传感器都是以硅为衬底材料，硅也是沉积电子电路的材料。这给高温操作带来了问题，因为硅结注入在高温下会在衬底中移动得更深，使得硅基电子器件受到 250℃ 工作温度的限制（温度越低越安全）。下面将讨论与更高温度下操作相关的潜在 MEMS 技术。

（1）绝缘体上硅。

绝缘体上硅（silicon-on-insulator，SOI）技术基于标准互补型金属氧化物半导体（complementary metal-oxide-semiconductor，CMOS），其中扩散受到绝缘层的限制，结质在 250℃ 以上温度下不会在衬底中移动得更深。衬底只有几十或几百纳米厚，可防止活性组分的深入扩散，并可在高达 300℃ 的温度下运行。然而，当温度超过 300℃ 时，载流子开始横向迁移，这将导致晶体管/二极管结质失效。然而，约 50℃ 的工作温度增益使得一些基本硅技术不太可能实现的应用成为可能[171]。一些行业已经推出了此类技术的应用，例如，用于高温环境（高达 300℃）中的 Kulite 压力传感器。

（2）碳化硅（SiC）。

SiC 技术采用与绝缘体硅相类似的 CMOS 技术。SiC 是一种半导体，能够承受高达 500℃ 的温度，但是目前还没有平面技术能够使电子电路完全由 SiC 制成。目前，在基于 SiC 开发商业级平面电路技术方面，已经做出了重大努力。

由于碳化硅的性能受到材料性质的限制，其研究已涵盖材料科学。由于 SiC 的半导体特性以及相比于硅在较高的温度仍具有掺杂剂的扩散能力，SiC 在 20 世纪 90 年代中期引起了人们的兴趣。因此，SiC 中的电子元件预计可承受高达 600℃ 的温度，在长时间暴露下，可承受高达 450℃ 的温度。目前的技术可在 SiC 中提供单独的电源开关和二极管，而单独的晶体管已在 NASA 实验室生产。可以预见，在未来 5~7 年内，SiC 的表面制造技术将成熟到可以实现复杂电路和补偿器，并达到使其足够可靠地在推进系统中运行的程度。SiC 可以解决推进系统中遇到的一些具体问题，但根据目前的知识，该技术仅限于 600℃[172-176]。

（3）碳氮化硅（SiCN）。

支撑碳氮化硅技术的基础方法与 SOI 或 SiC 技术完全不同，因为 SiCN 不是半导体，而是一种耐高温的陶瓷材料。目前，这项技术还不太成熟，但它在开发温度高于 800℃ 的传感器方面具有很大的潜力。

传感器对温度的限制相当严格,因为在分布式控制推进系统概念中,可能需要工作温度高达 1 700℃的传感器。SiCN 的固有特性使得 SiCN 能够耐受 1 700℃而不发生热软化,因此如果材料具有合适的传感原理,则该材料可用于传感器。目前,在开发硬脆 SiCN 陶瓷的制备工艺方面已经进行了大量研究。热解‐温度循环工艺可以从硅热固性聚合物中制备出 SiCN,该工艺还能够精确地成型聚合物,并由此精确地成型陶瓷组件。

目前的大量工作都集中在优化温度循环上,因为这将产生无应力控制厚度层。为了在 SiCN 中制备导电薄膜,利用各种Ⅲ‐Ⅴ族元素和各种金属材料(Cu、Al、Fe)进行控制掺杂。初步研究表明,掺铁的 SiCN 具有电磁特性,可能适用于特殊类型的电子学——自旋电子学[177]。

SiCN 技术仍处于早期发展阶段,SiCN 或 SiCN 复合材料的应用数量非常有限。根据 SiCN 目前的发展状况,可以预见未来 10~15 年的前景。除了传感之外,还需要调节电路来达到传感器的智能水平,这是 Si 技术目前可以达到的。

(4) SiCN 和 Fe 复合材料。

掺铁离子的碳氮化硅具有特殊的超顺磁性,该磁性在 1 340℃温度也能够得到保持。由于材料可以在小尺寸晶体中生长,所以磁性可以控制,可以用来测量温度。初步研究表明,应变可以改变晶体的尺寸和磁性,表明 SiCN 和 Fe 复合材料也可用于高温下的压力测量。

图 3‐43 中的例子(潜在的 SiCN 应用)是密歇根大学的研究视角。研究表明,在一定的热解过程中,SiCN 可以在单晶中生长。由掺铝 SiCN 制成的压阻元件能够在非常恶劣的环境下高精度地检测温度和温度梯度。

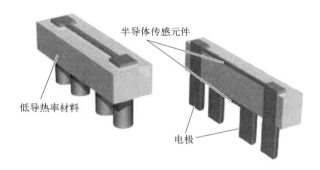

图 3‐43　潜在的 SiCN 应用

SiCN 和 Fe 复合材料在高温(高达 1 410℃)下的磁电阻特性以及电阻可变特性使其成为下面讨论的自旋电子学技术应用的良好候选材料。

(5) 自旋电子学。

自旋电子学器件在高密度数据存储、微电子、传感器、量子计算和生物医学应用等方面发挥着越来越重要的作用。传统的电子器件是基于电荷载体(电子/空穴)在半导体(如硅)中的输运,而自旋电子学根据电子既有自旋又有电荷这一基本事实,操纵电子的自旋和电荷,以操作信息处理电路。所有自旋电子学器件的工作原理都很简单:

　　a. 信息以特定的自旋方向(向上或向下)被"写入"自旋中;

　　b. 自旋附着在可移动的电子上,电子沿着导体传输携带的信息;

　　c. 信息在终端被读取。

　　传导电子的自旋取向可以保持相当长的时间(纳秒级,而电子动量衰减的时间只有几十飞秒),使得自旋电子学器件在存储器、磁传感器、其他经典传感器(压阻、压电、隧道等)和量子计算中都有非常大的应用潜力,电子自旋代表一个比特,称为信息的量子比特。自旋电子学器件结合了磁性材料和半导体的优点,有望实现非易失性、快速同时进行数据存储和处理的优点,且体积更小、功耗更低,比目前制造的硅芯片和电路元件产品更通用、更稳定。

　　2) 光学 MEMS 技术

　　最近光学 MEMS 技术在各种专门研究微系统的团队中获得了极大的关注[178]。虽然在微电子芯片中实现光学系统面临巨大的挑战,但是一旦成功,光学成像系统可以给推进系统带来巨大进步。成像可以通过光谱分析对温度梯度分布或气体成分等信息阵列进行数字分析,同时 CPU 可以直接对采集到的信息进行处理。但阵列成像的主要缺点是其类型、操作和速度有限。光学 MEMS 阵列的主要优点之一是,通过高速率和高重复性可以提高其波长灵敏度及在高温环境下工作的能力,从而提高了性能。

　　光学传感器可以实现微尺寸,同时不需要使用批量技术,并且可以用于各种检测,将有望提高推进系统的性能。例如,光纤和光栅可用于测量压气机内的温度分布。但即使光栅是由耐高温材料制成的,温度仍限制了光纤和光栅的功能。

　　除了高温挑战外,包括光学 MEMS 在内的光学系统还将面对一系列其他的挑战:污染、衍射随温度的变化、数据处理电路与探测系统的距离等。相关的挑战通常针对传感技术,但可以预见,通过开发性能不受高温长期影响的材料可以克服这些挑战。

　　微光机电系统(micro-optical-electro-mechanical system, MOEMS)面临与 MEMS 相同的挑战,包括封装、集成和在恶劣工作条件下的扩展服务等。这些问题的解决方案在某种程度上类似于 MEMS 中遇到的问题:新技术应该从新材料开始。

　　3) 信号传输

　　经典的信号传输技术通过类似连接器和电线的方式,可以可靠使用。在燃气涡轮发动机环境中,无线数据传输技术[射频技术(radio frequency, RF)、蓝牙、Wi-Fi]还不成熟,保证其在99.999 99%的可靠度范围内工作仍会带来巨大的挑战。发动机的长期运行还需要一些能量存储和释放技术,以便在不通过电线连接到电源的情况下为传感器供电。然而,随着通信技术的不断创新,这些技术并没有穷尽。高温电子元件将有助于传感器在高温条件下工作时的无误差信号传输。

4)MEMS 传感器装配

随着传感器技术的发展,MEMS 传感器的应用越来越广泛,并已经应用于航空领域。从目前来看,MEMS 传感器的封装与集成电路的封装类似,但嵌入发动机要求更严,需要满足结构完整性、减少重量和不干扰流动等相互冲突的要求[179,180]。当微结构被嵌入时,避免发动机结构完整性的降低是嵌入技术突破的主要方向。

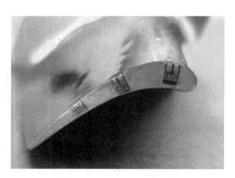

图 3 - 44 嵌入式热传感器

尽管嵌入技术需要视具体情况进行个性化定制,但嵌入技术可以有效解决附加安装所带来的干扰流路和增加重量等问题。已有研究项目已经解决了该问题,这样的例子如图 3 - 44 所示。美国国防评估和研究机构与俄亥俄州立大学合作,在涡轮叶片中嵌入了热传感器,以优化叶片的传热分布。同理,当压力传感器小型化嵌入技术得到突破,压力传感器也必然被集成于发动机内部结构中。

5)光谱和激光诊断

(1)光谱传感器。

光谱传感器通过物质发出的光谱来识别物质,已与微机电系统结合,用于开发芯片级气体分析仪。例如,这些传感器基于傅里叶变换红外光谱(根据辐射源的时间相干性测量收集光谱)、激光诱导击穿光谱(利用高能激光脉冲作为待检测元素的激发源)、质谱(通过产生代表样品组分质量的质谱来测量离子的质荷比,并找到物理样品成分的分析技术)和拉曼光谱(依赖系统中激光的散射),对气体成分和浓度进行分析,具有非接触、抗干扰、抗电磁等优点。

(2)可调谐二极管激光器。

可调谐二极管激光器(tunable diode laser, TDL)基于可见光和部分近红外光进行综合测量,正在探索用于重要推进参数的实时测量[181,182]。TDL 通常可以与光纤耦合,允许光在测量位置之间传输,且具有相对较低的成本和鲁棒性,加上快速响应和相对简单的操作与数据解释,因而在实际发动机燃烧室中的应用取得了快速进展。图 3 - 45 展示了 TDL 在燃气涡轮发动机上应用的策略,该策略允许感应多个流场参数,包括温度、浓度、压力和速度[183]。

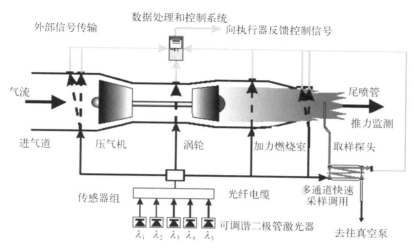

图 3 - 45 用于多次流量测量的 TDL [183]

6）其他先进传感器原理

对于其他先进传感器原理，人们正在探索更先进的传感器，包括：

（1）通过气体分子的吸附调节金属氧化物元素的电阻，特别是用金属氧化物纳米结构（气体传感器阵列）；

（2）声表面波（surface acoustic wave，SAW）（气体传感器）；

（3）气相色谱（气体传感器）；

（4）离子检测（火焰熄灭）；

（5）声学检测（火焰熄灭、健康监测）；

（6）静电传感器（气路碎片检测）；

（7）各种应用的微波、涡流、电容传感器，包括叶尖间隙测量；

（8）多普勒速度干涉仪（振动）。

下面将更详细地描述几种气体传感器。在利用金属氧化物在高温下吸收特性的气体传感器中，特定气体被各种多孔氧化物层选择性地吸收，这将改变它们的一些特性，包括电阻和电容。声表面波传感器利用了位于发射器和接收器之间的延迟线，所有延迟线都位于压电表面上。延迟线是由一种敏感材料制成的，这种材料与被探测到的气体相连，可以改变发射器产生的声波。变形量由接收器检测，它与吸收气体的量有关。气相色谱法是以气体作为流动相的色谱分离分析方法。然而，只有 10%~20% 的已知化合物可以通过气相色谱法进行分析，且气相色谱法只能分析 450℃ 以下可蒸发的相。离子检测基于离子束的分离，根据其各自的质量进行充电，并通过各种方法（如能级检测）记录这类分类离子群的数量。声学检测的原理是，一个损坏的结构会产生不同频谱成分的声响。

一类电容式传感器可用于碎片检测。当气体携带铁磁性粒子时，其所穿过的电场/电磁场会被金属场修改扭曲,畸变可以被校准并用于测量。微波传感器基于类似的原理,一个高频电磁波由一个源产生,回声由读取器收集,读取器将把读数与一个特定的扰动联系起来,这个扰动通常是由铁磁性材料产生的。类似的原理是用超声波或涡流,多普勒测速基于反射相干光源与入射相干光源在运动物体分离面上采集到的频率和相移。虽然这些主要用于推进系统以外的其他应用,并且是有效的测量原理,但在有特定需要的情况下,可以对其进行调整,以适应推进系统的应用。预计遇到的主要问题为,燃气涡轮发动机中特定位置的传感器必须面对相应恶劣的温度条件。

2. 新型传感器

1) 温度传感器

整个推进系统的气路温度主要通过浸入式热电偶测量,在一些燃气涡轮发动机中,光学高温计用于测量涡轮叶片表面的温度。为了延长燃烧室和涡轮的寿命,需要监测燃烧室模式因子或涡轮定子表面温度,这类应用比较少,目前主要通过建模和仿真来解决,但是缺乏精确性,可能会产生错误的结果。

目前,有一些尝试通过光谱法[184]或红外热释电检测[185, 186]测量燃烧室模式因子。虽然该方法取得了很好的效果,但对于着眼重量问题的军用推进系统,该方法还有待深入研究。此外,诸如在热释电检测中出现的视觉窗口污染等问题,导致测量很难达到高精度,且该传感器技术需要定期进行维护,使得该技术目前不适用于商用燃气涡轮发动机。

其他一些传感器技术正处于基础研究水平[187, 188],但它们在克服与高温条件下的传感相关的许多其他问题方面显示出很大的潜力。基于聚合物前体制备的陶瓷复合材料,如 SiCN,已被证明适合在极高温度环境下执行精确的检测任务。这种传感器可用于温度、压力或气体成分的检测。

在全尺寸燃气轮机燃烧室试验台[189, 190]上,已经演示了用于测量温度(以及下面讨论的其他感测变量)的 TDL 技术。然而光学工程(处理光纤和窗口的热传递效应,为这些组件、激光、电子和数据处理开发的硬件设计)和光学科学(优化波长选择和传感策略)都是巨大的挑战。

2) 压力传感器

压力传感器必须在特定位置的环境条件下实现特定性能。虽然市售的能够在约750℃环境温度下测量压力的传感器容易获得,但此类传感器不能同时测量静压,因此主要用于试验台上。此外,微型化对于其在推进系统的应用非常重要,在结构中嵌入这种传感器具有很大的潜力。

用于进气道主动控制的压力传感器(3 bar 工作压力,+0.1% 精度,−60~65℃温度环境)面临很多挑战,如恶劣环境、诱导永久或随机漂移、复杂电路和复杂封装,这种传感器目前还不可用。但是,它们可以经过改装用于其他航空航天中。

MEMS 技术似乎非常适合这类应用,因为该技术具有微型化、嵌入式和高可靠性的能力。恶劣的环境(冰、雨、沙、灰尘)可以通过传感器阵列的适当包装来缓解。目前,虽然有多种通用技术可供使用,但所有与系统内传感器阵列相关的集成技术仍需一段时间才能成熟。在这种传感器的包装上需要进行大量的工作,尽管微型传感器的可靠性可能在这种情况下受到限制,但嵌入式是目前最合适的选择。管理发动机稳定极限的进气畸变检测,需要具有 +0.25% 分辨率、500 Hz 带宽和 $-50 \sim 65℃$ 工作温度的静压传感器阵列。

文献[191]提出了一种检测涡轮发动机进气畸变的方法。该方法通过调节燃油流量来预测和防止压气机失速,多个测压口等间隔布置在发动机进气道周围。畸变检测器测量每个测压口处的瞬时压力和与多个测压口连通的参考环境压力之间的差值。当达到设定的压差阈值时,畸变检测器激活电磁阀操作的燃油旁通阀,从而减少流向发动机燃油喷嘴的燃油流量。

配备快速响应传感器的压力探头已成功应用于轴流压气机和涡轮,但很少用于离心式压气机。相关的挑战是:复杂和沉重的布线、复杂的数据采集和专用电路的温度校正。如果推进系统制造商能够实现集成,则该技术可在短时间内应用。

MEMS 技术还提供用于检测早期失速的传感器(35 kPa 动态压力, +0.2% 分辨率,5~40 kHz 带宽)。目前,燃气涡轮发动机设计是根据实践中最坏情况下的风扇和压气机失速裕度要求进行的,同时还需要为发动机的可变性提供额外裕度。这些因素包括外部失稳因素(如进口畸变)以及内部因素(如较大的叶尖间隙)。基于最坏情况条件的燃气涡轮发动机设计方法导致产品设计中比必要的设计失速裕度要求更大,从而导致相应的性能降低或重量增加。根据压气机类型,压气机出口温度通常超过 450℃,然而,恶劣的热环境限制使压力传感器必须在 250℃ 以下温度范围内才可以使用,从而导致末级出口处的压力不可测量。压电式动态压力传感器可用于监测压力脉动,尽管它们不能测量静态压力,但可用于检测发动机压气机(包括高压压气机)的失速和喘振。航空发动机与通过航空发动机改造的工业燃气轮机相比,难以做到单独控制每个燃油喷嘴的燃油供给量。硅基和碳化硅基压力传感器只能在有限的温度下工作,寿命有限,商用传感器不能直接植入飞机推进系统。但是,碳化硅或氮化硅技术都有可能实现在高温下工作的嵌入式低成本微电子技术,因此基于碳化硅或氮化硅的 MEMS 技术被进一步认为是设计高温压力传感器的可能解决方案[192, 193]。可检测失速开始的传感器系统可用性提高,可使安全裕度降低[194]。

用于主动喘振控制的传感器通常在 $-60 \sim 500℃$ 甚至高达 700℃ 的温度范围内工作,而压力环境在 15~1 800 kPa。测量要求为 35 kPa 动态压力、1 Hz 带宽和 +0.5% 分辨率。主动喘振控制用于降低压气机的设计喘振裕度,同时保持足够的发动机动态和进气畸变容限,从而获得更有效的推进系统。这可以通过减少压气机级数或增加具有相同级数的单级压比来实现,需要一个控制系统,以确保压气机在所有工作条件下的空气动力学稳定性。不同方案的主动控制系统已经被提出,并在高速试验台上进行了测试,该类型系统依赖早期的不稳定性检测。发动机加速和进气畸变是实际飞行条件下喘振裕度减小的最重要原因,因此必须研究发动机加速和进气畸变对起始不稳定性的影响[195]。压电式压力脉动传感器可在500℃以下甚至高于750℃温度下工作,但不能测量静压。

流量分离检测传感器需要在流动控制叶片上设置两个静态测压口,要求为±0.3 atm① 动态压力范围,约±0.5%精度,约 1 Hz 带宽,约80℃和约 2.5 atm 工作环境,静压传感器也可以安装在外壳上。一种用于控制喘振、失速的流动控制传感方法提出了多个特定形状的斜槽,该斜槽位于靠近压气机叶尖的至少一级的压气机机匣内,轴向长度大于相邻叶尖的轴向长度。斜槽的设置使得在发生压气机喘振或失速时,可以让压气机叶排周围的滞止空气被压气机叶排下游的槽引导回压气机主流中。通过在压气机中布置斜槽,使压气机在达到失速或喘振之前,流通能力增强[196]。该应用最大的挑战在于复杂和繁重的布线,而且出现失速或喘振的早期会出现更高的环境温度。合成射流是主动流动控制方案的一部分。

热声不稳定性的检测需要具有 10 kPa 动态压力、±5%分辨率和 1 kHz 带宽的压力传感器,其工作温度高达 1 700℃。大多数燃烧驱动装置存在燃烧不稳定性,在飞机发动机运行期间,加力燃烧室的运行通常伴随着燃烧不稳定性,若共振振幅水平过高,则可能对发动机有害。频率在 50~100 Hz 的振荡通常称为"隆隆声",而频率高达 600 Hz 的振荡,称为"尖叫声",这些挑战与极端恶劣环境相关。事实证明,用传统的飞行控制方法来控制燃烧室是不可行的。作为正在探索的压力传感器的替代品及新技术,当前光学温度测量技术的发展如下所述。

目前,已有相关研究设计出一种新的传感器用于确定燃烧初期的不稳定性,并为最终的燃烧控制提供反馈,该传感器基于热废气流发射的高速辐射进行测量。其中,所选择的红外波长用来捕捉辐射的时间变化[197],TDL 温度传感器也可以替代压力传感器。

最近,许多研究人员对新材料(SiC,SiCN)及其传感概念产生了极大的兴趣,这些新材料和传感概念可能对发展适用于高温下工作的传感器起到推动作用。目前,很少有人做过包装方面的研究,其中包括针对该问题的特定应用,即布线。在燃气涡轮发动机中,最高温度条件下工作所需的传感器还不能依靠现在的技术实现,也不能达到体积和可靠的要求。此类传感器目前不适用于对可靠性和长时间

---

① 1 atm = 1.013 25×10⁵ Pa。

稳定性有要求的应用。可通过 SiCN 材料及技术的发展来解决该问题,尽管布线和封装等方面的技术还有待完善,但这是为数不多的传感器选择之一。对 SiCN 的进一步研究可能有助于提高材料作为半导体(自旋电子学)运行的能力,将有助于开发能够在非常恶劣的环境(超过 1 000℃)下运行的智能传感器[198]。同时,目前也有在遥感原理方面进行的一些研究,若这些研究的进展与新材料开发可能取得的进展相结合,将有助于满足分布式控制设计概念的需求。

3)振动传感器和加速度传感器

振动传感器和振幅传感器主要用于检测推进系统中潜在的机械故障。分布式控制策略的重点是检测压气机和涡轮的机械故障。这两种情况都需要能够在相应环境条件下工作的加速计。对于涡轮,可以进行间接测量,并且可以从涡轮附近的位置获取重要信息。但值得注意的是,这种测量受噪声的影响很大。

振动传感器如标准惯性传感器或光学传感器(非接触式多普勒速度干涉仪),可在燃气涡轮发动机运行条件要求范围内运行,频率带宽高达 40 kHz,加速度高达 1 000g,可选择性为 3%,温度范围为 -65~750℃。目前,压电式加速度传感器和非接触式多普勒速度干涉仪已经十分成熟。值得注意的是,非接触式多普勒速度干涉仪用于测量目标位置相对于其装配位置的相对加速度,这种传感方法在航空发动机中的应用是非常困难的,因为两部分间相位的精确关系对于精确测量至关重要。因此,压电式加速度传感器用于大多数燃气涡轮发动机中,适用于压气机健康监测,但当其用于涡轮时,需要额外改进。基于振动测量状态监测方法的主要缺点是传感、信号处理和与模型相结合,可能会产生超出接受范围的阈值,同时还需可在高温环境下进行测量及信号处理的物理检测系统。前面提到的两种技术(SiC 和 SiCN),可用于生产在涡轮健康监测所需温度范围内运行的加速计。若主要技术可商用,则惯性传感器的制造不会有太多困难。

4)排放物种类传感器

在 5% 分辨率、5 Hz 带宽和 700~1 700℃环境下,测量高压涡轮静子叶片处 CO_x 和 NO_x 的燃烧排放对排放控制有重要意义。检测 CO_x 和 NO_x 的传感器可在常温下工作,然而为了进行测量,含有以上物质的气体需要通电,或需要进行加热,测量技术对探测物质的温度要求很高,而硬件要么局部加热,要么保持环境温度。例如,复杂 NO_x 的两个组分(如 NO 和 NO_2)在高温下发生反应,释放特定波长的辐射,可由调谐探测器进行检测,能够检测 CO_x 和 NO_x 的技术包括激光诱导击穿光谱、TDL、金属氧化物传感器(电子鼻)、X 射线或红外光谱。所有这些技术都可以为燃气涡轮发动机排放物检测提供可靠的传感器。用于燃气涡轮发动机应用的此类传感器,可能需要比其他类型传感器的开发付出更大努力才能加以应用,因为上述技术仅为实验室工具,而便携式设备的精确度会降低。

尽管如此,排放物的探测系统仍处于概念验证研究水平,要使此类探测系统在飞行中完全可实施,还需要进行重大的技术改进。气体样本检测不局限于 NO_x 或 CO_x,还可以扩展到 Fe_xO_y 或 Cr_xO_y,如果准确检测,则可以提供有关燃烧室和涡轮工作情况的有效信息。激光诱导击穿光谱是一种潜在的选择,光谱硬件的小型化是一个正在进行的研究课题。尽管这项技术没有被设想在飞行发动机上使用,但已被证明能够在地面上可靠应用[199]。该技术实现了对铝、钡、铍、钙、铬、镉、铯、铁、镁、锰、钠、镍、铅、硒和钒等元素的精确测量。与所有其他需要在高温环境下工作的传感系统一样,SiC 和 SiCN 可能是该应用的潜在解决方案,这类研究对开发绿色发动机、实现低排放发动机具有重要意义。

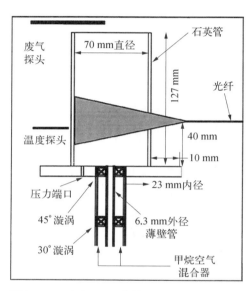

图 3 - 46　防止 LBO 并最小化 NO_x 的燃烧室示意图(显示所用光纤的探测区域)[200]

一个包括传感、驱动和控制算法的完整主动控制系统已经被开发出来,该系统可以防止发动机燃烧室中的贫油熄火(lean blow-out, LBO),并在预混燃烧室模型中进行了模拟(图 3 - 46)。该系统旨在通过确保在小当量比下的安全运行来减少 NO_x 的排放,通过降低燃烧室反应区允许的当量比,在降低 NO_x 指数的情况下,使燃烧室有效运行[200],已经在地面燃气轮机上得到应用,但是在飞行中使用该系统,目前存在着与集成、质量和可靠性相关的挑战。

5) 叶尖间隙传感器

叶尖间隙随发动机工作点的不同而变化,这些间隙变化背后的主要机制来自发动机静态部件和旋转部件的位移或变形,是由这些部件上的许多负载造成的[201]。载荷来源可分为两类:发动机负载和飞行载荷。发动机负载产生轴对称和不对称间隙变化;飞行载荷产生不对称的间隙变化。限制叶尖间隙机构在压气机或涡轮部分的环境条件下运行,这里,外部空气密封在叶尖和固定机匣的内部,形成围绕旋转叶片的保护罩,溢出气体施加在叶尖间隙传感器上。在压气机中,环境条件为:15~1 800 kPa、−60~700℃。对于涡轮的叶尖间隙,环境条件更为苛刻:300~4 000 kPa 和 700~1 700℃。对于此类应用,没有商用传感器可供使用,但针对在地面上测量间隙并将其与涡轮性能联系起来的工作,已进行了大量的研究[202],与此相关的许多专利也已经提交[203, 204]。尽管这些专利声称其系统具有控制能力,但传感器并没有得到详细的论述。许多类型的传感器已经被用于在涡轮叶片运行期间进行测量,如机电传感器、电容传感器、涡流传感器、光学传感器、气动传感器和微波传感器[205]。

（1）机电传感器。

机电传感器将机械作用和电感应耦合起来进行测量。第一代机电传感器使用电极来检测静叶和鼓筒之间的间隙。鼓筒首先涂上导电涂料并接地,然后通过精密步进电机以机械方式降低电极,直到电荷穿过旋转鼓筒的间隙。电极和叶尖之间的距离是根据电荷的电压计算得到的;间隙测量是通过将电极降低到涡轮中的距离相加来计算的。微控制器检测电流,并相应地将电极移入和移出。系统的响应速度限制在每秒 10 个样本以下,系统的分辨率受到步进电机运动分辨率和将电极驱动到涡轮的丝杠螺距的限制。第二代机电式叶尖测量系统模型表明,在发动机正常振动条件下,其耐温性可达 1 500℃。

该版本测量系统是通过叶片而不是旋转的鼓筒进行测量,并通过步进电机驱动电极从外壳向下朝向叶片,直到电极足够靠近通过的叶片尖端（3 ~ 5 μm,约 0.000 2 in）以产生电弧电荷。其报告在 6 mm（0.236 in）范围内的精度为 25 μm（0.001 0 in）;但是传感器仅用于测量机匣和最长叶片之间的间隙,因为它无法向其他叶片延伸,也无法保证不会受到最长叶片的撞击。第三代机电传感器采用相同的设计理念,用一个机械探头测量最长的叶片,当它靠近叶片时会产生火花,但增加了一个调频电容探头（frequency modulation capacitance probe, FMCP）,以测量最长叶片和其他叶片之间的长度差。FMCP 连接到机械探针上,并以最高 30 kHz 的速度采样。该机电传感器的精度和耐用性与第二代机电传感器相似,但所有叶片都经过测量,因此可以检测到转子动力学特性（如偏心率）。

（2）电容传感器。

电容传感器根据涡轮转子叶片和安装在涡轮机匣中电极之间的间隙产生的电容进行测量。涡轮叶片和轮盘必须具有导电性或涂有某种导电材料,使该方法可行,然后将这些涡轮叶片接地,通过机匣中的电极来测量电容。电容与叶片和电极之间的距离以及共用电容面积有关。典型的压气机叶尖面积较小,间隙相对较大,因此叶尖和壳体中电极之间的电容非常小,使得用常规方法测量非常困难,在涡轮应用时,该电容约为 0.02 pF。一种通过将电容电平与调频振荡器连接以间接测量电容的方法克服了这一困难,在该方法中,电容变化驱动振荡器频率变化,振荡器频率由解调器处理并以高分辨率测量,然后通过与校准曲线直接比较,使用该测量值计算间隙变化。电容随着间隙的增大而显著减小,因此上述用于粗略测量的机电探针和用于精细测量的 FMCP 的组合是很有吸引力的。静态 FMCP 可在 203 μm（0.007 99 in）范围内测量 60 μm（0.002 36 in）内的叶尖间隙,从而提高传感器的易用性和实用性。在该传感器中,电容探头与涡轮机匣平齐或嵌入机匣。电容和间隙仍然由校准曲线联系在一起。在发动机试验中,探头在高压压气机中表现良好,但在高压涡轮中由于环境(尤其是温度)对探头的电气性能影响太大,测量结果无效。电容传感器只能在短时间内保持1 300℃的目标温度,因此不是涡轮主动间隙控制的合理选择。在测量涡轮叶片时,电容传感器能力的进步是根据情况通过改变测量的几何结构来提高传感器的空间分辨率,更好地利用传感器周围的静电场以求更好地适应与叶片通道的相互作用。多个电容传感器堆叠在一起,用于提高到达时间测量的横向分辨率。Fabian等[206]开发了一种用于微型燃气轮机主动间隙控制的叶尖间隙传感器,微型燃气轮机的转速远高于普通涡轮(相关涡轮的最佳运行条件为800 000 r/min),因此逐片测量叶尖间隙是不可行的。由此开发了一种电容探头,将所有叶片用作一个电极,将汽轮机的整个机匣用作另一个电极。两者之间的电容通过校准曲线提供整个涡轮的平均叶尖间隙。Fabian等[206]报告了试验情况下1 μm(0.000 05 in)内间隙的良好结果。

(3)涡流传感器。

涡流探头有两种类型:主动式和被动式。主动式涡流探头在目标中感应涡流,而被动式涡流探头通过静磁场感应涡流且允许目标运动,这些涡流引起的扰动在导电线圈中进行测量,当叶片经过时,线圈中的电压出现峰值。测量中的几何结构对于磁场中扰动的计算非常重要,但目标是测量速度,因此忽略了对其进行量化的任何尝试,需要为每个传感器校准电压,使电子设备跟踪叶片的速度。涡流传感器的优点是可以开发一种完全不改变发动机机匣的传感器,能够透过涡轮机匣进行叶片感应,而无须钻孔。涡流探头需要承受500℃的温度,这对于涡轮的使用是足够的,因为机匣外部的温度明显低于机匣内部的气体温度。将传感器安装在发动机机匣外,可以使其能够在明显低于发动机部分峰值温度的条件下工作。

(4)光学传感器。

涡轮叶片的光学测量具有响应速度快、测量分辨率高等优点,但其限制因素是传感器的处理速度。一种测量叶片振动的光学方法是,用光纤测量激光在叶片上的反射。光学传感器设计用于检测激光在叶片尖端的反射,以确定叶片的到达时间,用于振动监测。叶片的光散射导致传感器接收的功率降低,因此系统的分辨率受到限制。涡轮中的振动可以用一个建立在半导体上的光学系统来测量,这个系统也简单地使用激光来获得到达时间的测量值,以便确定叶片的振动,还可以使用两个集成光纤激光探头(integrated fiber optical laser probes,IFOLPs)测量叶尖间隙。由于激光光斑宽度相对于叶片尺寸增加,所以叶片宽度随着间隙的增加而线性变化。与直接使用激光测量间隙不同,叶尖的表观宽度与实际间隙相关。两个IFOLPs成一定角度,以便一个反射进入叶片,另一个反射出叶片,这些测量之间的时间间隔用作计算与叶尖间隙相关的表观叶片宽度。该探测器在NASA的旋转试验台上进行了测试,发现其精度在 13 μm(0.000 51 in)以内时范围为 2 mm (0.08 in)。但是,该探头仅适用于涡轮发动机压气机段相对安全的环境条件下,涡轮段中任何类型的燃烧材料或碎屑以及高温都会降低探头的有效性和生存能力。

(5) 气动传感器。

空气(压力和流量)可作为非接触式方法测量位移和方向的介质。有许多不同类型的传感器可用于在流体流动过程中进行测量,判断流动是否因物体通过而中断。举一个适用于涡轮叶片通道的例子,一个传感器的输入端口和输出端口有压缩空气,在输入端口和输出端口之间是一股进入涡轮内部的气流,叶片通道局部且周期性地阻断进入涡轮的气流流量,这在传感器的输出端能够被检测到。

(6) 微波传感器。

微波叶尖间隙测量系统中使用的传感器可以用微波测量谐振腔中的变化进行测量,也可以像大多数现代雷达系统一样基于相位进行测量[207]。在基于相位的微波叶尖间隙测量系统中,微波传感器发出微波信号,从目标(涡轮叶片)反射出去。将反射信号与内部参考信号进行比较,信号之间的相位变化直接对应于目标位移的变化,即可以基于相位确定由反射信号相对参考信号的行进距离。微波传感器设计用于在 1 400℃ 以下温度下工作,分辨率约为 5 μm,带宽高达 25 MHz,该传感器可以在脏乱的环境中有效工作,并且能够穿透油、燃烧产物和其他常见污染物[208]。采用微波传感器和振动计可以对涡轮叶尖间隙进行测量,然而该系统需要进一步完善,才能在实际飞机发动机上使用,这项工作被认为是可以在较短时间内实现的。涡轮叶尖间隙检测的方法可用到射频、微波、光学或电容的相关原理,该类传感器的性能需求为:范围 2.5 mm,25 μm 分辨率,最小 50 kHz 带宽。

6) 扭矩传感器

扭矩传感器通常基于磁性测量原理,被应用于轴的校准部分,这种传感器在实际中是可以使用的,但遇到的问题是其可靠性和可能会偏离校准点。轴上的扭矩在大部分截面上是相同的,传感器的位置虽然也会带来问题,但这不是最关键的。此类传感器的一般环境条件为:15~300 kPa,-60~150℃,目前处于非常先进的水平,在未来三年内可用于推进系统推力的估算,能够测量 10 000~20 000 N·m 的扭矩,频率高达 10 Hz,分辨率为 2%。

7) 位置/到达时间传感器

叶片位置/到达时间的测量在振动主动控制中是必要的,叶片之间的相对位置是检测的重要关注点。由于微波传感器可进行距离测量,叶尖间隙传感器可用于此类应用。适当的算法有助于对叶片到达时间进行测量,得到的信息可用于叶片诱导振动主动控制[209-211]。虽然目前出现了很多其他测量原理,但叶片到达时间的检测仅限于以下原理:电容、电感、光学、微波、红外、涡流、压力和声学。此类传感器需要满足其工作区域的环境条件,目前在压气机中的应用处于 TRL5 阶段,而在涡轮中的应用则处于概念验证的早期阶段,预计需要在至少 50 kHz 的带宽内工作。

8) 燃油流量传感器

燃油流量需要在燃烧室附近进行测量,在智能化程度更高的发动机中,每个喷嘴的燃油流量或者至少是其中一部分喷嘴的燃油流量,应该与模式因子和燃烧不稳定性控制一起被独立控制。这一问题引起了人们的高度关注,但喷嘴燃油流量控制系统尚未投入商业使用,也未在航空航天燃气涡轮发动机的商业开发中。目前,已经有发动机的燃油控制系统申请了专利[212]。当发动机在潜在的结冰条件下运行时,喷嘴燃油流量控制系统也可以提高压气机失速裕度。燃油控制系统与发动机内至少一个燃油调节器进行耦合,并接收来自耦合到发动机的多个传感器的输入,更具体地说,系统接收来自环境传感器的输入,以及表示压气机进口温度、压气机出口压力和校正过的核心发动机转速的输入。燃油控制系统还接收来自其他发动机燃油调节器的输入,但在这种情况下,传感器运行的环境条件非常恶劣(300~4 000 kPa,700~1 700℃)。

目前,实现这种传感器的研究成果很少。加利福尼亚州圣地亚哥的精密发动机控制公司(Precision Engine Controls Corporation,PECC)曾报告了一种产品,即智能气体燃料计量阀,设计用于大型(高达 10 MW)燃气涡轮发动机和往复式发动机(高达 13 000 hp①)。这种产品是为发电厂燃气轮机设计的,工作压力最大为 35 bar表压,体积流动控制在 5.5~5 500 L/h,同时可靠性测试符合美国军用标准,工作温度范围为−65~125℃。此类产品既受益于行业的拉动,又受益于研究的推动,是燃气涡轮发动机性能控制技术进步的一个例证。

9) 燃油特性

众所周知,燃油成分能显著影响发动机的性能。由于不同供应商的精炼过程存在差异,燃油特性可能会随加油地点的不同而变化。现有的众多研究探讨了一种基于燃油热力学性能的主动调整机制以分析燃油特性。目前,除了用供应商提供的标准燃油特性分析方法之外,再没有其他方法。燃油分析是一种在实验室中用专用设备对燃油特性进行分析的方法。美国空军曾用光谱 M/N - W 设备对燃油性能进行了测试分析。目前,在补充燃油期间或之后对燃油热力学性能的评估工作还没有任何进展。此外,除了在实验室中进行热量测定,还没有其他的测定方法。

---

① 1 hp = 745.700 W。

10) 排气成分

用排气成分与燃油品质对燃烧效率进行评估具有重要意义。排气成分的检测方法与前面相同,但传感器的运行环境不那么恶劣。然而,在 300~500℃下用便携式设备进行光谱测定仍是一个待解决的问题,而且远没有实现商业化。

11) 智能传感器

智能传感器是一种具有一定补偿能力的系统,能够进行自我诊断、自我校准和自适应。此外,智能传感器能够调节芯片内信号、缩减数据量,还能够检测和触发特定事件,因此具有计算能力。智能传感器需要进行标准化来实现网络协议通信,传感元件与支持芯片级计算和通信软件的集成电路的整合作为促成技术是推动智能传感器发展的关键。MEMS 使智能传感器的实现成为可能,MEMS 硅技术在实现传感器微型化时具有降低质量、降低功耗、高可靠性和高集成度的内在优势。此外,在硅质有源元件中载流子扩散所带来的限制,有望通过使用其他半导体材料如 SiC 和 SiCN 来解决。有源电路中的 SiC 平面技术[213, 214]是具有代表性的潜在研究方向,该项技术可以使电子电路在更高的稳态温度下工作,也能使微电子机械系统在非常高的环境温度下工作。由于 SiC 是一种半导体,现有研究更关注如何改进有源 SiC 元件的平面制造技术(如二极管或晶体管这种单独元件,已经可以在市场上买到)。SiCN 是由热固性材料合成的聚合物,然而 SiCN 只实现了非晶态和小的晶相,使得它只能作为一种陶瓷材料。但是,当 SiCN 与铁或铁离子混合时,形成的陶瓷材料具有超顺磁性[215]。此外,在特定条件下 SiCN 可能会在较大的晶体中生成,若能生成 SiCN 单晶,这种材料将拥有半导电性,便于表面技术中电子电路的实现。

掺铁 SiCN 同样具有超顺磁性,为制造自旋电子学元件的基本材料开辟了一条潜在的途径。这一想法的实现虽然还很遥远,理论上却是可行的。该学科基础研究和应用研究的程度表明,自旋电子学将在未来 25 年或更短的时间内成为一项通用技术。

传统的电子设备依赖半导体(如硅)中电荷载体(电子)的传输。而现在,物理学家正试图利用电子的自旋来研究一种更出色的新一代自旋电子学器件,这种器件将比目前硅芯片和电路元件的体积更小、更通用、更坚固,其潜在市场价值每年有数千亿美元。此外,SiCN 还可以经受非常恶劣的环境温度。

3. 新型传感器概述

目前,能在 115℃以上工作的基于集成电子元件的商业传感器十分罕见或者根本就不存在。由于这一限制,目前大多数可用的传感器仅能执行传感任务。

为了满足未来传感器的需求,需要新的制造和材料技术、先进的传感原理及其在新的传感器技术中的潜在应用。MEMS 是应对高温操作和新型传感器(包括智能传感器功能)需求的理想选择。SOI 的潜在工作温度为 300℃;半导体 SiC 的工作温度高达 500℃；陶瓷材料 SiCN 的工作温度更高，高达 1 700℃。研究人员结合 MEMS 技术研究了几种先进的传感技术，包括气相色谱、光谱学和金属氧化物元件（电子鼻）。此外，研究人员也在探索将波长可调谐半导体激光技术用于实时测量重要推进参数，如温度、物质浓度、压力和速度等。

在高温下如何用电气连接或接线进行传感是当前面临的主要挑战之一。尽管多年来在连接、绝缘和电磁屏蔽技术上有了一些进步，但线路技术几乎没有改变。具备工程应用能力的元件是高温传感技术进步面临的另一个瓶颈。产量更高的产品可能比质量更高的产品更能被工业所用。当产品出现缺陷或不满足要求时，就需要采用革命性的技术进行变革。

新型传感器的研发状态（当前 TRL 水平）和未来预期（达到 TRL6 水平）将在一个综合性表格中进行总结。下面讨论一些传感器的需求以及对各种应用先进技术传感器的时间预测。

3.3.5　传感器技术路线图

在所有传感应用中，温度传感是最广泛的应用之一。现有的温度传感器已经能在高温下工作，并且已应用于诸如金属铸造之类的场合。非接触式色度测量技术是成熟的，但这种基于光学的测量需要观测到所需要的温度区间。此外，所有此类传感器可能无法在温度超过 1 500℃、分辨率在 5℃ 以内的工况下工作。测量带宽是另一个需要考虑的问题，将温度传感器用于燃烧室模式参数检测和涡轮表面温度监测时都需要考虑测量带宽的问题。研究出能在 0.1 s 内进行测量的温度传感器是具有挑战性的一项工作，并且通常需要微型化，这也是需要用基于 SiCN 生产这种传感器的原因之一。一些研究小组对这一研究领域开展了研究，科罗拉多大学博尔德分校的 Raj 博士和 Bright 博士是其中领先的研究人员之一。开展 SiCN 研究的其他研究小组有：德国拜罗伊特大学材料研究所的 Zieglar 教授、康奈尔大学材料科学组的 Ulrich Wiesner 教授、忠南国立大学精细化工与化学系的 Kim 教授、圣若昂德雷联邦大学自然科学系的 Siqueira 教授、达姆施塔工业大学的 Riddle 教授、加拿大蒙特尔康考迪亚大学凹面研究中心的 Stiharu 教授、中国科学院上海陶瓷研究所的彭晓峰教授、大阪城市大学的 Itazaki 教授、国防科技大学的李毅和博士、亚利桑那州立大学的 Crozier 教授等。

一个系列的压力传感器必须拥有非常广的测量范围，15~4 000 kPa，分辨率低至 0.25%，带宽从准静态到 40 kHz，工作温度取决于工作的发动机部件。压力传感器能够在 250~750℃ 温度环境中工作，还没有任何压力传感器能在超过 750℃ 温度环境中工作。压力传感器使用压电测量原理进行压力测量，因此无法测量静态压力，但是其技术已经足够成熟，可以在飞行任务期间用于性能评估，能在低于 250℃ 温度环境中工作的压力传感器则更为常见，能在极端恶劣环境下工作的系列传感器主要是应用高耐火材料（包括 SiC 和 SiCN）制成的传感器。研究人员正进行在碳化硅这种半导体材料上开展电子电路平面制造的研究。中铁二院工程集团有限责任公司已经在市场上出售[216]这种单一组件。由于 SiCN 是一种陶瓷材料，其电学性能应通过掺杂其他材料来获得，通过已有 SiCN 技术可以设计出多种 SiCN 传感器，然而当前基于 SiCN 技术的传感器尤其是压力传感器难以产出产品，主要是碳化硅的基础研究已经进行了 15 年之多，而碳化硅的应用研究已经进行了 5 年之多，SiCN 的研究相对更少。

振动信号通常用加速度计进行测量。目前使用的加速度计主要是压电式加速度计，通常在非常高的温度（750℃）下工作。同时，集成 MEMS 加速度计包含了电子元件，因此只能在有限范围的温度下工作。将 MEMS 与 SiC 和 SiCN 相结合，可以极大地提高 MEMS 加速度计在高温下的工作能力。通过对涡轮外壳（涡轮机后架）上的加速度计收集的数据进行复合分析可以实现对涡轮状态的监测，将 SiC 和 SiCN 技术用于微加速度计设计的时间发展与上述框架[217]相同。

排放物种类和排气成分传感器基本上可用于试验台测量。当用特定方法激发气体时，不同成分会产生不同的能量反应，气体成分检测正是基于这种能量反应的。光谱法是一种最精确的物种检测方法，而基于金属氧化物的气体传感器（电子鼻）才刚刚开始在该领域为人所知。光谱法的检测精度为 $0.1 \sim 1\ \mu g/L$，取决于气体的类型；金属氧化物传感器的检测精度可达到 $0.5 \sim 1\ \mu g/L$，也取决于气体的类型[218]。这种传感器的性能有望通过纳米技术得到改善，纳米颗粒的表面特性比基体特性高得多，因此可能非常适合用于气体检测[219]。

高温工作传感器也面临同样的问题：是否存在一种既可用于传感器基体，又可用于导体的合适材料[220]。

叶尖间隙传感器和位置/到达时间传感器可应用电容和微波原理进行设计。传感器可在高达 600℃ 的温度[221,222]下工作，能在高达 1 700℃ 的更高温度下工作的传感器，其开发时间表通常由基于 SiCN 的传感器的开发时间表给定。

扭矩传感器已经得到大量应用，并且在少数发动机（直升机涡轴发动机）中达到了评估发动机实时推力所需的测量范围和分辨率。尽管改进的微型传感器仍在研究中，但仍需要将现有的技术[223]整合到具体设计中。

在未来的自适应分布式控制推进系统中，有三种传感器有着大量需求：用于推力估计的燃油流量传感器、用于推力估计的气路中气体流量传感器和用于确定燃油特性的传感器。虽然这三种传感器面临的挑战各不相同，但它们有一个共同点：目前还不能研制出一种满足需求的传感器。气体流量传感器虽得到了应用，但它们会干扰流动的连续性。燃油流量传感器需要在燃烧室喷嘴附近工作，因此其设计需要考虑高温带来的影响。一般来说，这种传感器可以在温度更低的范围内工作，也可以在更大的分辨率范围内工作。用于测量燃油特性的传感器还未有研究进展,因为将燃油的化学结构与其热容联系起来几乎是不可能的,这种传感器会是一种微型量热计,可以从使用过的燃油中取样,以评估燃油的量热特性。表 3-9 对上述要求和可能的时间进程进行了综合性分析。

表 3-9　当前 TRL 水平和未来燃气涡轮发动机传感器到 TRL6 的年份

传感器种类	传感器操作		应用	技术	技术等级	实现TRL6的年份	挑战
	环境	要求					
温度	700~1 700℃	±5℃ 的分辨率 <1 Hz 的带宽			TRL3	2025	
				SIC 检测器,SICN 检测器	TRL2	>2025	
		5℃ 分辨率,0~10 Hz 带宽		SIC 检测器,SICN 检测器	TRL2	>2025	
压力	15~105 kPa,−60~65℃				TRL3	已有	
	15~105 kPa,−60~65℃				TRL3	已有	
	15~1 800 kPa,−60~500℃	35 kPa 动态,±0.2% 分辨率,5~40 Hz 带宽			TRL3	2015	
振动	15~1 800 kPa,−60~700℃				TRL2/TRL1	>2025	
	15~1 800 kPa,−60~500℃	35 kPa 动态,±0.5% 分辨率,1 Hz 带宽			TRL3	2015	
	15~1 800 kPa,−60~700℃				TRL2/TRL1	>2025	
	300~4 000 kPa,700~1 700℃	10 kPa 动态,±5% 分辨率,1 000 Hz 带宽		SICN 传感器	TRL2	>2025	
	15~300 kPa,−60~65℃	3%,40 kHz,1 000g 范围			TRL5	已有	
	15~1 800 kPa,−60~500℃	3%,40 kHz,1 000g 范围			TRL2	>2025	
排放物种类	300~4 000 kPa,700~1 700℃	CO_x,NO_x:5% 的分辨率,5 Hz 带宽	排放控制	低温度下可用	TRL2	>2025	安装在 HPT
叶尖间隙	15~1 800 kPa,−60~700℃	2.5 mm 范围,25 μm 分辨率,50 kHz			TRL5	2010	
	300~4 000 kPa,700~1 700℃	2.5 mm 范围,25 μm 分辨率,50 kHz			TRL1	>2025	
流量	15~300 kPa,−60~150℃				TRL0	未知	

续　表

传感器种类	传感器操作		应　用	技　术	技术等级	实现TRL6的年份	挑战
	环　境	要　求					
转矩	$15\sim300$ kPa, $-60\sim150℃$	$10\,000\sim2\,000$ N·m, 10 Hz			TRL5	2010	
位置/到达时间	$15\sim1\,800$ kPa, $-60\sim700℃$				TRL5	2010	
					TRL1	>2025	
燃油流量	$300\sim4\,000$ kPa, $700\sim1\,700℃$	1%分辨率, > 5 Hz带宽			TRL0	未知	
燃油特性	$300\sim4\,000$ kPa, $700\sim1\,700℃$	±0.5%分辨率,准静态			TRL0	未知	
排气成分	$20\sim200$ kPa, $300\sim500℃$	1%分辨率,准静态			TRL2	>2025	

3.4　执　　行

本节介绍已有执行机构的具体要求,阐述流量控制、流量切换和机械作动三个主要应用领域的要求。本节对特定应用下选择执行机构时必须考虑的问题和注意事项进行了概述,随后对可用执行机构及其在确定场合中的应用进行评估。本节结合执行机构列表、使用规范、期限以及面临的挑战进行展开。

3.4.1　执行机构(器)介绍

虽然智能化在航空发动机领域中的应用在各个方面都取得了长足发展,然而执行机构仍存在很多问题,受到的关注似乎是最少的。目前,在发动机设计研发阶段,未对精确的控制要求和预期效益进行详细定义,因此采用的是成熟的折中方案。耦合传感器的执行机构虽然面临着巨大挑战,但其具有的低能量转换优势使得此类技术仍具有巨大潜力。多年来,传感器一直被用于发动机的研发,这有助于将该类技术推向在役应用阶段,然而控制方法还未得到广泛研究。耦合传感器执行机构的硬件环境部署面临巨大的挑战,但庆幸的是这类技术在很大程度上都是已有技术的扩展。相比之下,执行机构涉及大量能量转换的过程,虽然基本原理已经掌握,但难以应用于燃气轮机内多种特定功能场合。近年来,即使有了基于外罩温度的第一代叶尖间隙控制技术,燃气轮机内的执行机构在很大程度上仍旧受燃油输入、可变导叶、排气阀、可变几何进气口和喷嘴这五个主要变量的影响。执行机构本身主要遵循传统技术路线,即针对高强度应力作动下的液压方法和针对低应力作动下的机电方法。即便如此,在考虑温度的情况下,执行机构常用于相对适中的温度下。通常情况下,对高压涡轮中执行机构的改进是最有效且最具挑战性的。图 3–47 展示了发动机的极端工作环境,很明显,除最可靠的执行器外,其他所有执行器都在这些区域之外,最初的应用可能仅限于要求较低的区域。

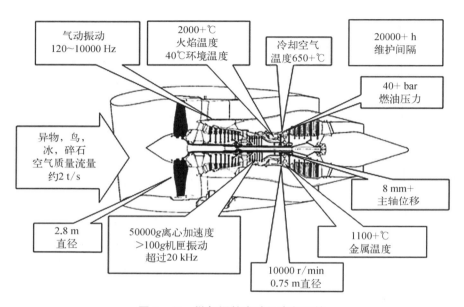

图 3–47   燃气涡轮发动机内部环境

现有的新兴技术使得执行机构有扩展适用性和其他要求的潜力,如改进重量、可靠性、成本、环境影响等,但为了满足 3.6.2 节中确定的要求,还需长足发展。本节主要局限于燃气路径控制,但这些技术在未来也可能极大地促进燃气轮机其他领域的发展。

3.4.2   执行器背景

对于整个气路,可以确定三个常见的要求:流量控制、大尺度流量切换和机械作动机构。这三种常见功能的具体要求针对气路的每个元件确定,表 3–10 中列出了一般执行器要求。

1. 流动控制

流动控制主要通过调整发动机主流内边界层流动,进而控制整体流动状态,根据控制方法可以分为机械控制和气动控制。常见的机械控制装置有湍流发生器、粗糙表面和激波控制鼓包等;常见的气动控制有部件表面抽吸及吹气控制。

表 3 - 10　一般执行器要求

执行器功能	执行器选择		备　注
	工作环境	要　求	
微尺度流动控制	15~105 kPa，−60~55℃	带宽和质量流量（1%~2%核心机流量）	进气道流动控制
	15~105 kPa，−60~55℃	15 psi 压差，<10 kHz	进气道噪声控制
	15~1 800 kPa，−60~800℃	快速响应<4 ms，脉冲射流	压气机喘振控制
	0~800 kPa，−60~150℃	200~300 Hz，5~20 kHz，50~100 kHz，总体<0.5% 核心机流量	压气机流动控制
大流量切换	15~105 kPa，−60~55℃	流动控制带宽	风扇失速控制
	0~800 kPa，−60~150℃	稳态，最高2%核心机流量	压气机静子叶片流动控制
	最高 1 800 kPa，800℃	1~5 rad/s 带宽，20% 基准线冷却流量的20%调制	涡轮冷却空气流动控制
	20~200 kPa，300~500	每度矢量角取核心机流量的1.5%	推力矢量控制
燃油流量控制	燃油系统压力，−60~500℃	高带宽驱动，频率范围通常为500~1 000 Hz，燃油流量调节目标为平均流量的1%~5%	燃烧不稳定性控制
	燃油系统压力，−60~700℃	排放传感一览表 在1~5 rad/s 的速度下，每个喷嘴上的燃油流量调节	排放控制
	燃油系统压力，−60~700℃	在1~5 rad/s 的速度下，每个喷嘴上的燃油流量调节	模式因子控制
几何控制	15~105 kPa，−60~55 ℃	几何带宽控制 15~20 rad/s	
	15~105 kPa，−60~55 ℃	<8 mm 偏转，<0.5 Hz	进气道噪声控制
	0~800 kPa，−60~150 ℃	<10 Hz，<20°	进气道进口导叶防喘控制
	0~800 kPa，−60~150 ℃	1~2 Hz	叶片几何形状/形状
其他	15~1 800 kPa，−60~700 ℃	热、机械、气动装置，驱动>0.1 mm/s(1.5 Hz)，力 10 kN，行程 3 mm，分辨率 0.02 mm	压气机间隙控制
	15~1 800 kPa，−60~700 ℃	压强>3 000 N/cm²，变形>0.5 mm，安装在翼型中	压气机叶片振动控制
	最高 1 800 kPa，700℃	驱动>0.1 mm/s(1.5 Hz)，力 10 kN，行程 3 mm，分辨率 0.02 mm	涡轮叶顶间隙控制

目前，已有部分研究探讨了被动流量控制方法，并对主动控制系统提出了相关建议[224,225]，然而针对燃气轮机的相关流动控制研究仍较为匮乏。

连续吹气/抽吸技术已在飞行器机身上得到广泛应用，其主要目的是通过流动控制保证极端条件下流动的稳定并进一步增大飞行器升力。主动吹气/抽吸技术增加或减少能量输入的效应已在过去 10~20 年的发展应用中得到了充分验证。目前,最受欢迎的是合成射流方法,其将一部分空气从主流缓慢吸入后再通过小孔快速排出,例如,在 XV 15 倾转旋翼试验机中就应用了这一方法[226]。但部分研究结果表明,由于燃气轮机对动量传递要求更高,为实现控制目的所需的空气流量将远高于前者。近期一些关于该方法在燃气轮机中应用的研究结论[227]也表明,合成射流无法提供足够的动量传递,从而对燃气轮机进行有效控制,因此调制射流方法被认为是目前燃气轮机主动射流控制最可行的方案。

根据应用情况,调制射流通常通过多个小于 1 mm 的孔产生,其间距可能只有几毫米。目前大多数有关射流的研究工作都是围绕射流频率这一因素展开的,并发现了这些频率在某种程度上与流动相关的特征频率相匹配,但尚未有明确的方法来定义该频率或驱动频率与其之间的关系。这种调制方法意味着每个微射流必须通过某种形式的传感系统、决策系统和驱动系统才能工作,而该系统可能非常复杂。近期有研究表明,在飞行器机体的某些应用中,使用固定频率的调制射流是可行的[228]。同时,燃气轮机的运行状态在很大程度上具有可预测性,因此在燃气轮机中可以使用固定频率的自激射流调制器,从而仅用向该调制器提供所需空气,利用简化的系统实现燃气轮机中的调制射流控制。

2. 大尺寸流量切换

大尺度流量切换已被公认为失速/喘振控制、引起控制、冷却流控制和垂直起降等应用的必要条件。一些针对此类应用的低速阀已被应用于引起控制,而用于失速/喘振控制的大尺度气流引射技术已成为先进发动机控制领域追求的目标。过去二十余年的多项研究结果表明,该技术需求的传感器和控制技术十分困难,其中高速执行机构是主要的技术难点。尽管相关技术成果进行了几次短时间演示,但能够实现长时间稳定可靠运行的方案尚未出现。

3. 机械作动机构

针对进气口、可调导叶和喷嘴的机械作动机构已十分成熟,在其他方面,第一代叶尖间隙控制系统采用的热罩膨胀机构相较于被动方法已有一定的改进,但与理想的叶顶间隙控制系统相比仍十分局限。应用于不同操作的机械作动机构需求差别大,特别是要满足不同应用的工作温度要求。虽然随着机电技术的进步,大规模应用机电作动机构已成为可能,但目前所有系统仍在使用液压系统。许多新的作动机构已被研发,并且其中一些具有显著的重量优势,但最基本的温度和可靠性问题仍然制约着其研究进展。

3.4.3 部件需求

现在使用的可变几何进气口通常由传统的液压执行器以及附属的电气设备组

成。虽然这些机构能够提供有效的作动,但其运动规律有限,且具有刚性表面、台阶和铰链表面间隙,因此需要在气动上做出较大妥协。此外,该系统较大的重量和较高的维护成本也是其显著的缺点。现有的可调导叶系统几乎都采用液压机构或燃油液压机构控制,其后的放气阀也同样采用液压机构,并使用电磁阀进行控制。该系统也有采用射流控制的案例。燃油流量是燃气轮机的首要输入控制量,现有系统采用电磁和液压控制相结合的方式,通过一系列高效的阀门实现燃油流量的精确控制。由于涡轮的工作环境最为恶劣,其内部的作动机构近几年才得以实现,但也仅限于第一代叶尖间隙控制系统,其通过机匣温度控制来收缩整个机匣。由于机匣的收缩是一个相对缓慢的过程,且仅能实现简单的控制,所以其更广泛的应用会受到专利[229]和发展不足的限制。加力喷管控制可能是当前发动机中要求最高的作动过程,该系统具有作用力高、响应速度快、高温和高振动工作环境等特点,尽管该系统需要高昂的制造和维护成本,但其对于提升发动机的性能表现十分有效。

3.4.4　执行机构技术选择

作动可以看作一种改变某些物理参数的方法,无论是平移还是旋转,都是纯粹的简单的机械运动。然而燃气轮机内部对作动能力的要求远远超出了这种简单观点的描述,必须考虑发动机各部件的共同工作过程,如作动对气流、燃烧温度等的影响,并且必须考虑与发动机其余部件进行集成。任何该领域研究的出发点都必须建立在燃气轮机作动要求之上,然后评估最简单、最有效的作动方法,进而提供运动或力以实现作动目的。对各种传递方法进行评价十分复杂,但其必须首先考虑以下多种基本技术的要求:

（1）最大轴向力;

（2）能量密度;

（3）作动行程;

（4）速度/重复率;

（5）输入能量类型;

（6）精度/可控性;

（7）支持系统要求;

（8）环境限制,如温度。

此外,必须考虑商业运营问题,例如:

（1）成本;

（2）服务要求;

（3）环境影响;

（4）所有权。

大量报告对多种作动技术进行了对比研究,但任何相对性能的评估都需要格外谨慎。一方面一些研究明显倾向于某一特定作动技术,或使用过时的数据都可能无意间带来误导性错误;另一方面研究人员无法获得商业敏感数据,同样可能带来误导性错误。格兰集团设计有限公司在开发其材料选择数据库软件期间进行了一项旨在提供全面和公正研究的研究[230-232]。一般情况下,该类研究利用已出版的期刊和会议记录提供的信息进行数据整理,例如,Bell 等[232]对 120 个执行器进行了对比研究,并着重考虑了关键力学性能(最大力、最大位移、位移分辨率和最大频率)。许多智能驱动系统尚处于起步阶段,可以假设所用数据的一部分来自实验室/原型测试,而不是商业上可行的解决方案。在比较各种智能驱动系统时,尤其是在比较作动器操作包络线的最大值时,必须考虑这一点。另一个显著问题是系统所需转换元件和需要实现驱动的整个系统之间可能存在一些混淆,例如,液压缸可能看起来具有很好的能量密度,但当考虑包括泵及其驱动机构、储液罐和管道等在内的整个系统时,其系统总重量将显著增加。当然,液压系统是完善的、非常高效的,在高负载循环下十分具有吸引力,且当多个液压缸可以通过一个泵驱动时,液压系统变得更具吸引力。相比之下,形状记忆合金具有非常高的能量密度,本身坚固耐用,几乎不需要支撑设备,但其作动速度慢且效率低,因而仅在无须频繁使用的情况下适用。虽然液压系统已得到充分发展,但形状记忆合金仍不成熟,仅适用于非常小的截面,通常具有可变的特性。上述简单的对比突显了评估特定应用的执行器的困难性。即使是现有技术,作者目前并未发现任何考虑驱动全面影响的研究报道。如果将范围拓展到新兴技术,这种比较将会变得更加困难。因此,当前迫切需要进行综合比较作动器各个方面的研究。

本节介绍了部分格兰塔设计研究结果,以说明关键技术功能和当前的比较方法。图 3-48 对 MEMS 和纳米机电系统(nano-electro-mechanical system,NEMS)的功能分别进行了说明,并在图上以黑色显示,宏观执行器以灰色显示。图 3-48 为最大许用力与最大位移关系图。正如预期,MEMS 和 NEMS 执行器的力和位移低于宏观执行器,需要在操作环境中改变温度的智能执行器,如形状记忆合金,被认为是 MEMS 执行器中能提供最大许用力(约 5N)的执行器。据报道,宏观形状记忆合金执行器仅能提供比 20 N 略高的许用力,然而文献[233]展示了一种使用单个形状记忆合金的作动器演示样机,其能够提供 6 kN 的许用力,显然图 3-48 的调查有很大的局限性。

图 3-49 显示了一种使用驱动应变与驱动应力进行力学性能比较的更实际的方法,该方法同时可对能量密度(MJ/m³)进行对比,是一种更简便的方法,提供了基本属性,但无法考虑尺寸限制。此外,该方法还可以绘制类似的图来表示频率响应和效率,以提供其他基本特性。然而,该方法在很大程度上只涵盖了基本的转换

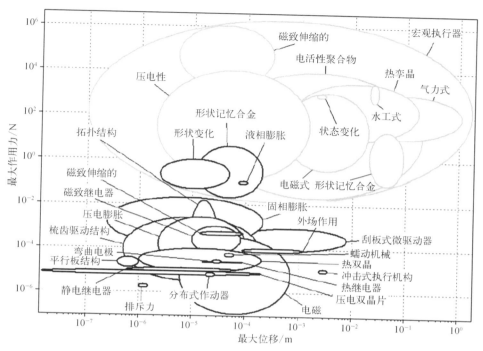

图 3 - 48　最大位移与最大许用力关系图

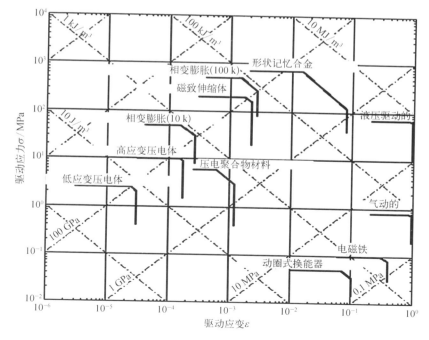

图 3 - 49　驱动应变与驱动应力

技术,没有考虑整个系统的要求,这给工程评估带来了很大困难。

3.4.5 执行机构发展要求

如前所述,发动机的每个部分都需要满足一定的作动水平,这在很大程度上依赖成熟的技术。虽然人们在新技术上进行了许多研究,有些技术已经进行了发动机试验,但很少有人能够将其应用于发动机生产。这些要求和限制均基于应用层面,并没有对高级作动的整体潜能进行彻底的系统研究。在实现新应用和新技术的逻辑开发之前,需要进行两次缜密的通用研究,分别如下:

(1)应用评估,包括性能、优势和执行机构规范。这对于确定最高效的应用区域并制定执行机构规范至关重要。

(2)技术评估,以确定当前功能和可能的未来发展,包括未来系统需求、成本、维护、故障模式等。

以下是对现有技术和一些新兴技术进行的初步评估建议。

1. 未来发展技术

1)现有技术

尽管在发展新兴技术的热潮中可能被忽视,但基于液压、电气甚至流体等建立的执行机构仍然是未来发展的主流,应寻求开发更高温度和微型化功能的机会,使扩展和分布得以实现。

2)新兴技术

本节讨论了一些更有前景的新兴技术,许多技术已在实验室规模上得到验证,但仍缺乏大规模燃气轮机的实际工程应用。但是,就一般性而论,太过详细的介绍对本书而言并不合适。最主要的要求是将其转向可在实际燃气轮机中应用的执行机构。

(1)电活性材料。

电活性材料主要包括压电陶瓷、电活性聚合物(electroactive polymer,EAP)等,这类材料能够在输入电压的驱动下产生相应的应变。电活性材料能够使用最小的电流实现简单、高效的电驱动,但其驱动电压需求高。虽然已有多年的发展历史,但仍需要进一步开发其应用潜力。

(2)压电陶瓷。

目前,压电器件主要由锆钛酸铅(lead zirconate titanate,PZT)构成,其在许多应用环境中取得了良好的效果且已被广泛使用。虽然压电器件产生的应变量有限(约为0.02),但是其能够产生很高的应变力。针对这种特点,人们研发了从简单的杠杆机构到离散弯曲结构再到提供低刚度弯曲表面的全集成系统等多种增大位移的机械结构,在燃气轮机中应用潜力巨大。尽管压电器件的居里点温度较高,但其工作温度通常被限制在150℃左右,因此必须在耐高温性能上获得技术突破。例如,铌酸锂等耐温能力超过 800℃ 的替代材料已经得到应用,但其只能产生更小的位移。该领域最新的进展是研发了一系列能够在 150℃ 条件下提供更高应变及其他性能提高的压电材料。当前压电器件的开发应尽可能遵循上述技术路线,并尽可能与特定应用相匹配,此外,针对特定装置的机械放大器需要共同研发。

（3）电活性聚合物。

电活性聚合物这种新型电活性材料虽然应变力较低,但能够提供高达 400% 的应变。同时,由于其具有极高的能量密度,在可形变机翼等领域得到了大量研究,但受限于其耐温能力（约 70℃）,尚未得到广泛应用。虽然现在市面上已经出现了一些单独的执行器装置,且能够有效应用于进气道及压气机等部件,但尚未发现其在燃气轮机中的实际应用案例。

（4）形状记忆材料。

形状记忆材料一般指能够根据温度不同产生相应形变的材料,其能够记忆高温相状态下的形状,即当该材料在低温下变形后,再加热到较高温度,逆转变为高温相时,变形可完全消失,并恢复到变形前高温相状态下的形状。除温度外,还有根据酸度、光照等其他外界输入产生相应形变的记忆材料,但尚未达到应用所需的技术成熟度。形状记忆材料可用于一次性装配,也可利用其记忆效应用作重复作动元件。

形状记忆合金是最常见的形状记忆材料,在 20 世纪 70 年代早期就开始商业化销售。现阶段市场主要为镍钛基记忆合金,此外还有少量的铜基记忆合金。形状记忆合金在一次性装配中的最大应变可达 8%,而在重复作动应用中为避免过早疲劳失效一般将应变限制为 2%。单项形状记忆合金和为弹簧复位提供两个位置的双向形状记忆合金是最常见的研究方向。可以通过使用一个具有双向记忆效果的形状记忆合金实现具有两个稳定位置的作动机构,但这种机构提供的位移和稳定性都较低。形状记忆合金已经能够实现许多连续运动应用,但其高滞后性导致其应用困难,需要精密的温度控制反馈。现阶段形状记忆合金的开发和应用主要在医疗领域,因此主要集中于截面较小且低温的材料,无法应用于 150℃ 以上的环境。为了提供更大的驱动力,需要研发更大截面的形状记忆合金材料,但这十分困难,例如常用的 50Ti50Ni 材料在现有技术下无法保证大截面具有良好的一致性。据研究,一种 60% 镍的材料能够提供更高的稳定性和灵活性,但相关研究还处于初级阶段。此外,能够在接近 900℃ 环境下工作的耐高温形状记忆合金也取得了一定的研究进展,但其距实际应用还有一定距离。这些研究是形状记忆合金在燃气轮机中应用的关键技术条件。

形状记忆聚合物可以获得更大的应变,但现阶段似乎仅限于组装应用。据报道,其在有关重新铺设水管的应用中取得了巨大成功。形状记忆陶瓷具有相似的性能,虽然其产生的应变力较低,但能够承受更高的工作温度,因此在高温装配领域具有良好的应用前景,但相关研究十分匮乏。

（5）磁应变材料。

镍基合金的磁致伸缩效应早在多年前就被人们所发现,这种现象产生的应变通常与外加磁场的磁感线相平行。近期问世的 TerfenolD 和其他合金能够提供更大的应变力,已经应用于极具竞争力的大型、小型商用设备,但仅能达到约 0.04% 的应变量,且需要较大的线圈来提供磁场,同时使用温度受到限制。现阶段进一步研究高温磁应变材料的可能性较低,其未来发展前景还有待整体评估。

（6）磁形状记忆。

磁形状记忆（magnetic shape memory，MSM）材料也称为铁磁形状记忆（ferromagnetic shape memory，FSM）材料,与热形状记忆合金类似,通过磁场激发相变,从而提供大约 8% 的应变。这些相对较新的材料已经投入市场应用,目前主要的供应商为芬兰的 Adadamat。磁形状记忆材料具有巨大的应用潜力,但其温度限制仅有 70℃,且模量非常低,限制了其有效性。发掘耐受更高温度的磁形状记忆材料是十分有价值的研究内容。

（7）微机电系统。

微机电系统通常用于描述包括传感器和处理器的小型执行器系统。微机电系统的基本构造方法是将大部件缩小为微型版本,系统微型化并与电子技术相结合能够产生显著的技术优势。最广为人知的应用是喷墨打印头和汽车气囊,其利用了微机电技术的小规模和极低的单位成本。由于航空航天领域产品预计的生产量较少,人们普遍认为较低的成本不太可能实现,但微机电技术的其他优点能够弥补成本的不足。在一个执行器缩放为微机械之后,静电力变得十分重要,而压电元件的低应变则不是主要限制。大量的小尺寸装置,包括阀门、齿轮机构,甚至一台直径为 5 mm 且能够运行的燃气轮机已经生产出来。虽然在损伤容限、成本和可维护性等条件的限制下尚未进行充分研究,但微机电在分布式系统,尤其是边界层操纵的发展前景十分可观。

2. 其他技术

前面已经讨论了可能在不久的将来研发的可用和新兴的执行器技术。其他仅在学术层面研究的领域,如局部燃烧效应、光学驱动聚合物和振动驱动等技术还尚未成熟,无法考虑深入的开发,但应监测这些新技术的未来应用潜力并酌情考虑增加相关资金的投入。

3.4.6 执行机构开发需求

3.4.1 节~3.4.4 节讨论了通用技术和应用。执行器应用的性质也需要特定于应用的开发。表 3 – 11 总结了先前确定的有关发动机部件的具体要求。

表 3 – 11 发动机部件的具体要求

部件	技术	控制变量	环境	特殊要求
进气道	进气道振荡位置控制	入口几何形状		
进气道	进气畸变控制	涡流发生器几何结构、射流、抽吸		脉冲微射流
进气道	主动噪声控制	蜂窝几何形状，声波		
压气机	主动失速/喘振控制	喷射、导叶移动、排气	200℃	快速响应<4 ms，脉冲射流
压气机	主动流动控制	射流、吸力、翼型几何形状	−50~600℃	不同频率的射流驱动装置：200~300 Hz；5~20 kHz；50~100 kHz。翼型形状变化用形状记忆合金，安装在翼型上，需要坚固的设计
压气机	主动间隙控制	机匣几何外形	最高 700℃	热、机械、气动装置动作>0.1 mm/ms
压气机	主动振动控制	翼型几何形状	300~650℃	压力>3 000 N/cm^2 型变量>0.5 mm 安装在翼型中
燃烧室	燃烧不稳定性控制	燃料调制，声能，射流，运动表面	约 1 400℃	高带宽驱动，通常在 100~500 Hz 频率范围内
涡轮	主动间隙控制	机匣几何形状	约 700℃	热、机械、气动装置驱动力>0.1 mm/s，10 kN 行程 3 mm 精度 0.02 mm
尾喷管	主动噪声控制	喷管几何形状，射流		形状记忆合金

1. 进气道

1）进气道几何结构

多年来，可变进气道几何结构已被公认为是超声速飞机的基本要素，许多成功的进气道结构被应用于各型飞机中，现有的可变进气道几何结构都是液压驱动的。虽然前面所述的先进技术现阶段无法满足进气道调节所需要的高速、大位移需求，但依然吸引研究人员寻找替换液压作动系统的可能。美国研究项目桑普森（SAMPSON）[234] 采用了另一种方法。波音公司实现了一个由形状记忆合金驱动的 F15 战斗机可调进气道的全尺寸风洞演示模型，具有可变上坡道及形状光滑可变的下唇。然而，主要限制是低温 SMA 导致冷却缓慢，进而导致收缩缓慢且 SMA 仅以金属丝形式可用，从而需要一个十分复杂的链式驱动机构（图 3 – 50）。

图3-50　波音/桑普森项目SMA驱动进气口

桑普森项目还展示了一个更具创意的通用进气喉道机构,用灵活的膜结构和适当的控制机制代替刚性坡道。这种先进的构想预期会带来更大的收益,但同时会带来更大的风险和更长的开发时间。

亚声速进气道能够使用慢得多的驱动机构来实现整体运动。一个特殊的限制因素是需要适应侧风和其他离轴流动,同样,SMA是主要的候选方案之一,尽管诸如压缩空气作动器等更简单的机构也可能是合适的。

2)进气畸变控制

前面讨论的整体运动将对入口畸变产生重大影响,但小尺度驱动也被证明是十分有效的。人们对边界层或激波控制的各种形式进行了大量研究,但离深入理解或实际应用还有一段距离。进气畸变控制主要要求向风扇提供清洁的气流,同时最大限度地减小短舱阻力。特别是在风扇尺寸不断增大的运输机上,在承受侧风导致的进气畸变和保持较薄短舱之间的折中尤为重要(图3-51展示了薄进气唇的进口气流状态),类似的要求也已确定,以保持S形管道中的流场整洁。欧洲合作研究项目(Microfabricated Electro-Mechanical-Systems for Aerospace Vehicle, AEROMEMS)计划建立在多年国际合作工作的基础上,证明了通过飞机机翼和发动机进气道上的调制微射流和合成射流操纵边界层的能力。其他项目已经确定了诸如被ADVACT计划采用的替代策略和操作频率范围,此外还有多个研究项目探究了可移动涡流发生器和冲击控制凸起等替代方法。

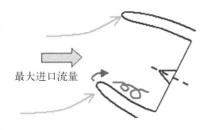

最大进口流量

图3-51　薄进气唇更容易产生进气分离

很明显,人们对基本的流体力学尚未有足够的理解,无法为执行器提供准确的运动规划,进气畸变控制的首要任务应该是理解需求。尽管如此,许多项目已经研究了执行机构机制,以提供射流或小规模的几何变化,其中一些项目专门针对燃气轮机应用。该领域的重点应放在了解气流特性、执行器准则并向全尺寸仿真发展。

3)进气道噪声控制

进气道噪声控制主要研究三个领域:总体几何结构、自适应表面噪声处理和有源噪声消除系统。对于进气道总体几何结构的变化,不太可能通过增加进气道结构的复杂性和重量来实现进气道噪声控制。通过声阻抗和共振的变化提供优化声学蜂窝状结构的自适应表面已在消音器项目中得到成功验证[235]。如果这些表面结构可以加固,使之适合日常使用,似乎是最有效的方法。全主动噪声消除系统也已被证明十分有效,但其存在重量较大、系统复杂和成本高的缺点,所以不具有优势。

2. 压气机

1)压气机主动喘振控制

主动喘振控制是人们多年来一直在追求的目标,其确切配置、方法、响应要求和适用条件还有待确定,控制范围从最早检测到失速,再到减缓严重喘振的发生。失速的开始是一种不太明显的现象,可以由比早期喘振时使用难度低得多的执行机构来控制。最简单的形式是叶尖/机壳边界层控制系统,该系统计划在可能发生失速时激活,通过依赖先进检测技术的相对缓慢(<1 s)的前向引气系统,得到控制大量气流的大型高速(<40 ms)前向引气系统。一些系统可能需要数百万次的驱动循环,因此执行器寿命是电流执行器的一个主要限制因素。鉴于发动机喘振问题十分重要,应尽快对现有技术和数据进行大规模整理,并制定切实可行的发展计划。

2)压气机主动流动控制

压气机需要流动控制,以适应整个运行包线中遇到的各种工作条件,但即使在当前主要采用的可变叶片和排气阀等结构中仍有大量折中设计,尽管导致的效率损失程度没有得到深入研究,但压气机设计性能受到了一定影响。因此,主动流动控制技术通常被认为是一种非常有效的方法。

当前的机械液压系统、协调环和杠杆机构设计十分成熟,但也是可靠性和成本问题的根源,如 SMA、压电和分布式液压等替代系统都进行了相关研究,但似乎没有达到实际演示效果。

边界层抽吸和吹除等流动控制技术已出现多年。最近,调制吹气技术被认为是一种更可能有效的技术。很明显,实现控制的空气动力学要求仍不清晰,在未来实现更大规模的演示之前必须明确。此外,执行器本身也很不成熟,尽管有几个项目研究了提供适当特性的 MEMS 器件。目前,可用的初步规范应足以使执行器的开发与空气动力学研究的深入并行。

3)压气机主动间隙控制

专利申请的数量表明研究人员在涡轮叶尖间隙控制方面已经付出了相当大的努力,且提出了很多控制概念。相比之下,压气机叶尖间隙控制很少受到关注。虽然在压气机中使用间隙控制得到的效率提升较少,但相应地其对控制系统的要求也更低,特别是对于压比较高的发动机,压气机中的峰值温度约为 650℃,且各级间压差更小。因此,为涡轮提出的许多技术也应适用于压气机,但必须以较低的成本和重量实现,从而匹配压气机较少的性能提升。电磁和压电执行器的最新发展使其能够满足压气机的工作温度范围,具有良好的发展前景。然而,在不引入其他损耗因素(如泄漏、台阶和间隙)的情况下,实现平稳高效运动所需的机构可能比执行器本身更具挑战性,因此需要进一步的研究。

4)压气机主动振动控制

在设计阶段,所有气动力部件(尤其是风扇)的减振仍然需要相当大的设计折中。当其为适应异物损坏引起的变化所导致的其他设计要求时,叶片和叶片阻尼控制的改进能够有效提升压气机性能。

被动叶片和叶片阻尼的研究已在实验室和装置试验阶段取得成功,但尚未找到投入使用的方法。使用压电贴片的控制技术已被用于机身振动控制,如F18尾翼,但尚不清楚是否适用于发动机。

虽然振动控制可以获得显著的好处,但以前对其研究的重视程度似乎很低,在启动重大开发之前,应充分评估任何潜在系统的效益和成本。

3. 燃烧室不稳定性控制

民用发动机稀薄燃烧方法的最新发展显示出巨大优势,但也加剧了燃烧噪声问题,从而导致社区噪声和其他部件的潜在疲劳问题,类似问题同样可能出现在军用发动机中。试验发动机已经实现了主动失稳控制,但难以实现高级机构、高频率和长寿命的特性。尽管作动装置的工作温度可能受到安装位置的影响,但仍有多种驱动方式可供选择。

4. 涡轮主动间隙控制

如前所述,研究人员在追求有效的叶尖间隙控制方面已经付出了很大的努力,该领域目前最主要的技术是机匣温度控制,使其向叶片方向收缩。这是对以前不受控制的方法的重大改进,但其离达成所有圆点独立控制的最终目标还有较长的距离,该技术的主要限制因素是温度。执行机构、传感器和密封机构的成功开发对实现最终目标至关重要。在短期内,不太复杂的定位技术(如双止点定位技术和均匀圆周定位技术)可能会带来显著优势,但相关技术仍需更深入的发展。

5. 喷管主动噪声控制

几乎从喷气发动机时代开始,研究人员就开始研究几何喷射降噪措施。为了在不增加阻力或其他低效率的情况下降低喷射噪声,相关技术的开发工作仍在继续。对于民用,罗罗公司 Trent1000/波音公司波音 787 上的 chevron 喷嘴是一系列开发中的最新产品。作为波音公司/通用电气公司安静技术演示器 2(Quiet Technology Demonstrator 2,QTD2)计划的一部分,使用 SMA 的实验性自适应人字形喷嘴进行了飞行试验。此外,其他适合现役使用的系统也正在研发之中,这些系统可能会在相对较短的时间内应用,应当继续跟踪其发展动态。

普遍认为,人字形是通过切断射流和自由气流之间的剪切层来实现降噪效果的。从空气动力学方面研究其类似现象正在进行中。尽管目前的结论更具推测性,但不使用人字形喷嘴可能会造成较少的干扰,从而更具有优势。

3.5　本章小结

感知、决策、执行、维护和互联是智能航空发动机匹配其智能化大脑的关键匹配技术,本章延续 Culley 博士 TR – AUT – 128 对燃机智能技术的总结[220],全面梳理了控制、维护、感知和执行的技术进展。互联专项技术的介绍将在后续分册中给出。

参考文献

[1]　Culley D, Thomas R, Saus J. Concepts for distributed engine control[C]. 43rd AIAA/ASME/ SAE/ASEE Joint Propulsion Conference and Exhibit, Cincinnati, 2007.

[2]　Ramo S, Bermudo M. Endevco smart electronic network[C]. AVT task group 128 meeting, Florence, 2007.

[3]　Behbahani A, Culley D, Carpenter S, et al. Status, vision, and challenges of an intelligent distributed engine control architecture[C]. SAE Technical Papers, Los Angeles, 2007.

[4]　EPSTEIN A H. "Smart" engine components — A micro in every blade? [C]. 21st Joint Propulsion Conference, Monterey, 1985.

[5]　Tagashira T, Sugiyama N. A performance optimization control of variable cycle engines[C]. 39th AIAA/ASME/SAE/ASEE Joint Propulsion Conference and Exhibit, Huntsville, 2003.

[6]　Kurzke J. Achieving maximum thermal efficiency with the simple gas turbine cycle[J]. MTU Aero Engines, Dachauer Str, 2003, 665: 80995.

[7]　Simon D L, Garg S, Hunter G W, et al. Sensor needs for control and health management of intelligent aircraft engines[J]. Turbo Expo: Power for Land, Sea, and Air, 2004, 41677: 873 – 882.

[8]　Jaw L C, Mink G, Kallappa P. Intelligent engine technology study[C]. XVI Symposium of International Society for Air Breathing Engines (ISABE), Cleveland, 2003.

[9]　Ouzts P, Lorenzo C, Merrill W. Screening studies of advanced control concepts for airbreathing engines[C]. 28th Joint Propulsion Conference and Exhibit, Nashville, 1992.

[10]　Glassman A J, Snyder C A, Knip Jr G. Advanced core technology: Key to subsonic propulsion benefits[M]. New York: American Society of Mechanical Engineers, 1989.

[11]　Calhoun K A, Jensen D T. Feasibility and benefit assessment of some advanced controls technologies within the NASA UEET IPC project[C]. 16th Symposium of International Society for Air Breathing Engines, Cleveland, 2003.

[12]　Litt J S, Simon D L, Garg S, et al. A survey of intelligent control and health management technologies for aircraft propulsion systems[J]. Journal of Aerospace Computing, Information, and Communication, 2004, 1(12): 543 – 563.

[13]   Greitzer E M. Some aerodynamic problems of aircraft engines: Fifty years after-the 2007 IGTI scholar lecture[J]. Journal of turbomachinery, 2009, 131(3): 206-218.

[14]   Erbsloeh S, Crowther W, Frutos J R. Control of compressor face total pressure distortion on a high bypass turbofan intake using air-jet vortex generators[C]. 2nd AIAA Flow Control Conference, Portland, 2004.

[15]   Gorton S, Owens L, Jenkins L, et al. Active flow control on a boundary-layer-ingesting inlet [C]. 42nd AIAA Aerospace Sciences Meeting and Exhibit, Reno, 2004.

[16]   Lin J C. Review of research on low-profile vortex generators to control boundary-layer separation[J]. Progress in Aerospace Sciences, 2002, 38(4-5): 389-420.

[17]   Wakelam C, Hodson H, Hynes T, et al. Experimental investigation of the effect of boundary layer trips on a separation typical of low throttle intakes in crosswinds[C]. AIAA 4th Flow Control Conference, Seattle, 2008.

[18]   Horowitz S, Nishida T, Cattafesta L, et al. Compliant-backplate Helmholtz resonators for active noise control applications[C]. 39th Aerospace Sciences Meeting and Exhibit, Reno, 2001.

[19]   Horowitz S B, Nishida T, Cattafesta L, et al. Characterization of a compliant-backplate Helmholtz resonator for an electromechanical acoustic liner[J]. International Journal of Aeroacoustics, 2002, 1(2): 183-205.

[20]   Liu F. A tunable electromechanical Helmholtz resonator[D]. Gainesville: University of Florida, 2007.

[21]   Kadirvel S, Liu F, Horowitz S, et al. A self-powered wireless active acoustic liner[C]. 12th AIAA/CEAS Aeroacoustics Conference (27th AIAA Aeroacoustics Conference), Cambridge, 2006.

[22]   Liu F, Horowitz S, Cattafesta L, et al. Optimization of an electromechanical Helmholtz resonator[C]. 12th AIAA/CEAS Aeroacoustics Conference (27th AIAA Aeroacoustics Conference), Cambridge, 2006.

[23]   Remington P, Sutliff D, Sommerfeldt S. Active control of low-speed fan tonal noise using actuators mounted in stator vanes: Part 1 control system design and implementation[C]. 9th AIAA/CEAS Aeroacoustics Conference and Exhibit, Hilton Head, 2003.

[24]   Sutliff D, Remington P, Walker B. Active control of low-speed fan tonal noise using actuators mounted in stator vanes: Part 3 results[C]. 9th AIAA/CEAS Aeroacoustics Conference and Exhibit, Hilton Head, 2003.

[25]   Walsh P P, Fletcher P. Gas turbine performance[M]. United Kingdom: Blackwell Science Ltd, 1998.

[26]   Garg S. Aircraft turbine engine control research at NASA Glenn research center[R]. Sanjay Garg Glenn Research Center, Cleveland, 2013.

[27]   DeLaat J, Southwick R, Gallops G. High stability engine control (HISTEC)[C]. 32nd Joint Propulsion Conference and Exhibit, Lake Buena Vista, 1996.

[28]   Weigl H J, Paduano J D, Frechette L G, et al. Active stabilization of rotating stall and surge in a transonic single stage axial compressor[M]. Orlando: American Society of Mechanical Engineers, 1997.

[29] Spakovszky Z S, Weigl H J, Paduano J D, et al. Rotating stall control in a high-speed stage with inlet distortion: Part I — radial distortion[J]. Journal of turbomachinery, 1999, 121 (3): 510-516.

[30] Strazisar A J, Bright M M, Thorp S, et al. Compressor stall control through endwall recirculation[C]. Turbo Expo: Power for Land, Sea, and Air, Vienna, 2004.

[31] Deppe A, Saathoff H, Stark U. Spike-type stall inception in axial-flow compressors [C]. Proceeding of 6th Conference on Turbomachinery, Fluid Dynamics and Thermodynamics, Lille, 2005.

[32] Freeman C, Wilson A G, Day I J, et al. Experiments in active control of stall on an aeroengine gas turbine[J]. Journal of Turbomachinery, 1998, 120(4): 637-647.

[33] Nelson E B, Paduano J D, Epstein A H. Active stabilization of surge in an axicentrifugal turboshaft engine[J]. Journal of Turbomachinery, 2000, 122(3): 485-493.

[34] Scheidler S G, Fottner L. Experimental operating range extension of a twin-spool turbofan engine by active stability control measures[J]. Journal of Engineering for Gas Turbines and Power, 2006, 128(1): 20-28.

[35] Horn W, Schmidt K J, Staudacher S. Effects of compressor tip injection on aircraft engine performance and stability[J]. Journal of Turbomachinery, 2009, 131(3): 031011.

[36] Paduano J D, Epstein A H, Valavani L, et al. Active control of rotating stall in a low-speed axial compressor[J]. Journal of Turbomachinery, 1993, 115(1): 48-56.

[37] Haynes J M, Hendricks G J, Epstein A H. Active stabilization of rotating stall in a three-stage axial compressor[J]. Journal of Turbomachinery, 1994, 116(2): 226-239.

[38] Eveker K M, Gysling D L, Nett C N, et al. Integrated control of rotating stall and surge in high-speed multistage compression systems[J]. Journal of Turbomachinery, 1998, 120(3): 440-445.

[39] Gabler R. Betriebsverhalten von wellenleistungsgasturbinen bei verdichterinstabilitäten und methoden zur restabilisierung[D]. Munich: Technische Universität München, 1998.

[40] Dudek J C. Empirical model for vane-type vortex generators in a Navier-Stokes code[J]. AIAA Journal, 2006, 44(8): 1779-1789.

[41] Meyer R, Hage W, Bechert D W, et al. Separation control by self-activated movable flaps [J]. AIAA Journal, 2007, 45(1): 191-199.

[42] Sandberg R D, Fasel H F. Investigation of supersonic wakes using conventional and hybrid turbulence models[J]. AIAA Journal, 2006, 44(9): 2071-2083.

[43] Gross A, Fasel H F. Coanda wall jet calculations using one-and two-equation turbulence models[J]. AIAA Journal, 2006, 44(9): 2095-2107.

[44] Menter F, Egorov Y. A scale adaptive simulation model using two-equation models[C]. 43rd AIAA Aerospace Sciences Meeting And Exhibit, Reno, 2005.

[45] Hiller S, Seitz P. Interaction between a fluidic actuator and main flow using SAS turbulence modelling[C]. 3rd AIAA Flow Control Conference, San Francisco, 2006.

[46] Yu K H. Active control of engine dynamics: Fundamentals and fluid dynamics (experiments) [R]. Brussels: Active control of engine dynamics, Von Karman Institute for Fluid Dynamics, RTO AVT/VKI special courses, 2001.

［47］ Jacobson C A, Banaszuk A. Active control of engine dynamics: Lectures on control theory ［EB/OL］. https://www. sto. nato. int/publications/STO%20Educational%20Notes/RTO-EN-020/EN-020－$ $ ALL. pdf［2022－1－11］.

［48］ Cross C, Lewis T. Smart materials and structures for future aircraft engines［C］. 40th AIAA Aerospace Sciences Meeting & Exhibit, Reno, 2002.

［49］ Culley D, Braunscheidel E, Bright M. Impulsive injection for compressor stator separation control［C］. 41st AIAA/ASME/SAE/ASEE Joint Propulsion Conference and Exhibit, Tucson, 2005.

［50］ Schadow K, El-Fatatry A. Military/aerospace MEMS applications［EB/OL］. https://apps. dtic. mil/sti/pdfs/ADA428707. pdf［2022－10－31］.

［51］ Zheng X, Zhou S, Lu Y, et al. Flow control of annular compressor cascade by synthetic jets ［J］. Journal of Turbomachinery, 2008, 130(2): 021018.

［52］ Neuhaus L, Neise W. Active control to improve the aerodynamic performance and reduce the tip clearance noise of axial turbomachines［C］. 11th AIAA/CEAS Aeroacoustics Conference, Monterey, 2005.

［53］ Bright M, Culley D, Braunscheidel E, et al. Closed loop active flow seperation detection and control in a multistage compressor［C］. 43rd AIAA Aerospace Sciences Meeting and Exhibit, Reno, 2005.

［54］ Hiller S J, Ries T, Kürner M. Flow control in turbomachinery using microjets［C］. IUTAM Symposium on Flow Control and MEMS, Springer, 2008.

［55］ Bae J W, Breuer K S, Tan C S. Active control of tip clearance flow in axial compressors［J］. Journal of Turbomachinery, 2005, 127(2): 352－362.

［56］ Kerrebrock J L, Reijnen D P, Ziminsky W S, et al. Aspirated compressors［C］. Turbo Expo: Power for Land, Sea, and Air, Orlando, 1997.

［57］ Car D, Kuprowicz N J, Estevadeordal J, et al. Stator diffusion enhancement using a re-circulating co-flowing steady jet［C］. Turbo Expo: Power for Land, Sea, and Air, Vienna, 2004.

［58］ Morrison J F, Birch D M, Lavoie P, et al. IUTAM symposium on flow control and MEMS: Proceedings of the IUTAM symposium held at the royal geographical society［M］. Berlin: Springer Science & Business Media, 2007.

［59］ Hiller S, Hirst M, Webster J, et al. ADVACT an European program for actuation technology in future aero-engine control systems［C］. 3rd AIAA Flow Control Conference, San Francisco, 2006.

［60］ Warsop C. Results and lessons learned from the European AEROMEMS Ⅱ project［C］. 3rd AIAA Flow Control Conference, San Francisco, 2006.

［61］ Buffone C, Webster J, Kyritsis V, et al. ADVACT-A european programme investigating adaptive technologies for future aero gas turbine engines［C］. 4th Flow Control Conference, Seattle, 2008.

［62］ King R. Active flow control［C］. Papers Contributed to the Conference Active Flow Control 2006, Berlin, 2006.

［63］ Neal P F, Green W E. Advanced clearance control systems［M］. Goodwood: Rolls-Royce

Limited，1987.

[64]　Mattern D，Jaw L，Henry M，et al. Experimental results of an active tip clearance control system for a centrifugal compressor [C]. Turbo Expo：Power for Land，Sea，and Air. American Society of Mechanical Engineers，Orlando，1997.

[65]　Spakovszky Z S，Paduano J D，Larsonneur R，et al. Tip clearance actuation with magnetic bearings for high-speed compressor stall control [J]. Journal of Turbomachinery，2001，123 (3)：464 − 472.

[66]　Horst H G，Wölfel H P. Active vibration control of a high speed rotor with active bearings using piezoceramic actuators [C]. Schwingungen in rotirenden Maschinen Ⅵ，Darmstadt，2003.

[67]　Kascak A F，Palazzolo A B，Lin R，et al. The use of piezoelectric actuators for active vibration suppression in rotating machinery [C]. Third International Symposium on Transport Phenomena，and Dynamics，and Design of Rotating Machinery (ISROMAC-3)，Honolulu，1990.

[68]　Althaus J，Ulbrich H. Active chamber system for vibration control of rotating machinery [J]. Rotating Machinery-Dynamics，1992，A93 − 54651：24 − 37.

[69]　Nitzsche F，Zimcik D G，Wickramasinghe V K，et al. Control laws for an active tunable vibration absorber designed for rotor blade damping augmentation [J]. The Aeronautical Journal，2004，108(1079)：35 − 42.

[70]　Amati N，Carabelli S，Genta G，et al. Vibration control of rotors：Trade off between active，semi-active and passive solutions [C]. The Ⅸ Finnish Mechanics Day，Lapperanta，2006.

[71]　Tonoli A，Amati N，Silvagni M. Transformer eddy current dampers for the vibration control [J]. Journal of Dynamic Systems，Measurement，and Control，2008，130(3)：10 − 11.

[72]　Amati N，Carabelli S，Genta G，et al. More electric aero engines：Tradeoff between different electromagnetic dampers and supports [C]. Proceedings of the Tenth International Symposium on Magnetic Bearings，Martigny，2006.

[73]　Amati N，Carabelli S，Genta G，et al. Active magnetic dampers (AMD) for the dynamic control of rotors [C]. Proceedings of the Seventh IFToMM Conference on Rotor Dynamics，Vienna，2006.

[74]　Brusa E，Carabelli S，Genta G，et al. Voice coil actuator for active vibration isolation in microgravity [C]. IAF abstracts，34th COSPAR Scientific Assembly，Houston，2002.

[75]　Tonoli A，Carabelli S，Amati N. Design of semiactive vibration dampers for automotive applications [C]. Proceedings of the International Workshop Robotics and MEMS for Vehicle Systems，Roma，2003.

[76]　Garg S，Schadow K，Horn W，et al. Sensor and actuator needs for more intelligent gas turbine engines [EB/OL]. https：//ntrs. nasa. gov/api/citations/20100029602/downloads/20100029602. pdf [2022 − 10 − 31].

[77]　McManus K R，Poinsot T，Candel S M. A review of active control of combustion instabilities [J]. Progress in Energy and Combustion Science，1993，19(1)：1 − 29.

[78]　Candel S M. Combustion instabilities coupled by pressure waves and their active control [J]. Symposium (International) on Combustion，Elsevier，1992，24(1)：1277 − 1296.

[79] Culick F E C. Combustion instabilities in propulsion systems [M]. Dordrecht: Springer, 1996.

[80] Zinn B, Neumeier Y, Zinn B, et al. An overview of active control of combustion instabilities [C]. 35th Aerospace Sciences Meeting and Exhibit, Reno, 1997.

[81] Schadow K, Yang V, Culick F, et al. Active combustion control for propulsion systems[R]. AGARD Workshop Report, 1996.

[82] Schadow K C, Yu K H. Active combustion control- Recent R & D and outlook for implementation[C]. ISOABE, ISABE- International Symposium on Air Breathing Engines, Bangalore, 2001.

[83] DeLaat J, Breisacher K, Saus J, et al. Active combustion control for aircraft gas turbine engines[C]. 36th AIAA/ASME/SAE/ASEE Joint Propulsion Conference and Exhibit, Las Vegas, 2000.

[84] Richman M H, Richman S R. Active control for military engines[C]. NATO/RTO Spring 2000 Symposium on Active Control Technology for Enhanced Performance Operation Capabilities of Military Aircraft, Land Vehicles and Sea Vehicles, Braunschweig, 2000.

[85] Kiel B. Review of advances in combustion control, actuation, sensing, modeling and related technologies for air breathing gas turbines[C]. 39th Aerospace Sciences Meeting and Exhibit, Reno, 2001.

[86] Zinn B T. Smart combustors: Just around the corner[J]. Turbo Expo: Power for Land, Sea, and Air, 2005, 4725: 1011 - 1031.

[87] Lieuwen T, Timothy C, Yang V, et al. Combustion instabilities in gas turbine engines: Operational experience, fundamental mechanisms, and modeling[M]. New York: American Institute of Aeronautics and Astronautics, 2005.

[88] Parr T P, Gutmark E, Wilson K, et al. Compact incinerator afterburner concept based on vortex combustion[J]. Symposium (International) on Combustion, Elsevier, 1996, 26(2): 2471 - 2477.

[89] Pascherelt C O, Gutmark E, Schuermans B. Performance enhancement of gas-turbine combustor by active control of fuel injection and mixing process-theory and practice [R]. United States, Cincinnati Univ of Dept of Aerospace Engineering and Engineering, Mechanics, 2001.

[90] Li G, Gutmark E. Manifestations of combustion instability in a multi-swirl stabilized gas turbine combustor[C]. 43rd AIAA Aerospace Sciences Meeting and Exhibit, Reno, 2005.

[91] Prakash S, Nair S, Muruganandam T, et al. Acoustic sensing and mitigation of lean blow out in premixed flames[C]. 43rd AIAA Aerospace Sciences Meeting and Exhibit, Reno, 2005.

[92] Muruganandam T, Seitzman J. Origin of lean blow out precursors in swirled gas turbine combustors[C]. 43rd AIAA Aerospace Sciences Meeting and Exhibit, Reno, 2005.

[93] Seume J R, Vortmeyer N, Krause W, et al. Application of active combustion instability control to a heavy duty gas turbine[J]. Journal of Engineering for Gas Turbines and Power, 1998, 120(4): 721 - 726.

[94] Hermann J. Active instability control on heavy duty gas turbines[C]. AVT Task Group 128 Meeting, Amsterdam, 2006.

[95] Moran A J, Steele D, Dowling A P. Active control of combustion and its applicatons[R]. Rolls-royce LTD Bristol, United Kingdom, 2001.

[96] Cohen J M, Hibshman J R, Proscia W, et al. Longitudinal mode aeroengine combuston instability: Model and experiment[R]. United Technologies Research Center East Hartford Ct, United Kingdom, 2001.

[97] Kopasakis G. High frequency adaptive instability suppression controls in a liquid-fueled combustor[C]. 39th AIAA/ASME/SAE/ASEE Joint Propulsion Conference and Exhibit, Huntsville, 2003.

[98] Le D, DeLaat J, Chang C. Control of thermo-acoustics instabilities: The multi-scale extended Kalman approach[C]. 39th AIAA/ASME/SAE/ASEE Joint Propulsion Conference and Exhibit, Huntsville, 2003.

[99] Joshi N D, Mongia H C, Leonard G, et al. Dry low emissions combustor development[C]. Turbo Expo: Power for Land, Sea, and Air. American Society of Mechanical Engineers, Stockholm, 1998.

[100] Paxson D. A sectored-one-dimensional model for simulating combustion instabilities in premix combustors[C]. 38th Aerospace Sciences Meeting and Exhibit, Reno, 1999.

[101] Schadow K C, Seeker W R. Compact, closed-loop controlled waste incinerator[C]. 33rd National Heat Transfer Conference NHTC'99, Albuquerque, 1999.

[102] Hanson R K, Jeffries J B, Allen M G. Tunable diode laser absorption sensor applications to aeropropulsion testing[C]. Applied Vehicle Technology Panel Specialists' Meeting on Recent Developments in Non-Intrusive Measurement Technology, Budapest, 2005.

[103] Neumeier Y, Lubarsky E, Heising R, et al. Liquid injector actuator for control of combustion processes[C]. 34th AIAA/ASME/SAE/ASEE Joint Propulsion Conference and Exhibit, Cleveland, 1998.

[104] Johnson J, Lubarsky E, Zinn B, et al. Experimental and computational study of the "Smart" liquid fuel injector for CFD validation[C]. 43rd AIAA Aerospace Sciences Meeting and Exhibit, Reno, 2005.

[105] Sébastien C. Combustion dynamics and control: Progress and challenges[J]. Proceedings of the Combustion Institute, 2002, 29(1): 1 − 28.

[106] Gier J, Raab I, Schröder T, et al. Preparation of aero technology for new generation aircraft engine LP turbines[C]. Proceedings of the First European Air and Space Conference, Germany, 2007.

[107] Bock S, Horn W, Wilfert G, et al. Active core technology within the NEWAC research program for cleaner and more efficient aero engines[C]. Proceedings of the European Air and Space Conference, Berlin. 2007.

[108] Steinetz B, Lattime S, Taylor S, et al. Preliminary evaluation of an active clearance control system concept[C]. 41st AIAA/ASME/SAE/ASEE Joint Propulsion Conference & Exhibit, Tucson, 2005.

[109] Lattime S B, Steinetz B M. High-pressure-turbine clearance control systems: Current practices and future directions[J]. Journal of propulsion and power, 2004, 20(2): 302 − 311.

[110] DeCastro J, Melcher K. A study on the requirements for fast active turbine tip clearance control systems [C]. 40th AIAA/ASME/SAE/ASEE Joint Propulsion Conference and Exhibit, Fort Lauderdale, 2004.

[111] Melcher K J, Kypuros J A. Toward a fast-response active turbine tip clearance control[C]. 16th International Symposium on Airbreathing Engines, Cleveland, 2003.

[112] Nikitopoulos D E, Acharya S, Oertling J, et al. On active control of film-cooling flows[C]. Turbo Expo: Power for Land, Sea, and Air, Barcelona, 2006.

[113] Kim T S, Ro S T. The effect of gas turbine coolant modulation on the part load performance of combined cycle plants. Part 1: Gas turbines[J]. Proceedings of the Institution of Mechanical Engineers, Part A: Journal of Power and Energy, 1997, 211(6): 443-451.

[114] Kyritsis V E, Pilidis P. Modelling of extended opportunities for variable gas turbine components[M]. Cranfield: Cranfield University, 2005.

[115] Qiao W Y, Yi J B, Zhang M, et al. Secondary flow control on blades of turbine using fluid injection[C]. 42nd Joint Propulsion Conference and Exhibit, Sacramento, 2006.

[116] McAuliffe B R, Sjolander S A. Active flow control using steady blowing for a low-pressure turbine cascade[C]. Turbo Expo: Power for Land, Sea, and Air, Vienna, 2004.

[117] Huang J, Corke T C, Thomas F O. Unsteady plasma actuators for separation control of low-pressure turbine blades[J]. AIAA Journal, 2006, 44(7): 1477-1487.

[118] Florea R, Bertuccioli L. Coupled parametric design of flow control and duct shape: U. S. Patent 7610179[P]. [2009-10-27].

[119] Graziosi P, Kirtley K R. High area-ratio inter-turbine duct with inlet blowing: U. S. Patent US7137245B2[P]. [2006-11-21].

[120] Roy-Aikins J. Considerations for the use of variable geometry in gas turbines[C]. ASME International Gas Turbine and Aeroengine Congress and Exposition, Belgium, 1990.

[121] Bringhenti C, Barbosa J R. An overview of variable geometry gas turbines[C]. 16th Brazilian Congress of Mechanical Engineering, Uberlândia, 2001.

[122] MacIsaac B D, Hih S. Aerothermodynamic factors governing the response rate of gas turbines [C]. AGARD Power Plant Control 44th Meeting, Ustaoset Hoyfjellshotell, 1974.

[123] Bringhenti C, Barbosa J R. Part-load versus downrated industrial gas turbine performance [C]. ASME Turbo Expo 2004: Power for Land, Sea, and Air, Vienna, 2004.

[124] Cox J C, Hutchinson D, Oswald J I. The Westinghouse/Rolls-Royce WR-21 gas turbine variable area power turbine design [C]. ASME 1995 International Gas Turbine and Aeroengine Congress and Exposition, Houston, 1995.

[125] Webster J R. High integrity adaptive SMA components for gas turbine applications[C]. Smart Structures and Materials 2006: Industrial and Commercial Applications of Smart Structures Technologies, San Diego, 2006.

[126] Webster J R. Potential applications for smart technologies within gas turbines[C]. The 15th International Symposium on Air Breathing Engines, Bangalore, 2001.

[127] Turner T L, Buehrle R D, Cano R J, et al. Design, fabrication, and testing of SMA enabled adaptive chevrons for jet noise reduction[J]. Smart Structures and Integrated Systems, 2004, 5390: 297-308.

[128]　Turner T L, Cabell R H, Cano R J, et al. Design, fabrication, and testing of a SMA hybrid composite jet engine chevron[J]. Smart Structures and Materials 2006: Smart Structures and Integrated Systems, 2006, 617(3): 392 - 406.

[129]　Turner T L, Buehrle R D, Cano R J, et al. Modeling, fabrication, and testing of a SMA hybrid composite jet engine chevron concept[J]. Journal of Intelligent Material Systems and Structures, 2006, 17(6): 483 - 497.

[130]　Calkins F, Butler G, Mabe J. Variable geometry chevrons for jet noise reduction[C]. 12th AIAA/CEAS Aeroacoustics Conference, Cambridge, 2006.

[131]　Henderson B S, Kinzie K W, Whitmire J, et al. Impact of fluidic chevrons on jet noise[C]. 11th AIAA/CEAS Aeroacoustics Conference, Monterey, 2005.

[132]　Greska B, Krothapalli A, Seiner J, et al. The effects of microjet injection on an F404 jet engine[C]. 11th AIAA/CEAS Aeroacoustics Conference, Monterey, 2005.

[133]　Jimenez A. Trust vectoring for advanced fighter aircraft, propulsion package development [C]. 37th Joint Propulsion Conference and Exhibit, Salt Lake City, 2001.

[134]　Santos M M. Experimental study on counter flow thrust vectoring of a gas turbine engine[EB/OL]. https://diginole. lib. fsu. edu/islandora/object/fsu: 180323/datastream/PDF/download/citation. pdf[2022 - 10 - 31].

[135]　Miller D, Yagle P, Hamstra J. Fluidic throat skewing for thrust vectoring in fixed-geometry nozzles[C]. 37th Aerospace Sciences Meeting and Exhibit, Reno, 1999.

[136]　Lord W, Macmartin D, Tillman G. Flow control opportunities in gas turbine engines[C]. Fluids 2000 Conference and Exhibit, Denver, 2000.

[137]　Chenault C, Dorri J, Smith D, et al. Active core exhaust (ACE) control for reduction of thermal loading[C]. Fluids 2000 Conference and Exhibit, Denver, 2000.

[138]　Dorris III J, Smith D M, Parekh D E, et al. Apparatus and methods for active flow control of a nozzle exhaust plume: US Patent. US6308898B1[P]. [2001 - 10 - 30].

[139]　Gaeta R J, Murdock B, Churny A, et al. Performance testing of the active core exhaust (ACE) fluidic mixing system[R]. Georgia Tech Research Inst Atlanta, 2006.

[140]　Litt J S, Simon D L, Garg S, et al. A survey of intelligent control and health management technologies for aircraft propulsion systems[J]. Journal of Aerospace Computing Information and Communication, 2005, 1(12): 543 - 563.

[141]　Goebel K, Eklund N, Brunell B. Rapid detection of faults for safety critical aircraft operation [C]. 2004 IEEE Aerospace Conference Proceedings, Big Sky, 2004.

[142]　Rausch R, Viassolo D E, Kumar A, et al. Towards in-flight detection and accommodation of faults in aircraft engines[C]. AIAA 1st Intelligent Systems Technical Conference, Chicago, 2004.

[143]　Gelb A. Applied optimal estimation[M]. Cambridge: The MIT Press, 1974.

[144]　Adibhatla S, Lewis T. Model-based intelligent digital engine control (MoBIDEC)[C]. 33rd Joint Propulsion Conference and Exhibit, Seattle, 1997.

[145]　Tanner G F, Crawford J A. An integrated engine health monitoring system for gas turbine aero-engines[C]. IEEE Seminar on Aircraft Airborne Condition Monitoring, Gloucester, 2003.

[146] Kuenlin J. EMU for new engines[C]. EHM Forum, Fribourg, 2006.

[147] Li Y G. Performance-analysis-based gas turbine diagnostics: A review[J]. Proceedings of the Institution of Mechanical Engineers, Part A: Journal of Power and Energy, 2002, 216(5): 363 − 377.

[148] Urban L A. Parameter selection for multiple fault diagnostics of gas turbine engines[J]. Journal of Engineering for Power, 1975, 97(2): 225.

[149] Espana M D. Sensor biases effect on the estimation algorithm for performance-seeking controllers[J]. Journal of Propulsion and Power, 1994, 10(4): 527 − 532.

[150] Hanlon P D, Maybeck P S. Interrelationship of single-filter and multiple-model adaptive algorithms[J]. IEEE Transactions on Aerospace and Electronic Systems, 1998, 34(3): 934 − 946.

[151] Kobayashi T, Simon D L. Application of a bank of Kalman filters for in-flight aircraft engine sensor fault diagnostics[C]. Proceedings of the ASME Turbo Expo, Atlanta, 2003.

[152] Frankenberger C E. Survivable engine control algorithm development (SECAD)[C]. Proceedings, IEEE Aerospace Conference, Big Sky, 2002.

[153] Wiseman M W, Guo T H. An investigation of life extending control techniques for gas turbine engines[C]. Proceedings of the 2001 American Control Conference, Arlington, 2001.

[154] Brunell B J, Viassolo D E, Prasanth R. Model-based control adaptation and optimization for critical mission requirements[C]. Proceedings of the ASME Turbo Expo, Vienna, 2004.

[155] Simon D L, Gang S, Hunter G W, et al. Sensor needs for control and health management of intelligent aircraft engines[C]. Proceedings of the ASME Turbo Expo: Power for Land, Sea, and Air, Vienna, 2004.

[156] Air S A E. A guide to aircraft turbine engine vibration monitoring systems[C]. Aerospace Information Report, Long Beach, 1984.

[157] 附件 1 − RTB endorsed proposed NATO hardware TRL definitions (24 September 2007). [EB/OL] https://www. sto. nato. int/publications/STO% 20Documents/05% 20NATO% 20ST% 20Strategy% 20Implementation/Holistic-Approach-to-NATO-R% 20and% 20T-Concept-Paper-(Fall-08 − Version). pdf[2022 − 7 − 6].

[158] International Electrotechnical Commission. Thermocouples, part I: Reference tables[S]. IEC Publication 584 − 1, 1994.

[159] Auxitrol W. The leading global manufacturer of aerospace sensors for the harshest environments[EB/OL]. https://www. auxitrolweston. com[2022 − 7 − 6].

[160] HarcoSemco. Custom aerospace components manufacturer[EB/OL]. https://harcosemco. com[2022 − 7 − 6].

[161] AMETEK. Engineering and manufacturing reliable products and solutions for mission critical programs serving aerospace and military markets[EB/OL]. https://www. ametekaerospaceanddefense. com[2022 − 7 − 6].

[162] Goodrich Sensor Systems. Goodrich sensors and integrated systems[EB/OL]. https:// studylib. net/doc/18850146/goodrich-sensors-and-integrated-systems-aerospace[2022 − 10 − 31].

[163] Vibro Meter. Meggitt sensing systems — keeping machinery and equipment working safely,

reliably and effciently[EB/OL]. https://meggittsensing. com/[2022 - 7 - 6].

[164] Kulite. No one makes transducers like kulite[EB/OL]. http://www. kulite. com/products [2022 - 10 - 31].

[165] GE Research. Electronics and sensing commercial Solutions[EB/OL]. http://www. ge. com/ sensing[2022 - 7 - 6].

[166] Eldec. Specialists for induction hardening, induction heating[EB/OL]. http://www. eldec. net[2022 - 7 - 6].

[167] Siekkinen J, Wiegele T. Keys to success in MEMS at goodrich sensor systems[C]. Caneus Conference on Micro-Nano-Technologies, Monterey, 2004.

[168] Air S A E. A guide to aircraft turbine engine vibration monitoring systems[C]. Aerospace Information Report, Long Beach, 1986.

[169] Caguiat D E, Connor J, Duckless E, et al. Inlet air salt concentration detection on U. S. navy ship service gas turbine generator sets[C]. Asme Turbo Expo: Power for Land, Sea, and Air, Vienna, 2004.

[170] Pulliam W J, Russler P M, Fielder R S. High-temperature high-bandwidth fiber optic MEMS pressure-sensor technology for turbine-engine component testing[C]. Fiber Optic Sensor Technology and Applications 2001, Blacksburg, 2002.

[171] Partridge S L. Silicon-on-insulator technology[J]. IEE Proceedings E (Computers and Digital Techniques), 1986, 133(3): 106 - 116.

[172] Mehran M, Srihari R. Examples of SiC sensor R&D activities[EB/OL]. https://www. slideserve. com/hu-ferrell/examples-of-sic-sensor-r-d-activities[2022 - 10 - 31].

[173] Mehran M, Li C. A silicon carbide capacitive pressure sensor for high temperature and harsh environment applications[C]. The 14th Solid-State Sensors, Actuators and Microsystems Conference, Lyon, 2007.

[174] Noha S, Fu X A, Chen L, et al. A study of electrical properties and microstructure of nitrogen-doped poly-SiC films deposited by LPCVD[J]. Sensors and Actuators A: Physical, 2007, 136(2): 613 - 617.

[175] Burla R K, Chen L, Zorman C A, et al. Development of nickel wire bonding for high-temperature packaging of SiC devices[J]. IEEE Transactions on Advanced Packaging, 2015, 32(2): 564 - 574.

[176] Neudeck P G, Okojie R S, Beheim G M, et al. An overview of high-temperature electronics and sensor development at NASA glenn research center[J]. Journal of Turbomachinery, 2003, 125(4): 658 - 664.

[177] Wolf S A, Awschalom D D, Buhrman R A, et al. Spintronics: A spin-based electronics vision for the future[J]. Science, 2001, 294(5546): 1488 - 1495.

[178] Pattnaik P K, Vijayaaditya B, Srinivas T, et al. Optical MEMS pressure sensor using ring resonator on a circular diaphragm[C]. 2005 International Conference on MEMS, NANO and Smart Systems, Banff, 2005.

[179] Esashi M. MEMS for practical application with attention to packaging[C]. 2006 International Microsystems, Package, Assembly Conference, Taiwan, 2006.

[180] Bauer C E. Emerging technologies: Impetus for future high technology growth [C].

International Conference on Electronic Packaging Technology, Shanghai, 2003.

[181] Allen M G, Furlong E R, Hanson R K. Tunable diode laser sensing and combustion control [J]. Applied Combustion Diagnostics, 2002: 479 - 498.

[182] Baer D S, Nagali V, Furlong E R. Scanned- and fixed-wavelength absorption diagnostics for combustion measurements using multiplexed diode lasers[J]. AIAA Journal, 1996, 34(3): 489 - 493.

[183] Hanson R K, Jeffries J B. Tunable diode laser absorption sensor applications to aeropropulsion testing[C]. Applied Vehicle Technology Panel Specialists' Meeting on Recent Developments in Non-Intrusive Measurement Technology, Budapest, 2005.

[184] Ng D. A new method to measure temperature and burner pattern factor sensing for active engine control[R]. NASA/TM, Hanover, 1999.

[185] Ito S. Infrared radiation sensitive device: U. S. Patent US6121615A[P]. [2000 - 9 - 19].

[186] Hagiwara H. Passive infrared detector: U. S. Patent US6150658A[P]. [2000 - 11 - 21].

[187] Wrbanek J D, Fralick G C, Farmer S C, et al. Development of thin film ceramic thermocouples for high temperature environments[C]. 40th AIAA/ASME/SAE/ASEE Joint Propulsion Conference and Exhibit, Fort Lauderdale, 2004.

[188] Nagaiah N R, Kapat J S, An L, et al. Novel polymer derived ceramic-high temperature heat flux sensor for gas turbine environment[J]. Journal of Physics Conference, 2006, 34: 458 - 463.

[189] Brophy C M, Werner S, Sinibaldi J O. Performance characterization of a valveless pulse detonation engine[C]. 41st Aerospace Sciences Meeting and Exhibit, Reno, 2003.

[190] Liu J, Jeffries J, Hanson R. Diode laser absorption diagnostics for measurements in practical combustion flow fields[C]. 39th AIAA/ASME/SAE/ASEE Joint Propulsion Conference and Exhibit, Huntsville, 2003.

[191] Thomson F C. Method of and apparatus for preventing compressor stall in a gas turbine engine: U. S. Patent US3938319A[P]. [1976 - 2 - 17].

[192] Andronenko S, Stiharu I, Packirisamy M, et al. The use of microelectromechanical systems for surge detection in gas turbine engines[C]. 2005 International Conference on MEMS, NANO and Smart Systems, Banff, 2005.

[193] Ruzyllo J. Surface processing in advanced microelectronic technology[C]. 3rd International Conference'Novel Applications of Wide Bandgap Layers'Abstract Book, Zakopane, 2001.

[194] Teolis C, Gent D, Kim C, et al. Eddy current sensor signal processing for stall detection [C]. IEEE Aerospace Conference, Big Sky, 2005.

[195] Leinhos D C, Schmid N R, Fottner L. The influence of transient inlet distortions on the instability inception of a low pressure compressor in a turbofan engine [J]. Journal of Turbomachinery, 2001, 123(1): 1 - 8.

[196] Freeman C, Moritz R R. Gas turbine engine with improved compressor casing for permitting higher air flow and pressure ratios before surge: U. S. Patent US4086022A[P]. [1978 - 4 - 25].

[197] Markham J, Marran D, Latvakoski H, et al. Turbine engine augmentor screech and rumble sensor[C]. 37th AIAA/ASME/SAE/ASEE Joint Propulsion Conference and Exhibit, Salt

Lake City, 2001.

[198] Hanbicki A T, Jonker B T, Itskos G, et al. Efficient electrical spin injection from a magnetic metal/tunnel barrier contact into a semiconductor[J]. Applied Physics Letters, 2002, 80(7): 1240 - 1242.

[199] Deguchi Y, Kamimoto T. Applications of laser diagnostics to thermal power plants and engines[J]. Applied Thermal Engineering, 2014, 73 (2): 1453 - 1464.

[200] Muruganandam T M, Nair S, Scarborough D, et al. Active control of lean blowout for turbine engine combustors[J]. Journal of Propulsion and power, 2005, 21(5): 807 - 814.

[201] Lattime S, Steinetz B. Turbine engine clearance control systems: Current practices and future directions[C]. 38th AIAA/ASME/SAE/ASEE Joint Propulsion Conference and Exhibit, Indianapolis, 2002.

[202] Lattime S B, Steinetz B M, Robbie M G. Test rig for evaluating active turbine blade tip clearance control concepts[J]. Journal of Propulsion and Power, 2005, 21(3): 552 - 563.

[203] Morimoto H. Blade tip clearance control structure of gas turbine: WO Patent WO/2007/ 032311[P]. [2007 - 3 - 22].

[204] Diakunchak I S. Turbine blade tip clearance control device: U. S. Patent US6926495B2 [P]. [2005 - 8 - 9].

[205] Holst T A. Analysis of spatial filtering in phase-based microwave measurements of turbine blade tips[D]. Atlanta: Georgia Institute of Technology, 2005.

[206] Fabian T, Kang S, Prinz F. Capacitive blade tip clearance measurements for a micro gas turbine[C]. 19th IEEE Instrumentation and Measurement Technology Conference, Anchorage, 2002.

[207] Wagner M, Schulze A, Vossick M, et al. Novel microwave vibration monitoring system for industrial power generating turbines [C]. 1998 IEEE MTT-S International Microwave Symposium Digest, Baltimore, 1998.

[208] Geisheimer J, Billington S, Burgess D. A microwave blade tip clearance sensor for active clearance control applications [C]. 40th AIAA/ASME/SAE/ASEE Joint Propulsion Conference and Exhibit, Washington DC, 2004.

[209] Tappert P, von Flotow A, Mercadal M. Autonomous PHM with blade-tip-sensors: Algorithms and seeded fault experience[C]. 2001 IEEE Aerospace Conference Proceedings, Big Sky, 2001.

[210] Flotow A V, Mercadal M, Tappert P. Health monitoring and prognostics of blades and disks with blade tip sensors[C]. IEEE 2000 Aerospace Conference Proceedings, Big Sky, 2000.

[211] Twerdochlib M. Imaging rotating turbine blades in a gas turbine engine: U. S. Patent US7064811B2[P]. [2006 - 6 - 20].

[212] Simunek J W. Methods for operating gas turbine engines: U. S. Patent US6591613B2[P]. [2003 - 7 - 15].

[213] Lukas M, Anderson D P. On-Site liquid gas turbine fuel analysis for trace metal contamination[C]. ASME 1997 International Gas Turbine and Aeroengine Congress and Exhibition, Orlando, 1997.

[214] Sudow M, Rorsman N, Nilsson P, et al. Planar schottky microwave diodes on 4H-SiC[J].

Materials Science Forum, 2005, 483: 937 - 940.

[215] Andronenko S I, Stiharu I, Misra S K. Synthesis and characterization of polyureasilazane derived SiCN ceramics[J]. Journal of Applied Physics, 2006, 99(11): 120.

[216] Okojie R S. Thermally stable ohmic contacts on silicon carbide developed for high-temperature sensors and electronics[R]. Research and Technology 2000, 2001.

[217] Glenn Research Center. New high-performance sic fiber developed for ceramic composites [EB/OL]. https://ntrs. nasa. gov/api/citations/20020078397/downloads/20020078397. pdf [2022 - 10 - 31].

[218] Brunsmann U, Tille T. High resolution readout of metal oxide gas sensors using time-to-digital conversion[J]. Electronics Letters, 2006, 42(20): 1148 - 1149.

[219] Valentini L, Armentano I, Kenny J M, et al. Sensors for sub-ppm NO_2 gas detection based on carbon nanotube thin films[J]. Applied Physics Letters, 2003, 82(6): 961 - 963.

[220] Culley D, Garg S, Hiller S J, et al. More intelligent gas turbine engines (Des turbomoteurs plus intelligents) [R]. Nato Research and Technology Organization Neuilly-sur-seine (France), Brussels, 2009.

[221] Fabian T, Prinz F B, Brasseur G. Capacitive sensor for active tip clearance control in a palm-sized gas turbine generator[J]. IEEE Transactions on Instrumentation and Measurement, 2005, 54(3): 1133 - 1143.

[222] Wenger J, Noweck M, Stotz M, et al. An MMIC-based microwave sensor for accurate clearance measurements in aircraft engines[C]. 1997 27th European Microwave Conference, Jerusalem, 1997.

[223] Lpsalpine. Sensors [EB/OL]. https://tech. alpsalpine. com/e/products/category/sensor/ [2022 - 10 - 31].

[224] Anderson A, Bair J, Bell D, et al. Department of Defense test method standard for environmental engineering considerations and laboratory tests [J]. Annals of Emergency Medicine, 2009, 54(3): S80.

[225] Warsop C. AEROMEMS-An investigation into the viability of MEMS technology for boundary layer control[C]. 17th Applied Aerodynamics Conference, Norfolk, 1999.

[226] Stalker A, Cerchie D, Cullen L, et al. Usng periodic perturbations for download alleviation on tilt-rotor airplane models in hover[C]. 2nd AIAA Flow Control Conference, Portland, 2004.

[227] Hiller S, Hirst M, Webster J, et al. ADVACT an european program for actuation technology in future aero-engine control systems[C]. 3rd AIAA Flow Control Conference, San Francisco, 2006.

[228] Glezer A, Amitay M, Honohan A M. Aspects of low-and high-frequency actuation for aerodynamic flow control[J]. AIAA Journal, 2005, 43(7): 1501 - 1511.

[229] Deveau P J, Greenberg P B, Paolillo R E. Gas turbine engine active clearance control: U. S. Patent US4513567A[P]. [1985 - 4 - 30].

[230] Zupan M, Ashby M F, Fleck N A. Actuator classification and selection — the development of a database[J]. Advanced Engineering Materials, 2002, 4(12): 933 - 940.

[231] Huber J E, Fleck N A, Ashby M F. The selection of mechanical actuators based on

performance indices [J]. Proceedings of the Royal Society of London. Series A: Mathematical, Physical and Engineering Sciences, 1997, 453(1965): 2185 - 2205.

[232] Bell D J, Lu T J, Fleck N A, et al. MEMS actuators and sensors: Observations on their performance and selection for purpose[J]. Journal of Micromechanics and Microengineering, 2005, 15(7): S153.

[233] Webster J. Are shape memory alloys about to come to age for gas turbine applications? [C]. 18th International Society for Air Breathing Engines Conference (ISABE), Beijing, 2007.

[234] Pitt D M, Dunne J P, White E V, et al. Wind tunnel demonstration of the SAMPSON smart inlet[J]. Proceedings of SPIE — The International Society for Optical Engineering, 2001, 4332: 345 - 356.

[235] Voutsinas S G. Aeroacoustics research in Europe: The CEAS-ASC report on 2005 highlights [J]. Journal of Sound and Vibration, 2007, 299(3): 419 - 459.

第4章
航空发动机叶片智能检测技术

4.1 叶片智能检测概述

4.1.1 叶片智能检测工程背景

随着时代的发展,飞机转场及执行任务日益频繁,对航空发动机的安全性和可靠性的要求越来越高。特别是作为航空发动机功能转化核心、关键部件的叶片,由于长期工作于高温、高压、高转速及高载荷的恶劣条件下,一直以来都是业界关注的焦点。为了适应恶劣的工作环境,满足高性能发动机需求,不仅要在研制、设计及生产发动机叶片过程中不断采用新工艺、新材料和新方法,还需对其进行严格的质量管理,使其满足长寿命和高性能要求,同时确保发动机叶片安全可靠。

对航空发动机叶片的质量管理是航空发动机制造生产、运营维护过程中必不可少的环节,其中包括生产制造阶段的质量管理以及使用期间的检修与维护。目前,航空发动机涡轮叶片均采用无余量精铸成型,在熔模铸造、机械加工、后续热处理等制造过程中难免产生内部夹渣、气孔、裂纹等微小缺陷。在发动机外场使用过程中,叶片也容易出现盐雾腐蚀、烧蚀、涂层脱落、划痕等不同程度的损伤。传统无损检测技术(内窥检测、磁粉检测、渗透检测、射线检测、涡流检测、超声红外热像检测等)是目前针对这些缺陷及损伤的主要检测手段[1]。

在无损检测中,射线检测是检测叶片内部缺陷的主要方法,通过 X 射线照相技术得到叶片胶片图像,再由检验员借助观片灯进行评片,如图 4-1 所示。由于经验差异、眼睛疲劳、标准理解等人为因素的影响,存在误检/漏检率高、检测效率低及时间成本高等诸多问题。除射线检测外,在以孔探内窥检测为主的航空发动机外场损伤检测中,检验员操作孔探仪获取发动机内部视频图像数据,同时综合专家经验及相关规定手册对孔探视频图像进行分析和评判,进而给出孔探仪检测结果,如图 4-2 所示。在孔探仪的操作使用以及孔探图像的分析判断过程中,人为因素影响巨大,测量结果和诊断结果往往因人而异,不仅漏检/误检率高,同时整个检测流程耗时长、花费大、效率低,给飞行训练的正常开展、飞机的高效使用、大强度出动、作战任务的胜利完成等都造成了严重影响。由此可见,目前传统无损检测方法已然很难满足航空发动机生产、装备及运维过程中严苛且频繁的质量管理要求。不仅如此,科技的飞速发展在不断提高航空发动机性能的同时也带给航空发动机叶片缺陷/损伤检测技术更高的要求,使得寻找更为高效的检测手段迫在眉睫。

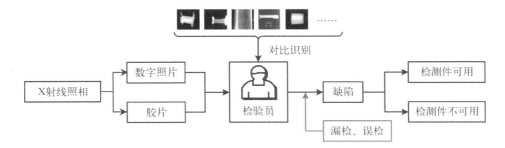

图 4-1　航空发动机叶片射线检测流程图

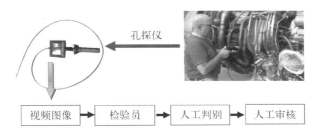

图 4-2　航空发动机外场损伤孔探仪检测

所幸的是,21 世纪以来的人工智能深度学习技术在图像识别、目标检测、语音识别、自然语言处理等领域得到了空前的发展,深度学习的兴起给各行各业注入了新鲜血液。目前已有部分学者将深度学习应用于航空发动机损伤检测与故障诊断中,这些新方法的诞生给航空发动机损伤与故障检测技术带来了新的契机,其智能化水平更高,为检验员带来了诸多便利。在当前的环境下,基于深度学习的计算机视觉技术已在图像识别领域得到了广泛应用,利用深度学习在计算机视觉领域的巨大潜力,并结合传统无损检测技术,研究将基于深度学习的计算机视觉技术应用于航空发动机叶片缺陷/损伤检测,进而克服检验员肉眼检测的各种弊端,对提高航空发动机叶片缺陷损伤检测水平、快速实现叶片检测智能化和自动化以及提高我国的航空工业水平有着非常重要的意义。

4.1.2　航空发动机叶片无损检测方法综述

1. 航空发动机叶片制造缺陷及成因

同一型号的发动机有着不同类型的叶片,不同类型航空发动机的叶片种类更是多种多样。从叶片的成型工艺方面进行区分,可分为铸造叶片和锻造叶片;从叶片的功用方面进行区分,可分为涡轮叶片和导向叶片;从叶片的结构方面进行区分,可分为空心叶片和实心叶片;从叶片的材料方面进行区分,可分为高温合金叶片和钛合金叶片,其中高温合金叶片按照材料组织结构的不同又可以分为单晶叶片和非单晶叶片。但就发动机叶片而言,通常是指可以在发动机涡轮盘上安装和拆卸的单个、独立的叶片,随着铸造技术的不断发展和进步,具有更优整体性能的叶片和涡轮盘一体的整体涡轮叶盘也越来越多地出现。

由于叶片种类多且结构复杂,一般采用无余量熔模精铸成型[2,3],在熔模铸造、机械加工以及后续热处理等制造过程中可能会产生各种各样的微小缺陷[4]。常见铸造叶片缺陷有气孔、夹杂、裂纹、冷隔及疏松。

1)气孔

气孔是指金属凝固时气体残留在铸件内部,未及时逸出而形成的孔洞或空腔。根据气孔的形成过程可将气孔分为卷入气孔、侵入气孔及反应气孔。卷入气孔多因金属液成型过程中卷入气体所致,多见于铸件中上部呈孤立存在的圆形或椭圆形大气孔;侵入气孔形成于铸件表层,多呈梨形或椭圆形,尺寸较大,内壁光滑,色泽明亮或带有轻微氧化色;反应气孔是由金属液内部某些成分发生化学反应形成的气孔,一般成群分布且尺寸较小,常见于铸件表层呈针头形或腰圆形。气孔缺陷减小了铸件的有效承载面积,其周围极易引起应力集中,进而降低铸件的抗疲劳性和抗冲击性,对铸件的正常使用危害极大。

2)夹杂

夹杂缺陷形状多样且位置多变,是叶片铸造中最为常见的缺陷类型。根据夹杂物密度的不同可以分为高密度夹杂和低密度夹杂。高密度夹杂通常由致密氧化皮等组成,在射线检测中,其高密度特征使得夹杂缺陷处灰度值较大,其形状多呈片状或小颗粒状,轮廓清晰,易于检验员肉眼分辨。低密度夹杂通常较目标实体密度相近或偏低,射线检测中灰度值接近,轮廓模糊,难以发现,而对于密度极低的夹杂,其灰度值与孔洞缺陷灰度值相近,当尺寸较小或轮廓边界光滑时,容易与气孔缺陷相混淆。

3)裂纹

铸件的裂纹可以分为铸造热裂纹和铸造冷裂纹。铸造热裂纹是指在铸造过程中,受铸件结构或铸造工艺等影响,铸件不同部位凝固速度不同而产生应力,拉裂铸件而形成裂纹,其通常发生在铸件凝固末期,多呈分叉波折线。当热裂纹产生时,铸件温度较高,容易氧化,其断口呈氧化色,这是热裂纹一个最为主要的特征。铸造冷裂纹是铸件凝固后冷却到较低温度(弹性状态)时,因局部铸造应力大于铸件自身强度极限而引起的开裂。冷裂纹裂口较直,多呈平滑直线或弯曲平滑线状。

4)冷隔

在较低的熔化温度或较差的浇口系统下,液态金属流动性差、充型条件不足,在型腔内流动受阻而无法完全填充模腔,从而产生浇不足或冷隔缺陷。当浇不足时,铸件不能获得完整形状;当冷隔时,铸件虽可获得完整外形,但存有未完全融合的接缝,通常呈现圆形裂缝或半圆形裂缝。

5）疏松

疏松是指铸件凝固缓慢的区域因微观补缩通道受阻而在枝晶间及枝晶的晶臂之间形成的细小空洞,常见于铸件表面或内部细微且不规则的小孔聚集。

根据叶片在使用过程中受力状况的不同,往往要对叶片的不同部位进行质量级别的划分,叶片上质量级别最高的区域不允许存在任何缺陷,质量级别相对较低的区域则允许存在一定程度的某些缺陷。图 4-3 给出了某种型号发动机空心叶片质量等级分区示意图,设计规定的不同质量等级 A 区、B 区、C 区所对应的质量要求见表 4-1。

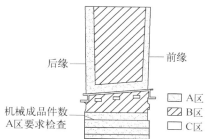

图 4-3　某种型号发动机空心叶片质量等级分区示意图[5]

表 4-1　铸造叶片不同质量等级区域对应质量要求[5]（mm）

缺陷类别	ASTM E192 标准	A 区	B 区	C 区
气孔、气穴	气孔	不允许	不允许	直径≤0.8,间距≥10,参考1/8″标准底片照片3
分散夹杂	小密度夹杂	不允许	Ⅲ截面以下不允许;其他为:直径≤0.6,间距≥10,同一横截面上不多于2处,参考1/8″标准底片照片4	直径≤0.8,间距≥10,参考3/8″标准底片照片4
树枝状疏松	树枝状疏松	不允许	Ⅲ截面以下不允许;其他为:直径≤1.0,间距≥25,同一横截面上不多于2处,参考1/8″标准底片照片3	直径≤2.0,间距≥25,参考1/8″标准底片照片4
海绵状疏松	海绵状疏松	不允许	直径≤3.0,不多于1处,参考1/8″标准底片照片5	直径≤6.0,不多于1处,参考1/8″标准底片照片5

表 4-1 中引入了美国材料和试验协会（American Society for Testing and Materials, ASTM）E192《宇航用钢熔模铸件标准参考射线底片》（ASTM E192）用于辅助评判零件缺陷的严重程度是否可接受,该标准由若干张标准底片组成,每张标准底片包含有记录同一种缺陷不同严重程度的 8 张照片,照片编号为 1~8。

2. 航空发动机叶片常见损伤及成因

航空发动机在使用过程中会受到各种各样的损伤,其中叶片损伤最为常见,一直以来都是发动机运维中检测的重点。在航空发动机运维中常见的叶片损伤包括裂纹、材料丢失、叶尖弯曲、缺口、凹坑、烧伤和烧穿等[6]。表4-2给出了发动机叶片常见损伤的描述和汇总[7]。

表4-2 发动机叶片常见损伤的描述和汇总[7]

损伤名称	成因及特点
弯折(bend)	指叶片外形或轮廓发生变化,通常为单面受力结果
烧蚀(burn)	是一种快速的氧化进程,通常是由高于母材所能承受的温度造成的,往往在开始时表现为变色
裂纹(crack)	由金属在交变应力或热作用下发生分离或不连续而造成,通常表现为不连续的锯齿状黑线,可观察到尖锐的端部,形状不随光照强度而改变。裂纹不断扩展,最终会导致部件断裂失效
腐蚀(corrosion)	由化学腐蚀而形成的较大的浅穴,由化学反应或生锈形成的凹痕累积而成,在母材金属上造成粗糙表面。腐蚀的发生往往与大气环境有关
凹坑(dent)	由圆钝平滑的外物的压力或冲击而造成的平滑的表面凹陷
缺口(nick)	由边缘尖锐的外物的压力或冲击造成的角部或底部尖锐的表面凹陷,缺口会造成应力集中而导致开裂,压气机叶片上的缺口是造成叶片断裂的原因
沉积物(deposit)	由来自其他部件或材料的颗粒聚集在部件表面形成,空气中的污染物、工业碳尘、沙尘、盐分也会沉积在风扇减震凸台上
磨蚀(erosion)	是由进入发动机高温气流通道的外来材料细小颗粒(如沙、污染的燃油、喷嘴前的积碳或火山灰等)高速流动造成的,金属表面被经过的流体逐渐磨损掉,通常首先出现于高温压气机的最后几级
材料涂层缺失(missing material or coating)	金属涂层的断裂、丢失
凹痕(pitting)	材料表面轻微的凹陷,无尖锐的角,通常由化学反应生成的腐蚀或生锈造成
刮痕(scratch)	金属表面由外形尖锐的物体造成的长而狭窄的印迹
塔叠(shingling)	风扇叶片中部的减震凸台错乱后彼此重叠(通常由风扇受到外物打击造成),或者出现在低压涡轮转子叶片叶尖的叶冠(通常由叶片防扭转丧失、径向移动过多等造成)
撕裂(tear)	外力造成金属断开
叶尖弯曲(tip curl)	通常出现在压气机叶片,由叶尖摩擦机匣内壁或软物卡在叶尖和衬环之间而造成的叶尖圆滑的弯曲

1)裂纹

裂纹多发生在热区的高压涡轮转子叶片的尖部,由于其工作环境恶劣、温度高、燃烧气体的腐蚀性强、气流中的沉积物多,所以热应力的不均匀分布使得涡轮叶片尖部多出现此类损伤。对于这种损伤,要加强监控检查,注意监控裂纹的发展趋势,以防止裂纹扩展造成叶尖材料丢失。冷段的转子叶片在受到异物冲击后也会产生裂纹,裂纹可以分为轴向裂纹、径向裂纹和周向裂纹,长度是裂纹检查的主要特征参数,其不随灯光的强弱而改变,如图4-4(a)所示。

2)材料丢失

材料丢失多发生在冷区的转子叶片上,通常是由高速且体积较大的外来物或内部掉落的硬性物体冲击所致。这种损伤往往不会单一地只发生在一级叶片上,而是多级叶片都会有不同程度的损伤,其后果往往是发动机进行替换。在孔探检测中,长度和深度是材料丢失的重要特征参数,如图4-4(b)所示。

(a)高压压气机叶片裂纹　　　　　　　　(b)转子叶片材料丢失

图4-4　叶片裂纹及材料丢失示意图[8]

3)叶尖弯曲

叶尖弯曲多发生在冷区的转子叶片上,通常情况下,是由转子叶片通道涂层蓬松涨起而刮磨到转子叶尖所致。在发现这种损伤后,孔探人员还要继续对转子叶片通道及下游各级叶片进行检查,以确定是否有脱落的转子通道涂层对下游叶片造成损伤。长度是检查叶尖弯曲的重要特征参数,如图4-5所示。

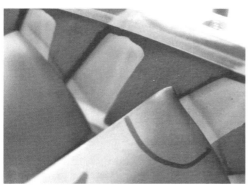 

图4-5　高压压气机叶片叶尖弯曲[8]

4）缺口

缺口多发生在冷区的转子叶片前缘,由微小的外来物打伤所致。通常情况下,缺口的面积和深度较小,放行标准也较宽,很少出现缺口损伤超标而导致发动机拆卸的事例。当这种损伤发生时,要注意观察缺口周围是否伴随着裂纹,如果发现裂纹,则情况要严峻得多,需要慎重处理,如图4-6(a)所示。

5）凹坑

凹坑多发生在冷区的转子叶片或静子叶片上,由外来物冲击叶片表面造成。冲击往往会在叶片表面上形成圆形凹陷,这种损伤的观测对光线的变化很敏感,其目视深度会随着光线的明亮或暗淡而变深或变浅。凹坑形状多为U形,深度是凹坑损伤检测中的重要特征参数,如图4-6(b)所示。

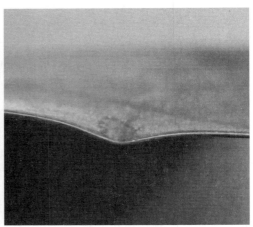

(a) 高压压气机叶片缺口   (b) 高压压气机叶片凹坑

图4-6 叶片缺口及凹坑示意图[8]

6）烧伤

烧伤多发生在燃烧室的内外壁上,由于燃烧室的温度较高,气流变化情况复杂,往往在温度高的回烧区出现此类损伤。这种损伤的形状极不规则,因此在测量其面积时,对孔探人员的测量水平要求很高。烧伤面积是此类损伤的重要特征参数,如图4-7(a)所示。

7）烧穿

烧穿多发生在热区的高压涡轮转子和静子叶片的前缘,多数情况下是由燃烧气体中的沉积物堵塞了叶片冷却孔,而局部区域温度过高所致,少数超温故障也会造成此类损伤。出现烧穿损伤,往往意味着叶片已经失去了外部的隔热效果,高温燃气会在短时间内对叶片内部造成巨大的伤害,因此烧穿损伤的标准十分严格,发动机更换的概率非常高。烧穿的估测比较复杂,要参考具体的工卡或手册标准,如图 4 - 7(b)所示。

(a) 高压涡轮叶片烧伤

(b) 高压涡轮叶片烧穿

图 4 - 7　叶片烧伤及烧穿示意图[8]

3. 航空发动机叶片无损检测方法及特点

无损检测是广泛应用于航空发动机各部件缺陷/损伤检测的常用方法,通过一定的手段在不损坏材料组织结构的情况下检测出其内部缺陷及损伤情况,并测量出缺陷/损伤尺寸、位置等信息。如今,无损检测技术已不断更新,不仅可以定量地进行工件常规检测,而且可以产生定量数据,用于特殊部件材料表征、寿命估算等的研究。随着计算机视觉技术的飞速发展,无损检测结合机器视觉的缺陷/损伤检测方法也开始崭露头角,成为无损检测领域新兴的研究方向。

为确保航空发动机叶片的完整性和可靠性,需要采用多种无损检测技术和方法对其进行检测和评价。常用于航空发动机叶片的无损检测方法有:目视检测、荧光渗透检测、超声波检测、磁粉检测、常规/微焦和中子射线照相术、计算机断层扫描、涡流检测、红外热成像检测、振动传感检测技术、叶端定时检测技术、无损检测结合机器学习方法等[1,9-13]。

1) 目视检测

目视检测是叶片无损检测中最基本、最易操作的方法,可细分为直接目视检测和间接目视检测。在发动机的每次大修中,叶片会直接从发动机中拆卸,检验员按照流程首先可以对其进行直接目视检测,检测时需要有足够的光照度,必要时可使用放大镜辅助检测。对于叶片的间接目视检测,内窥检测是目前发动机外场损伤检测的主要手段,检验员操作孔探仪(内窥镜)观察发动机内部叶片光学图像,分析并评估航空发动机叶片损伤状况,然后给出诊断结果和维修措施。孔探检测不仅延长了检验员的视距,而且能够灵活地改变探头方向,能够全方位地观察航空发动机内部叶片情况,避免了对发动机分解、拆开的复杂操作[14,15],为航空发动机叶片的健康管理提供了有力保障。航空发动机目视检测的最大优点是操作简单、直观、成本低,而最大缺陷则是只能进行表面检测,检测分辨率低,人为因素影响大,对检验员的技术、细心度是一个相当大的考验。

2）荧光渗透检测

荧光渗透检测是检验航空发动机叶片表面裂纹、开口不连续性的最常用的无损检测方法之一。为了取得精确的检测结果并便于后续叶片清洗,需采用超高灵敏度亲水性渗透剂乳化剂进行检测。目前,使用最多的荧光渗透检测方法包括水洗型荧光渗透检测和后乳化型荧光渗透检测。通常建议使用荧光染料渗透剂(Ⅰ型)对叶片进行检测,Ⅱ型着色渗透剂不得用于航空航天产品的最终验收检验。一般来说,在检查过程中如发现裂纹等缺陷,叶片将被拒收,不适合修理/返工。而刻痕或轻微异物刮伤等可通过抛光进行返工,并接受重新检查。荧光渗透检测的优点是缺陷显示直观,检测灵敏度高,而缺点是只能进行叶片表面的缺陷检测[16]。

3）超声波检测

超声波检测是一种检测工件内部缺陷/损伤的无损检测方法。当超声波传递至被检材料内部时,材料的声学特性和内部结构的变化对超声波的传播有一定的影响。当利用超声波检测仪对叶片进行检测时,振动频率为 $0.5 \sim 25$ MHz 的短脉冲波经发射后传入试件,此时脉冲波在试件中传播,并与试件材料相互作用,一旦遇到材料内部两种介质分界面或材料密度有变化时,入射声波被反射。反射波被探头接收后,根据反射信号的有无和幅值的高低,对试件内部有无缺陷及缺陷的大小做出评估。通过测量入射波与反射波的时间差以及声波通过材料后能量的衰减,可确定缺陷的大致深度(反射面与试件表面上入射点的距离)。与其他无损检测方法相比,超声波检测方法的优点是:不受检测试件材料的限制,适用范围广;灵敏度高,特别是对于内部裂纹等缺陷有很好的检测效果。超声波检测方法的缺点是:对复杂结构的涡轮叶片内部缺陷的检测灵敏度和信噪比低;对气孔和夹杂等缺陷敏感性低;检测结果直观性差;存在检测盲区(近表面缺陷不易被检测)[17,18]。

4）磁粉检测

磁粉检测是航空行业标准制定的四个主要的无损检测方法之一,其他三个分别为超声波检测、射线检测和荧光渗透检测。磁粉检测以磁粉为缺陷的显示介质,是检测钢铁材料表面或近表面缺陷的主要检测方法。待检叶片被适当磁化后,若表面存在缺陷、不连续性,则缺陷处磁力线发生局部畸变,产生漏磁场,涂于工件表面的磁粉在此处被吸附而聚集,形成目视可见的磁粉图像(磁痕)。磁痕的形状、大小在一定程度上反映了缺陷的深度和尺寸。因此,借助磁痕的显示特性可以方便地检测出试件表面的缺陷。磁粉检测的主要优点是:直观性强,可以直观地显示缺陷的位置、形状以及尺寸;不受待检试件形状和尺寸的限制,对线状缺陷的检测灵敏度极高;检测速度快,成本低,操作简单,技术依赖度低。磁粉检测的缺点是:只适用于表面或近表面(深度 1~2 mm)铁磁性材料的检测;无法确定缺陷的深度;对宽而浅的缺陷检测灵敏度低;试件检测后需要进行清洗[19]。

5) 常规/微焦和中子射线照相术

对航空发动机叶片使用射线检测(radiographic testing, RT)技术主要是指射线照相术,是 100%检测铸造叶片内部缺陷的主要方法。射线检测利用射线在不同密度物体内透射强度不同这一特性进行缺陷检测,基本原理是:当一束强度均匀的射线透照被检物体时,如果物体内部的组织结构或局部区域存在异常或缺陷,则该处射线衰减度将发生变化,进而产生与正常部位不同的射线强度,利用一定的检测器(通常为胶片)对射线透射强度进行可视化描述,就可以判断待检试件内部的缺陷及异常分布情况。射线检测常用于对铸造叶片内部孔洞类缺陷(如气孔、缩孔、疏松)、夹杂类缺陷(夹渣、多余物、断芯)、裂纹缺陷及冷隔、未熔合类缺陷的检测。对于结构复杂或截面厚度不均匀的涡轮叶片,射线检测较为困难,无法做到 100%检测,此时,采用计算机断层扫描(computed tomography, CT)、超声波检测等技术进行多流程综合检测。近年来,数字射线检测技术在工业及医学领域得到了广泛应用,然而由于航空发动机叶片质量要求高、缺陷检测难度大等问题,传统胶片射线照相术仍被我国各大航空制造厂广泛应用。传统射线照相术的主要优点是:对铸造叶片内部的气孔、夹杂等缺陷有很好的检测效果;检测显示直观、结果可长期保存。射线检测的主要缺点是:检测流程复杂、效率低、成本高;检验结果受人为因素影响大、评片对检验员的技术要求高[20]。

6) 计算机断层扫描

计算机断层扫描技术是近年来应用于航空发动机空心涡轮叶片的缺陷检测方法,不仅可以定性地检测缺陷,而且可以定量地给出缺陷位置,进行缺陷尺寸的测量,在叶片结构分析、三维测量及密度表征等方面都有十分广泛的应用。计算机断层扫描的基本原理与射线检测类似,都是利用射线在不同物体内部透射强度的不同进行成像,不同的是射线管发出锥束 X 射线,穿透被测物体后被平板阵列探测器接收,在该角度透射下得到一个透射强度的投影图像;多次旋转载物台使试件以不同的角度对准锥束 X 射线进行透射,得到多组不同角度的投影图像;之后根据某种特定算法(三维 CT 重建算法)重建不同断面的切片图像。对一系列多个断层图像数据进行分析处理,就可以对试件进行三维图像重构。CT 检测相比于射线检测有诸多优点,例如:能够清晰地展现缺陷的深度位置、叶片内部组织结构;不受周围复杂结构细节特征的影响,检测结果更为直观,图像更易被人理解和识别;锥束射线焦点小,能量密度大,成像的空间分辨力高,能精确测定缺陷位置、尺寸和形状。CT 检测的缺点是:得到的断层图像精度受探测器尺寸、机械系统精确度、重建算法等多种因素影响;检测流程复杂,耗时,效率低;检测成本高,技术依赖度高[21,22]。

7）涡流检测

涡流检测是利用交变电流的电磁感应原理对金属（或导电性较好的非金属）材料进行无损检测的基本方法之一。当被检试件置于涡流检测器的激励组件时，由于受到激励的交变磁场的作用，其内部形成感应电流，即涡流，涡流形成的反作用磁场作用于检测组件，形成可表征检测试件体征信息的感应电流（电压）。感应电流（电压）与导电材料的导电率、几何尺寸、形状、不连续性缺陷等有关。被检叶片一旦存在裂纹等缺陷，感应电流将发生畸变，通过分析感应电流（电压）幅值、相位等的变化，即可得到检测试件的缺陷信息。涡流检测的主要优点是：检测流程便捷，检测速度快，试件一经检测可立即得到检测结果，不需要对检测试件做任何预处理；检测效率高，适用范围广，可以做到非接触检测；可以对试件的导电率进行精确测量，进而对试件材质进行区分和评价。涡流检测的主要缺点是：响应信号复杂，检测数据容易受到各种干扰因素的影响，因此需要采用信号处理和一定的抗干扰技术才能使检测结果更为可靠；涡流检测通常只能检测试件表面或近表面缺陷[23,24]。

8）红外热成像检测

红外热成像检测是利用红外热像仪等设备对被测物体表面温度进行可视化描述，进而检测试件缺陷的一种无损检测方法。当试件存在不连续性的结构差异或缺陷时，其自身热扩散将受到影响，通过对被检物体施加热激励，被检物体内部形成热流，而被检物体内部的不连续性会影响热流的传递，进而在缺陷处产生明显的热流变化，致使表面温度分布异常。红外热像仪利用光电技术接收试件表面热辐射的红外线特定波段信号，并将该信号转换为人类视觉可分辨的温度场图像，进而直观地展现出试件表面缺陷的异常分布情况。红外热成像检测的优点是：不受被检物体材料属性的限制，检测速度快、效率高；检测结果直观，易于人眼观察和理解；非接触式测量，不受电磁干扰，灵敏度高。其缺点是：对于不同材料的检测，检测前需要施加不同的热激励，因此技术要求高；只对近表面结构特征敏感，不能检测较厚物体[25,26]。

9）振动传感检测技术

振动传感检测技术是利用叶片工作中产生的振动信号进行叶片损伤检测的常用方法。当叶片存在损伤时，叶片的刚度、质量、阻尼比等结构参数会发生变化，此时叶片的动态特性（振动频率和模态参数）也会随之发生改变。模态参数是叶片的固有特性，模态频率、模态刚度、模态质量和阻尼比的变化可以作为信号来分析叶片状态。叶片振动信号可以通过时频域法、时域法和频域法进行分析。振动传感检测技术的主要优点是：无须对工件进行拆卸分解；对工件材料属性等无特殊要求，适用范围广。其缺点是：检测结果不够直观；难以获得工件精确的动力学特性；需要信号处理等方面的专业基础，检测技术要求高；检测结果不够直观等[27,28]。

10）叶端定时检测技术

叶端定时（blade tip timing，BTT）检测技术是一种非接触式叶片损伤检测方法，通过测量叶尖振动位移来检测叶片损伤。BTT 检测技术的工作原理是：采用 BTT 传感器测量叶片转动时的实际到达时间，当振动发生时，叶片将提前或晚于预期时间通过 BTT 传感器，然后根据该时间差计算出各叶片的振动位移。但在实际应用中，BTT 传感器的实际数量远少于理论数量，导致 BTT 振动信号采样严重不足。因此，需要利用相关重构算法对 BTT 振动信号进行重构以获得未知的多频振动响应，最后通过分析重构信号特征进行叶片损伤检测。BTT 检测技术的主要优点是：非接触式测量，安装简单；检测成本低，精度高。BTT 检测技术的主要缺点是：测量参数受限；传感器测量信号欠采样，需要进行信号重构；技术要求度高；检测结果不够直观等[29,30]。

11）无损检测结合机器学习方法

随着机器学习方法在各行各业的广泛应用，无损检测的自动化、智能化备受众多学者关注。特别是近几年，机器学习在计算机视觉、自然语言处理及语音识别等领域得到飞速发展，涌现出多种基于机器学习的模型和方法，该模型和方法的一大特点是采用支持向量机、贝叶斯网络、主成分分析、多层感知器、深度神经网络等进行建模，利用大量数据进行模型训练，试图使计算机模拟人类的学习行为，实现对未知数据的分类回归。该模型和方法同样可应用于无损检测领域，通过与传统无损检测方法相结合，实现无损检测的自动化和智能化。由于航空领域的特殊性，此类智能化无损检测方法目前还处于起步阶段[31-34]。

4.1.3　深度学习的发展及其在缺陷/损伤检测中的应用研究现状

1. 深度学习的发展及应用概况

近年来，深度学习发展迅猛，在国内外引起了人们的广泛关注，然而深度学习的火热并不是一时兴起，而是经历了一段漫长的发展史。一般来说，深度学习经历了以下三次发展浪潮：

（1）20 世纪 40 年代~60 年代，深度学习的雏形出现在控制论中；

（2）20 世纪 80 年代~90 年代，深度学习表现为联结主义；

（3）2006 年，深度学习得以复兴。

深度学习的发展历程如图 4-8 所示。

神经网络的思想起源于 1943 年的莫克罗-彼特氏（Mcculloch-Pitts，MCP）神经元模型，即人工神经元模型，当时是希望能够用计算机来模拟人的神经元反应的过程。该模型将神经元简化为三个过程，即输入信号线性加权、求和、非线性激活（阈值法），人工神经网络的大门由此开启。1969 年，美国数学家及人工智能先驱 Minsky 在其著作中证明了感知器本质上是一种线性模型，只能处理线性分类问题，

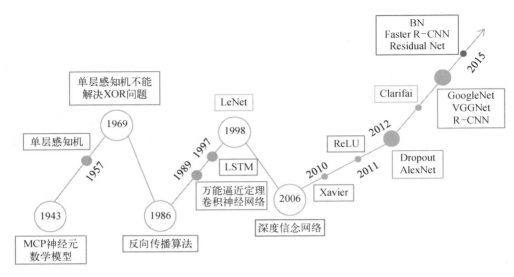

图 4 - 8　深度学习的发展历程

就连最简单的异或(exclusive OR,XOR)问题都无法正确分类。这等于直接宣判了感知机的死刑,神经网络的研究也陷入了近二十年的停滞。

1986~1998 年,第二代神经网络得以诞生和发展,第一次打破了非线性诅咒的当属现代深度学习(deep learning, DL)的巨擘 Hinton,其在 1986 年发明了适用于多层感知机(multilayer perceptron, MLP)的误差反向传播(back propagation, BP)算法,并采用 Sigmoid 进行了非线性映射,有效解决了非线性分类和学习的问题。该算法引起了神经网络的第二次热潮。值得强调的是,1989 年以后由于没有特别突出的方法被提出,且神经网络(neural networks, NN)一直缺少相应的严格的数学理论支持,神经网络的热潮渐渐冷淡下去。冰点来自 1991 年,BP 算法被指出存在梯度消失问题,该发现对当时神经网络的发展雪上加霜。1997 年,长短期记忆(long short-term memory, LSTM)神经网络模型被发明,尽管该模型在序列建模上的特性非常突出,但由于正处于神经网络的下坡期,所以其也没有引起人们的足够重视[35]。

目前,广泛应用的第三代神经网络诞生于 2006 年,其间经历了两个时期:快速发展期(2006~2012 年)与爆发期(2012 至今)。快速发展期始于 2006 年,称为 DL 元年,这一年,Hinton 等[36]提出了深层网络训练中梯度消失问题的解决方案:无监督预训练对权值进行初始化加有监督训练微调。其主要思想是:首先通过自学习的方法学习到训练数据的结构(自动编码器),然后在该结构上进行有监督训练微调。但是由于没有特别有效的实验验证,该方案并没有引起重视。2011 年,修正线性单元(rectified linear unit, ReLU)激活函数被提出,该激活函数能够有效地抑制梯度消失问题[37]。是年,微软公司首次将 DL 应用在语音识别上,取得了重大突破。

深度学习的爆发期始于 2012 年,是年,Hinton 课题组为了证明深度学习的潜力,首次参加了 ImageNet 图像识别比赛,其构建的卷积神经网络(convolutional neural networks, CNN)AlexNet 一举夺得冠军,并碾压第二名支持向量机(support vector machine, SVM)方法的分类性能。也正是由于该比赛,CNN 吸引了众多研究者的注意。接下来的连续三年里,ImageNet 图像识别比赛,DL 的网络结构、训练方法、图形处理器(graphics processing unit, GPU)硬件的不断进步,促使其在其他领域也在不断地征服战场。2015 年,Hinton 等[38]论证了局部极值问题对 DL 的影响,结果是损失的局部极值问题对于深层网络来说影响可以忽略。该论断也吹散了笼罩在神经网络上局部极值问题的阴霾。

纵观深度学习的产生与发展以及在各个领域的广泛应用,目前深度学习已经渗透到科技、工业、农业、交通运输业、建筑业、国防安全、航空航天、服务业等各个领域,如人脸识别、目标检测、语音识别、自然语言处理、无人驾驶、工业机器人、服务机器人等。与日俱增的数据量、网络结构、模型、复杂度等不断地刷新人们对深度学习的认知,随着研究和应用的不断深入,基于深度学习的算法的预测速度与精度不断提升,在不久的未来,深度学习将迎来更加广泛的应用。

2. 基于深度学习的工件缺陷/损伤检测识别技术研究现状

在工业生产应用中,工件在铸造加工或长期使用过程中或多或少会产生缺陷(夹渣、气孔、裂纹、冷隔、疏松等)和损伤(涂层脱落、烧蚀、裂纹、腐蚀等),为了保证工业生产的安全稳定运营,工件的出厂质检及使用期间定期维护检修必不可少。目前,工业界传统的无损检测方法大多需要依靠大量人力和物力,在生产力不断发展的现阶段,其经济效益、检测效率及检测精度不容乐观。随着深度学习在目标检测领域的迅速发展和广泛应用,基于深度学习的工件缺陷及损伤自动检测识别已然成为无损检测领域的一大研究热点。目前,基于人工智能深度学习的工件缺陷及损伤检测主要分为两个方面:表面缺陷/损伤检测和内部缺陷/损伤检测。

基于深度学习的表面缺陷/损伤检测是无损检测领域与计算机视觉领域完美结合的产物,其一般做法为:应用深度学习目标检测算法对工件拍摄图像进行缺陷、损伤的识别和定位。深度学习目标检测算法通过卷积等操作逐层提取目标对象的特征,突破了人为特征抽取的局限,其效率和智能化水平更高。李梦圆[39]针对尺寸较大的电池板与胶囊图像,基于卷积限制玻尔兹曼机(convolutional restricted Boltzmann machine, CRBM)设计建立了深度卷积信念网络(deep convolutional belief networks, DCBN)模型结构,并成功应用于太阳能电池板和胶囊的表面缺陷识别,克服了卷积神经网络和深度信念网络模型对尺寸较大的太阳能电池板与胶囊图像缺陷识别效果不理想、识别精度差的问题。Faghih-Roohi 等[40]从自动拍摄的钢轨录像中提取了大量钢轨图像作为训练数据,分别对比研究了三种不同结构尺度的深度卷积神经网络(deep convolutional neural network, DCNN)模型的识别效果,结果表明,三种模型均能以 92% 的识别精度成功分类钢轨缺陷类别,且大型 DCNN 模型在钢轨缺陷分类任务上比中小型 DCNN 模型表现得更好。
Park 等[41]研究了 CNN 对零件表面污垢、划痕、毛刺和磨损检测识别的适用性,证
实 CNN 在表面缺陷检测中相比于手动建模具有更高的可靠性。Tabernik 等[42]基
于深度学习目标分割算法发展了一种适用于表面缺陷异常检测的两阶段深度学习
模型,第一阶段是利用像素级标签数据训练得到的分割网络,第二阶段为附加的缺
陷预测网络。实验结果表明,该模型的检测精度优于大部分最新的商业软件。
Zhao 等[43]基于双目成像和深度学习技术建立了一种改进的 3D 激光图像扫描深度
学习系统(3D laser image scanning deep-learning system, 3D – LDS),该系统采用一
种融合深度 CNN 双阶模型分别用于缺陷分类/识别和缺陷定位。范程华[44]采用
Unet 提出了一种基于动态池化(dynamic pooling, DP)的 DP – Unet 模型,采用小波
变换检测信号中的跳变位置,进而在池化时有针对性地提取特征信息,在此基础上
设计并建立了电池片缺陷检测系统。李康宇[45]提出了一种基于 Faster R – CNN 的
多尺度特征融合算法,并以此构建了带钢表面缺陷识别模型,用于优化带钢中微小
缺陷和细长型缺陷的识别和定位精度。桑宏强等[46]通过使用 AdaBoost 构建了
AdaBoost – SVM 级联分类器对 CNN 分类器进行改进,大幅度提高了 CNN 在工件表
面缺陷检测中的检测准确率。金闶奇等[47]提出了一种基于特征金字塔的多尺度
缺陷检测(multi-scale defect detection, MSDD)方法,实验结果表明,相比于现有多
尺度算法,如单步多框检测(single shot multibox detector, SSD)算法和 YOLOv3(you
only look once v3)目标检测算法,该算法对金属表面缺陷目标特征提取更加精确,
同时提高了鲁棒性和检测速度。蒋相哲[48]提出了一种基于 YOLO(you only look
once)和残差网络(residual network, ResNet)的结合算法,该算法首先对铸件的缺
陷区域进行检测和定位;然后单独对得到的各个区域图像进行识别和分类;最后通
过实验结果验证该算法的可行性。虽然工件表面缺陷检测中屡屡出现深度学习的
身影,但其在微小缺陷的检测识别精度以及工业生产应用中仍面临巨大考验。

　　X 射线检测影像识别是无损检测中对工件内部缺陷/损伤检测的常用方法,近
年来,随着人工智能深度学习的飞速发展,国内外众多学者致力于 X 射线检测自动
化、智能化的研究,深度学习逐渐被用于工业铸件 CT 图像的缺陷检测[49-52]。Mery
等[53,54]建立了名为 GDXray 的免费公用数据集,其中包含铸件、焊缝、行李、自然物
体和环境五类共 19 407 个 X – ray 图像。Mery 等[55]以汽车零部件的 X – ray 图像
作为数据集,评估和比较了深度学习、稀疏表示、局部描述符和纹理特征等 24 种计
算机视觉技术,实验发现,具有 SVM 线性分类器的简单局部二值模式(local binary
pattern, LBP)描述子可获得最佳性能(97% 的精度和 94% 的查全率)。Ferguson
等[56,57]在 GDXray 数据集的基础上利用迁移学习技术实现了 Faster R – CNN
ResNet – 101、R – FCN ResNet – 101、SSD VGG – 16 等多个先进目标检测模型对工
业铸件 CT 图像缺陷进行定位与识别,研究发现,基于 Faster R – CNN ResNet – 101

模型的平均精度均值（mean average precision，mAP）在 GDXray 数据集上可以达到最优精度（92.1%）。时佳悦[58] 依据灰度变化率对图像进行了分割，通过选择 14个特征值，利用径向基函数（radial basis function，RBF）神经网络对缺陷进行了分类识别。常海涛等[59,60] 建立了少量工业 CT 图像缺陷数据集，基于经典二阶深度学习目标检测算法 Faster R - CNN 提出了适用于工业 CT 图像缺陷检测的深度学习检测算法，该算法避免了传统缺陷检测需要手动选取目标特征的问题，检测效果良好。Fuchs 等[61,62] 利用模拟程序设计了含有缺陷的铝模铸件模型并自动生成包含缺陷、伪影、噪声的铝模铸件 CT 模拟图像数据集和标签集，利用模拟数据对比分析了深度学习检测算法和基于过滤器方法在检测铝模铸件 CT 图像上的表现，证明了深度学习检测算法在识别含噪声和伪影的铝模铸件 CT 图像上的绝对优势，进一步分析研究了深度学习检测算法在增材制造零件 CT 缺陷检测上的适用性，证明了深度学习检测算法在射线检测上的适用性。Du 等[63,64] 采用特征金字塔网络（feature pyramid network，FPN）[65] 对汽车铝铸零部件 X 射线图像进行了特征提取，并利用 RoIAlign 算法[66] 进一步提高了缺陷检测识别模型的检测性能。除此之外，深度学习方法在 X 射线焊缝图像缺陷检测[67-72]、安检行李箱 X 射线检测[73,74]及 X 射线医学影像检测[75-77] 等应用中也得到了广泛研究。

3. 基于人工智能深度学习的航空发动机叶片缺陷/损伤检测识别技术研究现状

近年来，深度学习以其独特的优势和潜力在众多领域得到了广泛应用，并且取得了显著进展，在复杂的航空发动机叶片缺陷/损伤检测领域也已出现深度学习的身影[78-82]。基于深度学习的计算机视觉技术结合传统无损检测方法在叶片缺陷/损伤检测中相继被研究，这些方法的共同特点是利用深度卷积神经网络在图像识别上的强大能力，建立了多个适用于叶片损伤图像识别的深度学习模型，实现了对叶片损伤图像的自动分类识别。Moreno 等[83] 利用卷积神经网络对风力发电机叶片（wind turbine blade，WTB）损伤进行了分类，并设计研发了附有该机器视觉损伤检测系统的机器人手臂，可以从叶片表面抓取图像并自动检测损伤。Reddy 等[84]利用无人机拍摄采集风力机叶片损伤图像，通过训练 CNN 建立了 WTB 损伤检测和分类模型。文献[85]~[88] 利用风力发电机叶片图像对先进的深度卷积神经网络 AlexNet、VGGNet、ResNet50 等进行了训练，实现了对风力发电机叶片表面损伤的自动分类识别。Chen 等[89,90] 基于 Fast R - CNN 目标检测算法建立了航空发动机射线检测系统网络（aeronautics engine radiographic testing inspection system net，AE - RTISNet），用于航空发动机射线图像的特征提取和缺陷识别，并在嵌入式 Jetson TX2 系列扩展模组上实现了模型部署，该模型能够有效地检测 X 射线图像中的缺陷，对 8 种类型缺陷的检测准确率高达 90%，之后又基于 YOLOv4 算法实现了航空发动机 X 射线图像的缺陷检测，检测速度比之前提高了 2 倍。Zhang 等[91]基于 YOLOv3 算法建立了航空发动机叶片损伤检测模型，利用包含裂纹、卷曲、凹坑、缺口和撕裂 5 种损伤类型的 227 幅航空发动机叶片孔探图像进行了模型训练，实现了发动机风扇叶片损伤的自动识别。Kim 等[92]针对航空发动机孔探视频图像开发了一种基于卷积神经网络及一些与特征点提取和匹配相关的图像处理技术的损伤识别算法，该算法已在软件中得到开发，并通过多次现场试验进行了验证，实现了对发动机风扇叶片和高压压气机叶片损伤的自动检测，其测试阶段对视频图像的损伤检测率高达 100%。Chen 等[93]、Shen 等[94]基于深度学习目标检测算法建立了深度学习航空发动机孔探图像缺陷及损伤检测模型，测试验证了深度学习目标检测算法应用于航空发动机孔探图像缺陷及损伤检测的有效性。He 等[95]提出了一种改进的 Cascade Mask R-CNN 模型，用于航空发动机叶片孔探图像的损伤检测，并且建立了多个语义分割模型（YOLOv4、Cascade R-CNN、Res2Net 和 Cascade Mask R-CNN）进行了对比研究。Shang 等[96]设计了一个特征融合网络用于提取航空发动机叶片孔探图像的浅层纹理信息，并利用改进 Mask R-CNN 实例分割算法实现了航空发动机叶片损伤的自动分类、定位和区域分割。

除了利用深度学习的计算机视觉方法实现航空发动机叶片缺陷损伤的自动检测外，基于时间序列的深度学习模型被用于叶片损伤预测。Liu 等[97]提出了一种基于卷积神经网络和长短期记忆网络的风力发电机组叶片刚度预测方法，CNN 用于获得空间特征，LSTM 用于预测刚度演化，该方法能从原始刚度数据中直接学习特征并预测剩余刚度。

在叶片损伤检测智能化应用层面，国外部分机构处于全球领先地位。总部位于苏黎世的 IMITec 股份有限公司开发了一种可远程控制的飞机检测设备，无须在现场配备经认证的无损检测（non-destructive testing，NDT）检查员即可有效地检测损伤。该设备于 2019 年初与项目合作伙伴瑞士国际航空公司开始研发，于 2020 年 10 月投入市场。IMITec 股份有限公司发明的远程控制飞机检测设备可以对飞机进行远程遥控无损检测，在确定飞机是否可以放行之前，由认证人员在基地控制检测过程并分析结果。该设备是一个基于涡流检测的攀爬机器人，在铁磁性轨道上移动，铁磁性轨道通过真空吸附技术连接到飞机结构上，并采用智能控制技术引导机器人在其表面上移动，如图 4-9 所示。一旦轨道就位，该检测设备就会自动连接到轨道上，并进行邻近区域的自动扫描

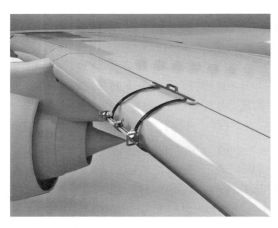

图 4-9 IMITec 股份有限公司研制的智能攀爬机器人用于飞机损伤检测[98]

检测。如果需要,远程操作员可以控制它到一个选定的位置。

3D. aero 股份有限公司使用先进的人工智能技术优化航空工业的检查和生产过程,应用人工智能技术研发了机器人自动检测系统 AutoInspect。 AutoInspect 是一个基于 3D. aero 股份有限公司的机器人光学系统,配备高端传感器技术和智能算法,能够以最高精度实现裂纹检测的数字化,系统分辨率可达微米级,用于航空发动机零部件的静态检测,如图 4 - 10 所示。

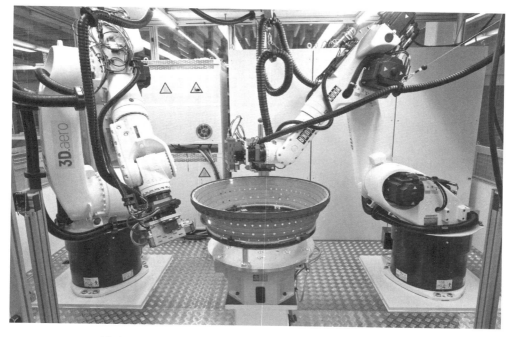

图 4 - 10　3D. aero 公司的机器人自动检测系统 AutoInspect
用于航空发动机零部件的静态检测[99]

AutoInspect 系统结合了机器人技术、用于精确表面测量的白光干涉(white-light interferometry, WLI)技术和用于智能缺陷分类的人工智能技术。机器人技术、WLI 技术和人工智能技术的相互结合使孔洞、裂纹以及其他缺陷(如划痕、沉积物、凹坑、点蚀、腐蚀和烧蚀)的全自动数字化测量、检测和分类成为可能,允许自动生成、处理和实时解释高分辨率三维表面数据。AutoInspect 系统支持表面特征的检查和可视化,以及在被检查部件上打印结果。附加的激光截面技术允许系统对部件和某些特征尺寸进行自动测量,所有结果都会自动记录,详细信息会直接打印到组件上,该功能可以提高表面检查和后续工艺流程的效率。

荷兰航空航天中心(Netherlands Aerospace Centre, NLR)正在开发一种视觉检查自主机器人(autonomous robot for visual inspections, ARVI)(图 4 - 11)。该机器人能

够模仿人类技术人员进行飞机检查。机器人拍摄的图像将通过基于深度神经网络模型的机器视觉算法和人工智能工具进行分析。NLR 正与荷兰国防部合作测试该技术,并寻找航空公司合作开发该项技术,2022 年底第一款产品已经投放市场。

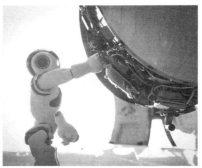

图 4 - 11　NLR 研发的视觉检查自主机器人用于航空发动机检测[100]

上述众多研究以不同的方式方法将深度学习技术应用于航空发动机叶片缺陷/损伤检测中,实现了叶片缺陷/损伤的自动检测识别。其方法大致分为 2 种:① 基于视频图像数据的深度学习计算机视觉缺陷/损伤自动检测方法;② 基于传感器数据的深度学习时间序列模型预测方法。这些方法相比于传统无损检测在检测效率上得到了大幅度提高,为航空发动机叶片的智能化无损检测技术开辟了新的方向。然而,目前深度学习在航空发动机叶片缺陷/损伤检测中的应用还处于初级发展阶段,如何在航空发动机叶片缺陷/损伤检测中最大限度地发挥深度学习的潜力和优势,实现深度学习与航空发动机叶片缺陷/损伤检测高效完美结合仍然有很长的路要走。在众多学者的共同努力下,不久的将来,深度学习将以其前所未有的优势在航空发动机叶片缺陷/损伤检测中得到更为广泛的应用。

4.1.4　人工智能技术在航空发动机孔探检测中的应用现状

人工智能技术在航空发动机孔探检测中取得了长足进步,我国西安邮电大学李文博、王文庆和深圳航空有限公司西安分公司王凯、黄小朝、陈思远等在民机发动机孔探智能检测中取得了重要进展。

1. 孔探诊断专家系统

专家系统是人工智能研究中开展较早的方法,它能运用航空发动机孔探中的专门知识和经验,采用人工智能中的推理技术来求解和模拟通常只能由专家才能解决的各种复杂问题,能够有效克服孔探时发动机诊断结果严重依赖人工导致的效率低下等缺点。

李华等[101]开发了基于规则的航空发动机孔探图像诊断专家系统,根据损伤尺寸的不同规定相应的知识规则,实现了基于孔探图像分析的航空发动机故障智能诊断,但基于规则的专家系统缺乏灵活性,在航空发动机内窥检测中,一旦损伤参数的数值没有匹配规则时,专家系统便无法对损伤做出诊断。

徐龙喜等[102]开发了基于案例推理的远程发动机孔探评估专家系统,首先建立了发动机典型损伤及维修决策案例库,通过上传需要查询的孔探图像来检索相似案例以匹配相应的维修决策。基于案例的专家系统需要大量的经验知识,并且随着案例的增加,案例的检索速度也变得越来越慢,直接影响到专家系统的工作效率。针对两种专家系统各自的优缺点,罗云林等[103]扬长避短,建立了基于规则推理和基于案例推理的混合专家系统,可以准确地对孔探损伤做出判断,并给出相应的维修策略。

基于规则和案例的专家系统在一定程度上增强了发动机故障诊断的准确性和快速性,证明了其有效性,但专家系统存在知识库数据规模小、规则库和实例库的增加会增加检索时间使系统效率降低的问题。为了精简规则,罗云林等[104]采用反向传播神经网络准确识别内窥故障信息,极大地简化了规则并减少了规则数量。李岩等[105]开发了基于图像识别的发动机内窥智能检测系统,在使用阈值分割方法对孔探图片降噪处理后,以损伤面积、损伤周长和圆形度等为特征,利用三个反向传播神经网络将损伤进行分类,后由专家系统对损伤程度进行诊断,在现场测试中证明了该方法的有效性和实用性。神经网络很好地解决了专家系统中知识获取的瓶颈问题,能使专家系统具有自我学习的能力,并且可以精简规则减少规则数量,但系统性能受所选样本集的限制,当样本集数量较少时,系统性能也不高。

作为早期的人工智能方法,专家系统最早实现了航空发动机孔探损伤的智能诊断识别并可以给出相应的维修决策,但是由于发动机系统及其运行环境的复杂性,同时内窥损伤复杂多样且类型间特征差异较小,简单的知识规则和较少的知识实例使专家系统的应用受到限制。随着人工智能和计算机技术的发展,基于专家系统实现的孔探智能检测逐渐转由机器学习和深度学习方法实现。

2. 机器学习在孔探图像中的应用

机器学习利用计算机技术,对采集到的数据进行计算分析,可以自动从被观测数据中学习到相应的规律,有学者利用机器学习的这一特性通过图像分割的方法来提取孔探图像中的损伤特征。对损伤图像进行分割得到精确的损伤区域,是对损伤特征进行精确分析的基础。概率神经网络(probability neural network,PNN)是基于统计原理的神经网络模型,可以有效克服传统图像分割方法的不足,在图像分割时直接以图像的 RGB(red,green,blue)信息作为输入向量,对图像的每个像素进行识别分类,正确分割出损伤区域。张维亮等[106]分别采用概率神经网络、反向传播神经网络、径向基函数神经网络对航空发动机叶片损伤图像进行了分割,发现 BP 神经网络、RBF 神经网络在将损伤区域从图像背景中分割出来时对背景像素的处理效果不好,对损伤区域的分割准确度较低,PNN 不仅分割正确率高且训练时间相对较短。石宏等[107]结合两种神经网络的优点,建立了 PNN 和 RBF 神经网络并行的图像分割模型,在实现初步分割后使用遗传算法对网络参数进行了优化,最后使用 Dempster – Shafer 理论通过信息融合实现对损伤区域的分割。虽然从孔探图像中分割出损伤区域是航空发动机损伤图像快速识别的关键,但在未进行图像分割时,机器学习也可以直接实现对孔探图像损伤的快速分类。

在学习规律的基础上,机器学习还可以用学习到的规律对未知数据进行预测和分类,有学者分别使用支持向量机、BP 神经网络和 RBF 神经网络等机器学习算法实现了基于孔探图像的航空发动机损伤分类。孟娇茹[108]提出了基于支持向量机的航空发动机孔探损伤分类方法,以裂纹、边缘刻口、表皮剥落和烧蚀四种孔探损伤图像的周长、面积、伸长度、形状复杂度、平均灰度、粗糙度、对比度、相关度等损伤尺寸为多维特征,利用支持向量机分类器进行了分类,结果显示,应用二叉树支持向量机且采用径向基函数为核函数时分类正确率达到 96.7%,在 CFM56 发动机实验中取得了良好的分类效果。作为分类器,支持向量机能够出色地将孔探图像中的各类损伤进行分类,但在损伤分类的基础上,对损伤进行评估是发动机视情维修中进行维修决策的重要参考,陈果等[109]认为进行损伤评估的关键在于损伤类型的自动识别,为了识别 GE90 发动机孔探图像的叶尖卷边、腐蚀、裂纹、撕裂等四类损伤,他们利用自适应神经网络的反向传播方法研究了一种基于孔探图像纹理特征的发动机内部损伤自动识别方法,提取到损伤图像的纹理特征后,利用结构自适应神经网络算法实现纹理特征与损伤类型的非线性映射,进而完成损伤的自动识别,然后用遗传算法的学习机制对该神经网络进行优化,优化后的神经网络算法对损伤类型的识别率达到 82%。RBF 神经网络与 BP 神经网络结构相似,也包含三层结构,结构简单,非线性逼近能力强,具有良好的推广能力,广泛应用于模式分类[110]。石宏等[111, 112]将 RBF 神经网络应用于航空发动机叶片损伤图像识别中,针对其训练速度慢、容易陷入局部极小值、全局搜索能力弱及网络参数的选取对网络的性能和稳定性影响较大等缺点,提出了基于遗传算法优化 RBF 神经网络的航空发动机叶片损伤图像识别,以及基于 D – S 证据理论和 RBF 神经网络的航空发动机叶片损伤图像识别,两种优化算法在识别率上较原始网络都有更佳的优越性。

3. 深度学习在孔探图像中的应用

深度学习在图像视觉领域具有得天独厚的优势,在图像分类、目标检测和语义分割方面都取得了突破性进展,代表算法有 AlexNet[113]、R – CNN 系列[114-116]和YOLO 系列[117-120]、FCN[121]和 Mask R – CNN[66]等。随着深度学习的发展,计算机视觉在工业场景中的应用越来越广泛。近年来,不少研究者将深度学习的图像特征自动学习应用于依托视频输出的航空发动机损伤孔探检查,将前沿学科与航空发动机维修相结合以实现其工业应用,为推动发动机检修智能化做出了贡献。

1）部件及损伤分类

卷积神经网络由输入层、卷积层、池化层、全连接层以及输出层组成[122]，其卷积层、池化层的多层交替结构可以自动学习到多个层次的图像特征，卷积层提取图像的主要特征，池化层以下采样的方式有效缩小了提取到的特征参数矩阵的尺寸，从而减少了最后全连接层中的参数量，以加快计算速度和防止过拟合。敖良忠等[123]针对 DenseNet[124] 和 ResNet[125] 网络模型的优缺点，将稠密连接模块和残差模块依次串行连接构建了 49 层深度网络，形成了参数量更少的单通道网络模型（densenet-ResNet，DRNet），在自建孔探图像数据集上可以有效地对发动机部件进行分类，为后期孔探损伤自动识别建立了基础。赵烨[126]使用 ResNet 深度残差网络作为基础模型结构，通过对网络中的学习率、训练迭代次数、动量算法中的衰减系数等超参数设置不同的参数值，并对实验结果进行对比分析以选择出性能最好的最佳模型，对裂纹、刻口、叶片卷边和烧蚀等发动机叶片损伤的识别率达到94.17%。Kim 等[92]使用图像处理技术对航空发动机叶片孔探图像进行了预处理，然后使用 CNN 将其分类为正常或损坏，在预处理步骤中使用比例不变的特征变换来提取图像中的特征点并采用 K 维树和随机样本共识来对特征点进行匹配，通过匹配选择的部分则是疑似受损区域，该研究中的 CNN 由两个卷积层组成，两个全连接层用于对预处理的结果进行分类，该方法显示出平均 95% 以上的准确率。

图像分类是计算机视觉领域的热门研究方向之一，也是实现目标检测等应用的重要基础，对发动机部件及损伤的分类依托于孔探图像实现，虽然实现了部件及损伤的智能分类，但无法在实际孔探过程中实现其工程应用，且在部件及损伤分类方面的精度和效率还无法与人工相比。

2）损伤目标检测

在实现图像分类的基础上，基于深度学习的目标检测技术越来越成熟，不同于基于图像分类的航空发动机损伤识别只输出损伤类型，基于深度学习的目标检测算法在航空发动机损伤检测时对损伤类型进行分类的同时还可将损伤位置进行定位，定位框的相对大小可对损伤尺寸形成参考。传统的目标检测算法采用滑动窗口或图像分割来生成大量的候选区域，通过对每个候选区域提取图像特征，用一个分类器对每个候选区域的特征进行分类，实现分类和定位的功能。由于滑动窗口产生大量的候选区域，相对待检测区域只有很少的待检测目标，大多数滑动窗口用于分类时浪费了大量算力，所以传统目标检测算法存在检测速度慢、检测精度低的缺点。因此，对航空发动机损伤孔探检测的研究基本都基于深度学习目标检测方法实现。深度学习的发展使目标检测克服了传统目标检测算法的缺点，针对候选区域的生成方式，将目标检测算法分为基于候选区域的目标检测算法和基于回归的目标检测算法，也称为两阶段目标检测算法和单阶段目标检测算法。经典的两阶段目标检测算法的代表算法有 R - CNN 系列算法，单阶段目标检测算法主要有 YOLO 系列算法。

旷可嘉[127]使用 Faster R-CNN 算法实现了对发动机常见的凹坑、缺口、烧蚀等损伤的检测,孔探图像从输入端经主干网络进行提取特征后生成公共特征图,在公共特征图的基础上利用区域候选网络生成多个区域建议框,过滤后通过 Softmax 函数完成损伤和背景的二分类,把建议框映射到公共特征图上,通过感兴趣区域(region of interests, RoI)池化使每个感兴趣区域生成固定尺寸的特征图,最后对 RoI 特征图进行分类和边界框回归,实现基于孔探图像的发动机损伤检测。当主干网络为 VGG(visual geometry group)网络时,检测精度比主干网络为 ZF 网络(Zeiler-Fergus Net, ZFNet)[128]时高,但检测速度较慢,使用主干网络为 VGG-16 网络[129]的 SSD 算法[130]进行训练,不仅检测精度较 Faster R-CNN 算法高,检测速度也更快。李龙浦等[131,132]改变了 Faster R-CNN 主干网络 ZF 网络第二卷积层卷积核的大小,实现了改进 Faster R-CNN 对发动机叶片损伤的检测。相对来说,两阶段目标检测算法检测精度高,但检测速度慢,虽然实现了发动机损伤的智能孔探检测,但其效率仍然有待提高。

单阶段目标检测算法的优点是检测速度快,尤其是 YOLOv3 可以实现对损伤目标的实时检测,最大限度地提高了发动机智能检测的效率。Zhang 等[91]采用主干网络为 DarkNet-53 的 YOLOv3 算法实现发动机叶片损伤检测,该算法的核心思想是将目标检测视为一个回归问题,利用整张图片作为网络的输入,由若干卷积层和最大池化层组成的中间层用于提取图片的抽象特征,两个全连接层用来预测目标的位置和类别概率值,只经过一个深度神经网络就得到损伤目标边界框的位置及其所属的类别。针对单阶段目标检测算法的检测精度低的缺陷,李浩[133]改进了 YOLOv3 网络中的特征金字塔结构,使改进 YOLOv3 网络用 4 种大小的特征映射实现了发动机叶片裂纹损伤检测,以增强对小损伤的检测能力,并针对发动机裂纹缺陷的特点设置初始锚框的尺寸,使定位框更加准确。李龙浦[131]用 DenseNet 代替 YOLOv3 主干网络中的原始传输层,实现 YOLOv3-dense 对发动机叶片损伤的检测且检测精度均高于 YOLOv3。马瑞阳[134]将 YOLOv4 主干特征提取网络中的浅层残差模块结构替换为稠密连接模块,用新提出的 YOLOv4_B 算法实现了孔探图像的损伤检测,检测精度相比 YOLOv3 和 YOLOv4 均有较大提升。

3)损伤实例分割

图像语义分割是为图像中的每个像素分配一个语义类别,使其得到像素化的密集分类。实例分割结合了目标检测和语义分割,在检测到图像的目标实例后,针对每个实例标记属于该类别的像素。从检测效果来说损伤实例分割对损伤目标更为贴合,如图 4-12 所示。

全卷积网络(fully convolutional network, FCN)把卷积神经网络最后的全连接层换成卷积层,用反卷积操作对最后一个卷积层的特征图进行了多次上采样,图像还原成原图像大小,反卷积操作使每一个像素都产生一个分类预测,输出一张已经

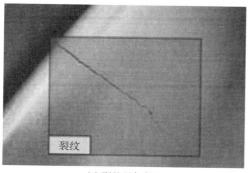
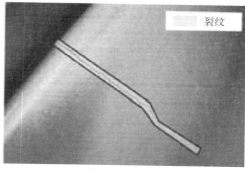

(a) 裂纹目标检测　　　　　　　　　　　　　(b) 裂纹实例分割

图 4 - 12　目标检测和实例分割的区别[94]

标记好的图,从而解决了语义级别的图像分割问题。Shen 等[94]利用传统分割算法 FCN 实现了发动机叶片裂纹和烧蚀损伤的语义分割。针对传统分割算法对孔探图像内损伤的检测存在小尺度或高相似度损伤易被漏检误判的问题,曹斯言等[135]改进了语义分割算法 DeepLabv3+[136]的解码层,将多尺度空间融合方法引入低层特征提取,融合多个跃层特征,并用 MobileNetV2[137]替代原始的主干网络,提出了一种基于自注意力语义分割模型的航空发动机孔探图像检测方法,可以在较低计算量的情况下使检测精度和检测速度都得到提升。樊玮等[138]在 Mask R - CNN 算法的区域候选网络和检测分支之间增加了二分类检测分支,对图像中的损伤在二分类的基础上实现多分类检测,对结果进一步优化并细分其类型后,使用 Mask R - CNN 算法的分割部分对损伤区域进行分割,实现对发动机常见损伤类型的语义分割,有效提高了模型对孔探图像中热障涂层丢失、烧蚀与凹坑、裂纹、氧化变色、叶边缺口、磨损、叶边卷曲和材料丢失 8 种损伤的检测精度。魏永超等[139]通过在 Mask R - CNN 网络结构中加入 SE 网络(squeeze-and-excitation networks,SENet)模块和残差模块并改进网络中的非极大值抑制(non-maximum suppression,NMS)算法,提高了对小目标损伤的识别效果。

　　相比较专家系统和机器学习方法,可以看出深度学习方法在航空发动机智能诊断领域具有巨大的应用前景和潜力,但发动机损伤孔探智能诊断的实现并不能单纯地限于是一个目标检测或实例分割问题,在目标检测和实例分割的基础上还应能实现对发动机损伤程度的评判并提出相应的维修建议,目前基于深度学习的发动机孔探损伤检测针对发动机孔探检测问题特殊性的关注仍待提高。

　　4. 面临的挑战

　　航空发动机孔探损伤诊断智能化是减少人为差错、提高航空发动机维修产业效率的必经之路,但在目前研究的基础上,要满足在实际孔探应用中抗干扰、系统稳定、适应性强的迫切需要,还存在以下挑战。

（1）孔探图像获取设备智能化程度低。航空发动机是一个复杂的机械系统，核心机内压气机、燃烧室和高低压涡轮的交界处等地的损伤往往是伴随发生的，发动机内部的狭小空间使得孔探探头所能及之处采集到的影像背景结构复杂，加之发动机内部光线环境恶劣，需要依靠孔探仪探头携带的光源作为照明来源，同时图像采集受探头角度和探孔位置所限，为获取高质量的发动机损伤图像，孔探人员需要一边检查采集到的图像信息一边操作探头，整个过程耗时费力。面对这种挑战，有人提出了无线遥控的孔探探头设计理念，利用蛇形机器人按照设计路径进行补光和图像采样，使探头角度不再依靠人工操纵，然后将采集到的图像信息通过无线传输，实现孔探损伤远程诊断。

（2）系统化程度较低。发动机内部损伤包含多种类型，目前针对发动机损伤特征的分类、检测和分割往往只针对某些部件，不能从发动机系统的角度进行大范围损伤界定。例如，目前研究多集中于发动机叶片损伤，而对燃烧室火焰筒烧蚀、机匣筒壁裂纹、燃油喷嘴积碳等缺陷类型着力较少，使发动机损伤识别检测类型受限，不能从发动机系统角度覆盖各种损伤。虽然针对孔探图像数据来源受限导致模型可检测类别较少的问题，樊玮等[140]将损伤目标用风格迁移的方式融合进没有损伤的孔探图像以提出基于风格迁移的交互式航空发动机孔探图像扩展方法，但毕竟不是在发动机运行状态的真实损伤图像，在拓展损伤图像的同时也增加了不确定性。要实现对发动机损伤的系统化检测，在提高各种人工智能算法的同时，还需要在日常维修检查中加强对发动机各种部件的损伤检测和数据整理，形成样本规模。

（3）数据支撑不足。虽然目前应用深度学习等人工智能工具的发动机损伤研究较多，但还没有相关的孔探图像开源数据集，目前实现的各种方法都是在研究人员自建的数据集上实现的。发动机孔探是一个专业性非常强的工作，各航空公司或军机出于目的性或机密性没有对外公开相关数据，而发动机损伤又是一个从无到有，在发动机不断运行中慢慢积累的过程，使得一般的科研机构没有相应数据的积累能力，所以目前大多选择与航空公司维修部门合作的方式获取相应数据。构建相关的大数据分享平台需要足够的数据支撑，这对民用航空飞机运营单位之间的沟通合作和相互联系提出了新的要求，未来也可由相关单位牵头，形成不同组织间有条件的数据共享。

（4）自动化程度低。由损伤容限理论可知，航空发动机的大部分损伤并不直接影响发动机的安全运行，经过在役简单处理或确定运行限制条件，发动机依旧可以在限制条件下继续运行一段时间。所以，对发动机损伤程度进行定性至关重要，损伤程度一般以损伤尺寸和损伤面积等为主要判断依据。李华等[141]开发了集裂纹分割、裂纹识别、裂纹测量为一体的航空发动机内部损伤裂纹的自动测量系统，实现了发动机内部裂纹自动测量，后续研究应在损伤目标检测或分割的同时对损伤尺寸进行自动测量，并在确定损伤类型和损伤尺寸的基础上，对发动机可运行状态做出评估,给出相应的维修建议或进行原位内窥维修和立体显示,降低人员依赖,逐步实现孔探检测的全面智能化。

4.1.5　小结

本节概括性地对航空发动机叶片缺陷/损伤检测技术进行了综述。4.1.1 节给出了目前航空发动机叶片检测的背景及存在问题。4.1.2 节对航空发动机叶片的无损检测方法进行了详细论述。4.1.3 节主要针对人工智能的深度学习方法,详细阐述了目前深度学习技术应用于缺陷/损伤检测的研究现状。4.1.4 节重点介绍了人工智能技术在航空发动机孔探检测中的应用现状。

4.2　基于深度学习的数字图像目标特征提取与识别

4.2.1　数字图像的表示

图像是人类视觉的基础,是自然景物、外界事物的客观反映。一幅图像可以表示为一个二维函数 $f(x, y)$,其中 x 和 y 表示空间(平面)坐标,任意坐标 (x, y) 处的幅值 f 是图像在该处的灰度。在日常生活中人们所看到的自然图像都是这种连续形式的模拟图像,对这些连续形式的模拟图像的坐标和幅值进行离散化处理,便得到了方便计算机处理和保存的数字图像,该过程主要包括采样、量化和数字表示三个过程。

1. 采样

采样是对连续形式的图像坐标和幅值进行离散化的过程,即用图像空间上部分坐标点及对应幅值代表图像,这些点称为采样点。一幅图像展现的是二维信息分布,因此对图像的采样需要分为两步。首先按照一定的行间隔从上到下顺序扫描对图像进行 x 轴方向的采样,得到有限数量的一维信号,此时的样本在垂直方向仍然跨越了一个连续的灰度值范围;然后对所得到的一维信号按一定间隔进行采样得到离散信号。对于视频图像(时间域上的连续图像),先在时间轴上采样,再沿水平方向间隔采样,最后沿垂直方向间隔采样。经采样得到离散化的幅值称为像素值(灰度值)。若采样得到的像素有 W 列、H 行,则图像大小为 $W×H$,即图像分辨率为 $W×H$。

在进行采样时,采样间隔决定了采样后图像的分辨率(质量)。间隔越大,采样后图像的分辨率越低,质量越差;反之,分辨率越高,质量越好。一般情况下,采样间隔根据图像细节的丰富度来决定,细节越丰富,间隔应该越小。图像采样过程和采样间隔如图 4-13 所示。

2. 量化

图像经过采样后,其坐标均变成了离散的点,而坐标点上的像素值仍为连续

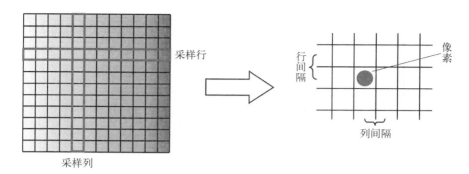

图 4-13   图像采样过程和采样间隔

量。量化就是将此时采样图像上各像素值从连续模拟量转变为离散量的过程,简单来说,就是对一定范围内的像素值的近似。假设 e 表示图像某处像素值,满足 $e_{i-1} \leqslant e \leqslant e_{i+1}$,将像素值 $e(e_{i-1} \leqslant e \leqslant e_{i+1})$ 量化为一个整数 g,量化后的像素值 g 与 e 的差称为量化误差。一般量化后的像素值为 0~255 共 256 个连续整数,代表从黑到白连续变化的灰度值,灰度等级为 256,亮度从深到浅。

图像连续灰度值量化的方法有两种,分别是等间隔量化和非等间隔量化。等间隔量化就是把采样值的灰度范围等间隔地分割并进行量化。对于像素灰度值分布均匀的图像,等间隔的量化误差较小,其量化图像的品质好,该方法也称为均匀量化或线性量化。对于一些像素值分布变化剧烈的图像,为了减小量化误差,引入了非等间隔量化。非等间隔量化是指根据一幅图像灰度值分布的概率密度函数,按照总量化误差最小的原则进行量化。具体做法是,对图像中像素灰度值分布密集的灰度范围,采用较小的量化间隔进行量化;对于那些像素灰度值分布稀疏、极少出现的范围,采用较大的量化间隔进行量化。因为图像灰度值的概率分布密度函数因图而异,很难找到一个适用于各种图像的最优非等间隔量化方法,因此在实际的图像处理中通常采用等间隔量化。

3. 数字表示

模拟图像 $f(x, y)$ 经过采样和量化后变成了数字图像 $g(x, y)$,该图像由 H 行、W 列的数字矩阵组成,该矩阵每个元素为量化后的灰度值 $g(0\sim255)$,元素的位置索引对应图像的离散坐标值 (x, y)。因此,有 $x = 0, 1, 2, \cdots, W-1, y = 0, 1, 2, \cdots, H-1$,数字图像原点位置对应的像素值,也就是数字矩阵的第一个元素 $g(0,0)$。在计算机中数字图像矩阵可以由式(4-1)表示如下:

$$g = \begin{bmatrix} g(0,0) & \cdots & g(0,N-1) \\ \vdots & & \vdots \\ g(M-1,0) & \cdots & g(M-1,N-1) \end{bmatrix} \qquad (4-1)$$

式中,矩阵元素必须为非负数,且取值范围为 $[0,255]$。上述图像数字矩阵的每个元素表示了数字图像在位置 (x,y) 处灰度值的大小,只反映了单一色域的变化。常规的 RGB 彩色图像由红、绿、蓝三种色域组成,其图像数字矩阵的每个元素包含三个像素值,每个像素值可以用 $g(x,y,n)$ 表示,其中 n 表示不同的颜色通道。而对于动态的视频图像,像素值可以用 $g(x,y,n,t)$ 表示,其中 t 表示时刻。

4.2.2　基于深度学习的图像目标检测原理

基于深度学习的图像目标检测与传统目标检测的最大区别在于目标特征提取方式的不同,前者并不依赖人们对所研究对象的认知来建立固定的特征提取算子和分类系统,而是收集一定数量的已知样本,人为事先给定每个样本的标签,利用这些样本和标签作为训练集和标签集对深度学习模型进行训练。该过程如同人类对外界事物的认知学习过程,深度学习模型不断地更新参数,提取图像目标的抽象特征表示,有效的训练使得模型对图像目标的特征提取更加精确。最后,用这些抽象的特征表示构建的分类器进行图像目标的分类识别。这种图像目标的检测方法可以看作基于数据的机器学习的一种特殊情况,学习的目标是离散的分类,这也是机器学习中研究最多的一个方向。

图 4-14 给出了基于深度学习的图像目标检测基本原理。每个图像的目标样本 x_i 对应一个属性标签 y_i,深度学习模型 D 包含了对图像目标的特征提取和最后的属性分类,网络的输出结果即为图像目标的属性标签(端到端的模型)。在模型训练阶段,利用训练集和标签集不断学习得到模型 D',模型 D' 学到了 x_i 的抽象特征表示和 $x \rightarrow y$ 的对应规律。利用模型 D' 即可对相似未知图像目标进行检测识别。数据、模型和学习算法即为深度学习图像目标检测的三大要素。

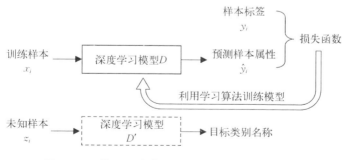

图 4-14　基于深度学习的图像目标检测基本原理

4.2.3　基于深度学习的图像目标特征提取

卷积神经网络通过一系列卷积和激活运算提取图像特征,其间通过多次池化操作进行特征的过滤和筛选,最后得到图像的高级语义信息,是深度学习应用于计算机视觉的典范。卷积神经网络的结构并不复杂,主要由多个卷积、激活、池化和全连接组成。

卷积算子对图像目标的特征提取起到了至关重要的作用。卷积在工程和数学上都有很多应用,统计学中对多个数据的加权平均则为卷积;在概率论中,两个独立的统计变量 x 和 y 求和的概率密度函数是其各自概率密度函数的卷积;在信号处理中,任何一个线性系统的输出都可以通过将输入信号与系统的应激响应(系统函数)进行卷积得到。一般定义函数 f、g 的卷积 $f*g(n)$ 如下。

连续形式:

$$(f*g)(n) = \int_{-\infty}^{\infty} f(\tau)g(n-\tau)\mathrm{d}\tau \tag{4-2}$$

离散形式:

$$(f*g)(n) = \sum_{\tau=-\infty}^{\infty} f(\tau)g(n-\tau) \tag{4-3}$$

上述公式可以理解为,先对函数 $g(\tau)$ 进行左右翻转变为 $g(-\tau)$,该过程也是卷积中"卷"的由来,再把函数平移至 n,即变为 $g(n-\tau)$,在此位置将两个函数对应点相乘后相加,这个过程对应卷积的"积"。

在图像处理中,输入图像由一个有限多维数组表示,可看作函数 g。与之卷积的函数 f 也应该是一个有限数组,称为卷积核。因此,在上述离散形式的卷积运算公式中,无穷加和退化为有限数量元素之和。如果输入为一个二维图像 I,同样使用一个二维卷积核 K 进行卷积,即

$$S(i,j) = (I*K)(i,j) = \sum_m \sum_n I(m,n)K(i-m,j-n) \tag{4-4}$$

卷积运算具有交换性,式(4-4)等价于

$$S(i,j) = (I*K)(i,j) = \sum_m \sum_n I(i-m,j-n)K(m,n) \tag{4-5}$$

单通道数字图像数据表示为一个二维的数字矩阵,对其进行卷积操作其实就是利用一个固定大小的二维矩阵(卷积核模板)沿图像的宽和高方向顺次滑动,将图像点上的像素值与对应卷积核上的数值相乘,然后将这些相乘后的值相加作为此处与卷积核尺寸等大的图像区域的卷积结果。卷积核以固定步长滑动,如果步长为 1,即表示每次卷积在图像上移动一个像素值的距离。对整幅图像做完卷积后,就会得到一个二维的激活映射(activation map),通常也称为特征图或特征映射(feature map),表示在每个空间位置上输入像素对于卷积核的响应。图 4-15 为单通道数字图像卷积操作示例图,其中数字图像尺寸为 5×5,卷积核尺寸为 3×3,滑动

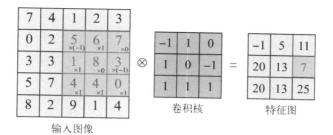

图 4 - 15 单通道数字图像卷积操作示例图

步长为 1。对于多通道数字图像,对应的卷积核也是多通道的,并且需要与输入图像的通道数保持相同,以保证卷积操作时数据运算的一一对应。由于每个卷积核对整幅图进行卷积后输出一张特征图,如果需要输出多张特征图,就需要利用多个卷积核进行卷积,每个卷积核对应一张输出特征图。一般为了保证输入图像的卷积操作可以考虑到图像的边缘像素,且不希望卷积后的特征映射尺寸变小,便会在输入图像的边缘填充零值,该过程称为零填充(zero-padding)。假设输入图像的尺寸为 W、卷积核尺寸为 F、滑动步长为 S、边缘零值填充的行数或列数为 P,容易得到输出特征图尺寸 W' 表示为

$$W' = \frac{W - F + 2P}{S} + 1 \tag{4-6}$$

值得注意的是,在深度学习的卷积神经网络中,卷积核上的值就是神经网络的权值,由网络最终训练得到。

卷积的巨大优势在于它的三大特点:局部连接、参数共享以及等价表达。传统的 BP 神经网络利用参数的矩阵乘法,每个输出单元都由与之相连的输入单元乘以参数再经过一个非线性激活函数得到,这种连接方式使得单元间一一对应,单元间参数都是互相独立的,是一种稠密连接。而卷积是将局部的数据乘以卷积核之后再相加的操作,卷积核的尺寸一般远小于输入尺寸,其连接是稀疏的局部连接。当利用卷积处理一幅图像时,每次的卷积操作只处理与卷积核尺寸等大的像素区域,这种处理方式也表示了卷积对图像特征的提取是从局部到全局的过程,每次卷积的图像区域(与卷积核尺寸相同)称为局部感受野。多层卷积后,越高层的卷积层的局部感受野对应到原始输入图像上的区域就越大,提取到的图像语义信息也就越抽象、越高级。卷积的参数共享指的是一个卷积核上的参数对整幅图像的所有像素是共享的,不同于传统神经网络每层神经元节点的连接都单独对应不同的参数,卷积核内的参数会被应用于输入图像的所有位置。在卷积网络中,参数共享使得卷积具备变换等价性,即如果输入发生变化,输出也会随之发生相同变化。如果用函数 $g(x, y)$ 表示一幅单通道数字图像,给定一个平移变换 g' 将该

数字图像的整体像素向右平移一个单位得到 $g(x-1,y)$，再进行卷积 f，该过程等同于先对图像 g 进行卷积，再对卷积后的特征图进行平移变换。卷积的变换等价性表明，如果输入图像的目标发生了一定位移，卷积输出的表达也会发生同等位移。

　　在卷积神经网络中，一个卷积操作后常常紧跟一个激活函数，一次卷积-激活称为一个卷积层。在这种连续的多个卷积层之间会周期性地插入池化层，池化层对每个特征图进行下采样，能够逐渐减小特征图的尺寸，将无效特征进行过滤，最大限度地保留有用特征，从而减小网络中的数据量和计算开销，同时也能起到控制过拟合的作用。池化操作是一种极其简单的操作，不会引入额外的参数进行学习，常见的池化操作是最大池化（max pooling）和平均池化（average pooling）。最大池化表示取池化感受野范围内像素的最大值，而平均池化表示取池化感受野范围内像素的平均值（四舍五入取整）。图 4-16 为池化窗口尺寸 2×2、池化步长 2 的最大池化和平均池化示例图。

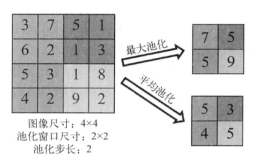

图像尺寸：4×4
池化窗口尺寸：2×2
池化步长：2

图 4-16　池化窗口尺寸 2×2、池化步长 2 的最大池化和平均池化示例图

　　卷积网络中的全连接层通常出现在网络的末尾，对最终特征图上每个像素进行全连接的线性变换，最后经过 Softmax 函数转换为类别概率输出。全连接层与传统 BP 神经网络层相同，每个输入像素代表一个神经元，全连接层的输入神经元个数即为特征图上的像素数，输出神经元个数为需要识别的图像目标类别个数。

　　通常，很多深度卷积神经网络都可以用一个固定的范式表示。如果用 INPUT 表示输入、CONV 表示卷积、RELU 表示激活、POOL 表示池化、FC 表示全连接，最常见的卷积网络结构可以概括为以下正则表达式[142]：

$$\text{INPUT} \rightarrow [[\text{CONV} \rightarrow \text{RELU}]*N \rightarrow \text{POOL?}]*M \rightarrow [\text{FC} \rightarrow \text{RELU}]*K \rightarrow \text{FC}$$

$$(4-7)$$

式中，? 表示 0 或 1；* 表示重复；N、M 和 K 表示对其前面相邻的中括号的内容重复的次数，通常取值为 $0 < N \leqslant 3$，$M \geqslant 0$，$0 < K \leqslant 3$。

4.2.4　深度学习的参数寻优/梯度下降法

　　梯度下降（gradient descent, GD）法是一种迭代一阶优化算法，用于寻找给定函数的局部最小值/最大值。这种算法通常用于机器学习和深度学习，以最小化成本/损失函数。目前的深度学习模型几乎都采用基于梯度下降法的参数优化，其为

深度学习技术奠定了基础。梯度下降法的参数优化基本形式为

$$\theta_{n+1} = \theta_n - \eta \cdot \frac{\partial \mathrm{Loss}}{\partial \theta_n} \qquad (4-8)$$

式(4-8)表明,模型权重在下一步的迭代更新 θ_{n+1} 等于当前权重 θ_n 减去学习率 η 与损失对权重梯度 ($\partial \mathrm{Loss}/\partial \theta_n$) 的乘积。如今,在梯度下降法的基础上,已经出现适用于不同学习任务的多种深度学习优化算法,常用优化算法包括随机梯度下降法、动量梯度下降法、均方根传播(root mean square propagation, RMSprop)算法以及自适应动量估计(adaptive moment estimation, Adam)算法。

1. 随机梯度下降法

随机梯度下降法每次从训练样本中随机抽取 m 个样本计算损失和梯度并对参数进行更新,其具体的训练步骤如下:

> 参数:学习率 η
> 初始化:θ
> While 停止条件未满足 do
> 　　从训练数据中抽取 m 条数据作为输入 $\{x^{(1)}, x^{(2)}, \cdots, x^{(m)}\}$,以及对应标签(输出值) $\{y^{(1)}, y^{(2)}, \cdots, y^{(m)}\}$
> 　　计算梯度: $g(\theta) = \dfrac{\partial\left(\dfrac{1}{m}\sum\limits_{i=1}^{m} L(f(x^{(i)}), y)\right)}{\partial \theta}$
> 　　更新参数: $\theta = \theta - \eta \times g(\theta)$
> end while

其中,$f(x^{(i)})$ 表示第 i 个样本的预测值;$L(f(x^i), y)$ 表示第 i 个样本的损失函数; $\dfrac{1}{m}\sum\limits_{i=1}^{m} L(f(x^{(i)}), y)$ 表示 m 条数据的平均损失。

为了使随机梯度下降法获得较好的性能,学习率需要取值合理并根据训练过程动态调整。如果学习率过大,模型就会收敛过快,最终离最优值较远;如果学习率过小,迭代次数就会很多,导致模型长时间不能收敛。

2. 动量梯度下降法

动量梯度下降法是在随机梯度下降法的基础上,加上了上一步的梯度:

$$\begin{cases} m_t = \gamma m_{t-1} + g(\theta) \\ \theta = \theta - \eta m_t \end{cases} \qquad (4-9)$$

式中,γ 是动量参数且 $\gamma \in [0, 1]$。带动量的梯度下降法的具体训练步骤如下:

参数：学习率 η，动量 μ

初始化：θ

While 停止条件未满足 do

从训练数据中抽取 m 条数据作为输入 $\{x^{(1)}, x^{(2)}, \cdots, x^{(m)}\}$，以及对应标签(输出值) $\{y^{(1)}, y^{(2)}, \cdots, y^{(m)}\}$

计算梯度：$g(\theta) = \dfrac{\partial\left(\dfrac{1}{m}\sum\limits_{i=1}^{m}L(f(x^{(i)}), y)\right)}{\partial\theta}$

更新参数：$\begin{array}{l}(1)\ m_t = \gamma m_{t-1} + g(\theta)\\(2)\ \theta_{t+1} = \theta_t - \eta m_t\end{array}$

end while

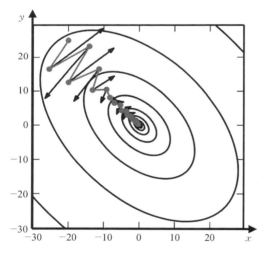

图 4-17　动量梯度下降法收敛效果图

相比随机梯度下降法，动量梯度下降法会使相同方向的梯度不断累加，而不同方向的梯度则相互抵消，因而在一定程度上可以克服 Z 字形振荡，更快地达到收敛，动量梯度下降法收敛效果图如图 4-17 所示(深灰线表示)。

3. RMSprop 算法

RMSprop 算法在加入梯度的累计量 G 的基础上，使梯度的累积量 G 不要一直变大，而是按照一定的比例衰减，这样其含义就不再是梯度的累积量，而是梯度的平均值：

$$\begin{cases}G_{t+1} = \beta G_t + (1 - \beta)g_t^2\\\theta_{t+1} = \theta_t - \dfrac{\eta}{\sqrt{G_t} + \varepsilon} \cdot g_t\end{cases} \tag{4-10}$$

式中，ε 表示微小量。RMSprop 算法的具体训练步骤如下：

参数：学习率 η，微小量 ε，梯度积累量 G，梯度积累量衰减率 β

初始化：θ

While 停止条件未满足 do

从训练数据中抽取 m 条数据作为输入 $\{x^{(1)}, x^{(2)}, \cdots, x^{(m)}\}$，以及对应标签（输出值）$\{y^{(1)}, y^{(2)}, \cdots, y^{(m)}\}$

计算梯度：$g(\theta) = \dfrac{\partial\left(\dfrac{1}{m}\sum\limits_{i=1}^{m} L(f(x^{(i)}), y)\right)}{\partial\theta}$

更新梯度积累量：$G_t = \beta G_{t-1} + (1-\beta)g^2(\theta)$

更新参数：$\theta_{t+1} = \theta_t - \dfrac{\eta}{\sqrt{G_t} + \varepsilon} \cdot g(\theta)$

end while

4. Adam 算法

Adam 算法是基于动量的算法，并且可以对学习率进行自适应调整，Adam 算法中梯度的一阶矩（梯度的期望值）和二阶矩（梯度平方的期望值）为

$$\begin{cases} m_t = \beta_1 m_{t-1} + (1-\beta_1)g_t \\ v_t = \beta_2 v_{t-1} + (1-\beta_2)g_t^2 \end{cases} \tag{4-11}$$

为了确保两个梯度积累量能够良好地估计梯度的一阶矩和二阶矩，两个积累量还需要乘以一个偏置纠正的系数：

$$\begin{cases} \widehat{m}_t = \dfrac{m_t}{1-\beta_1^t} \\ \widehat{v}_t = \dfrac{v_t}{1-\beta_2^t} \end{cases} \tag{4-12}$$

然后使用两个积累量进行参数更新：

$$\theta_{t+1} = \theta_t - \dfrac{\eta}{\sqrt{\widehat{v}_t} + \varepsilon} \cdot \widehat{m}_t \tag{4-13}$$

Adam 算法的具体训练步骤如下：

参数：学习率 η，微小量 ε，一阶矩 $\widehat{m}_t$，二阶矩 $\widehat{v}_t$，衰减率 β_1、β_2
初始化：θ
While 停止条件未满足 do
　　从训练数据中抽取 m 条数据作为输入 $\{x^{(1)}, x^{(2)}, \cdots, x^{(m)}\}$，以及对应标签（输出值）$\{y^{(1)}, y^{(2)}, \cdots, y^{(m)}\}$

$$计算梯度：g(\theta) = \frac{\partial\left(\frac{1}{m}\sum_{i=1}^{m}L(f(x^{(i)}),y)\right)}{\partial\theta}$$

$$更新一阶矩：m_t = \beta_1 m_{t-1} + (1-\beta_1)g(\theta)$$

$$更新二阶矩：v_t = \beta_2 v_{t-1} + (1-\beta_2)g^2(\theta)$$

$$纠正一阶矩：\widehat{m}_t = \frac{m_t}{1-\beta_1^t}$$

$$纠正二阶矩：\widehat{v}_t = \frac{v_t}{1-\beta_2^t}$$

$$计算参数更新量：\Delta\theta = -\frac{\eta}{\sqrt{\widehat{v}_t}+\varepsilon} \cdot \widehat{m}_t$$

$$更新参数：\theta_{t+1} = \theta_t + \Delta\theta$$

end while

4.2.5　基于深度学习的航空发动机叶片缺陷/损伤检测原理与方法

对航空发动机叶片的缺陷/损伤检测分为两种情况：一种情况是加工铸造过程中存在于叶片内部的缺陷；另一种情况是发动机使用过程中叶片出现的损伤。一般地，铸造过程中的内部缺陷无法直接通过目视进行检测，目前最常用的检测方法是 X 射线照射后经专家评片检测，而对于叶片使用过程中的损伤检测最便捷的方式是孔探检测。这两种最为常见的检测方法都离不开人眼的观察和评判。基于深度学习的航空发动机叶片缺陷/损伤检测利用了深度学习在图像识别领域的巨大潜力，在射线检测和孔探检测的基础上，将深度学习应用于射线数字图像和孔探图像，自动检测识别图像上的缺陷/损伤，替代人工评片和肉眼仔细检查孔探图像的环节。

基于深度学习的航空发动机叶片缺陷检测的基本原理是利用深度学习方法建立适用于 X 射线数字图像缺陷检测的深度学习模型，通过大量的 X 射线胶片数字化图像训练模型，经过不断学习得到缺陷检测模型，之后将待检测叶片的 X 射线胶片数字化图像输入至缺陷检测模型进行缺陷的自动检测。同理，针对大量叶片孔探图像，利用深度学习方法构建深度学习模型，并利用大量孔探图像进行模型训练，通过不断学习得到叶片损伤检测模型，之后将待检测的孔探视频图像输入至损伤检测模型进行叶片损伤的自动检测。叶片缺陷/损伤检测方法如图 4-18 所示。

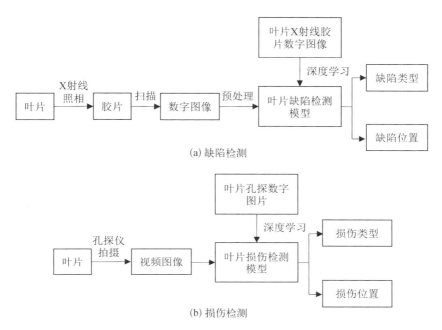

图 4 - 18　叶片缺陷/损伤检测方法

4.2.6　小结

本节从深度学习的基础理论出发,对基于深度学习的数字图像识别基本理论和方法进行了阐述,着重介绍了利用深度学习实现数字图像目标检测的原理,重点对基于深度学习的图像目标特征提取方法(卷积神经网络)进行了阐述,总结概述了应用于深度学习模型训练的梯度下降法,并对几种常用的深度学习参数优化算法的求解步骤、优缺点和适用性进行了描述。本节最后结合深度学习应用于图像识别的基本理论,给出了基于深度学习的航空发动机叶片缺陷/损伤检测原理与方法。

4.3　无监督学习的涡轮叶片 X - ray 图像缺陷自动检测技术

4.3.1　深度学习方法

机器学习大体可以分为有监督学习、无监督学习和半监督学习。有监督学习是指模型训练依赖大量具有准确标签的数据集的机器学习过程,这个过程往往是复杂的,因为需要事先对训练数据进行人为标定,例如,对于简单的图像分类,需要给出所有训练图片的类别标签。无监督学习是一种不需要对训练数据进行事先人工标定的机器学习方法,也就是说无须事先给出模型需要得到的真实值,而是利用样本本身的分布特性进行自我学习和自我判断的过程,例如,根据大量图片或文字的语义信息进行归类。半监督学习是介于有监督学习和无监督学习之间的一种机器学习方法,其在模型的训练过程中利用部分有标签数据和大量无标签数据进行滚雪球式的学习,在数据挖掘中得到了广泛应用。

4.3.2　无监督对抗学习的涡轮叶片 X‐ray 图像缺陷自动检测算法

无监督对抗学习本质是一种生成模型,其最大的特点是利用对抗学习生成原始输入分布,同时获得一组相互耦合的生成模型和判别模型。生成模型可以重构原始输入分布,而判别模型能够区分真实数据分布和生成的虚假数据分布。两种模型以对抗学习方式不断进行训练,最后得到预期的生成和判别效果。本节基于无监督对抗学习的思想提出一种针对航空发动机涡轮叶片 X‐ray 图像的缺陷自动检测算法。下面从生成对抗网络、缺陷检测原理以及模型构建三个方面给出详细介绍。

1. 生成对抗网络

生成对抗网络(generative adversarial network, GAN)作为一类特殊的深度学习网络是蒙特利尔大学 Goodfellow 等[143]在 2014 年提出的一种无监督学习机器学习架构。在生成对抗网络中存在一个生成网络模型 G 和一个判别网络模型 D。生成网络模型是一种深度自编码网络,如果生成对象是某种图像数据,通常采用卷积自编码/解码网络进行构建。首先利用卷积自编码网络和适当的降采样措施对输入数据进行特征提取和特征编码得到一个潜在向量表示,该潜在向量的长度表征了输入数据特征信息量,之后利用解码网络及适当上采样措施对该潜在特征向量进行解码,使其达到初始输入数据维度。生成网络的作用是尽可能地将一组随机分布 $\{z_1, z_2, \cdots, z_n\}$ 生成真实的目标分布 $\{\hat{x}_1, \hat{x}_1, \cdots, \hat{x}_n\}$。判别网络是一个深度分类网络,如果分类对象是某种图像数据,通常采用深度卷积神经网络进行构建,网络最后一层使用 Softmax 激活函数输出各类别的概率。判别网络的作用是尽可能地区分真实分布 $\{x_1, x_1, \cdots, x_n\}$ 和由生成网络生成的目标分布 $\{\hat{x}_1, \hat{x}_1, \cdots, \hat{x}_n\}$。两个网络以对抗学习的形式同时进行训练,生成模型通过不断学习真实数据的分布特征,生成更为逼真的假数据"欺骗"判别模型,判别模型同样不断学习"真假"数据之间的微小差异,得到更高的判别能力。通过不断的对抗学习,生成网络生成目标分布的能力越来越强,而判别网络对生成分布和真实分布的分类精度也越来越高,最终生成网络可以生成与真实分布一模一样的数据分布,而判别网络却无法对其进行区分。

生成对抗网络的目标函数可以表示为

$$\min_G\max_D V(D,G) = E_{x \sim p_{\text{data}}(x)}(\ln D(x)) + E_{z \sim p_z(z)}(\ln(1 - D(G(z))))$$

式中,x 表示真实的数据,其分布满足 $P_{\text{data}}(x)$;z 表示噪声数据,满足一种随机分布 $P_z(z)$;$G(z)$ 表示噪声数据经生成网络生成的目标分布;$D(\cdot)$ 表示判别网络的输出,其含义是将输入数据分类为真实数据的概率,所以这里 $D(x)$ 表示把真实样本分类成真的概率,$D(G(z))$ 表示把生成的(假的)样本分类成真的概率,而上式中 $1 - D(G(z))$ 就表示把假的样本分类成假的概率。基于上述解释,整个生成对抗网络的目标函数可以理解为一种将真实样本分类为真且将假样本分类为假的能力。对于判别器,这个能力越高表示该判别器的判别效果越好,所以判别器的参数优化目标是将 GAN 的目标函数最大化,即 $\max_D V(D,G)$。 当判别网络的参数一定时,目标函数的第一项 $E_{x \sim p_{\text{data}}(x)}(\ln D(x))$ 为常数,此时目标函数只随第二项的变化而变化,表示把假样本分类为假的能力。对于生成网络,其目的是生成以假乱真的假样本以欺骗判别模型,因而希望该能力越小越好。所以,对于生成器,参数优化的目标是将 GAN 的目标函数最小化,即 $\min_G V(D,G)$。 图 4-19 给出了生成对抗网络模型训练结构图,其中虚线箭头表示模型训练过程中利用反向传播进行权值更新,在实际结构上并不存在。

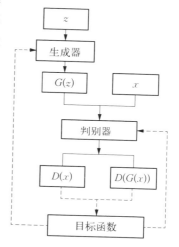

图 4-19　生成对抗网络模型训练结构图

2. 缺陷检测原理

自然界中,数据往往呈现出不平衡的分布规律,在数据量不足且分布不平衡的情况下,很难利用有监督学习方法进行高效的建模分类,生成对抗网络的出现在一定程度上巧妙地解决了这个问题。只利用样本数量多的一类数据作为训练样本对生成对抗网络进行训练,其中的生成网络模型可以很好地对该类数据分布进行重建,而对于其他类别的数据分布,无法进行重构。利用生成对抗网络的此种特性,可以很好地解决数据分布极度不平衡的分类问题。该思想已普遍用于计算机视觉的异常检测,在不考虑区分航空发动机涡轮叶片缺陷类型的情况下,亦可以对涡轮叶片缺陷进行检测。

在航空铸造无损检测领域,涡轮叶片的 X 射线检测结果往往表现为完好叶片的 X-ray 图像样本(正样本)非常多,有缺陷叶片的 X-ray 图像样本(负样本)非常少,在这种正负样本分布极其不平衡的情况下,很难利用有监督的机器学习方法建立深度学习二分类网络模型进行缺陷的检测。利用生成对抗网络直接对大量完好叶片的 X-ray 图像(正样本)进行学习,生成网络可以很好地重构完好叶片的

X‑ray 图像(正样本),而对于从未学习过的缺陷叶片 X‑ray 图像,生成网络则无法进行准确的重构,利用生成对抗网络的此种属性便可以对涡轮叶片进行缺陷检测。具体解释如下:

给定训练数据集 D,其中包含数量为 m 的完好无缺陷叶片 X‑ray 图像 x_i,即 $D = \{x_1, x_2, \cdots, x_m\}$。给定少部分测试数据集 $\hat{D}$(数量为 n),其中同时包含完好无缺陷叶片样本和缺陷叶片样本 z_j,即 $\hat{D} = \{z_1, z_2, \cdots, z_n\}$。在上述数据集的创建过程中,测试集样本量远远小于训练集样本量,即 $n \ll m$。图 4‑20 给出了部分完好涡轮叶片 X‑ray 图像和缺陷涡轮叶片 X‑ray 图像的示例样本。训练过程中不断对生成网络模型 f 的参数 θ 进行优化,模型 f 能够有效学习到完好叶片 X‑ray 图像的分布 P_x,进而有 $f(x_i; \theta) \approx x_i$,即 $L(x_i) = f(x_i; \theta) - x_i$ 是一个极小值。在测试阶段,模型输入测试叶片 X‑ray 图像 z_j,如果 z_j 为缺陷样本,其分布 P_z 不同于 P_x,导致 $f(z_j; \theta)$ 与 z_j 相差较大,此时 $L(z_j) = f(z_j; \theta) - z_j$ 是一个较大值。在定义合适的阈值 ϕ 后,如果求得的 L 大于 ϕ,即可判断该涡轮叶片存在缺陷。

航空发动机涡轮叶片气孔、夹杂类缺陷尺寸极其微小,大部分缺陷尺寸仅占涡轮叶片尺寸的 1% 甚至 1‰,如图 4‑20(b)所示,因此在模型创建阶段和最终预测阶段都需要对单个涡轮叶片的 X‑ray 图像进行预处理,以提高模型的缺陷检测精度。本研究建立的缺陷检测模型利用预先通过 GAN 网络训练得到的生成器进行缺陷检测,检测流程为首先对单个涡轮叶片的 X‑ray 图像进行均匀分割,检测模型一次性输入多幅涡轮叶片的局部 X‑ray 图像进行检测,如果叶片的任意一个局部区域图像存在缺陷,即可检出该涡轮叶片存在缺陷。基于 GAN 的航空发动机涡轮叶片缺陷检测流程如图 4‑21 所示。

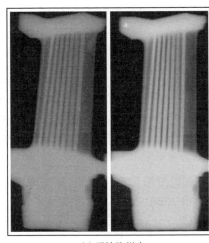
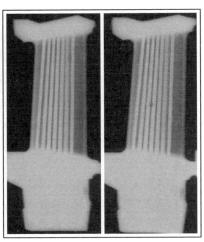

(a) 无缺陷样本　　　　　　　　　　(b) 缺陷样本

图 4‑20　部分完好涡轮叶片 X‑ray 图像和缺陷涡轮叶片 X‑ray 图像的示例样本

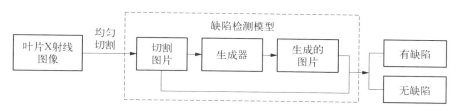

图 4 - 21　基于 GAN 的航空发动机涡轮叶片缺陷检测流程

3. 模型构建

1）网络结构

本节提出的涡轮叶片缺陷检测模型是基于 GAN 的无监督深度学习模型,总体网络模型结构分为三大部分:① 用于重构原始 X - ray 图像的生成网络;② 用于编码生成图像潜在特征信息的附加自编码网络;③ 用于区分真实 X - ray 图像和重构 X - ray 图像的判别网络。叶片缺陷检测模型整体网络结构如图 4 - 22 所示。

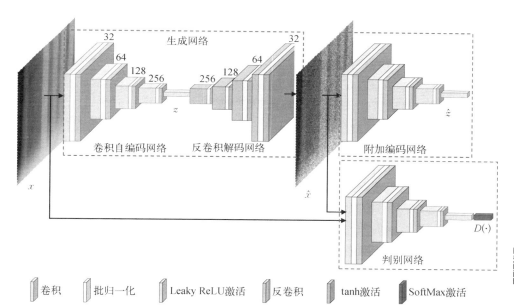

图 4 - 22　叶片缺陷检测模型整体网络结构

图中数字表示当前特征图的通道数

（1）生成网络。

生成网络 G 由一个卷积自编码网络 G_E（encoder network）和一个反卷积解码网络 G_D（decoder network）组成,如图 4 - 22 的第一个虚线框所示。卷积自编码网络 G_E 由多组卷积（convolution）、批归一化（batch normalization,BN）和 LeakyReLU 激活函数依次连接而成。卷积自编码网络的最后一层是一个与输入特征图尺寸等大的卷积操作。反卷积解码网络 G_D 与卷积自编码网络首尾相连,其输入是卷积自编码网络的输出,包含了与卷积自编码网络相同层数的反卷积(contrapose convolution)和批归一化操作。反卷积的主要作用是对输入特征图进行上采样,使其逐渐恢复到原始输入图像尺寸。每进行一次反卷积,特征图长宽尺寸增加1倍,多次反卷积后可将特征向量解码为数字图像数据的三维矩阵形式表示。与卷积自编码网络不同的是,反卷积解码网络在每次批归一化操作后采用双曲正切函数(tanh)对输出数据进行非线性激活。

首先,涡轮叶片 X-ray 图像被均匀切割为固定尺寸的局部叶片图像 $x(x \in \mathbb{R}^{w \times h \times c})$,每幅图像 x 作为训练样本输入至第一个卷积自编码网络 G_E,连续经过 n 层卷积编码,对样本图像 x 进行特征提取。每层卷积编码依次由核尺寸为 4×4、卷积步长为2以及 Padding 为1的卷积、批归一化和 Leaky ReLU 激活函数连接而成。卷积步长为2,因此每进行一次卷积,图像尺寸变为原来的 $1/2$。假设输入训练样本图像 x 的长、宽均为 α,经过 n 次卷积编码后输出的特征图长、宽则为 $\alpha/2^n$。之后对该特征图进行一次步长为1的卷积运算,其中卷积核尺寸与输入特征图尺寸相等,最后输出一个包含主要特征信息的潜在特征向量 z,称为编码特征或生成器网络的瓶颈特征。卷积自编码网络将输入图像数据 x 映射为一个潜在的特征向量,即 $z = G_E(x)$,该过程是一个对输入图像不断进行特征提取的过程,而最后得到的潜在特征向量则包含了输入图像数据的最主要特征分布信息。卷积自编码网络之后紧接一个反卷积解码网络,用于对编码器输出的潜在特征向量 z 进行解码,以重构原始输入图像 $\hat{x}$。反卷积解码网络由 n 个反卷积解码层组成,可以看作自编码网络的逆过程。潜在特征向量 z 首先经过一个步长为1、卷积核尺寸为 $\alpha/2^n$ 的反卷积运算映射为长、宽尺寸均为 $\alpha/2^n$ 的多通道特征图,之后依次连接 n 个反卷积解码层。每一个反卷积解码层由步长为2、尺寸为 4×4 的反卷积、批归一化和双曲正切激活函数(tanh)依次连接而成。每经过一次反卷积解码,实现一次上采样,特征图的尺寸变为原来的2倍,直至得到和原始输入图像尺寸一致的重构图像。反卷积解码网络将图像的潜在特征向量 z 映射为一个重构图像的三维矩阵表示,即 $\hat{x} = G_D(z)$。因此,生成器网络 G 生成图像 $\hat{x}$ 的过程可由复合函数形式表示为 $\hat{x} = G_D(G_E(x))$。

(2) 附加卷积编码网络。

在生成网络之后还连接了一个与卷积自编码网络同结构的编码网络 $\hat{G}_E$,称为附加卷积编码网络,如图4-22中第2个虚线框所示。该网络作用于重构图像 $\hat{x}$,通过类似的卷积编码操作对重构图像 $\hat{x}$ 进行多层特征提取和下采样得到其主要特征描述 $\hat{z} = \hat{G}_E(\hat{x})$。在生成网络的训练阶段,通过额外地最小化真实图像潜在特征描述 z 和生成图像潜在特征描述 $\hat{z}$ 之间的差距(即编码损失)来优化生成网络的权值参数,以提高生成网络模型对输入图像数据的重构精度。

（3）判别网络。

训练阶段的网络模型除了上述生成网络和附加卷积编码网络以外，还有一个很重要的判别网络。如图 4‐23 所示，该网络是一个标准的 7 层二分类深度卷积神经网络，中间的隐层由卷积、激活、批归一化依次连接组成。每个卷积、激活和批归一化顺次连接在一起组成一个卷积层，其中卷积运算的核尺寸为 4×4、步长为 2、padding 为 1，激活函数采用 Leaky ReLU，因此该网络包含一个输入层、五个卷积层和一个输出层。每经过一个卷积层，特征图进行一次下采样，尺寸变为原来的 1/2，最后一个卷积层不包含批归一化和 Leaky ReLU 激活，而卷积核尺寸与输入特征图长、宽相等，目的是将其映射为一个特征向量而非三维矩阵。判别网络最后连接一个二分类的 Softmax 输出层，具体结构见图 4‐22。判别网络的输入是真实图像 x 和重构图像 $\hat{x}$，输出是真实图像的概率，用于区分输入图像的真伪。

2）损失函数

损失函数是模型的实际输出数据分布与期望数据分布之间相似性的度量。当将所提出的模型用于航空发动机涡轮叶片 X‐ray 图像缺陷检测时，希望生成器网络输出的图像与输入的无缺陷 X‐ray 图像相同。同样，对于真实涡轮叶片 X‐ray 图像的输入，期望判别器网络的输出为 100%，对于重构的涡轮叶片 X‐ray 图像输入，期望判别器网络的输出为 0%。除了对原始输入图像进行重构外，编码器网络的中间层（中间潜在特征图 t）和输出层（潜在特征向量 z）亦是如此。

为了更有效地重构无缺陷涡轮叶片 X‐ray 图像，提高缺陷检测模型的性能，本节提出四种类型的损失函数以指导模型训练。最终的总损失函数定义为四种损失乘以相应权重系数之和，模型架构及对应损失如图 4‐23 所示。

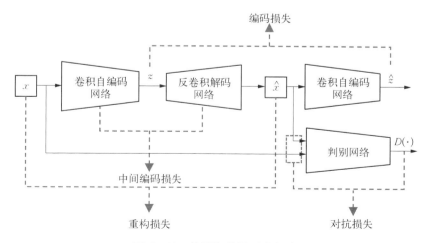

图 4‐23　模型架构及对应损失

（1）重构损失。

重构损失是用于优化生成网络最主要的损失之一，表示了 x 与 $\hat{x}(\hat{x} = G(x))$ 之间的某种距离。本节对比研究了输入图像 x 和生成图像 $\hat{x}$ 之间的 L_1 和 L_2 距离对模型训练及缺陷检测性能的影响。基于 L_1 和 L_2 距离的重构损失 $L_{1\text{con}}$ 和 $L_{2\text{con}}$ 定义如下：

$$L_{1\text{con}}(x, \hat{x}) = \sum_{i=0}^{m} \mid x^{(i)} - \hat{x}^{(i)} \mid \tag{4-14}$$

$$L_{2\text{con}}(x, \hat{x}) = \sum_{i=0}^{m} \mid x^{(i)} - \hat{x}^{(i)} \mid^2 \tag{4-15}$$

式中，m 为每次输入至网络进行训练的图片样本数量。

（2）编码损失。

编码损失是用于优化生成网络权值的一个附加损失。重构损失描述了原始图像和生成图像之间的某种距离，而编码损失描述了原始图像的瓶颈特征 $z(z = G_E(x))$ 与生成图像的瓶颈特征 $\hat{z}(\hat{z} = \hat{G}_E(\hat{x}))$ 之间的某种距离。类似于重构损失，定义基于 L_1 和 L_2 距离的模型编码损失 $L_{1\text{enc}}$ 和 $L_{2\text{enc}}$ 为

$$L_{1\text{enc}}(z, \hat{z}) = \sum_{i=0}^{m} \mid z^{(i)} - \hat{z}^{(i)} \mid \tag{4-16}$$

$$L_{2\text{enc}}(z, \hat{z}) = \sum_{i=0}^{m} \mid z^{(i)} - \hat{z}^{(i)} \mid^2 \tag{4-17}$$

（3）中间编码损失。

中间编码器损失是为了提高生成网络的重构性能而引入的另一种附加损失，定义为原始输入图像的中间编码特征 t 与生成图像的中间编码特征 $\hat{t}$ 之间的 L_1 距离和 L_2 距离。模型的中间编码损失 $L_{1\text{m-enc}}$ 和 $L_{2\text{m-enc}}$ 定义如下：

$$L_{1\text{m-enc}}(t, \hat{t}) = \sum_{i=0}^{m} \mid t^{(i)} - \hat{t}^{(i)} \mid \tag{4-18}$$

$$L_{2\text{m-enc}}(t, \hat{t}) = \sum_{i=0}^{m} \mid t^{(i)} - \hat{t}^{(i)} \mid^2 \tag{4-19}$$

（4）对抗损失。

以上三种损失仅用于对生成器网络的权值进行优化。针对判别网络的权值优化，定义对抗损失作为优化目标判别网络模型的目标函数。通常用于图像分类的深度卷积神经网络普遍采用交叉熵损失函数作为网络优化的目标函数，由于本模型的判别网络本身是一种图像二分类深度卷积神经网络，其输出结果为 $0 \sim 1$ 的概

率值,所以交叉熵的对抗损失定义为

$$L_{\mathrm{adv}} = \ln(D(x)) + \ln(1 - D(\hat{x}))　　　　(4-20)$$

最后,定义本研究的缺陷检测模型的总损失函数(目标函数)为

$$L = w_{\mathrm{con}}L_{\mathrm{con}} + w_{\mathrm{enc}}L_{\mathrm{enc}} + w_{\mathrm{m\text{-}enc}}L_{\mathrm{m\text{-}enc}} + w_{\mathrm{adv}}L_{\mathrm{adv}}　　(4-21)$$

式中, w_{con} 、w_{enc} 、$w_{\mathrm{m\text{-}enc}}$ 和 w_{adv} 分别为各自对应损失的加权系数,用于调节单个损失对总损失的影响份额,经验值分别为 50、1、1 和 1。

3) 参数优化算法

深度学习的参数优化算法是基于反向传播的梯度下降法,缺陷检测网络模型的每一步权值更新可以由当前权值减去学习率乘以目标函数对权值的导数(梯度)实现,式(4-22)给出了梯度下降法迭代优化网络权值的表达式:

$$\theta_{t+1} = \theta_t - \eta \cdot \frac{\partial \mathrm{Loss}}{\partial \theta_t}　　　　(4-22)$$

式中, θ 为网络权值; η 为学习率。由于每次输入网络的图像数量不止一个,为了综合考虑网络训练过程中每一批次输入数据的损失,往往采用批量梯度下降法,即使用每一批次整个训练集合计算梯度的平均值,这样计算的梯度相对比较稳定。本节采用 Adam 算法对网络权值进行优化。Adam 算法通过引入梯度的一阶矩和二阶矩,能够自适应地调整学习率,并且考虑了梯度的累计效应。Adam 算法的详细计算公式及流程见 4.2 节。

4.3.3　模型训练与测试

1. 模型训练

目前,基于 Python 语言的主流人工智能(Artificial Intelligence, AI)程序开发框架有 Keras、Tensorflow、PyTorch 以及 Caffe,本节使用 PyTorch 进行模型创建及代码实现。首先,采集 200 个涡轮叶片 X-ray 图像样本,每幅 X-ray 图像的大小约为 800×1 800。由于卷积运算对输入图像的大小比较敏感,所以将每幅 X-ray 图像均匀切割为 64×64、96×96、128×128 和 160×160 的大小,切割后各个尺寸的图像对应的样本数量分别为 75 400、34 200、21 000、12 000,图 4-24 给出了不同切割尺寸的训练样本示例。为此,建立四组不同输入尺寸的图像样本作为训练数据集,并针对不同的输入尺寸分别建立各自对应的缺陷检测模型。

图像数据增强是计算机视觉领域提高深度学习图像识别模型精度的有效方法,本节采用随机旋转(90°、180°、270°)、随机上下和左右翻转、随机亮度增减(0.5~1.5)、随机对比度增减(0.5~1.5)以及随机饱和度增减(0.5~1.5)五种图像数据增强方法对训练样本进行预处理。

(a) 64×64的像素尺寸切割图

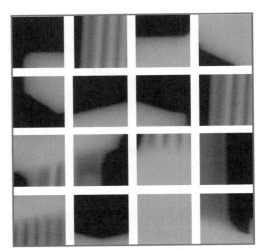

(b) 96×96的像素尺寸切割图

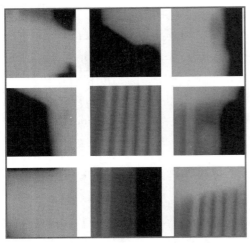

(c) 128×128的像素尺寸切割图

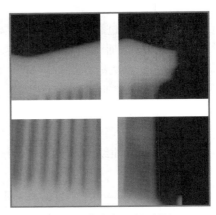

(d) 160×160的像素尺寸切割图

图 4-24   不同切割尺寸的训练样本示例

在缺陷检测训练模型的生成网络正中间(瓶颈处)会输出一个潜在的特征向量 z,包含了每个输入图像所有的编码特征信息。因此,该向量的大小直接反映了编码特征信息的大小,其长度与生成网络模型的性能密切相关。本节保持网络结构不变,对生成网络瓶颈处一维向量的输出长度进行多组设置,研究不同瓶颈处潜在特征向量长度对模型检测精度的影响。

模型的训练在 Windows 系统的 NVIDIA GeForce GTX 2080Ti GPU 上进行,服务器及环境配置主要参数如表 4-3 所示。由于每次输入至模型的训练样本数量即 batch_size 的大小与显存和输入尺寸有关,所以针对不同尺寸的输入设置了不同的 batch_size。为了确保不同输入尺寸模型间的可对比性,不同输入尺寸的 batch_size 均来自对 4 幅原有的完整单个叶片 X - ray 图像按照对应输入尺寸均等切割后的切割图片数量,输入尺寸从小到大对应的 batch_size 依次为 360、160、96 和 72。每个模型设置训练轮次为 100,同时设置在验证集上的损失值连续 4 次无减小的情况下提前终止训练(early stopping)。采用 Adam 算法通过反向传播优化网络权值,其指数衰减率 $\beta_1 = 0.9$、$\beta_2 = 0.999$,初始学习率为 0.000 2,对所有模型权值采用 PyTorch 的默认初始化。

表 4 - 3　服务器及环境配置主要参数

参 数 名 称	参 数 值
CPU	Inter Xeon(R) Silver 4114 @ 2.20 GHz
GPU	NVIDIA GeForce GTX 2080Ti
操作系统	Windows10
Python	3.6.9: 版本
PyTorch	1.5.1: 版本
TorchVision	0.6.1: 版本
CUDA	10.1: 版本
cuDNN	7.6.5: 版本

2. 模型测试

模型测试采用与训练阶段相同的服务器和环境配置参数(表 4 - 3)。测试样本集为 2 000 幅切割后的航空发动机涡轮叶片 X - ray 图像,其中包括 1 000 个缺陷样本和 1 000 个非缺陷样本。为保证不同输入尺寸下测试结果的可比性,每种尺寸下的切割图片均来自相同的单个叶片 X - ray 图像。

3. 评价指标

在深度学习的图像分类领域普遍采用受试者工作特征(receiver operating characteristic, ROC)曲线衡量一个深度学习分类模型的分类性能,该曲线是反映敏感性与特异性在连续变化过程中相互关系的综合指标,通过给定多个不同的临界值,计算出连续多个敏感性及对应的特异性,并以敏感性为纵坐标、相对应的特异性为横坐标绘制曲线,曲线下方包围的面积(area under curve, AUC)代表了该模型的分类精度,面积越大表示模型的分类精度越高。

本节提出的航空发动机铸造涡轮叶片缺陷检测模型实属一个二分类模型,即将实例分类为正例(有缺陷)和负例(无缺陷)。因此,模型的检测结果会出现 4 种情况,即真正例(分类为有缺陷且本身有缺陷,即对缺陷叶片检测正确的样

本,true positive,TP);真负例(分类为无缺陷且本身无缺陷,即对完好叶片检测
正确的样本,true negative,TN);假正例(分类为有缺陷实则本身无缺陷,即误检
的样本,false positive,FP);假负例(分类为无缺陷但本身有缺陷,即漏检的样
本,false negative,FN)。4 种检测结果的描述如表 4-4 所示,其中 1 代表有缺
陷,0 代表无缺陷。

表 4-4   4 种可能的检测结果

真 实 属 性	测 试 结 果	
	1	0
1	TP	FN
0	FP	TN

在模型的测试过程中,给定某一阈值 S,模型的输出如果大于 S,则归为正例
(有缺陷),如果输出结果小于等于 S,就归类为负例(无缺陷),不同的 S 对应不同
的测试结果。

定义检出率(true positive rate,TPR)的公式如下:

$$TPR = \frac{TP}{TP + FN}$$

TPR 表示在所有缺陷样本里正确检测出有缺陷的样本比例。

定义误检率(false positive rate,FPR)公式如下:

$$FPR = \frac{TP}{TN + FP}$$

FPR 表示在所有完好的样本里错误检测为有缺陷的样本比例。通过调整 S 的值可
得到连续多组检出率 TPR 和误检率 FPR,进而以误检率 FPR 为横坐标、以检出率
TPR 为纵坐标绘制曲线,即可得到对应的 ROC 曲线。

4.3.4   结果与讨论

ROC 曲线及 AUC 是衡量缺陷检测模型性能的有力指标,图 4-25 给出了编
码尺寸均为 600,重构损失均为 L_2 损失的四种模型(输入尺寸分别为 64×64、96×
96、128×128、160×160)在测试阶段的 ROC 曲线,横坐标表示误检率 FPR,纵坐
标表示检出率 TPR。结果表明,建立的输入图片尺寸为 128×128 的检测模型具
有最佳检测性能,输入图像尺寸大于 128×128 和小于 128×128 的模型的检测性
能均有所下降,小尺寸图像输入的模型检测性能较差,且与最佳检测模型(输入

图像尺寸 128×128,编码尺寸 600,重构损失 L_2)的差距更大,说明生成网络对小尺寸图像的重构的泛化能力更强,以至于对未参与学习训练的含有缺陷的图像也有比较好的重构能力。从图中可以看出,4 种模型在误检率为 0.7 左右时可以达到近乎 100% 的检出率。表 4-5 给出了这 4 种缺陷检测模型主要参数及检测精度,其中最优模型(输入图像尺寸:128×128,编码尺寸 600)的检测精度 AUC 为 0.911。

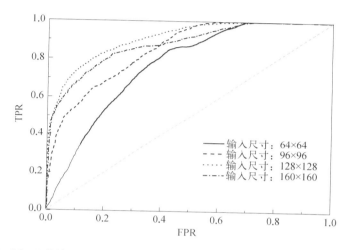

图 4-25　4 种缺陷检测模型 ROC 曲线(相同重构损失 L_2 及编码尺寸 600)

表 4-5　4 种缺陷检测模型主要参数及检测精度

模　型	输入尺寸	编码尺寸	每批数据 计算耗时/ms	重构损失	AUC
模型 A	64×64	600	29.314	L_2	0.768
模型 B	96×96	600	33.362	L_2	0.852
模型 **C**	**128×128**	**600**	**79.016**	L_2	**0.911**
模型 D	160×160	600	92.671	L_2	0.880

注:最优模型加粗表示。

　　上述 4 种不同输入尺寸的检测模型训练过程的总损失随训练轮次的变化曲线如图 4-26 所示,总损失随训练轮次的增加呈下降趋势,但在开始训练阶段损失的波动较为明显,并且输入尺寸越大的模型,训练阶段的损失波动越大。在前 50 个训练轮次里,各模型的总损失值都具有较大的波动,随着训练轮次的进一步增加,损失相对稳定,相比而言输入尺寸为 128×128 的缺陷检测模型的最终损失值最小。

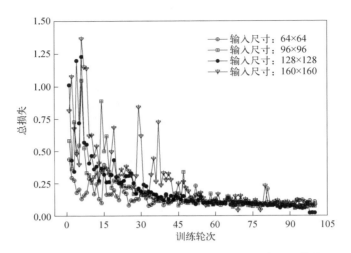

图 4 - 26　4 种缺陷检测模型训练阶段的总损失下降曲线

图 4 - 27 为相同输入图像尺寸（128×128）及重构损失（L_2）的 4 种缺陷检测模型（编码尺寸分别为 400、600、800、1 000）检测结果的 ROC 曲线图，表 4 - 6 给出了它们的检测精度 AUC。可以看出，600 尺寸编码长度的检测模型具有最佳性能（AUC＝0.911），然而 4 种模型的 ROC 曲线较为相似，与不同输入尺寸的检测模型相比，编码尺寸对模型检测性能的影响相对较小。

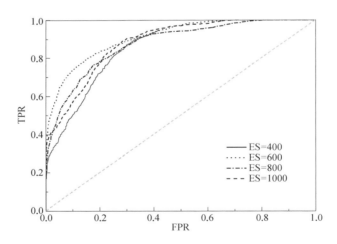

**图 4 - 27　相同输入图像尺寸及重构损失的 4 种缺陷检测
模型检测结果的 ROC 曲线**

ES，encode size，编码尺寸

表 4 - 7 给出了采用不同重构损失训练得到的 2 个缺陷检测模型主要参数及检测精度，图 4 - 28 则为此模型的损失下降曲线。由此可见，采用 L_2 重构损失训

表 4-6　缺陷检测模型主要参数及检测精度

模　型	输入尺寸	编码尺寸	每批数据计算耗时/ms	重构损失	AUC
模型 E	128×128	400	72.303	L_2	0.864
模型 C	**128×128**	**600**	**79.016**	L_2	**0.911**
模型 F	128×128	800	85.124	L_2	0.878
模型 G	128×128	1 000	97.962	L_2	0.884

表 4-7　不同重构损失的 2 个缺陷检测模型主要参数及检测精度

模　型	输入尺寸	编码尺寸	每批数据计算耗时/ms	重构损失	AUC
模型 8	128×128	600	85.575	L_1	0.879
模型 C	**128×128**	**600**	**79.016**	L_2	**0.911**

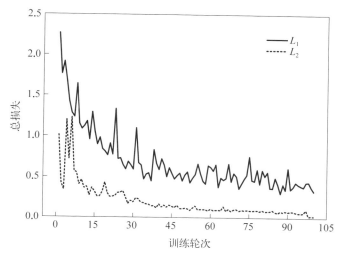

图 4-28　采用不同重构损失训练模型时的损失下降曲线

练得到的缺陷检测模型性能优于采用 L_1 损失,两者的精度相差 0.032,且从损失下降曲线可以看出 L_2 重构损失的下降曲线比 L_1 损失曲线波动小,损失随训练轮次的变化更加稳定且最终的损失值更小,充分表明采用 L_2 重构损失的训练模型更有效。

图 4-29~图 4-32 分别给出了不同尺寸的真实测试图像(输入尺寸分别为

64×64、96×96、128×128、160×160）以及采用相应生成模型生成的重构图像。可以看出,本节提出的模型可以高精度地重构出完好的图像,而对于未参与训练的缺陷图像则不能很好地重构,利用检测模型的这种特性即可对航空发动机铸造涡轮叶片的 X‒ray 图像进行缺陷的自动检测。

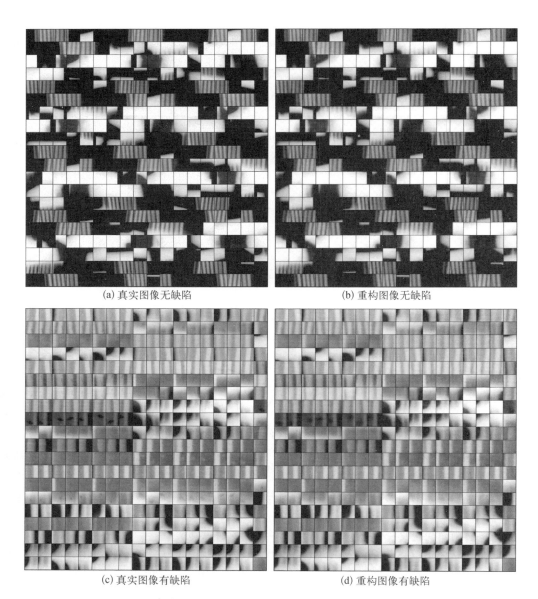

(a) 真实图像无缺陷   (b) 重构图像无缺陷

(c) 真实图像有缺陷   (d) 重构图像有缺陷

图 4‒29   输入尺寸 64×64 的真实测试图像与重构图像示例图

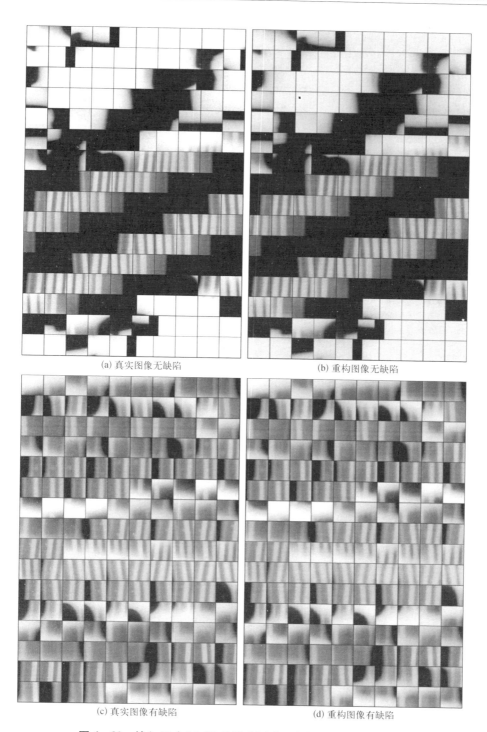

(a) 真实图像无缺陷　　　　　　　　　　(b) 重构图像无缺陷

(c) 真实图像有缺陷　　　　　　　　　　(d) 重构图像有缺陷

图 4 - 30　输入尺寸 96×96 的真实测试图像与重构图像示例图

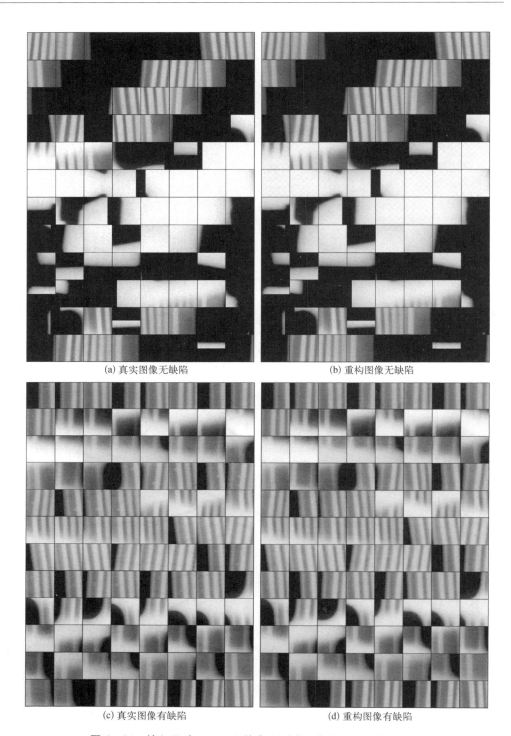

(a) 真实图像无缺陷　　　　　　　　　　(b) 重构图像无缺陷

(c) 真实图像有缺陷　　　　　　　　　　(d) 重构图像有缺陷

图 4-31　输入尺寸 128×128 的真实测试图像与重构图像示例图

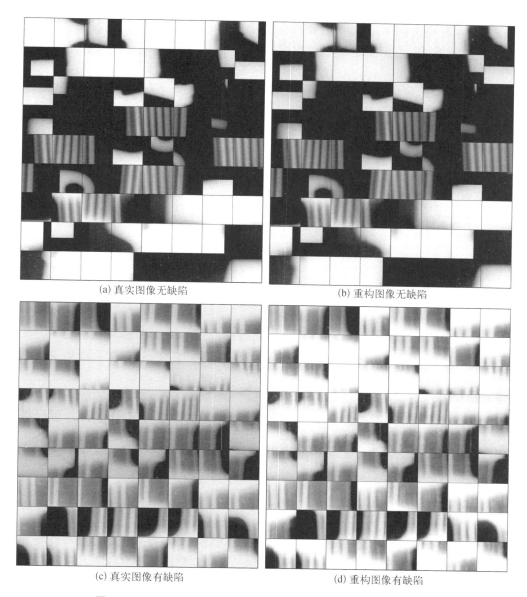

(a) 真实图像无缺陷　　　　　　　　　　(b) 重构图像无缺陷

(c) 真实图像有缺陷　　　　　　　　　　(d) 重构图像有缺陷

图 4-32　输入尺寸 160×160 的真实测试图像与重构图像示例图

4.3.5　小结

本节开展了基于无监督学习的涡轮叶片 X-ray 图像缺陷自动检测技术的研究,提出了一种基于无监督学习的涡轮叶片 X-ray 图像缺陷自动检测方法。基于对抗学习的思想建立了一种新的生成对抗网络模型用于涡轮叶片 X-ray 图像缺陷自动检测,该模型由生成器网络、判别器网络和附加编码器网络组成,同时将重构损失、编码损失、中间编码损失及对抗损失 4 种损失的加权之和作为网络训练的总体目标函数,并就不同输入尺寸、生成器网络瓶颈处编码神经元节点数以及不同损失函数(L_1 损失和 L_2 损失)分别搭建网络进行训练。最后基于 GAN 模型的生成器网络建立了适用于航空发动机涡轮叶片 X‐ray 图像的缺陷自动检测模型,并进行了模型的测试评估。测试结果表明:

(1)本节提出的模型在输入尺寸为 128×128,生成器网络瓶颈处编码神经元节点数为 600 时表现出最佳性能,AUC 可达 0.911;

(2)小输入尺寸的模型可能具有更高的泛化能力,以至于对未参与训练的缺陷 X‐ray 图像样本依旧能够很好地重构,导致模型的检测性能较差;

(3)生成器网络编码节点数对模型性能的影响显著小于模型输入尺寸的影响;

(4)采用 L_2 重构损失训练模型相比于 L_1 损失更加有效。

进一步的研究工作将跟进 GAN 的最新研究进展,聚焦生成对抗网络的整体结构和图像数据增强方法进行网络模型优化,提高缺陷检测性能。

4.4　基于 DCNN 的涡轮叶片 X‐ray 图像缺陷自动检测技术(二分类缺陷初检模型)

4.4.1　基于 DCNN 的涡轮叶片 X‐ray 图像缺陷自动检测模型

本节基于 DCNN 发展一种针对航空发动机铸造涡轮叶片 X‐ray 图像的深度学习缺陷检测模型。首先介绍涡轮叶片 X‐ray 图像采集和人工缺陷评估方法;接着对图像预处理和数据增强的关键技术进行详细阐述;之后对构建 DCNN 所需的特征提取算子及反向传播算法进行介绍;最后结合 VGG、ResNet 和 FPN 结构,提出并构建针对涡轮叶片 X‐ray 图像的深度学习缺陷检测模型。

1. 涡轮叶片 X‐ray 图像采集和人工缺陷评估方法

深度学习模型通常是通过对大量样本数据进行充分训练获得的。在某航空发动机制造厂及相关专业无损检验员的帮助下,收集并整理了 600 张涡轮叶片的射线检测胶片,尺寸为 0.5 m×0.5 m。每张胶片包含 50 幅叶片图像,其中混有少量缺陷叶片。建立数据集的第一步是把原始胶片转换成数字图像,为了获得高分辨率的航空发动机涡轮叶片 X‐ray 数字图像,利用工业胶片数字扫描仪,并采用最优分辨率的扫描参数对原始胶片进行扫描。工业胶片数字扫描仪与一台带扫描软件的计算机相连,并与相应扫描软件配合使用,在自动扫描完成后,数字图像经手动参数设置进行校正、标记并保存为 PNG 或 JPEG 格式的数字图像。图 4‐33 为获取涡轮叶片 X‐ray 数字图像的全过程。图 4‐34 显示了原始胶片数字化 X‐ray 图像及局部缺陷区域放大示例图。

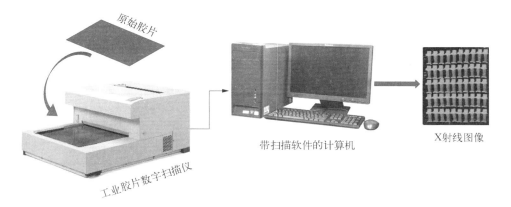

图 4 - 33　涡轮叶片的胶片数字图像获取流程

原始胶片

带扫描软件的计算机

X射线图像

工业胶片数字扫描仪

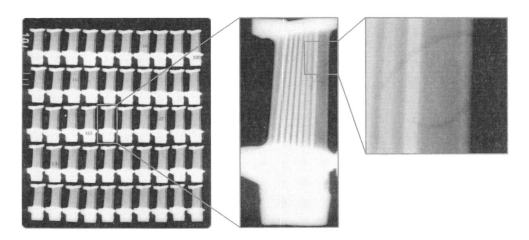

图 4 - 34　原始胶片数字化 X - ray 图像及局部缺陷区域放大示例图

2. 图像预处理

1) X - ray 图像裁剪

从原始胶片上扫描得到的每一幅 X - ray 图像的像素级尺寸为 7 960×9 700。由于大多数缺陷的像素级尺寸都小于 50×50，缺陷相对于整幅 X - ray 图像的像素级尺寸极其微小，这种巨大的尺寸差异致使对诸如夹渣、气孔等缺陷的显示和标记变得异常困难。为了清楚地显示和标记缺陷，并对缺陷叶片和无缺陷叶片的 X - ray 图像进行区分，需要对原始胶片扫描数字图像上的每幅叶片图像进行裁剪，得到每个叶片的 X - ray 图像。

考虑到原始胶片扫描数字图像上叶片轮廓清晰，像素灰度级与背景灰度级之间存在较大差异，经多次试验，选择大津（Nobuyuki Otsu，OTSU）算法对原始胶片扫描数字图像进行二值化阈值分割，并提取叶片轮廓，进而对叶片图像进行裁剪。

OTSU 算法也称为最大类间方差法,是图像分割中阈值选取的最佳算法,该算法计算步骤简单,不受图像对比度和亮度的影响,在数字图像处理领域得到了广泛应用。OTSU 算法基于图像的灰度特性,通过遍历得到使类间方差最大的阈值,基于该阈值将图像分成背景和前景两部分(二值黑白图)。因为方差是灰度分布均匀性的重要度量,前景与背景之间的类间方差越大,表明构成图像的两部分差别越大,当部分背景错分为前景或部分前景错分为背景时,都会导致这两部分的差别变小。因此,基于 OTSU 算法的阈值分割意味着错分概率最小。对于原始胶片扫描数字图像 $I(x, y)$,假设叶片图像(即目标前景)与背景的分割像素阈值为 T,属于叶片图像的像素点数占整幅胶片图像像素的比例为 ω_0,其平均灰度为 $\tilde{\mu}_0$;背景像素点数占整幅胶片图像的比例为 ω_1,其平均灰度为 $\tilde{\mu}_1$。胶片图像的总平均灰度记为 $\tilde{\mu}$,类间方差记为 $\tilde{g}$。对于尺寸为 $W \times H$ 的原始胶片扫描数字图像,假设一个初始阈值为 T,图像中灰度值小于阈值 T 的像素个数记为 N_0,大于阈值 T 的像素个数记为 N_1,则有

$$\omega_0 = N_0/(W \times H) \tag{4-23}$$

$$\omega_1 = N_1/(W \times H) \tag{4-24}$$

$$N_0 + N_1 = W \times H \tag{4-25}$$

$$\omega_0 + \omega_1 = 1 \tag{4-26}$$

$$\tilde{\mu} = \omega_0\tilde{\mu}_0 + \omega_1\tilde{\mu}_1 \tag{4-27}$$

$$\tilde{g} = \omega_0(\tilde{\mu}_0 - \tilde{\mu})^2 + \omega_1(\tilde{\mu}_1 - \tilde{\mu})^2 \tag{4-28}$$

将式(4-27)代入式(4-28)得等价类间方差计算公式为

$$\tilde{g} = \omega_0\omega_1(\tilde{\mu}_0 - \tilde{\mu}_1)^2 \tag{4-29}$$

对阈值 T 在灰度级范围 0~255 内进行遍历,计算得到类间方差 $\tilde{g}$ 的最大值 $\tilde{g}_{\max}$,此时对应的阈值 T' 即为图像全局二值化分割的阈值。利用 OTSU 算法对原始胶片扫描数字图像二值化后的黑白图像如图 4-35 所示。

采用 OTSU 算法进行图像二值化后,基于叶片图像长、宽的像素尺寸对叶片图像轮廓进行筛选,剔除非叶片轮廓图像。之后基于叶片图像轮廓数据进行搜索,提取包围叶片轮廓的矩形边界框,并利用矩形边界框坐标对叶片图像进行裁剪。针对每张胶片扫描的 X-ray 图像裁剪得到 50 幅叶片图像,并对图像进行编号、命名和保存。图 4-36 给出了裁剪得到的单个涡轮叶片 X-ray 图像示例图。

对于有监督的深度学习,标签集是学习知识的"答案集",因此标签数据集对深度学习至关重要。在建立深度学习数据集时,必须事先精确区分有缺陷图像和

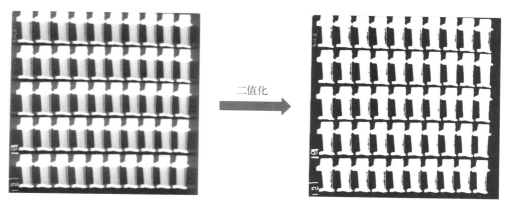

二值化

图 4 - 35　基于 OTSU 算法的原始胶片扫描数字图像二值化

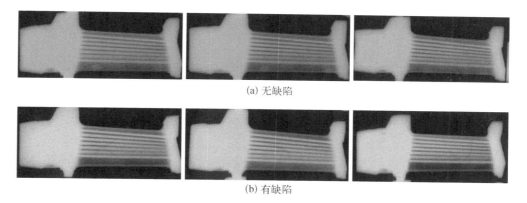

(a) 无缺陷

(b) 有缺陷

图 4 - 36　单个涡轮叶片 X - ray 图像示例图

无缺陷图像,并进行标记。对此,将分割得到的单个涡轮叶片 X - ray 图像进行划分,对无缺陷的涡轮叶片图像标签记为 0,而对有缺陷的涡轮叶片图像标签记为 1。之后,对无缺陷的叶片图像按照尺寸 64×64、96×96、128×128 和 160×160 进行均匀裁剪,对于有缺陷的叶片图像,按照相同的裁剪尺寸仅对缺陷区域进行裁剪。为了获得更多的缺陷样本数据,针对每个缺陷进行 9 次裁剪,如图 4 - 37 所示,使得缺陷中心坐标均匀落在裁剪图像的不同位置。

2）样本数据增强

数据增强是提高深度学习模型预测精度的有效手段。常用的图像数据增强方法包括图像水平/竖直翻转、多角度旋转、图像亮度增减及色域扭曲。本节按照 50% 的概率对每张裁剪图片实行水平/垂直翻转、逆时针 90° 旋转以及 20% 的亮度随机增减。所有数据增强方法均应用于训练数据集,测试数据集图像始终保持原始状态。图 4 - 38 给出了图像数据增强示例图。

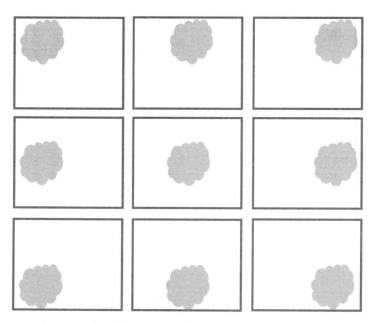

图 4-37　每个缺陷的 9 次裁剪图片示例(灰色图案表示缺陷)

图 4-38　图像数据增强示例图

3. 卷积神经网络的深度学习算法

在以计算机视觉为代表的图像特征提取过程中,深度学习相对于传统模式识别方法的优势在于它能从大数据集中自动学习特征,而不是手工设计特征。传统的手工设计特征依赖设计者的先验知识,难以充分利用大数据集中隐含的各种抽象特征信息。由于依赖手工参数调整,在特征设计中只允许少量的参数,提取到的特征信息存在较大的局限性,并不适用于多目标、多场景的识别任务[144-146]。相比之下,深度学习可以从包含数千甚至上万个参数的深度神经网络的训练数据中自动且快速地学习新的有效特征表示,提取到的特征信息更为全面具体。对于图像分类、识别任务,卷积神经网络是利用深度学习方法提取图像特征的典型代表。

与其他机器学习的深度神经网络模型类似,深度卷积神经网络模型的构建同样包含了前向传播和反向传播两大部分。前向传播是指网络模型对输入数据进行层层连续运算,每一层的运算是对数据的一次变换。对于图像数据,这种层与层之间的连续运算称为图像特征提取。在模型的预测阶段,数据输入至一个训练好的模型,模型通过前向传播输出预测结果,该过程又称为深度学习模型的前向推理过程。深度神经网络的反向传播是针对网络训练而言的,训练阶段每次输入至网络batch_size 个样本数据,一次前向传播后,网络计算预测值与真实标签的误差值并进行反向传播,利用误差对当前网络层权值的梯度进行该层的权值参数更新。因此,深度卷积神经网络的训练是前向传播和反向传播不断交替进行的结果。图 4 - 39 为具有前向传播和反向传播的 DCNN 模型示例图。

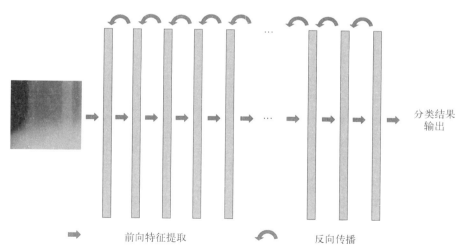

图 4 - 39　具有前向传播和反向传播的 DCNN 模型示例图

深度卷积神经网络对输入图像的前向特征提取过程是基于每层网络结构对数据进行连续运算和矢量变换的过程。本节采用卷积、反卷积、激活、批归一化等常见深度学习特征提取算子,搭建融合多尺度特征图的 DCNN,基于海量涡轮叶片 X-ray 图像样本数据集进行网络训练,以此建立基于深度学习的涡轮叶片缺陷检测模型,主要特征提取算子及网络层间连接结构的详细说明如下。

1）卷积

卷积是组成卷积神经网络众多运算中的核心运算,同时是图像特征提取的关键。图像卷积运算是卷积的离散形式,其中卷积核、深度、步幅、zero-padding 是图像卷积运算过程中的基本概念。卷积核,又称为过滤器(filter),通常是一个宽、高尺寸相同的矩阵,矩阵各元素表示网络的参数,由网络训练得到。较大尺寸的卷积核包含较多的参数,感受野也就越大,提取的特征也更加抽象,然而对卷积核的尺寸设计通常根据实际图像和学习目标综合考虑,尺寸一般为宽和高相等的质数,且越来越倾向于使用小尺寸的多个卷积核代替一个较大的卷积核。深度(depth)是指卷积后输出的特征图在第三个维度上的尺寸(通道数),与卷积核数目相对应,增加深度可以提取更多的特征。步幅(stride)也称为步长,是指卷积核在进行卷积运算时每次移动的长度,反映了相邻感受野之间的距离,步幅为 2 时可以对输入特征图进行下采样,即输出特征图尺寸减半。zero-padding 是对输入特征图四周补零的操作,可以调节输入特征图的尺寸,同时通过 zero-padding 使得图像边缘像素值得到了充分且有效的计算。在实际深度卷积神经网络的构建中,每一层往往采用多个卷积核对输入特征图进行卷积,并且随着卷积层数的增加,卷积核的个数成倍增加,深度也随之增加,其目的是尽可能多地提取更加抽象的高维特征信息。图 4-40 给出了作用于单通道图像的卷积运算示例图,其中卷积核尺寸为 3×3、通道

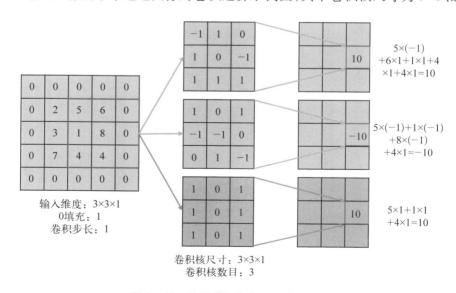

输入维度:3×3×1
0填充:1
卷积步长:1

卷积核尺寸:3×3×1
卷积核数目:3

图 4-40　单通道图像卷积运算示例图

数为 1、个数为 3、步幅为 1、zero-padding 为 1。对于一个多通道的特征图,卷积后输出特征图的维数($W_o \times H_o \times C_o$)计算如下:

$$W_o = \frac{W_i - F + 2P}{S} + 1 \tag{4-30}$$

$$H_o = \frac{H_i - F + 2P}{S} + 1 \tag{4-31}$$

$$C_o = N \tag{4-32}$$

式中,W_i、H_i 和 C_i 分别为输入特征图的宽度、高度和通道数,值得注意的是,卷积运算中卷积核的深度需与输入特征图的深度(通道数)相等;N 为卷积核数量;F 为卷积核大小;S 为卷积步长;P 为 zero-padding 大小。

卷积的主要目的是从输入数据中提取有用的特征,可以选择各种不同的卷积核进行卷积运算,从输入图像中提取不同的特征(如水平、垂直和对角边缘)。常用的卷积核尺寸有 1×1、3×3、5×5 和 7×7。在卷积神经网络的训练过程中不断学习卷积核参数,利用学到的卷积核参数对输入图像进行多次特征提取。最后,综合考虑提取出来的所有特征并做出最终决定。

2) 反卷积

反卷积(也称为转置卷积)是一种用于图像恢复的数学运算,用于恢复被一个物理过程降级的图像,该物理过程一般为卷积、池化等操作。如果将卷积看作矩阵乘法,如 $\boldsymbol{Y} = \boldsymbol{CX}$,反卷积则可以表示为 $\boldsymbol{X} = \boldsymbol{C}^{\mathrm{T}} \boldsymbol{Y}$。反卷积后的输出尺寸($W_o \times H_o \times C_o$)计算如下:

$$W_o = S \times (W_i - 1) - 2P + F \tag{4-33}$$

$$H_o = S \times (H_i - 1) - 2P + F \tag{4-34}$$

$$C_o = N \tag{4-35}$$

式(4-33)~式(4-35)中的符号与卷积运算式(4-30)~式(4-32)中的符号含义相同。

在特征金字塔网络中,利用反卷积进行上采样实现低分辨率特征图与高分辨率特征图的融合。在语义分割中,编码器采用卷积提取特征并进行图像下采样,解码器采用反卷积将图像恢复到原始大小,从而对原始图像的每个像素进行分类。

3) 激活

卷积神经网络中的激活运算通常紧随卷积之后,用于对提取到的特征进行非线性变换。常见于卷积神经网络中的激活函数为 ReLU 函数、Leaky ReLU 函数、

Sigmoid 函数。前两个激活函数多用于深度卷积神经网络的隐层,Sigmoid 激活函数用于二分类网络最后的输出层。

4）池化

池化是卷积神经网络中普遍采用的一种图像下采样方法,多用于图像特征过滤和减小计算负荷。

5）批归一化

深度学习算法对初始随机权值和配置的敏感性使得对具有数十层以上的深度卷积神经网络训练极具挑战。网络训练过程中对每次小批量(min-batch)的输入进行一次权值更新后,前向传播至网络深处的数据分布可能会发生变化,导致学习算法不收敛。网络中各层输入分布的变化称为内部协变量转移(internal covariate shift, ICS)[147]。批处理归一化是一种训练深度神经网络加快收敛的方法,在数学中称为正则化方法,它对每一次小批量输入数据进行标准化,其结果表现为学习过程变得稳定,深度网络训练所需时间大大减少。

6）全连接

全连接为每个输入数据分配一个权重,输入数据与各自对应的权重相乘后进行激活,然后求和输出,表达式为 $y_j = \sum_{i=1}^{M} \sigma(\omega_{ji} \cdot x_i)$,其中 $\sigma(\cdot)$ 表示激活函数,ω 表示权重,下标 j 表示神经元编号,下标 i 表示第 i 个输入数据,M 表示输入数据个数。因此,全连接的权重个数由神经元节点数量决定,假设神经元节点数为 N,所需的权重个数就为 $M \times N$。全连接通常用于卷积神经网络的输出层,此时的输入数据为网络提取到的图像特征总和,输出神经元节点数为网络需要分类的类别数,在本节缺陷检测任务中,输出的类别数为 2。全连接分别为每个输入数据分配权重,权重数量与输入数据量和神经元节点数成正比,致使模型的复杂度相当高,因此在使用全连接时需要充分考虑模型复杂度与精度的平衡。

卷积神经网络由上述运算按照一定的次序重复连接组成,其中激活和批归一化通常位于每次卷积之后,组成一个固定的连接结构(卷积+激活+批归一化),而池化位于多次卷积操作之间,主要作用是对输入特征图进行下采样,进而达到减小计算量的目的。将裁剪后的涡轮叶片 X-ray 图像输入至深度卷积神经网络,对输入图像矩阵进行逐层矩阵变换,不断提取有用特征,最后将这些特征输入至一个或多个全连接层得到最终的分类结果。

深度卷积神经网络的反向传播过程是基于梯度下降法的网络参数优化过程。反向传播算法逐层计算每个输入输出示例的损失函数相对于网络权值的梯度,并使用基于梯度的方法训练多层网络,更新权值以最小化损失。反向传播算法利用梯度下降法或其变种对每层网络参数进行优化,最后收敛于验证数据集上的最小损失。

4. 基于 DCNN 的涡轮叶片 X－ray 图像缺陷自动检测二分类模型构建

深度卷积神经网络如 VGG－16、ResNet－50、ResNet－101、MobileNet 等在计算机视觉领域的图像分类和目标检测任务中得到了广泛应用。研究发现,基于相同的训练数据和训练方式,采用不同的深度卷积神经网络架构得到的具体模型在泛化能力、预测精度等方面均会产生较大差异。从这个意义上说,针对同一学习任务,在相同训练数据和训练方式下,学习模型的性能主要由网络结构决定,而网络结构的选择并不是一件容易的事,在充分考虑具体应用需求和场景的同时,还需要大量的试验和足够的经验。

在航空发动机涡轮叶片射线检测中,从原始胶片上扫描到的每一幅 X－ray 图像都是灰度图像。灰度图像利用从 0(全黑)到 255(全白)的 256 个灰度级对图像不同部位的亮度进行描述,其无法表征图像的色彩信息,与常见自然光下的 RGB 彩色图像相比,图像本身的特征信息仅为彩色图像的 1/3。加之缺陷尺寸小、边界轮廓模糊、缺陷特征信息微弱等因素,大部分的缺陷检测任务,即使采用缺陷图像切割、裁剪等图像预处理技术,对于在自然光的 RGB 图像分类、识别任务上表现良好的经典深度卷积神经网络,依旧是一个巨大挑战。通过研究 VGG－16、ResNet－50 和 MobileNet 的网络结构及其对涡轮叶片 X－ray 灰度图像的特征提取性能发现,以连续多个小尺寸卷积、激活为代表的经典 VGG－16 网络结构和以残差连接为代表的 ResNet－50 网络结构更适用于对信息量少的 X－ray 灰度图像进行特征提取,而以可分离卷积为代表的轻量级 MobileNet 网络在 X－ray 图像的特征提取中表现出较差的性能,基于此,本节基于 VGG 和 ResNet 提出并建立一种适用于航空发动机涡轮叶片 X－ray 图像缺陷检测的二分类模型。该模型包含两个主特征提取网络:去掉全连接层和 Softmax 层的 VGG－16 网络(图 4－41)和一个简化的 ResNet－50 主干网络。两个主干网络基于各自不同的权重和网络结构对输入图像进行特征提取,极大地提高了特征提取的广度。考虑到数据集本身的多样性不足且涡轮叶片的 X－ray 图像是灰度图,在图像数据信息较少的情况下,为了避免网络过拟合的风险,删除 ResNet－50 主干网络中部分残差连接块,使得相同尺寸特征图对应两个残差连接块,其中首个残差连接块中设置步幅为 2 的卷积运算,以此将输入特征图尺寸缩小为原来的 1/2。表 4－8 给出了简化的 ResNet－50 网络结构,其中方括号表示残差连接块,×2 表示由两个残差连接块首尾串联。图 4－42 给出了 ResNet 的两种残差连接结构,分别为 Conv Block 和 Identity Block。两种残差连接结构内部均由两条前向传播路径组成,主路径均由三个卷积层连接而成,每个卷积层包含卷积、批归一化和激活,最后一个卷积层只有卷积和批归一化,其中,首尾尺寸为 1×1 的卷积(图 4－42 中以 Conv2d,1×1 表示)负责缩放维度,中间尺寸为 3×3 的卷积(图 4－42 中以 Conv2d,3×3 表示)负责提取高维空间特征,其中 BatchNorm 表示批归一化。Conv Block 和 Identity Block 的主要区别在于旁路(残差边)的不同。图

4-42 可以看出,Conv Block 的残差边经过了一个卷积层,而 Identity Block 的残差边对输入数据不进行任何操作,由于两个前向传播路径在输出之前需要沿深度方向相加和激活,这就需要两条路径的输出特征图长、宽尺寸相同,所以 Conv Block 可以选择步长为 2 的卷积,对输入特征图进行下采样,而 Identity Block 必须选择步长为 1 的卷积,保证主路径输出的特征图长、宽尺寸与输入的尺寸相同。

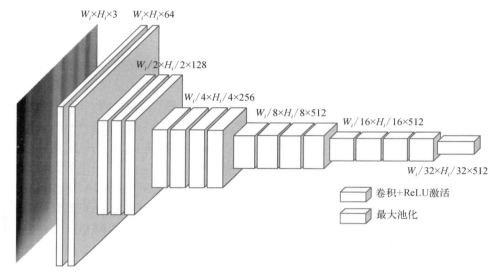

图 4-41　VGG-16 网络结构图(不含全连接层和 Softmax 层)

表 4-8　简化的 ResNet-50 网络结构

网络层名称	输出尺寸(宽×高×通道数)	卷积核尺寸(宽×高,卷积核数)
Conv1	$W_i/2 \times H_i/2 \times 64$	$7 \times 7, 64$,步长 2
Conv2_x	$W_i/4 \times H_i/4 \times 64$	3×3,最大池化,步长 2
	$W_i/4 \times H_i/4 \times 256$	$\begin{bmatrix} 1 \times 1, & 64 \\ 3 \times 3, & 64 \\ 1 \times 1, & 256 \end{bmatrix} \times 2$
Conv3_x	$W_i/8 \times H_i/8 \times 512$	$\begin{bmatrix} 1 \times 1, & 128 \\ 3 \times 3, & 128 \\ 1 \times 1, & 512 \end{bmatrix} \times 2$
Conv4_x	$W_i/16 \times H_i/16 \times 1\,024$	$\begin{bmatrix} 1 \times 1, & 256 \\ 3 \times 3, & 256 \\ 1 \times 1, & 1\,024 \end{bmatrix} \times 2$
Conv5_x	$W_i/32 \times H_i/32 \times 2\,048$	$\begin{bmatrix} 1 \times 1, & 512 \\ 3 \times 3, & 512 \\ 1 \times 1, & 2\,048 \end{bmatrix} \times 2$

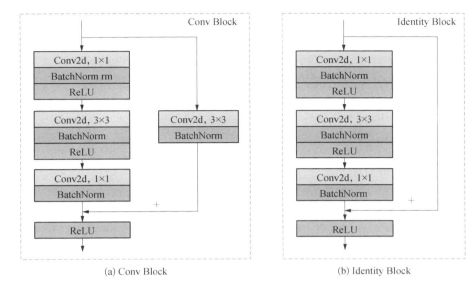

(a) Conv Block　　　　　　　　　　(b) Identity Block

图 4 - 42　ResNet 的两种残差连接结构

　　普通的深度学习图像分类模型通过一条主干特征提取网络提取特征,最后利用全连接层将最顶层的抽象特征映射为多个所属类别的概率值,每一个主干特征提取网络都有各自的结构和特点,对图像特征提取的效果也不尽相同。本节建立的缺陷检测网络融合了 VGG 网络和 ResNet 网络,在主干特征提取部分,为了充分利用各个尺度的图像特征信息,对主干网络的输出特征图进行多级提取,将 VGG - 16 的 8 倍、16 倍和 32 倍下采样特征图分别与简化的 ResNet - 50 网络输出的同尺寸特征图沿深度方向进行拼接融合,得到融合特征图 C1、C2 和 C3,其中 C1 为底层特征图,尺寸最大,包含输入图像中较小尺寸的目标特征信息,C2 为中间层特征图,包含中等尺寸的目标特征信息,C3 为顶层特征图,尺寸最小,包含大尺寸目标且更为抽象的特征信息。之后利用得到的三种不同尺度融合特征映射构造 FPN。FPN 的网络架构图如图 4 - 43 所示,首先对 C3 进行一次长和宽尺寸不变的卷积、批归一化和激活,紧接着进行一次反卷积,使特征图的长和宽变为原来的 2 倍,之后与 C2 进行深度方向的拼接融合,对融合后的特征图进行相同的卷积、批归一化、激活和反卷积后与 C1 进行深度方向的拼接融合。上述过程是对不同尺度特征图自顶向下的特征融合过程,对高层特征上采样和底层特征自顶向下的连接,保留了较多底层的特征信息,这也使得网络对小目标图像的分类检测效果更好。在经过自顶向下的连接后,FPN 对得到的底层特征映射进行了一次自底向上的特征提取过程,与常见自底向上的特征提取不同的是,该过程同时采用横向连接融合了原来的特征,使最终得到的顶层特征图包含更多不同尺度的特征信息。FPN 之后便是模型的分类输出部分,通过接入一个全连接层和 Softmax 激活层将总特征映射为

0~1 的概率输出。网络架构如图 4-43 所示,其中 Concat 表示沿通道方向的拼接,Conv2d 表示 2 维卷积,Deconv2d 表示 2 维反卷积。由于只对涡轮叶片是否存在缺陷进行检测,并不涉及对缺陷的分类,所建立的缺陷检测模型为深度学习二分类模型,该模型可作为航空发动机涡轮叶片 X-ray 图像缺陷初检模型。

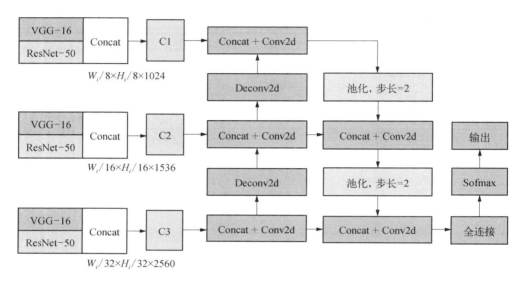

图 4-43 FPN 的网络架构图(通过 FPN 实现 VGG-16 和简化的 ResNet-50 特征融合)

4.4.2 模型训练与测试

利用 Keras 深度学习框架搭建上述网络以及三种经典图像分类网络(VGG-16,ResNet-50,MobileNet),将原始单个涡轮叶片 X-ray 图像按照 4.3.3 节的图像预处理方法裁剪成尺寸为 64×64、96×96、128×128 和 160×160 的局部叶片图。每一种尺寸的裁剪图片数量为 90 000 张,包括 45 000 张阳性(无缺陷)样本和 45 000 张阴性(有缺陷)样本。随机选取 5 000 个阳性(无缺陷)样本和 5 000 个阴性(有缺陷)样本作为测试数据集,其余样本作为训练数据集。图 4-44 显示了一些尺寸为 96×96 的测试样本示例。

全连接对输入的每个数据分配权重,因此输入图像尺寸不同导致模型的参数量不同。同一个网络结构,在不同的输入图像尺寸下,网络训练将得到不同的模型,为此本节在 4 种网络结构和 4 种不同输入尺寸下训练了 16 个模型。模型在测试阶段的图像输入尺寸需要与训练阶段输入尺寸保持一致。模型的训练过程在 Windows 系统的 NVIDIA GeForce GTX 2080Ti GPU 上进行。每个模型训练轮次定义为 100,当连续 4 个轮次的验证损失没有减少时,训练将提前终止。训练过程中的图像是批量输入的,设置模型训练时每一批次数据量为 32(即 batch_size = 32)。

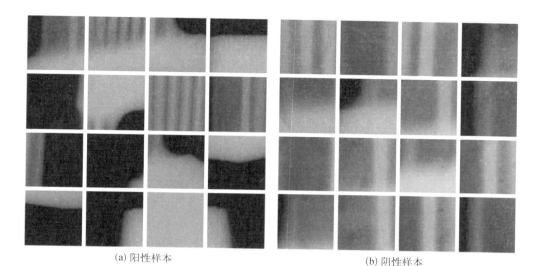

(a) 阳性样本　　　　　　　　　　　　(b) 阴性样本

图 4 - 44　尺寸为 96×96 的测试样本示例

损失函数为交叉熵损失,优化器选择 Adam。采用 Keras 的默认初始化对 4 个网络模型进行初始化,另外基于迁移学习思想,利用训练好的 VGG - 16 和 ResNet - 50 网络的权值对提出的双主干特征融合缺陷检测模型的主干网络进行初始化。主要环境配置及训练参数设置见表 4 - 9。模型在测试过程中的环境配置与训练阶段的配置相同,在对训练好的模型进行测试时,每次输入对应尺寸的单张裁剪图片进行测试。

表 4 - 9　主要环境配置及训练参数设置

	参 数 名 称	参 数 值
环境配置	CPU	Inter Xeon(R) Silver 4114 @ 2.20 GHz
	GPU	NVIDIA GeForce GTX 2080Ti
	操作系统	Windows10
	Python	3.6.9 版本
	Keras	2.3.1 版本
	Tensorflow - GPU	1.14.0 版本
	CUDA	10.0 版本
	CuDNN	7.6.4 版本
训练参数设置	学习率	0.000 1
	batch_size	32
	优化器	Adam
	损失	Cross_ethropy
	训练轮次	100

1. 结果与讨论

为了评估本节缺陷检测模型对航空发动机涡轮叶片 X－ray 图像的缺陷检测效果,首先利用各个不同裁剪尺寸的测试图片分别测试了与之对应的 4 个模型,并计算了相应尺寸下不同模型的 Top－1 精度,测试结果如表 4－10 所示。结果显示,本节提出的基于 VGG 和 ResNet 的双主干特征融合缺陷检测网络模型和经典 VGG－16 图像分类网络模型在 4 种输入图像尺寸下的 Top－1 精度均超过99%,优于其他两个网络模型。本节提出的缺陷检测模型在输入图像尺寸为 96×96 时具有最佳分类精度,为 99.95%,比 VGG－16 提高 0.08%。此外,比较相同模型在不同输入尺寸下的分类精度发现,ResNet－50 的最优输入图像尺寸为 128×128,而其他三个模型最优输入为 96×96,分类精度受输入尺寸影响较小的网络显示出更优的缺陷检测性能。

表 4－10 不同输入尺寸的模型 Top－1 精度

模　　型	尺寸(单位: 像素)			
	64×64	96×96	128×128	160×160
VGG－16	99.24	**99.87**	99.75	99.58
ResNet－50	96.25	98.31	98.43	98.40
MobileNet	86.09	96.09	92.66	93.74
本节模型	99.59	**99.95**	99.88	99.83

虽然基于残差网络的 ResNet－50 具有更深的网络结构,但其对航空发动机涡轮叶片 X－ray 图像的缺陷检测性能不及网络结构相对简单的浅层 VGG－16。针对航空发动机涡轮叶片 X－ray 图像的缺陷检测,VGG－16 采用多个普通卷积串联的形式,在较少的网络层结构下就能表现出较好的检测性能,然而,对于 MobileNet,采用参数量更少的深度可分离卷积反而使得模型的分类精度变差。本节提出的缺陷检测模型,采用双主干网络共同提取 X－ray 图像特征,虽然在参数量、计算量和模型复杂度上有所增加,但这种特征的提取是由两条分开的前向传播路径各自独立完成的,在特征融合及后续的 FPN 部分,网络结构大多由普通的小尺寸卷积、反卷积构建,并未增加多少参数量和计算消耗。这种设计充分考虑了 X－ray 图像缺陷尺寸的多尺度效应,而主干网络分别采用 VGG 和 ResNet 结构,既充分利用了 VGG 结构在提取小信息量 X－ray 灰度图像特征的高效性,又保留了 ResNet 连接结构能有效避免模型过拟合的特点。

图 4－45 绘制了输入尺寸为 96×96 的 4 种模型训练过程损失随训练轮次的变化曲线。横坐标表示训练轮次,纵坐标表示损失值。实线表示训练损失,虚线表示

验证损失。在相同的训练参数和参数优化算法下,模型的收敛速度与网络结构密切相关。本节提出的模型具有较好的损失-训练轮次变化曲线,表明该模型在相同条件下训练效果较好。此外,该模型的损失下降幅度最大,稳定收敛状态下损失最小。MobileNet 和 ResNet - 50 的损失下降明显不足,与 VGG - 16 和本节提出的模型相比差异明显,特别是在验证数据集中,验证损失大且随训练轮次剧烈波动,表明网络可能存在过拟合。每个模型的训练收敛终止轮次、训练损失及验证损失如表 4 - 11 所示。可以看出,本节提出的模型的最小验证损失为 0.001,而MobileNet 高达 0.152。

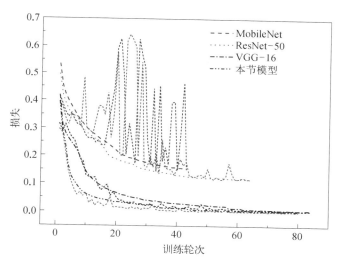

图 4 - 45　输入尺寸为 96×96 的 4 种模型训练过程损失
随训练轮次的变化曲线

表 4 - 11　模型训练损失、验证损失及训练收敛终止轮次

模　　型	训 练 损 失	验 证 损 失	训练收敛终止轮次
MobileNet	0.156	0.152	43
ResNet - 50	0.117	0.118	64
VGG - 16	0.006	0.005	84
本节模型	0.003	0.001	80

漏检率和误检率在实际工业生产和质量检验中至关重要,特别是在涡轮叶片的出厂质量管理中对漏检率的要求非常严格,通常需要达到 0% 的漏检率。因此,除了 Top - 1 精度,本节还对测试数据集上的漏检率和误检率进行了统计,图 4 - 46给出了不同模型漏检率和误检率与图像输入尺寸间的变化关系。从图中可以看

出,对于漏检率,4 种模型的漏检率均小于 24%,ResNet−50 和 MobileNet 的漏检率随图像输入尺寸的增大而减小,但从整体上看,在 4 个图像输入尺寸下的漏检率比 VGG−16 和本节模型均高出很多,其缺陷检测性能明显较差。本节模型与 VGG−16 模型的漏检率随图像输入尺寸的变化趋势相同,均在 96×96 的图像输入尺寸下达到了最小的漏检率。从 4 种模型误检率的变化曲线可以看出,MobileNet 模型的误检率在 64×64、128×128 和 160×160 的图像输入尺寸下明显高于其他三种模型,而 4 种模型在 96×96 的图像输入尺寸下有较为相近的误检率且达到了各自误检率的最低值。

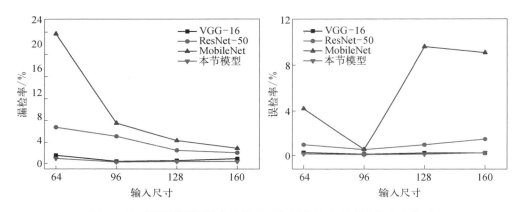

图 4−46   不同模型漏检率和误检率与图像输入尺寸间的变化关系

表 4−12 给出了不同输入尺寸下各模型漏检率和误检率。当图像输入尺寸为 96×96 时,本节模型具有最小漏检率 0.02%。排在第二位的是 VGG−16,漏检率为 0.14%。同时,测试结果发现,本节模型对 10 000 个测试样本进行检测,只有一个阴性(有缺陷)样本被认为是阳性(无缺陷),而该漏检在 VGG−16 的漏检图像中并未发现。以上结果表明,在这两种模型的联合检测下,漏检率可以达到 0%,能够实现实际工业生产的检测要求。

表 4−12   不同输入尺寸下各模型的漏检率和误检率(%)

模 型		尺寸(单位:像素)			
		64×64	96×96	128×128	160×160
VGG−16	漏检率	1.26	0.14	0.28	0.62
	误检率	0.26	0.12	0.22	0.22
ResNet−50	漏检率	6.52	4.86	2.18	1.72
	误检率	0.98	0.52	0.96	1.48

续　表

模　　型		尺寸（单位：像素）			
		64×64	96×96	128×128	160×160
MobileNet	漏检率	23.44	7.28	4.06	2.54
	误检率	4.38	0.54	10.62	9.98
本节模型	漏检率	0.68	0.02	0.12	0.10
	误检率	0.14	0.08	0.12	0.24

在涡轮叶片 X－ray 图像预处理部分,针对阴性(有缺陷)样本数量较少的问题,对每个缺陷图像进行了 9 次裁剪。此外,还采用了翻转、旋转和亮度增减的数据增强技术。为了验证这些数据增强技术的有效性,在保证各训练参数相同的情况下使用一次缺陷裁剪且无数据增强的训练样本训练模型,进行对比研究,图 4－47 给出了有无数据增强的模型 Top－1 精度随图像输入尺寸的变化曲线。可以看出,使用 9 次缺陷裁剪和数据增强技术,不同输入尺寸的模型 Top－1 精度均能相应提高约 2%,该结果表明,采用的数据增强技术能有效地提高模型的分类精度。

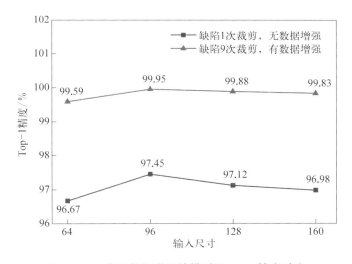

图 4－47　有无数据增强的模型 Top－1 精度对比

上述测试过程是针对固定切割尺寸的裁剪图片进行的,输入缺陷检测模型的图片均为被切割的局部叶片图,而在实际的涡轮叶片缺陷检测中,需要检测单个涡轮叶片是否包含缺陷并对其进行区分,因此本节基于输入图像尺寸为 96×96 的双主干特征融合缺陷检测模型,建立针对单个涡轮叶片 X－ray 图像的缺陷检测系统。该系统包含三大模块,分别为输入图像的自动切割模块、固定尺寸切割图像的自动缺陷检测模块以及图像自动拼接模块,其检测流程为:首先系统输入单张涡轮叶片 X－ray 图像,切割模块对输入图像的尺寸进行自动计算,对图像四周增加最小尺寸的黑边以满足图像的长和宽能被 96 整除,并按照 96×96 的固定像素尺寸对输入图像进行切割;之后将这些切割后的固定尺寸图片顺次输入系统的缺陷检测模块进行检测,并对每个切割图片的检测结果进行记录和保存,如果切割图片有缺陷,就在该切割图片的四周绘制红色包围框,对无缺陷的切割图片不做任何处理;最后图像拼接模块按照切割顺序将这些固定尺寸的切割图片进行拼接,得到原始单幅涡轮叶片 X－ray 图像并输出。如果所有的切割图片均被分类为无缺陷,则缺陷检测系统认为当前叶片为无缺陷叶片,否则,缺陷检测系统输出当前检测结果为有缺陷,并输出带有尺寸为 96×96 的红色包围框的涡轮叶片 X－ray 图像,该红色包围框表示此处区域内部有缺陷。该缺陷检测系统整体检测流程如图 4－48 所示。

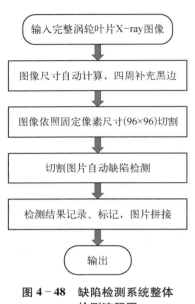

图 4－48　缺陷检测系统整体检测流程图

为了测试该缺陷检测系统在航空发动机涡轮铸造叶片 X－ray 图像上的缺陷检测性能,基于 4.4.1 节中提到的 OTSU 算法从原始胶片扫描图像中裁剪了 773 张涡轮叶片 X－ray 图像进行测试,测试数据包含 90 幅有缺陷叶片图像和 683 幅无缺陷叶片图像。检测结果显示有 167 张无缺陷叶片被误认为有缺陷,即该缺陷检测系统针对完整涡轮叶片图像的误检率为 24.45%,漏检率为 0,Top－1 精度为 78.39%。初步测试结果表明,该检测系统可以对每个涡轮铸造叶片 X－ray 图像进行自动切割、检测和拼接,并且能够判断缺陷的大体位置,检测灵敏度也相当高。

2. 小结

本节基于深度卷积神经网络,从网络结构层面(结合 VGG、ResNet 和 FPN)以及图像数据增强层面建立了缺陷检测二分类模型用于航空发动机涡轮叶片 X－ray 图像的自动检测。主要结论如下。

(1)与 VGG－16 相比,MobileNet 和 ResNet－50 在叶片 X－ray 图像检测上性能较差,不适用于航空发动机涡轮叶片 X－ray 图像缺陷检测;简单的浅层卷积神经网络可能对涡轮叶片 X－ray 图像的特征提取更为有效。

(2)提出的模型将 VGG－16 和 ResNet－50 相结合,并使用 FPN 融合不同尺度特征图,在航空发动机涡轮叶片的缺陷检测中具有最佳性能,与 VGG－16 相比,Top－1 精度提高了 0.08%,漏检率降低了 0.12%。

（3）建立的输入图像尺寸为96×96的模型漏检率最低（0.02%），相同尺寸的VGG–16模型漏检率次之（0.14%）。利用这两种模型共同检测，可以达到实际工业要求的0%漏检。

（4）对缺陷图像进行9次裁剪、随机上下及左右翻转、旋转和亮度增减，是提升涡轮叶片缺陷检测模型性能的有效数据增强方法。这些方法可以提高约2%的Top–1精度。

本节提出的基于DCNN的涡轮叶片缺陷检测方法只能对叶片有无缺陷进行分类，即检测叶片是否存在缺陷，而无法识别缺陷的位置和类别，可以作为航空发动机涡轮叶片缺陷初检模型。进一步的研究工作将针对具体的缺陷类型，基于深度学习目标检测算法（如Faster R–CNN[116]和YOLOv4[120]）展开研究，并推广至缺陷检测，以识别不同类型的缺陷（如气孔、裂纹、疏松和夹渣）。

4.5　基于深度学习的涡轮叶片X–ray图像缺陷自动识别及定位技术（缺陷复检模型）

4.5.1　深度学习目标检测算法

目标检测算法是计算机视觉领域广为应用的基础算法，以图像分类为基础，在图像分类的基础上附加一系列区域的选择和处理方法，对图像或视频中存在的目标进行分类，并给出目标在图像中的位置信息。因此，目标检测的主要任务包含两部分：目标分类和目标定位，图4–49给出了目标检测算法流程。传统的目标检测算法采用滑动窗口获得候选目标域，进行手动设计和提取特征，进而利用传统分类器进行目标分类，准确性和实时性相对较低，如图4–49虚线框所示。2012年，AlexNet的提出使得基于深度学习（卷积神经网络）的图像分类浮出水面，自此，诞生了基于深度学习的目标检测算法。深度学习目标检测算法利用深度卷积神经网络学习特征，对目标的分类和坐标位置的回归可以做到端对端，准确性和实时性高，应用范围也越来越广。根据深度学习目标检测算法结构及流程的差异将其分

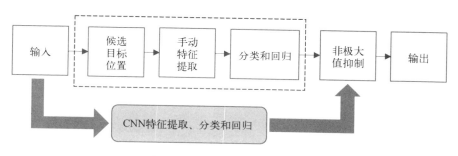

图4–49　目标检测算法流程

为二阶目标检测算法和一阶目标检测算法。

1. 二阶目标检测算法

二阶目标检测算法对目标的分类和定位分两步完成：第一步对深度卷积神经网络提取的主特征进行粗略分类和目标域的提取,该过程得到大量包含前景(目标)和背景的建议区域,基于建议区域从原始图像上进行裁剪得到大量包含目标的区域图像;第二步则是在这些建议区域内选取得分高的少部分图像进行最终的目标分类和目标位置坐标回归。通过定义交并比(Intersection over Union, IoU)来判断建议区域包含的是前景(目标)还是背景,IoU 表示了预测框与真实框之间重叠度的大小,如图4-50 所示。

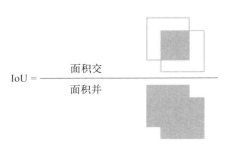

$$IoU = \frac{\text{面积交}}{\text{面积并}}$$

图 4-50   IoU 计算图解

二阶目标检测算法的典型代表是 Faster R-CNN,如图4-51 所示,该算法可以分为以下 4 个主要部分。

(1) 主特征提取。作为一种基于 CNN 的目标检测方法,Faster R-CNN 首先使用多组卷积+激活+池化操作构建一个主特征提取的深度卷积神经网络,对输入的图像进行特征提取得到一个特征图,该特征图被共享用于后续的区域提议网络(region proposal network, RPN)以及 RoI 池化过程。用于 Faster R-CNN 的常见主特征提取网络包括 VGG、ResNet、GoogLeNet、DenseNet、SENet、ShuffleNet 和 MobileNet 等。

(2) RPN 获取建议区域。在主特征提取网络之后连接一个 RPN,将特征映射为包含目标物的概率值和对应的目标物相对坐标修正。RPN 具有两个分支:一个分支利用 Softmax 层输出前景(目标)和背景图像的概率;另一个分支利用 1×1 的

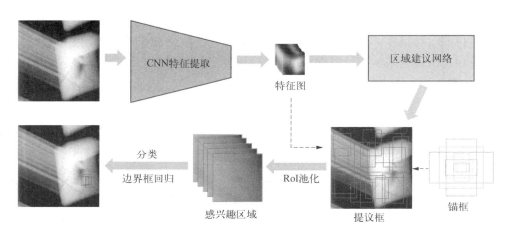

图 4-51   基于 Faster R-CNN 的缺陷检测算法

卷积得到锚框坐标的修正量。之后利用特定的坐标修正公式对预先设定的锚框进行修正,得到包含前景和背景的大量建议区域。

（3）RoI 池化提取建议区域特征图。继 RPN 之后是对目标图像的初步提取过程,该过程将建议区域映射到主特征图上,采用不同长度的池化尺寸对特征图上对应的建议区域进行提取,得到相同尺寸的建议区域特征图,输入后续神经网络中用于目标的精确分类和位置回归。

（4）分类和回归输出检测结果。该过程利用分类网络和坐标回归网络对输入的建议区域特征图进行第二次精确分类和建议区域坐标回归,输出检测结果,即目标类别和位置坐标。网络的最后通过非极大值抑制对重叠预测框进行剔除,最后输出得分最高的目标检测结果。

值得注意的是,上述（2）和（4）中对目标位置坐标的回归并不是真实目标的坐标,而是坐标相对于锚框的修正量 $(d_x(A), d_y(A), d_w(A), d_h(A))$,最终目标的真实坐标则是根据这个修正量对锚框进行平移和缩放得到的。

平移:

$$G'_x = A_w \cdot d_x(A) + A_x \tag{4-36}$$

$$G'_y = A_h \cdot d_y(A) + A_y \tag{4-37}$$

缩放:

$$G'_w = A_w \cdot \exp(d_w(A)) \tag{4-38}$$

$$G'_h = A_h \cdot \exp(d_h(A)) \tag{4-39}$$

式中,A 表示对应的锚框,其下标 x、y、w、h 分别表示锚框中心的横坐标和纵坐标、锚框的宽和高;G' 表示与锚框相对应的目标位置坐标的预测结果。对修正量 $(d_x(A), d_y(A), d_w(A), d_h(A))$ 的回归需要用到真实的修正量作为标准,通过建立与真实修正量之间的误差函数反向传播调节网络参数,基于上述公式,可以得出真实修正量 (t_x, t_y, t_w, t_h) 的计算公式如下:

$$t_x = (G_x - A_x)/A_w, \ t_y = (G_y - A_y)/A_h \tag{4-40}$$

$$t_w = \ln(G_w/A_w), \ t_h = \ln(G_h/A_h) \tag{4-41}$$

式中,G 表示目标真实的位置坐标。基于此,定义坐标回归的 L_1 损失函数如下:

$$\text{Loss} = \sum_i^N \mid t_*^i - d_*^i \mid \tag{4-42}$$

式中,上标 i 表示对应的锚框,其总数假设为 N;下标 $*$ 表示 x、y、w、h,也就是每个坐标值对应一个损失。

二阶目标检测算法对目标物坐标的预测通常基于锚框进行计算,锚框是人为事先根据输入图像上待检目标像素尺寸的大小设计的,其数量与主特征图的大小有关。Faster R – CNN 针对锚框给出了三种基本尺寸,分别为 128、256 和 512,对每个尺寸按照 1∶1、1∶2 和 2∶1 的长宽比例构建了 9 组不同尺寸的锚框,每 9 个尺寸的锚框对应相同的中心点坐标。在 RPN 中,对于特征图上的每个 3×3 的滑动窗口(卷积核),计算出滑动窗口中心点对应原始图像上的中心点,以此作为锚框的中心点。假设锚框的尺寸有 K 种($K=9$),特征图的尺寸为 $H×W$,RPN 中 3×3 的卷积核步长为 1,卷积中 Padding 为 1,此时对应的中心点个数为 $H×W$,得到的总锚框数量为 $H×W×9$,而 RPN 的输出通道数为 $2K+4K$,$2K$ 表示该中心点上每个不同尺寸锚框对应的图像为前景(目标)和背景的概率,$4K$ 表示每个预测框对应于不同尺寸锚框的坐标修正量。锚框及 RPN 的滑动窗口输出图如图 4 – 52 所示,其中 256 – d 表示通道维度为 256 的中间隐层特征图。

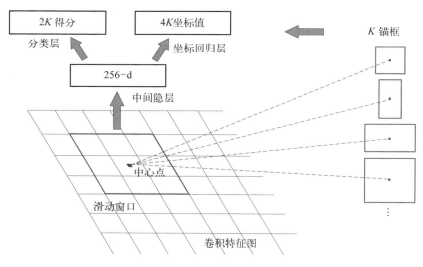

图 4 – 52 锚框及 RPN 的滑动窗口输出图

2. 一阶目标检测算法

相比于二阶目标检测算法,一阶目标检测算法直接回归目标类别和位置,算法的网络架构相对简单,这种端到端的检测方式使其在检测速度上更具优势。一阶目标检测算法的典型代表包括 SSD、YOLO 系列等。图 4 – 53 给出了 YOLOv3 算法网络结构图,图中的 DBL(代码中表示为 Darknetconv2d_BN_Leaky)是 YOLOv3 的基本组件,其结构由卷积、批归一化和 Leaky ReLU 激活函数连接组成;图中的 Res_unit 是由两个 DBL 组件连接而成的一种残差单元;Res-n 表示一种残差连接块,该残差连接块由 Zero – padding、DBL 和 n 个 Res_unit 顺次连接而成,具有对输入图像下采样的作用;DRRR 是 YOLOv3 使用的主特征提取网络,由一个 DBL 后接三个残差连接块组成。

如图 4-53 所示,输入图像首先经过 DRRR 输出第一个特征图 F1,之后经过一个由 8 个残差单元组成的残差连接块输出第二个特征图 F2,最后经过一个由 4 个残差单元组成的残差连接块输出第三个特征图 F3。三个主特征图来自不同深度网络的输出,其尺寸及包含的特征信息有所差异,尺寸越小的特征图来自更深层的网络输出,由于被下采样的次数更多,特征图上每个像素点对应原始图像上的感受野就更大,所以其对大目标的检测更有利,同理,浅层网络输出的特征图下采样次数少,特征图尺寸也就相对较大,更多地保留了小目标的特征信息,更有利于检测小目标。虽然浅层网络更利于捕捉小目标,但是其提取的语义信息相对有限,若被直接拿来进行目标分类和位置回归,则其检测精度很不理想。在 YOLOv3 中,特征图 F3 是主特征提取网络最后的输出,其尺寸最小,更多地包含原始图像中较大目标的特征信息,对其进行 5 次 DBL 和 DBL+Conv 操作后直接输出 Y1,其负责检测大尺寸目标。对 F3 进行 6 次 DBL 操作后进行一次上采样,然后与特征图 F2 进行融合,再经过 5 次 DBL 和 DBL+Conv 操作后输出 Y2,其负责检测中等尺寸目标。同理,特征图 F1 与上采样的 F2+F3 进行特征融合,再经过相同的 5 次 DBL 和 DBL+Conv 操作后输出 Y3,其负责检测小尺寸目标。

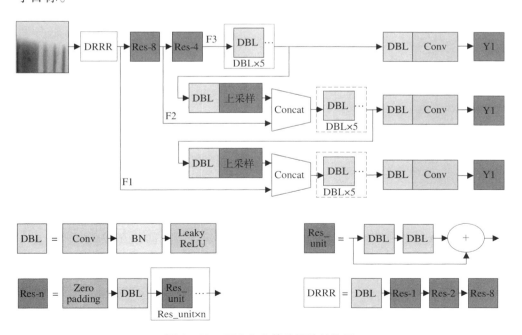

图 4-53　YOLOv3 算法网络结构图

针对目标位置的回归,YOLOv3 算法预先对样本中的所有目标尺寸进行了 K-means 聚类,得到 9 个从小到大排列的先验框,即$[w_i, h_i]$,w 和 h 分别表示先验框的宽和高,下标 i 表示先验框序列号,其值为 1~9。将前三个尺寸较小的先验框用于 Y3 的小尺寸目标检测和位置回归,中间三个中等尺寸的先验框用于 Y2 的中等尺寸目标检测和位置回归,相应地,最后三个大尺寸先验框用于 Y1 的大尺寸目标检测和位置回归。与 Faster R - CNN 类似,YOLOv3 算法对目标坐标的回归输出不是目标真实坐标值,而是相对于先验框坐标的修正量(t_x, t_y, t_w, t_h)。假设 YOLOv3 算法的一个输出 Y1 尺寸为 $W{\times}H{\times}C$,其可以理解为 $W{\times}H$ 个长度为 C 的向量,每个向量代表了 3 个预测目标的类别、置信度和位置信息,将 $W{\times}H$ 看作一个由横排 W 个,竖排 H 个均匀排列的点组成的平面,每个点之间的距离为 1,每个点相对于左上方点的位置记为(C_x, C_y),如图 4 - 54 所示,目标真实坐标的相对值(b_x, b_y, b_w, b_h) 则可以得到

$$b_x = \sigma(t_x) + C_x \qquad (4-43)$$

$$b_y = \sigma(t_y) + C_y \qquad (4-44)$$

$$b_w = w_i e^{t_w} \qquad (4-45)$$

$$b_h = h_i e^{t_h} \qquad (4-46)$$

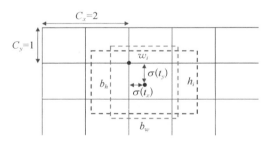

图 4 - 54　由坐标预测值修正先验框得到真实预测框示意图

式中,b_x、b_y 分别表示目标预测框中心横坐标、纵坐标的相对值;b_w、b_h 分别表示预测框的宽和高;下标 i 表示该预测输出 Y1 上的 3 个先验框编号,其值为 7、8、9;$\sigma(\cdot)$ 表示深度学习中常用的 Sigmoid 函数,公式为 $\sigma(x) = 1/(1 + e^{-x})$。上述过程是对 YOLOv3 模型预测结果的坐标值进行解码,得到真实预测框坐标的过程。然而,模型的重点是采用有监督学习方法对坐标修正值(t_x, t_y, t_w, t_h)进行回归。类似地,需要根据式(4-43)~式(4-46)的逆运算求解真实目标框相对于先验框的修正量(t'_x, t'_y, t'_w, t'_h),t'_x、t'_y、t'_w、t'_h 为 YOLOv3 算法在坐标回归上的目标值(理想值)。对于目标物的定位,模型的训练过程为通过梯度下降的反向传播算法不断更新网络权重,使得 t_x、t_y、t_w、t_h 与 t'_x、t'_y、t'_w、t'_h 之间的差距最小化。

对于同一个预测目标,检测模型会输出多组结果。例如,针对同一个夹渣缺陷,YOLOv3 经特征提取及最后的分类和位置回归后会得到大量的预测框,每个预测框对应一个分数,这些预测框存在包含或者大量交叉的情况。为了解决这一问

题,通常会在深度学习目标检测算法最后的预测输出阶段,采用 NMS 选取目标领域内分数最高(夹渣缺陷概率最大)的预测框,剔除分数低的交叉重叠预测框,只保留针对该目标的一个最佳预测结果。NMS 在机器视觉领域得到了广泛应用,如数据挖掘、三维重建、目标跟踪、目标检测及语义分割等。

4.5.2 基于深度学习的涡轮叶片 X‑ray 图像缺陷识别及定位算法

目标检测算法在计算机视觉领域得到了广泛应用,其检测识别对象是图像或视频数据,而对于航空发动机涡轮叶片的射线检测,对射线检测产生的胶片进行数字化处理,进而针对 X‑ray 数字图像采用深度学习目标检测算法进行缺陷检测和识别,该方法是将深度学习直接应用于涡轮叶片缺陷检测的有效途径。通用的目标检测算法适用于常见彩色图的目标检测,目标物轮廓清晰,与背景色彩分明。然而涡轮叶片的 X‑ray 图像是单通道灰度图,缺陷尺寸微小、轮廓不明显,一般肉眼也难以分辨。如何设计适用于涡轮叶片 X‑ray 图像的缺陷检测深度学习模型、提高缺陷检测模型精度、降低漏检率和误检率是本节的关键。在现有目标检测算法的基础上,本节从数据集和标签集获取、训练数据预处理、样本数据增强、缺陷检测网络架构、目标函数及优化算法方面,详细介绍基于深度学习的涡轮叶片的缺陷定位与识别方法的实现过程。

1. 缺陷样本获取及预处理

以图像识别为目的的深度学习模型是一种纯数据驱动模型,其预测精度与训练数据密不可分,高的模型检测精度不仅要求训练数据的数量和结构足够大、涵盖范围广,还要求对应的标签数据准确无误。在某航空制造厂的帮助下,本节利用工业胶片数字化扫描仪对 600 张含有涡轮叶片缺陷的胶片进行数字化处理,胶片扫描数字化转换过程与 4.4.1 节相同。基于上述方法得到的 X‑ray 胶片数字图像分辨率为 7 960×9 700,本节利用像素尺寸等大的固定框对涡轮叶片 X‑ray 胶片数字图像进行缺陷叶片的截取,以此得到 2 137 幅有缺陷的涡轮叶片 X‑ray 图像作为本节研究的缺陷样本数据集。

标签集是深度学习过程中的答案集,在基于深度学习的涡轮叶片缺陷检测模型的训练过程中,每张训练样本图片上的缺陷类别和位置信息需要提前经由人工标定的方式给出,作为标签参与模型训练。由于涡轮叶片缺陷种类多、特征复杂、检测图像维度高,基于边缘平滑度、端部尖锐程度、走向变化率、相对位置、对称性、夹角、长短轴比、灰度相对变化率等指标,通过模糊推理的方式人工评判裂纹、冷隔、气孔、夹渣、多余物和断芯 6 种缺陷的主要特征,在图像特征中将上述典型特征参数表示为

$$C = \{c_i \mid i = 1, 2, \cdots, 9\}$$

进一步,定义 $D = \{d_j \mid j = 1, 2, \cdots, 6\}$ 为缺陷类别集合。

建立缺陷标签数据集的具体做法为:首先将典型特征参数 c_i 作为规则前提,缺陷类别 d_j 作为规则结论,以规则可信度 CF 为推理依据,在 C 和 D 之间建立模糊推理:

$$c_i \xrightarrow{\text{CF}} d_j$$

根据模糊产生式规则的判定表达式:

$$\prod_{i=1}^{9} \omega_i \cdot c_i \in (d_j - \text{CF}, d_j + \text{CF})$$

确定出每张图片上的缺陷类别,进行人工标定,建立缺陷标签数据集。其中,c_i 为规则前提,d_j 为规则结论,$\omega \geq 0 \left(\sum_{i=1}^{9} \omega_i = 1 \right)$ 是隶属度,CF 为规则可信度。基于模糊推理的缺陷评定流程如图 4-55 所示。

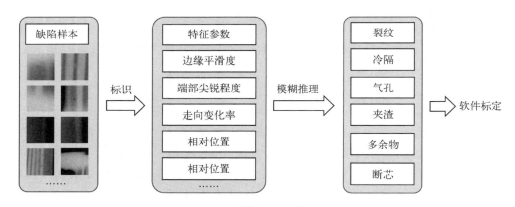

图 4-55   基于模糊推理的缺陷评定流程

常见的 6 种涡轮叶片缺陷示例图如图 4-56 所示,裂纹缺陷圆形度很低呈狭长形,长轴与短轴长度相差较大,宽度较小,无杂点,周围杂点亦很少;冷隔缺陷在影像上呈较粗的黑线状,当透照方向不合适时,也呈现出片状;气孔缺陷的圆形度较好,长轴和短轴长度接近;夹渣缺陷无固定形状,周围有较多杂点,而大片缺陷亦有许多杂点;多余物属高密度夹杂,与夹渣缺陷类似,射线影像较周围正常影像亮度高,无固定形状;断芯通常出现在某种特定叶型的固定位置,呈现亮度较高的条状。

确定缺陷类型及位置后,利用 labelImg 标签制作软件对每幅缺陷图像绘制标签,建立包含缺陷类别及位置信息的标签数据集,图 4-57 给出了利用 labelImg 标签制作软件绘制缺陷标签的示例图。至此,得到了包含 2 137 张缺陷样本的数据集和标签集,对 6 种缺陷各自样本数量的统计如表 4-13 所示。

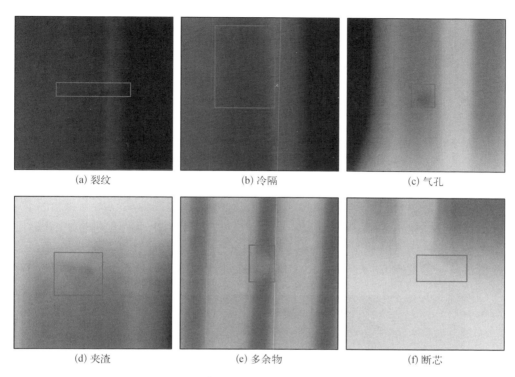

(a) 裂纹　　　　　　　(b) 冷隔　　　　　　　(c) 气孔

(d) 夹渣　　　　　　　(e) 多余物　　　　　　(f) 断芯

图 4-56　常见的 6 种涡轮叶片缺陷示例图

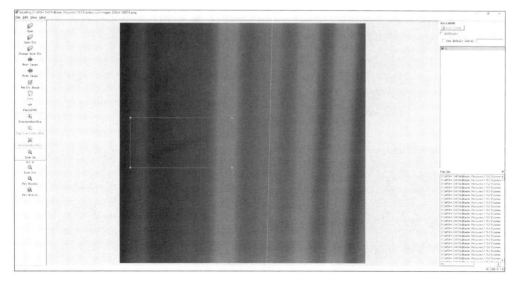

图 4-57　labelImg 标签制作软件绘制缺陷标签的示例图

表 4-13 缺陷样本数据集统计结果

缺陷类型	裂 纹	冷 隔	气 孔	夹 渣	多余物	断 芯	总 和
样本数量	49	53	66	1 081	515	373	2 137
比例	2.29%	2.47%	3.07%	50.58%	24.12%	17.47%	100%

　　大多数缺陷的像素尺寸小于 50×50,与涡轮叶片的像素尺寸相比非常小。这种巨大的尺度差异使得直接输入涡轮叶片图像进行缺陷检测几乎不可能。在本节检测方法中,每个涡轮叶片图像首先被切割成固定的尺寸,然后依次检测涡轮叶片的局部图像,最后将这些局部图像拼接为完整涡轮叶片图像后输出以供可视化。根据经验,从每个有缺陷的涡轮叶片图像中裁剪出尺寸为 256×256 的缺陷图像。每个有缺陷的涡轮叶片图像在缺陷区域被裁剪 9 次,使得缺陷均匀地落在固定尺寸的裁剪图像上,如图 4-58 所示。同时修改相应的标签数据,这个过程将缺陷样

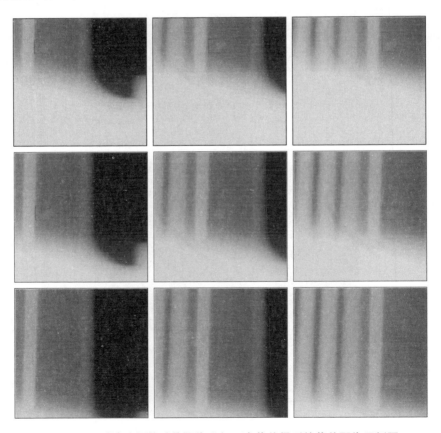

图 4-58 对缺陷涡轮叶片图像进行 9 次裁剪得到的裁剪图像示例图

本的数量扩大到原来的 9 倍。

对所有训练样本沿用 4.4.1 节中的数据增强方法,测试样本保持不变。图 4 - 59 展示了数据增强示例。

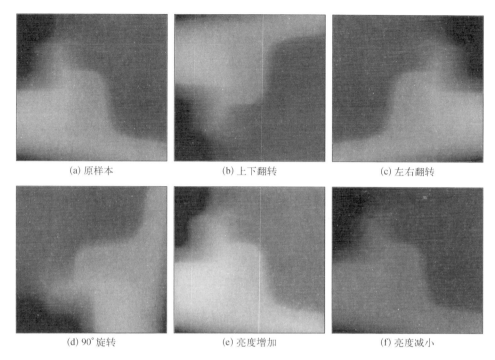

(a) 原样本　　　　　　　　　(b) 上下翻转　　　　　　　　　(c) 左右翻转

(d) 90°旋转　　　　　　　　　(e) 亮度增加　　　　　　　　　(f) 亮度减小

图 4 - 59　数据增强示例

2. 缺陷识别及定位网络模型构建

除了训练和标签数据外,网络结构也是决定深度学习模型性能的关键因素。本节缺陷检测模型由深度神经网络组成,称为双主干特征融合 YOLOv4(dual backbone feature fusion YOLOv4,DBFF - YOLOv4),由四个模块组成(图 4 - 60)。第一个模块是 ResNet - 50[125] 和 CSPDarknet - 53[120] 的双主干特征提取网络,它们负责提取特征并生成不同比例的特征图。第二个模块称为颈项(Neck),由特征金字塔网络和路径聚合网络(path aggregation network, PAN)组成,这两个网络采用不同尺度和主干特征映射之间的一种新的连接形式进行特征融合。第三个模块是与 YOLOv3 相同的头部(Head)。最后一个模块是坐标校正和非极大值抑制的最终输出。四个模块依次连接,整个网络结构连贯统一。采用双主干和级联结构,可以获取更充分的缺陷语义信息和位置信息。

在 DBFF - YOLOv4 的第一个模块中,采用 ResNet - 50 和 CSPDarknet53 构建双主干特征提取网络,ResNet - 50 本身是一种图像分类网络,本节只利用 ResNet - 50

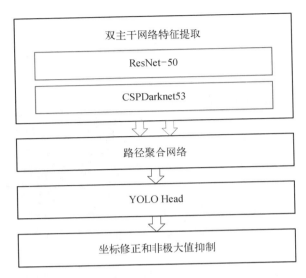

图 4-60 缺陷检测模型框架

生成不同尺度的特征映射,因此对最后三层的分类输出(池化层、全连接层、Softmax 分类输出层)进行剔除。表 4-14 给出了本节采用的 ResNet-50 框架结构,其中方括号表示残差连接块,它是 ResNet-50 的核心结构,具体解释参考 4.4.1 节。

表 4-14 无最后三层的 ResNet-50 框架结构

网络层名称	输出尺寸(宽×高×通道数)	卷积核尺寸(宽×高,卷积核数)
Conv1	$W_i/2 \times H_i/2 \times 64$	7×7,64,步长 2
Conv2_x	$W_i/4 \times H_i/4 \times 64$	3×3,最大池化,步长 2
	$W_i/4 \times H_i/4 \times 256$	$\begin{bmatrix} 1 \times 1, & 64 \\ 3 \times 3, & 64 \\ 1 \times 1, & 256 \end{bmatrix} \times 3$
Conv3_x	$W_i/8 \times H_i/8 \times 512$	$\begin{bmatrix} 1 \times 1, & 128 \\ 3 \times 3, & 128 \\ 1 \times 1, & 512 \end{bmatrix} \times 4$
Conv4_x	$W_i/16 \times H_i/16 \times 1\,024$	$\begin{bmatrix} 1 \times 1, & 256 \\ 3 \times 3, & 256 \\ 1 \times 1, & 1\,024 \end{bmatrix} \times 6$
Conv5_x	$W_i/32 \times H_i/32 \times 2\,048$	$\begin{bmatrix} 1 \times 1, & 512 \\ 3 \times 3, & 512 \\ 1 \times 1, & 2\,048 \end{bmatrix} \times 3$

CSPDarknet53 是 YOLOv4 的主干网络,与 Darknet53 网络相比,它的不同之处是使用跨阶段局部网络(cross stage partial network, CSPNet)策略将基础层的特征映射

划分为两部分：第一部分对输入不做任何操作，第二部分依次连接多个 ResBlock 结构，最后对跨阶段层次结构的特征映射进行合并，CSPNet 结构图如图 4-61 所示。在 CSPDarknet53 中，将跨阶段局部网络应用于多组残差连接块，得到多个由多组残差连接块组成的堆叠块，每个堆叠块之间进行一次下采样，在避免计算量过大的同时输出不同尺度的特征映射。在多组 CSP 残差堆叠块之前是一个由卷积、批归一化和 Mish 激活函数组成的卷积层，式（4-47）为 Mish 激活函数的数学表达式。在 CSP 残差堆叠块之后是步长为 1、输入和输出尺寸不变的三个卷积，之后利用空

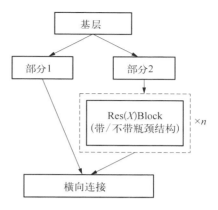

图 4-61　CSPNet 结构图

间金字塔池化（spatial pyramid pooling，SPP）结构对最后一个特征图进行 4 个不同尺度的池化和连接，池化核大小分别为 1×1、3×3、5×5 和 7×7，最后经 3 次卷积后输出最顶层特征图。整个 CSPDarknet53 的输出为 3 个不同尺度的特征图，即 P1、P2 和 P3，CSPDarknet53 结构及输出特征图如图 4-62 所示，图中 DarknetConv2d_BN_Mish 表示 Darknet 的二维卷积后与批归一化和 Mish 激活函数的组合连接结构，CSP_Resblock_body 表示 CSP 残差堆叠块结构，Concat 表示特征图沿通道方向的拼接。

$$\text{Mish} = x \times \tanh\left[\ln\left(1 + e^x\right)\right] \quad\quad (4-47)$$

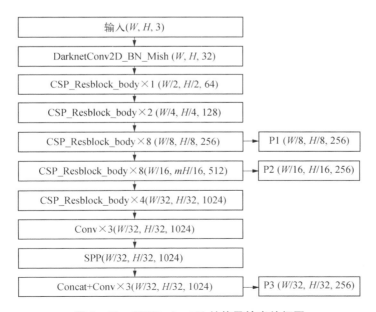

图 4-62　CSPDarknet53 结构及输出特征图

在 DBFF－YOLOv4 的第二个模块,对于双主干网络输出的 6 个特征映射,提出了一种包含所有特征映射的新型连接形式来构造路径聚合网络。PAN 作为缺陷检测模型的核心,用于融合不同比例的特征映射以提高性能,图 4－63 给出了该 PAN结构。PAN 的输入是 6 个三种层次的特征映射,F1 和 P1 分别是来自 ResNet－50 和CSPDarknet53 浅层输出的最大特征映射,F2 和 P2 分别是来自 ResNet－50 和CSPDarknet53 中间层输出的特征映射,F3 和 P3 分别是来自上述两个主干网络最后输出层的最小特征映射。包含较大感受野语义信息的 F3 和 P3 分别进行上采样后与 P2 和 F2 连接,之后对拼接获得的中等特征映射和最大特征映射执行相同的上采样和拼接操作。值得注意的是,自下而上的过程是双路径的,因为有两组主干特征映射。在之后的自上而下过程中,首先通过融合前两条自下而上路径的最后输出来获得顶层映射,之后,自上而下执行下采样、横向连接,并沿着通道方向进行融合,通过两次下采样和特征融合输出三个尺度的融合特征映射,每个融合特征映射用于预测不同尺寸的缺陷。继 PAN 之后,对三个不同尺度的特征映射执行五个DBL(卷积、批量归一化和 Mish 激活函数串联),输出特征映射 YH1、YH2 和 YH3。

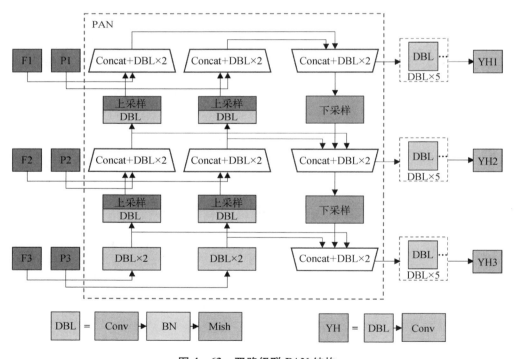

图 4－63　双路级联 PAN 结构

模型的预测输出端沿用 YOLOv4 的 YOLO Head 结构。输出形式为三个维度为 (W_i, H_i, C) 的数组,该三维数组可以看作宽度为 W、高度为 H、通道数为 C 的特征映射,该特征映射由 $W \times H$ 个长度为 C 的向量组成。其中,下标 i 表示缺陷检测的三个尺度($i = 1, 2, 3$),$C = 3 \times (4+1+6)$,这里的 3 表示预测边界框的数量,4 表示缺陷的位置坐标,1 表示缺陷的置信度,6 表示缺陷类型个数。缺陷位置坐标的回归类似于 YOLOv3,模型首先输出相对于锚框的坐标修正值,然后基于预先设计的锚框坐标结合该修正值计算得到缺陷的预测坐标。本节利用 K-means 算法提前设计了 9 个锚框,并按照尺寸从小到大依次排列,三个最大尺寸的锚框([57,66],[61,48],[84,75])对应最小尺寸的输出特征映射 YH3,三个中等尺寸的锚框([42,33],[42,56],[47,43])与输出特征映射 YH2 相对应,最后的三个小尺寸锚框([16,18],[29,29],[35,41])对应尺寸最大的输出特征映射 YH1。因此,模型的每个输出包含 $3 \times W_i \times H_i$ 个预测框,而模型总共输出 $3 \times \sum\limits_{i=1}^{3}(W_i \times H_i)$ 个预测框。最后,应用非极大值抑制算法剔除置信度分数较低的重叠预测框,输出最终的预测结果。

3. 目标函数及权值更新

构建的缺陷检测模型目标函数(损失函数)与 YOLOv4 的目标函数相同,总的损失由坐标预测误差、IoU 误差和分类误差三部分组成。值得注意的是,在坐标误差中,坐标的目标真值是相对于锚点的期望修正值,而不是实际坐标。总损失的定义如下:

$$
\begin{aligned}
\text{Loss} = {} & \lambda_{\text{coord}} \sum_{i=0}^{W \times H} \sum_{j=0}^{B} I_{ij}^{\text{obj}} \left[(x_i - \hat{x}_i)^2 + (y_i - \hat{y}_i)^2 \right] \\
& + \lambda_{\text{coord}} \sum_{i=0}^{W \times H} \sum_{j=0}^{B} I_{ij}^{\text{obj}} \left[\left(\sqrt{w_j} - \sqrt{\hat{w}_j} \right)^2 + \left(\sqrt{h_j} - \sqrt{\hat{h}_j} \right)^2 \right] \\
& + \sum_{i=0}^{W \times H} \sum_{j=0}^{B} I_{ij}^{\text{obj}} l(C_i, \hat{C}_i) \\
& + \lambda_{\text{noobj}} \sum_{i=0}^{W \times H} \sum_{j=0}^{B} I_{ij}^{\text{noobj}} l(C_i, \hat{C}_i) \\
& + \sum_{i=0}^{W \times H} I_i^{\text{obj}} \sum_{c \in \text{classes}} l[p_i(c), \hat{p}_i(c)]
\end{aligned}
\tag{4-48}
$$

式中,I_{ij}^{obj} 表示在输出特征映射的第 i 个网格对应的第 j 个预测框中包含缺陷的概率,如果真实缺陷框与该预测框极为接近,该坐标下的 I_{ij}^{obj} 就等于 1,否则等于 0,在任一预测输出特征映射中,特征映射的宽、高乘积($W \times H$)表示特征映射的网格数;B 表示每个网格对应的锚框个数,本节的 B 等于 3;I_{ij}^{noobj} 的意义与 I_{ij}^{obj} 正好相反,表示当前预测框中没有缺陷的概率。式(4-48)等号右侧前两项是坐标误差,其中 x_i、y_i 是预测框中心点坐标相对于网格 i 对应的锚框中心点坐标的修正值,而 $\hat{x}_i$、

$\hat{y}_i$ 则表示缺陷的真实框中心坐标相对于网格 i 对应的锚框中心坐标的修正值,同理 w_j 和 h_j 表示相对于网格 i 的第 j 个锚框宽、高的预测修正值,而 $\hat{w}_i$ 和 $\hat{h}_i$ 则是与之对应的真实修正值。第三、四项表示 IoU 误差,其中 C_i 和 $\hat{C}_i$ 分别表示当前网格 i 对应的预测框置信度分数和真实框的置信度分数。式(4-48)的最后一项是分类误差,其中 $p_i(c)$ 表示网格 i 对应的预测框中缺陷属于 c 类缺陷的概率,$\hat{p}_i(c)$ 表示属于 c 类缺陷的真实概率。总损失中除了坐标误差采用均方误差之外,其余误差的求解均采用二元交叉熵损失 $l(X, \hat{X})$,定义如下:

$$l(X, \hat{X}) = - [X\ln\hat{X} + (1 - X)\ln(1 - \hat{X})] \tag{4-49}$$

式中,X 和 $\hat{X}$ 分别表示预测值和真实值。

本节采用基于梯度下降法的自适应动量估计算法 Adam 对网络权值进行更新,该算法是深度学习计算机视觉领域广受欢迎的网络权值更新算法。

4.5.3 模型训练与测试及评价指标

1. 模型训练

选择 Keras 深度学习框架进行模型构建。80% 的样本用于训练,其余样本用于测试。在训练阶段,10% 的训练集用于模型验证。模型训练和测试基于 Windows 系统的 NVIDIA GeForce GTX 2080Ti GPU。训练分为两个阶段。首先,以 ResNet-50 和 CSPDarknet53 为主干的 YOLOv4 分别在训练数据集上进行预训练,训练时间设置为 100 个轮次,当连续 6 个轮次的验证损失没有减少时,定义训练提前终止。在每次迭代中,batch_size 设置为 32。采用 Adam 算法通过反向传播优化网络权值,初始学习率为 0.001,指数衰减率 β_1、β_2 分别为 0.9 和 0.999。之后,对整体模型进行训练,其中双主干网络的初始权重来自第一训练阶段预训练的 YOLOv4 模型。在整体模型训练开始阶段,首先对两个主干网络权值进行冻结,即固定权值不参与权重更新,对整个模型的 Neck 和 Head 部分使用与预训练阶段相同的参数设置进行训练。之后,将所有层解冻,整体模型的所有权值全部更新迭代,该阶段对计算资源的要求较高,因此设置 batch_size 为 8、轮次为 50 进行精细化训练,初始学习率设置为 0.0001。

2. 测试及评价指标

精度(Precision)和召回率(Recall)是大多数机器学习目标检测模型的常用指标。本节将精度和召回率应用于提出的缺陷检测模型,其定义如下:

$$\text{Precision} = \frac{\text{TP}}{\text{TP} + \text{FP}} \tag{4-50}$$

$$\text{Recall} = \frac{\text{TP}}{\text{TP} + \text{FN}} \tag{4-51}$$

式中,TP 为真阳性,表示正确检测到的缺陷的数量;FP 为假阳性,表示错误预测框(预测框内的缺陷类别错误或框内实际无缺陷)的数量;FN 为假阴性,表示未被模型检测到的缺陷数目,即模型遗漏的缺陷数。因此,精度针对的是模型的测试结果,是指模型检测出的缺陷中正确结果的占比。召回率针对的是真实的缺陷样本,表示模型正确检测的缺陷占测试样本真实缺陷数量的比例。不难理解,精度描述了模型对于缺陷检测的准确性(查准率),召回率描述了模型对于缺陷检测的查全率,召回率与漏检率之和为 1。通常,较高的置信度分数对应较高的检测精度和较低的召回率,好的模型不仅漏检率低(召回率高),检测精度也满足一定的要求。在保证 0 漏检的同时,还要尽量提高检测精度,降低误检率。

在缺陷检测中,模型生成预测框和置信度分数用于缺陷的定位和识别。利用预测框与真实缺陷框之间的 IoU 来判断检测结果是否正确,即 TP 或 FP。IoU>0.5 的检测结果被定义为 TP,否则为 FP。通过定义不同的置信度,相应地可以得到一组精度和召回率。以精度为纵坐标、召回率为横坐标绘制的曲线称为精度-召回率特性曲线。

本节使用平均精度(average precision, AP)对每种缺陷的检测性能进行评估,通过数值积分法对 AP 进行求解,计算公式如下:

$$AP = \sum_n (R_{n+1} - R_n) P_{interp}(R_{n+1}) \tag{4-52}$$

$$P_{interp}(R_{n+1}) = \max_{\tilde{R}:\, \tilde{R} \geq R_{n+1}} P(\tilde{R}) \tag{4-53}$$

式中,n 表示精度-召回率特性曲线的离散个数;R 表示召回率;$P(R)$ 表示特性曲线上当前召回率 R 对应的精度。最后根据式(4-54)对所有缺陷类别的 AP 求均值得 mAP,用于评估模型的整体缺陷检测性能。

$$mAP = \frac{1}{N_{cls}} \sum_i AP_i \tag{4-54}$$

式中,N_{cls} 表示缺陷类别个数($N_{cls} = 6$);AP_i 表示第 i 类缺陷的 AP。

4.5.4　结果与讨论

本节采用 mAP、查准率和查全率对本节提出的缺陷检测模型进行了评估。除了对本节提出的模型进行训练和测试外,同时在相同的配置环境下搭建了 YOLOv4 目标检测模型,并基于未预处理的原始缺陷叶片图像(尺寸为 770×1 700)进行了模型训练与测试。用于测试的缺陷样本数量为 427,在每个缺陷上的详细分布情况如表 4-15 所示。为了保证模型在训练和测试阶段图像的输入尺寸相同,在对本节缺陷检测模型 DBFF - YOLOv4 进行测试前,需要按照 256×256 的尺寸对 427 张缺陷涡轮叶片的缺陷区域进行裁剪,将裁剪后尺寸为 256×256 的缺陷图片作为 DBFF - YOLOv4 模型的测试样本。由于 YOLOv4 模型基于原始涡轮叶片图像进行训练,所以原始测试样本可直接用于 YOLOv4 模型的测试。本节缺陷检测模型 DBFF - YOLOv4 与原始图像输入尺寸的 YOLOv4 模型的测试对比结果如表 4 - 16 所示。结果表明,本节构建的 DBFF - YOLOv4 模型在航空发动机涡轮叶片缺陷检测上的优势明显,mAP 高达 99.58%,0.5 的置信度分数下平均召回率高达 91.87%,而基于原始涡轮叶片图像训练的 YOLOv4 模型 mAP 仅为 31.27%,0.5 置信度分数下的平均召回率只有 8.02%。与直接使用 YOLOv4 模型相比,DBFF - YOLOv4 的 mAP、平均查准率和平均查全率都得到了显著提高。

表 4 - 15   测试样本的缺陷分布情况

缺陷类别	裂纹	冷隔	气孔	夹渣	多余物	断芯	总和
数量	10	11	13	216	103	74	427

表 4 - 16   DBFF - YOLOv4 模型与直接训练 YOLOv4 模型的测试对比结果

模　　型	输入尺寸	mAP/%	平均查准率/%（置信度分数 0.5）	平均查全率/%（置信度分数 0.5）
DBFF - YOLOv4	256×256	99.58	99.90	91.87
YOLOv4	770×1 700	31.27	50.24	8.02

为了评估 DBFF - YOLOv4 网络架构在缺陷特征提取方面的性能,采用本节缺陷裁剪和数据增强方法,构建并训练分别以 VGG - 16、ResNet - 50、ResNet - 101 和 CSPDarknet53 为主干网络的 4 个 YOLOv4 模型进行对比研究。采用本节的图像预处理方法,所有模型的图像输入尺寸均为 256×256,因而测试样本均为裁剪之后的缺陷图片。表 4 - 17 中 AP、mAP 和帧率(frames per second, FPS)的对比结果显示,DBFF - YOLOv4 模型的缺陷检测性能最优,与以 CSPDarknet - 53 为主干网络的 YOLOv4 相比,mAP 提升了 1.54%(多余物 AP 提升 0.174%,断芯 AP 提升 0.03%,冷隔 AP 提升 9.09%),特别是针对断芯、气孔、裂纹和冷隔的 AP 高达 100%。由于本节 DBFF - YOLOv4 模型采用双主干特征提取网络进行缺陷特征提取,同时进行多特征映射之间的双路级联,模型的复杂度提高,所以 FPS 最小。虽然 DBFF - YOLOv4 模型的检测耗时增加,但精度的提高对于航空发动机涡轮叶片的质量管理是可取的。表 4 - 17 的测试结果表明,在相同的图像预处理和图像输入尺寸下,

本节缺陷检测框架 DBFF - YOLOv4 整体性能优于其他框架。在基于 YOLOv4 框架的 4 个模型中,以 ResNet - 101 为主干的模型层数最多,但检测性能最差,可能的原因是层数太多导致模型出现了过拟合。

表 4 - 17 不同缺陷检测框架 AP、mAP 和 FPS 的对比结果

模型	主干网络	AP/%						mAP /%	FPS /ms
		裂纹	冷隔	气孔	夹渣	多余物	断芯		
YOLOv4	VGG - 16	100	90.91	91.05	98.60	98.41	99.18	96.36	54
	ResNet - 50	100	89.39	98.25	96.45	96.83	98.85	96.63	47
	ResNet - 101	100	86.36	91.44	92.44	96.09	95.68	93.67	35
	CSPDarknet - 53	100	90.91	100	98.85	98.52	99.97	98.04	38
DBFF - YOLOv4	CSPDarknet - 53+ ResNet - 50	100	100	100	98.81	98.69	100	**99.58**	26

表 4 - 18 和表 4 - 19 分别给出了 0.5 的置信度分数下不同缺陷检测模型的召回率(查全率)和检测精度(查准率)的测试对比结果。从表中可以看出,DBFF - YOLOv4 模型在平均召回率和平均查准率方面均优于其他模型。与 YOLOv4 中性能最优的模型(以 CSPDarknet - 53 为主干网络)相比,当置信度分数为 0.5 时,DBFF - YOLOv4 模型在夹渣和多余物缺陷上的召回率分别提高了 1.46% 和 0.7%,夹渣和多余物缺陷的查准率分别提高了 0.06% 和 1.54%。值得注意的是,当置信度分数为 0.5 时,DBFF - YOLOv4 模型对多余物、断芯、气孔、裂纹和冷隔的检测精度均达到了 100%,整体而言检测模型对所有缺陷的平均查准率高达 99.9%。

表 4 - 18 0.5 的置信度分数下不同缺陷检测模型的召回率(查全率)(%)

模型	主干网络	召回率(置信度分数 0.5)						平均 召回率
		裂纹	冷隔	气孔	夹渣	多余物	断芯	
YOLOv4	VGG - 16	100	90.91	61.11	86.00	87.76	84.00	84.96
	ResNet - 50	50	81.82	44.44	76.18	79.72	79.00	68.53
	ResNet - 101	50	81.82	11.11	58.59	64.34	69.00	55.81
	CSPDarknet - 53	100	90.91	88.89	89.32	88.46	93.50	91.85
DBFF - YOLOv4	CSPDarknet - 53+ ResNet - 50	100	90.91	88.89	**90.78**	**89.16**	91.50	**91.87**

表 4-19　0.5 的置信度分数下不同缺陷检测模型的检测精度(查准率)(%)

模型	主干网络	检测精度（置信度分数0.5）						平均查准率
		裂纹	冷隔	气孔	夹渣	多余物	断芯	
YOLOv4	VGG-16	100	100	91.67	99.16	99.60	98.82	98.21
	ResNet-50	100	90	100	97.70	98.28	98.14	97.35
	ResNet-101	100	90	100	95.25	97.87	99.28	97.07
	CSPDarknet-53	100	100	100	99.35	98.46	100	99.63
DBFF-YOLOv4	CSPDarknet-53+ResNet-50	**100**	**100**	**100**	**99.41**	**100**	**100**	**99.90**

　　本节进一步研究了裁剪方法和数据增强对 DBFF-YOLOv4 模型检测性能的影响。表 4-20 给出了使用本节提出的裁剪方法和数据增强的测试对比结果。结果表明,通过对缺陷图像的 9 次裁剪和数据增强,得到的缺陷检测模型在 mAP、0.5 置信度分数下的平均查准率和查全率上有显著提高。尤其是本节缺陷图像 9 次裁剪方法,使得训练样本数量大幅度增加,带给模型缺陷检测性能上的巨大提升,mAP、0.5 置信度分数下的平均查准率和平均查全率分别提高了 59.19%、27.01% 和 62.49%。本节数据增强方法(旋转、翻转、亮度增减)也有效提高了模型检测和分类的预测精度。结果表明,在使用 9 次缺陷裁剪的基础上再采用旋转、翻转、亮度增减的数据增强方法,使得模型的 mAP 从 97.05% 提高至 99.58%,提高幅度为 2.53%。

表 4-20　缺陷 9 次裁剪和数据增强的测试对比结果(%)

缺陷1次裁剪	缺陷9次裁剪	图像数据增强	mAP	平均查准率（置信度分数0.5）	平均查全率（置信度分数0.5）
✓			37.86	70.71	28.78
✓		✓	40.72	73.16	33.44
	✓		97.05	97.72	91.27
	✓	✓	99.58	99.90	91.87

　　虽然本节提出的 DBFF-YOLOv4 缺陷检测模型在航空发动机叶片缺陷检测中表现出色,但仍然存在漏检和误检。图 4-64 显示了可视化测试结果示例图,图中前两行显示了正确检测结果,其中,"S"表示夹渣,"DX"表示断芯,"DYW"表示多余物,"A"表示气孔,"C"表示裂纹,"CI"表示冷隔。最后两行为漏检结果示例。结果表明,该缺陷识别及定位模型无法检测尺寸极小、轮廓边界模糊的缺陷。这些

缺陷的特征非常微弱,包含的特征信息量极少,并且缺陷与背景相似,给缺陷检测带来了巨大困难。

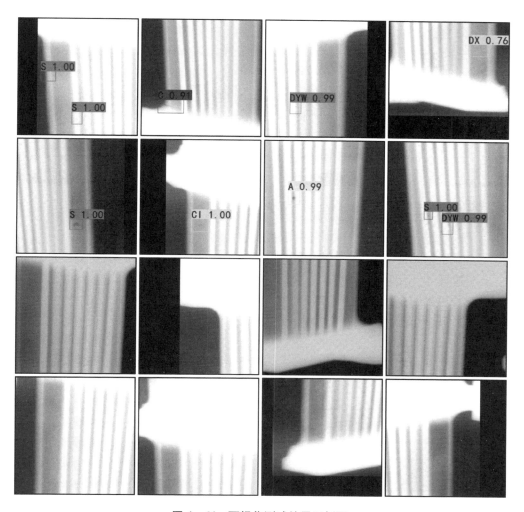

图 4-64　可视化测试结果示例图

上述建立的 DBFF - YOLOv4 缺陷检测模型的输入是尺寸为 256×256 的叶片裁剪图像,然而在实际的涡轮叶片 X - ray 图像缺陷检测中,需要针对单幅完整叶片图像进行检测。对此,在 DBFF - YOLOv4 缺陷检测模型之前和之后分别添加了一个图像切割模块和图像拼接模块,建立了针对完整涡轮叶片 X - ray 图像直接进行缺陷检测及可视化输出的缺陷检测识别系统。为避免处于切割线上的缺陷被切割而影响检测精度,切割图片时采取相邻切割图片 1/4 尺寸重叠策略,相应地,图像拼接模块同样采用相邻切割图片 1/4 尺寸重叠策略对检测输出的切割图片依照切割顺序进行拼接,复原为原始输入涡轮叶片 X - ray 图像后可视化输出。叶片图像的切割和拼接示例图如图 4 - 65 所示。

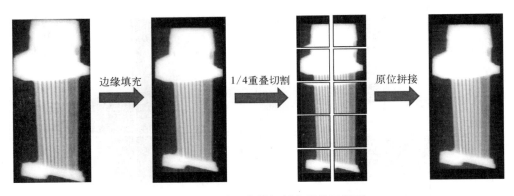

图 4 - 65　叶片图像的切割和拼接示例图

该系统对完整涡轮叶片 X - ray 图像进行缺陷检测的流程如下。

（1）涡轮叶片 X - ray 图像首先输入检测系统的图像切割模块,切割模块计算输入图像尺寸,给图像四周加上黑边后进行固定尺寸为 256×256 的图像切割。

（2）切割图像顺次输入 DBFF - YOLOv4 缺陷检测模块进行缺陷检测识别,可视化输出每个切割图片的缺陷检测结果(缺陷类型、预测框)。

（3）拼接模块对可视化检测结果图片进行原位拼接,删除重合缺陷预测框,输出完整涡轮叶片 X - ray 图像的最终检测结果。

完整涡轮叶片 X - ray 图像的缺陷检测流程图如图 4 - 66 所示。最后利用 427 张原始尺寸(770×1 700)的缺陷涡轮叶片 X - ray 测试样本图像对该检测系统进行了测试,结果发现,在 0.5 的置信度分数下缺陷检测系统的查全率与 DBFF - YOLOv4 缺陷检测模型的查全率保持一致,为 91.87%,而查准率(检测精度)由原来的 99.9% 下降至 96.7%。该测试结果不难理解,缺陷检测系统在检测有缺陷的固定尺寸(256×256)切割图片的同时,还检测了大量无缺陷的切割图片,对于一些形状、尺寸、对比度、明暗度与缺陷特征相

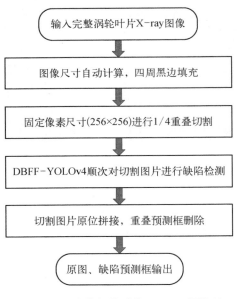

图 4 - 66　完整涡轮叶片 X - ray 图像的缺陷检测流程图

似的部位(伪缺陷),DBFF - YOLOv4 缺陷检测模型将其预测成了缺陷,导致误检率上升,查准率下降。图 4 - 67 为该缺陷检测系统部分测试结果示例图。

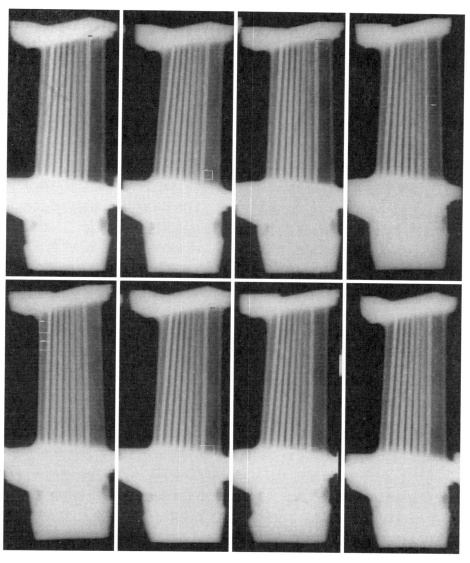

图 4 - 67　缺陷检测系统部分测试结果示例图

4.5.5　小结

射线检测是航空发动机涡轮叶片质量管理的通用方法。本节将射线检测与计算机视觉相结合,提出了一种新的缺陷检测方法。针对航空发动机涡轮叶片 X 射线图像,采用双 DCNN 分层提取缺陷特征,建立了基于一阶目标检测算法的双主干缺陷检测框架 DBFF－YOLOv4。在提出的 DBFF－YOLOv4 框架中,构建了包含所有特征映射的新型连接结构 PAN 作为缺陷检测框架的核心,用于融合不同尺度的特征映射,增强有效特征传播。通过对模型的测试评估可以得到以下结论:① 采用双主干特征提取网络及包含所有特征映射的级联 PAN 构建的 DBFF－YOLOv4 缺陷检测模型能有效提取涡轮叶片 X－ray 图像的缺陷特征,不同类别缺陷的 mAP 可以达到 99.58%,在 0.5 的置信度分数下可以获得 99.9% 的 AP 和 91.87% 的查全率。② 与直接利用缺陷叶片图像训练 YOLOv4 模型相比,本节提出的 DBFF－YOLOv4 框架提高了模型复杂度,使得缺陷检测速度变慢,但缺陷检测性能得到了大幅度提升(mAP 提高了 68.31%)。③ 本节提出的缺陷图像 9 次裁剪和数据增强方法极大地增加了样本数量,能大幅度提高模型的缺陷检测性能,在提高缺陷检测模型的准确性方面非常有效,在 mAP、平均检测精度和召回率方面分别提高了 59.19%、27.01% 和 62.49%。④ 基于 DBFF－YOLOv4 建立了针对完整涡轮叶片 X－ray 图像直接进行缺陷检测及可视化输出的缺陷检测识别系统,在 427 张原始尺寸(770×1 700)的缺陷涡轮叶片 X－ray 测试样本集上达到了 96.7% 的查准率和 91.87% 的查全率。本节为航空发动机涡轮叶片的自动射线检测提供了一种新的技术手段,建立的缺陷检测识别系统可作为射线检测人工评片的辅助工具,用以提高航空发动机涡轮叶片传统射线检测效率。

目前,缺陷检测模型在小尺寸和轮廓模糊的缺陷上仍然存在漏检和误检。进一步的工作将集中于小尺寸缺陷检测和微弱特征信息提取技术的研究中。

4.6　本章小结

本章系统性地介绍了航空发动机叶片智能检测技术的最新进展,以及本书作者所在团队在航空发动机涡轮叶片智能化缺陷检测方面的研究现状和最新技术。4.1 节为绪论,概括性地对航空发动机叶片缺陷/损伤分类及成因、传统无损检测技术及智能检测技术进行了综述。4.2 节从深度学习的基础理论出发,对基于深度学习的数字图像识别基本理论和方法进行了阐述。在 4.3 节,作者介绍了无监督学习的涡轮叶片 X－ray 图像缺陷自动检测技术,提出了一种基于无监督学习的涡轮叶片 X－ray 图像缺陷自动检测方法。通过引入对抗学习的思想建立了一种新的生成对抗网络模型用于涡轮叶片 X－ray 图像缺陷自动检测。在 4.4 节,作者介绍了基于 DCNN 的涡轮叶片 X－ray 图像缺陷自动检测技术(二分类缺陷初检模型),从网络结构层面(结合 VGG、ResNet 和 FPN)以及图像数据增强层面建立了缺陷检测二分类模型,实现了航空发动机涡轮叶片 X－ray 图像的缺陷自动检测。4.5 节介绍了基于深度学习的涡轮叶片 X－ray 图像缺陷自动识别及定位技术(缺陷复检模型),基于 YOLOv4 算法提出了一种双主干特征融合缺陷检测模型 DBFF－YOLOv4,并与现有目标检测算法进行了对比研究,展示了 DBFF－YOLOv4 缺陷检测模型在涡轮叶片 X－ray 图像缺陷分类及定位上的优越性能。

参考文献

［1］　Lakshmi M R, Mondal A K, Jadhav C K, et al. Overview of NDT methods applied on an aero engine turbine rotor blade［J］. Insight — Non-Destructive Testing and Condition Monitoring, 2013, 55(9): 482－486.

［2］　牛建平,尹冬梅,王琳,等.熔模铸造某燃机涡轮叶片工艺研究［J］.特种铸造及有色合金, 2019,39(11): 1226－1229.

［3］　李豫川.某微型涡轮发动机涡轮熔模铸造数值模拟及工艺优化［D］.绵阳:西南科技大学,2016.

［4］　徐丽,刚铁,张明波,等.铸件缺陷无损检测方法的研究现状［J］.铸造,2002(9): 535－540.

［5］　史亦韦,梁菁,何方成.航空材料与制件无损检测技术新进展［M］.北京:国防工业出版社,2012.

［6］　胡静,徐拓.基于孔探技术的航空发动机常见损伤及案例分析［J］.装备制造技术,2017 (11): 183－185.

［7］　民航无损检测人员资格鉴定与认证委员会.航空器目视检测［M］.北京:中国民航出版社,2014.

［8］　Aust J, Pons D. Taxonomy of gas turbine blade defects［J］. Aerospace, 2019, 6(5): 58.

［9］　Zou F. Review of aero-engine defect detection technology［C］. 2020 IEEE 4th Information Technology, Networking, Electronic and Automation Control Conference (ITNEC), Chongqing, 2020.

［10］　Ospennikova O G, Kosarina E I, Krupnina O A. X－ray nondestructive testing as an essential tool during technology design and development of modern aircraft materials［J］. Inorganic Materials: Applied Research, 2019, 10(6): 1510－1516.

［11］　Mevissen F, Meo M. A review of NDT/structural health monitoring techniques for hot gas components in gas turbines［J］. Sensors, 2019, 19(3): 711.

［12］　Xia Y, Sheng H, Chen Z. A comprehensive review on blade damage detection and prediction ［C］. 2021 International Conference on Sensing, Measurement and Data Analytics in the Era of Artificial Intelligence, Nanjing, 2021.

［13］　Heida J H, Platenkamp D J. Evaluation of non-destructive inspection methods for composite aerospace structures［J］. International Workshop of NDT Experts, 2011, 10: 12.

［14］　陈宏杰.基于孔探技术的民航发动机健康管理研究［D］.厦门:厦门大学,2014.

［15］　Chen G, Tang Y. Aero-engine interior damage recognition based on texture features of borescope image［J］. Chinese Journal of Scientific Instrument, 2008, 29(8): 1710－1713.

［16］　Lakshmi M V, Mondal A K, Jadhav C K, et al. Quantitative NDE of aero engine turbine totor blade—a case study［C］. Proceedings of the National Seminar and Exhibition on Non-Destructive Evaluation (NDE 2011), Chennai, 2011.

[17] 严治.基于卷积神经网络的铸件内部缺陷超声检测方法研究[D].沈阳:沈阳工业大学,2019.

[18] 张罗丹.航空发动机叶片超声C扫三维可视化无损检测技术研究[D].兰州:兰州理工大学,2019.

[19] 牟立颇.压气机转子叶片的磁粉检测[J].无损检测,2014(8):57-59.

[20] Anoshkin A N, Osokin V M, Tretyakov A A, et al. Application of operational radiographic inspection method for flaw detection of blade straightener from polymeric composite materials [J]. Journal of Physics: Conference Series, 2017, 808(1): 012003.

[21] Chen L, Li B, Zhou H, et al. Detection of three-dimensional parameter of defects for gas turbine blades based on two-dimensional digital radiographic projective imaging[J]. Journal of Nondestructive Evaluation, 2019, 38(4): 1-9.

[22] Błachnio J, Chalimoniuk M, Kułaszka A, et al. Exemplification of detecting gas turbine blade structure defects using the X-ray computed tomography method[J]. Aerospace, 2021, 8(4): 119.

[23] 于霞,张卫民,邱忠超,等.基于涡流检测信号的航空发动机叶片缺陷分类与评估方法[J].测试技术学报,2016,30(2):99-105.

[24] Li Y, Yan B, Li W, et al. Thickness assessment of thermal barrier coatings of aeroengine blades via dual-frequency eddy current evaluation[J]. IEEE Magnetics Letters, 2016, 7: 1-5.

[25] 罗英,张德银,彭卫东,等.民航飞机主动红外热波成像检测技术应用进展[J].激光与红外,2011,41(7):718-723.

[26] Ciampa F, Mahmoodi P, Pinto F, et al. Recent advances in active infrared thermography for non-destructive testing of aerospace components[J]. Sensors, 2018, 18(2): 609.

[27] Abdelrhman A M, Leong M S, Saeed S A M, et al. A review of vibration monitoring as a diagnostic tool for turbine blade faults[J]. Applied Mechanics and Materials, 2012, 229: 1459-1463.

[28] Madhavan S, Jain R, Sujatha C, et al. Vibration based damage detection of rotor blades in a gas turbine engine[J]. Engineering Failure Analysis, 2014, 46: 26-39.

[29] Pan M, Xu H. A machine learning based hybrid nonlinear character monitoring approach for compressor blades fault diagnosis using blade tip timing measurement[C]. 2020 11th International Conference on Prognostics and System Health Management, Jinan, 2020.

[30] Chen Z, Liu J, Zhan C, et al. Reconstructed order analysis-based vibration monitoring under variable rotation speed by using multiple blade tip-timing sensors[J]. Sensors, 2018, 18(10): 3235.

[31] Shrifan N H M M, Akbar M F, Isa N A M. Prospect of using artificial intelligence for microwave nondestructive testing technique: A review[J]. IEEE Access, 2019, 7: 110628-110650.

[32] Schmidt C, Hocke T, Denkena B. Artificial intelligence for non-destructive testing of CFRP prepreg materials[J]. Production Engineering, 2019, 13(5): 617-626.

[33] Sikora R, Baniukiewicz P, Chady T, et al. Artificial neural networks and fuzzy logic in nondestructive evaluation[J]. Studies in Applied Electromagnetics and Mechanics, 1996, 38:

137 - 151.

[34] Aldrin J C, Lindgren E A, Forsyth D S. Intelligence augmentation in nondestructive evaluation [J]. AIP Conference Proceedings, 2019, 2102(1): 020028.

[35] Goodfellow I, Bengio Y, Courville A. Deep learning[M]. Cambridge: MIT Press, 2016.

[36] Hinton G E, Salakhutdinov R R. Reducing the dimensionality of data with neural networks [J]. Science, 2006, 313(5786): 504 - 507.

[37] Glorot X, Bordes A, Bengio Y. Deep sparse rectifier neural networks[C]. Proceedings of the Fourteenth International Conference on Artificial Intelligence and Statistics, Ft. Lauderdale, 2011.

[38] LeCun Y, Bengio Y, Hinton G. Deep learning[J]. Nature, 2015, 521(7553): 436 - 444.

[39] 李梦园. 深度学习算法在表面缺陷识别中的应用研究[D]. 杭州: 浙江工业大学,2015.

[40] Faghih-Roohi S, Hajizadeh S, Núñez A, et al. Deep convolutional neural networks for detection of rail surface defects[C]. 2016 International Joint Conference on Neural Networks, Vancouver, 2016.

[41] Park J K, Kwon B K, Park J H, et al. Machine learning-based imaging system for surface defect inspection[J]. International Journal of Precision Engineering and Manufacturing-Green Technology, 2016, 3(3): 303 - 310.

[42] Tabernik D, Šela S, Skvarč J, et al. Segmentation-based deep-learning approach for surface-defect detection[J]. Journal of Intelligent Manufacturing, 2020, 31(3): 759 - 776.

[43] Zhao L, Li F, Zhang Y, et al. A deep-learning-based 3D defect quantitative inspection system in CC products surface[J]. Sensors, 2020, 20(4): 980.

[44] 范程华. 太阳能电池片表面缺陷高效检测系统研究[D]. 合肥: 安徽大学,2019.

[45] 李康宇. 基于深度学习的带钢表面缺陷识别方法研究[D]. 北京: 机械科学研究总院,2020.

[46] 桑宏强,刘雨轩,刘芬. 改进卷积神经网络在工件表面缺陷检测中的应用[J]. 组合机床与自动化加工技术,2020(8): 43 - 47.

[47] 金闯奇,陈新度,吴磊. 基于特征金字塔的多尺度金属表面缺陷检测[J]. 组合机床与自动化加工技术,2020(8): 97 - 100.

[48] 蒋相哲. 基于深度学习的铸件外观缺陷检测研究[D]. 武汉: 武汉科技大学,2019.

[49] 陈培兴. 基于工业 CT 图像的缺陷定位和三维分割技术研究[D]. 太原: 中北大学,2016.

[50] 孟天亮. 基于机器视觉的工业 CT 无损检测技术研究[D]. 南京: 南京航空航天大学,2015.

[51] Wu B, Zhou J, Ji X, et al. Research on approaches for computer aided detection of casting defects in X - ray images with feature engineering and machine learning[J]. Procedia Manufacturing, 2019, 37: 394 - 401.

[52] 马源,陈茂荣,计效园,等. 基于阈值分割的钛合金铸件 X 光图像缺陷检测[C]. 中国机械工程学会铸造分会,武汉,2019.

[53] Mery D. Computer vision technology for X - ray testing[J]. Insight — Non-Destructive Testing and Condition Monitoring, 2014, 56(3): 147 - 155.

[54] Mery D, Riffo V, Zscherpel U, et al. GDX - ray: The database of X - ray images for nondestructive testing[J]. Journal of Nondestructive Evaluation, 2015, 34(4): 1 - 12.

[55] Mery D, Arteta C. Automatic defect recognition in X－ray testing using computer vision[C]. 2017 IEEE Winter Conference on Applications of Computer Vision (WACV), Santa Rosa, 2017.

[56] Ferguson M, Ak R, Lee Y T T, et al. Automatic localization of casting defects with convolutional neural networks[C]. 2017 IEEE International Conference on Big Data (Big Data), Boston, 2017.

[57] Ferguson M K, Ronay A K, Lee Y T T, et al. Detection and segmentation of manufacturing defects with convolutional neural networks and transfer learning[J]. Smart and Sustainable Manufacturing Systems, 2018, 2: 137－164.

[58] 时佳悦. 基于工业 CT 图像的工件缺陷智能检测技术研究[D]. 兰州: 兰州交通大学, 2017.

[59] 常海涛, 苟军年, 李晓梅. Faster R-CNN 在工业 CT 图像缺陷检测中的应用[J]. 中国图象图形学报, 2018, 23(7): 1061－1071.

[60] 常海涛. 基于 Faster R-CNN 的工业 CT 图像缺陷检测研究[D]. 兰州: 兰州交通大学, 2018.

[61] Fuchs P, Kröger T, Dierig T, et al. Generating meaningful synthetic ground truth for pore detection in cast aluminum parts[C]. 9th Conference on Industrial Computed Tomography, Padova, 2019.

[62] Fuchs P, Kröger T, Garbe C S. Self-supervised learning for pore detection in CT-scans of cast aluminum parts[C]. International Symposium on Digital Industrial Radiology and Computed Tomography, Fürth, 2019.

[63] Du W, Shen H, Fu J, et al. Automated detection of defects with low semantic information in X－ray images based on deep learning[J]. Journal of Intelligent Manufacturing, 2021, 32(1): 141－156.

[64] Du W, Shen H, Fu J, et al. Approaches for improvement of the X－ray image defect detection of automobile casting aluminum parts based on deep learning[J]. NDT & E International, 2019, 107: 102144.

[65] Lin T Y, Dollár P, Girshick R, et al. Feature pyramid networks for object detection[C]. 2017 IEEE Conference on Computer Vision and Pattern Recognition, Honolulu, 2017.

[66] He K, Gkioxari G, Dollár P, et al. Mask R-CNN[C]. Proceedings of the IEEE International Conference on Computer Vision, Venice, 2017.

[67] Khumaidi A, Yuniarno E M, Purnomo M H. Welding defect classification based on convolution neural network (CNN) and Gaussian kernel[C]. 2017 International Seminar on Intelligent Technology and Its Applications, Surabaya, 2017.

[68] Zhang Z, Wen G, Chen S. Weld image deep learning-based on-line defects detection using convolutional neural networks for Al alloy in robotic arc welding[J]. Journal of Manufacturing Processes, 2019, 45: 208－216.

[69] Guo W, Huang L, Liang L. A weld seam dataset and automatic detection of welding defects using convolutional neural network[C]. International Conference on Computer Engineering and Networks, Shanghai, 2018.

[70] 王思宇, 高炜欣, 张翔松. X 射线焊缝图像缺陷检测算法综述[J]. 热加工工艺, 2020,

49（15）：1－8.

[71] 郭文明,刘凯,渠慧帆.基于 Faster R-CNN 模型 X-射线图像的焊接缺陷检测[J].北京邮电大学学报,2019,42（6）：20－28.

[72] 侯文慧.基于深度学习的焊缝图像缺陷识别方法研究[D].合肥：中国科学技术大学,2019.

[73] Steitz J M O, Saeedan F, Roth S. Multi-view X－ray R-CNN[C]. German Conference on Pattern Recognition, Stuttgart, 2018.

[74] Akcay S, Kundegorski M E, Willcocks C G, et al. Using deep convolutional neural network architectures for object classification and detection within X－ray baggage security imagery[J]. IEEE Transactions on Information Forensics and Security, 2018, 13(9): 2203－2215.

[75] Sugimori H. Classification of computed tomography images in different slice positions using deep learning[J]. Journal of Healthcare Engineering, 2018, 2018: 1－9.

[76] 刘晓虹.肝脏 CT 图像特征提取与识别的研究及系统实现[D].镇江：江苏大学,2019.

[77] 曹占涛.深度学习在医学图像辅助诊断中的应用研究[D].成都：电子科技大学,2020.

[78] Rengasamy D, Morvan H P, Figueredo G P. Deep learning approaches to aircraft maintenance, repair and overhaul: a review[C]. 2018 21st International Conference on Intelligent Transportation Systems (ITSC), Maui, 2018: 150－156.

[79] Yao Q, Wang J, Yang L, et al. A fault diagnosis method of engine rotor based on random forests[C]. 2016 IEEE International Conference on Prognostics and Health Management, Ottawa, 2016.

[80] Pang S, Yang X, Zhang X. Aero engine component fault diagnosis using multi-hidden-layer extreme learning machine with optimized structure[J]. International Journal of Aerospace Engineering, 2016, 2016: 1－11.

[81] 余萍,曹洁.深度学习在故障诊断与预测中的应用[J].计算机工程与应用,2020,56(3): 1－18.

[82] Fentaye A D, Baheta A T, Gilani S I, et al. A review on gas turbine gas-path diagnostics: State-of-the-art methods, challenges and opportunities[J]. Aerospace, 2019, 6(7): 83.

[83] Moreno S, Peña M, Toledo A, et al. A new vision-based method using deep learning for damage inspection in wind turbine blades[C]. 2018 15th International Conference on Electrical Engineering, Computing Science and Automatic Control, Mexico City, 2018.

[84] Reddy A, Indragandhi V, Ravi L, et al. Detection of cracks and damage in wind turbine blades using artificial intelligence-based image analytics[J]. Measurement, 2019, 147: 106823.

[85] Zhao X Y, Dong C Y, Zhou P, et al. Detecting surface defects of wind turbine blades using an Alexnet deep learning algorithm[J]. Ieice Transactions on Fundamentals of Electronics, Communications and Computer Sciences, 2019, 102(12): 1817－1824.

[86] Xu D, Wen C, Liu J. Wind turbine blade surface inspection based on deep learning and UAV-taken images[J]. Journal of Renewable and Sustainable Energy, 2019, 11(5): 053305.

[87] Yang P, Dong C, Zhao X, et al. The surface damage identifications of wind turbine blades based on ResNet50 algorithm[C]. 2020 39th Chinese Control Conference, Shenyang, 2020.

[88] Wu Y, Guo D, Liu H, et al. An end-to-end learning method for industrial defect detection

［J］. Assembly Automation, 2019, 40(1): 31 - 39.

［89］ Chen Z H, Juang J C. AE-RTISNet: Aeronautics engine radiographic testing inspection system net with an improved fast region-based convolutional neural network framework［J］. Applied Sciences, 2020, 10(23): 8718.

［90］ Chen Z H, Juang J C. YOLOv4 object detection model for nondestructive radiographic testing in aviation maintenance tasks［J］. AIAA Journal, 2022, 60(1): 526 - 531.

［91］ Zhang D, Zeng N, Lin L. Detection of blades damages in aero engine［C］. 2020 Chinese Automation Congress, Shanghai, 2020: 6129 - 6134.

［92］ Kim Y H, Lee J R. Videoscope-based inspection of turbofan engine blades using convolutional neural networks and image processing［J］. Structural Health Monitoring, 2019, 18(5 - 6): 2020 - 2039.

［93］ Chen L, Zou L, Fan C, et al. Feature weighting network for aircraft engine defect detection ［J］. International Journal of Wavelets, Multiresolution and Information Processing, 2020, 18(3): 2050012.

［94］ Shen Z, Wan X, Ye F, et al. Deep learning based framework for automatic damage detection in aircraft engine borescope inspection［C］. 2019 International Conference on Computing, Networking and Communications, Honolulu, 2019.

［95］ He W, Li C, Nie X, et al. Recognition and detection of aero-engine blade damage based on improved cascade Mask R-CNN［J］. Applied Optics, 2021, 60(17): 5124 - 5133.

［96］ Shang H, Sun C, Liu J, et al. Deep learning-based borescope image processing for aero-engine blade in-situ damage detection［J］. Aerospace Science and Technology, 2022, 123: 107473.

［97］ Liu H, Zhang Z, Jia H, et al. A novel method to predict the stiffness evolution of in-service wind turbine blades based on deep learning models［J］. Composite Structures, 2020, 252: 112702.

［98］ Bjerregaard L. IMITec and SWISS develop remote-controlled aircraft inspection device［EB/ OL］. https://aviationweek. com/mro/imitec-swiss-develop-remote-controlled-aircraft-inspection- device［2022 - 7 - 21］.

［99］ 3D. aero. Inspection with white light interferometry［EB/OL］. https://3d-aero. com/wp- content/uploads/2022/04/WLI_Whitepaper. pdf［2022 - 7 - 22］.

［100］ Bjerregaard L. NLR developing robotic mechanic to alleviate MRO workforce demand［EB/ OL］. https://aviationweek. com/shows-events/mro-transatlantic/nlr-developing-robotic- mechanic-alleviate-mro-workforce-demand［2022 - 7 - 22］.

［101］ 李华,陈果,陈新波,等. 基于规则的航空发动机孔探图像诊断方法研究［J］. 航空发动机,2015,41(3): 97 - 102.

［102］ 徐龙喜,陈果,汤洋. 基于 CBR 的远程发动机孔探评估专家系统［J］. 南昌航空大学学报(自然科学版),2007,21(3): 58 - 61.

［103］ 罗云林,尉建东. 航空发动机内窥检测智能诊断专家系统［J］. 中国民航大学学报,2010,28(2): 14 - 17.

［104］ 罗云林,牟君鹏. 航空发动机内窥故障诊断专家系统研究［J］. 中国民航大学学报,2009,27(6): 13 - 16.

［105］ 李岩,孟娇茹. 基于图像识别的发动机内窥智能检测系统研究［J］. 中国民航学院学报,

2005,23(4)：15 - 19.

[106]　张维亮,李楠,李昂,等.基于概率神经网络的航空发动机叶片损伤图像分割[J].沈阳航空航天大学学报,2013,30(2)：22 - 26.

[107]　石宏,张维亮,田中笑,等.基于组合优化神经网络的航空发动机叶片损伤图像分割[J].计算机测量与控制,2014,22(5)：1603 - 1605.

[108]　孟娇茹.航空发动机孔探损伤识别方法[J].黑龙江科技大学学报,2009,19(1)：50 - 53.

[109]　陈果,汤洋.基于孔探图像纹理特征的航空发动机损伤识别方法[J].仪器仪表学报,2008,29(8)：1709 - 1713.

[110]　李彬.径向基函数神经网络的学习算法研究[D].济南：山东大学,2005.

[111]　石宏,张维亮,田中笑,等.基于改进 GA 算法优化 RBF 网络的航空发动机叶片损伤图像识别[J].科学技术与工程,2013,13(28)：8534 - 8538.

[112]　石宏,张维亮,田中笑,等.基于 D-S 证据理论和 RBF 网络的航空发动机叶片损伤图像识别技术研究[J].科学技术与工程,2013,13(22)：6636 - 6640.

[113]　Krizhevsky A, Sutskever I, Hinton G. ImageNet classification with deep convolutional neural networks[J]. Communications of the ACM, 2017, 60(6)：84 - 90.

[114]　Girshick R, Donahue J, Darrell T, et al. Rich feature hierarchies for accurate object detection and semantic segmentation[C]. 2014 IEEE Conference on Computer Vision and Pattern Recognition, Columbus, 2014.

[115]　Girshick R. Fast R-CNN[C]. 2015 IEEE International Conference on Computer Vision, Santiago, 2015.

[116]　Ren S, He K, Girshick R, et al. Faster R-CNN：Towards real-time object detection with region proposal networks [J]. IEEE Transactions on Pattern Analysis and Machine Intelligence, 2016, 39(6)：1137 - 1149.

[117]　Redmon J, Divvala S, Girshick R, et al. You only look once：Unified, real-time object detection[C]. 2016 IEEE Conference on Computer Vision and Pattern Recognition, Las Vegas, 2016.

[118]　Redmon J, Farhadi A. YOLO9000：Better, faster, stronger[C]. 2017 IEEE Conference on Computer Vision and Pattern Recognition, Honolulu, 2017.

[119]　Redmon J, Farhadi A. YOLOv3：An incremental improvement [EB/OL]. https：//arxiv. org/pdf/1804. 02767. pdf[2020 - 7 - 28].

[120]　Bochkovskiy A, Wang C Y, Liao H Y M. YOLOv4：Optimal speed and accuracy of object detection[EB/OL]. https：//arxiv. org/pdf/2004. 10934. pdf[2020 - 7 - 28].

[121]　Shelhamer E, Long J, Darrell T. Fully convolutional networks for semantic segmentation[J]. IEEE Transactions on Pattern Analysis and Machine Intelligence, 2017, 39(4)：640 - 651.

[122]　LeCun Y, Bottou L, Bengio Y, et al. Gradient-based learning applied to document recognition[J]. Proceedings of the IEEE, 1998, 86(11)：2278 - 2324.

[123]　敖良忠,马瑞阳,杨学文.基于 DenseNet 和 ResNet 融合的发动机孔探图像分类研究[J].计算技术与自动化,2021,40(3)：105 - 110.

[124]　Huang G, Liu Z, Van Der Maaten L, et al. Densely connected convolutional networks[C]. 2017 IEEE Conference on Computer Vision and Pattern Recognition, Honolulu, 2017.

[125] He K, Zhang X, Ren S, et al. Deep residual learning for image recognition[C]. 2016 IEEE Conference on Computer Vision and Pattern Recognition, Las Vegas, 2016.

[126] 赵烨. 基于卷积神经网络的叶片损伤识别方法研究[D]. 天津：中国民航大学,2019.

[127] 旷可嘉. 深度学习及其在航空发动机缺陷检测中的应用研究[D]. 广州：华南理工大学,2017.

[128] Zeiler M D, Fergus R. Visualizing and understanding convolutional networks[C]. European Conference on Computer Vision, Cham, 2014.

[129] Simonyan K, Zisserman A. Very deep convolutional networks for large-scale image recognition [EB/OL]. https://arxiv.org/pdf/1409.1556.pdf[2020-8-1].

[130] Mirza M, Osindero S. Conditional generative adversarial nets[EB/OL]. https://arxiv.org/pdf/1411.1784.pdf[2020-8-1].

[131] 李龙浦. 基于孔探数据的航空发动机叶片损伤识别研究[D]. 天津：中国民航大学,2020.

[132] 邢志伟,李龙浦,侯翔开,等. 基于改进 ZF 网络的航空发动机叶片损伤检测[J]. 中国民航大学学报,2021,39(3)：22-28.

[133] 李浩. 基于图像识别的航空发动机叶片裂纹检测研究[D]. 成都：电子科技大学,2019.

[134] 马瑞阳. 基于深度学习孔探图像的航空发动机缺陷识别研究[D]. 德阳：中国民用航空飞行学院,2021.

[135] 曹斯言,刘君强,宋高腾,等. 基于自注意力分割的航空发动机孔探图像检测[J]. 北京航空航天大学学报,2022,2022：1-16.

[136] Chen L C, Zhu Y, Papandreou G, et al. Encoder-decoder with atrous separable convolution for semantic image segmentation[C]. European Conference on Computer Vision, Munich Springer, 2018.

[137] Sandler M, Howard A, Zhu M, et al. MobileNetV2：Inverted residuals and linear bottlenecks [C]. 2018 IEEE/CVF Conference on Computer Vision and Pattern Recognition, Salt Lake City, 2018.

[138] 樊玮,李晨炫,邢艳,等. 航空发动机损伤图像的二分类到多分类递进式检测网络[J]. 计算机应用,2021,41(8)：2352-2357.

[139] 魏永超,李涛,邓毅. 基于改进 Mask R-CNN 算法的孔探缺陷自动检测研究[J]. 电子设计工程,2022,2022：1-6.

[140] 樊玮,段博坤,黄睿,等. 基于风格迁移的交互式航空发动机孔探图像扩展方法[J]. 计算机应用,2020,40(12)：3631-3636.

[141] 李华,陈果,陈新波,等. 航空发动机内部裂纹自动测量方法研究[J]. 计算机工程与应用,2016,52(11)：233-237.

[142] 猿辅导研究团队. 深度学习核心技术与实践[M]. 北京：电子工业出版社,2018.

[143] Goodfellow I, Pouget-Abadie J, Mirza M, et al. Generative adversarial networks[J]. Communications of the ACM, 2020, 63(11)：139-144.

[144] Guyon I, Elisseeff A. An introduction to variable and feature selection[J]. Journal of Machine Learning Research, 2003, 3：1157-1182.

[145] Tang J, Alelyani S, Liu H. Feature selection for classification：A review[J]. Data Classification：Algorithms and Applications, 2014(1)：37-64.

[146] Chandrashekar G, Sahin F. A survey on feature selection methods [J]. Computers and Electrical Engineering, 2014, 40(1): 16－28.

[147] Ioffe S, Szegedy C. Batch normalization: Accelerating deep network training by reducing internal covariate shift [C]. International Conference on Machine Learning, Lille, 2015.

附录

基于 Faster R‑CNN 二阶目标检测
算法的缺陷检测模型训练主程序及代码解释

```
'''__author:别有洞天'''
''' __Date:2022/5/1'''
import keras
```

'''导入 Keras 库。Keras 是一个用 Python 编写的高级神经网络 API，它能够以 TensorFlow，CNTK，或者 Theano 作为后端运行，具有用户友好、模块化、易扩展等诸多优点，特别是神经网络层、损失函数、优化器、初始化方法、激活函数、正则化方法，它们都是可以结合起来构建新模型的模块。https://keras.io/zh/'''

```
import numpy as np
```

'''导入 numpy 库。NumPy(Numerical Python) 是 Python 语言的一个扩展程序库，支持大量的维度数组与矩阵运算，此外也针对数组运算提供大量的数学函数库。https://www.runoob.com/numpy/numpy-tutorial.html'''

```
import tensorflow as tf
```

'''导入 tensorflow 库并命名为 tf。TensorFlow 是一个开源的、基于 Python 的机器学习框架，它由 Google 开发，并在图形分类、音频处理、推荐系统和自然语言处理等场景下有着丰富的应用，是目前最热门的机器学习框架。https://tensorflow.google.cn/'''

```
from keras import backend as K
```

'''导入 keras 的后端 backend 并命名为 K。keras 是一种基于模块的高级深度学习开发框架，它并没有仅依赖于某一种高速底层张量库，而是对各种底层张量库进行高层模块封装，让底层库完成诸如张量积、卷积操作。在 keras 中，各种底层库(Google 开发的 TensorFlow、蒙特利尔大学实验室开发的 Theano、微软开发的 CNTK)都可以作为后端(backend)为 keras 模块提供服务。如果希望编写的 Keras 模块与 Theano (th) 和 TensorFlow (tf) 兼容，则必须通过抽象 Keras 后端 API 来编写它们。以下是一个介绍。https://keras.io/zh/backend/'''

```
from keras.callbacks import TensorBoard
```

"'从 keras 的回调函数中导入 TensorBoard。回调函数 callbacks 是一个函数的合集,会在训练的阶段中所使用。可以使用回调函数来查看训练模型的内在状态和统计。你可以传递一个列表的回调函数(作为 callbacks 关键字参数)到 Sequential 或 Model 类型的.fit()方法。在训练时,相应的回调函数的方法就会被在各自的阶段被调用。TensorBoard 是由 Tensorflow 提供的一个可视化工具,这个回调函数为 Tensorboard 编写一个日志,这样你可以可视化测试和训练的标准评估的动态图像,也可以可视化模型中不同层的激活值直方图。https://keras.io/zh/callbacks/'"

```
from tqdm import tqdm
```

"'导入 tqdm 库。Tqdm 是一个快速,可扩展的 Python 进度条,可以在 Python 长循环中添加一个进度提示信息,用户只需要封装任意的迭代器 tqdm(iterator)。https://pypi.org/project/tqdm/'"

```
from nets.frcnn import get_model
```

"'从 nets 文件夹中的 frcnn.py 程序中导入 get_model 函数'"

```
from nets.frcnn_training import (Generator, class_loss_cls,
class_loss_regr,
                                cls_loss, get_img_output_length,
smooth_l1)
```

"'从 nets 文件夹中的 frcnn_training.py 程序中导入 Generator 类,class_loss_cls 函数,class_loss_regr 函数,cls_loss 函数,get_img_output_length 函数,smooth_l1 函数'"

```
from utils.anchors import get_anchors
```

"'从 utils 文件夹中的 anchors.py 程序中导入 get_anchors 函数'"

```
from utils.config import Config
```

"'从 utils 文件夹中的 config.py 程序中导入 Config 类'"

```
from utils.roi_helpers import calc_iou
```

"'从 utils 文件夹中的 roi_helpers.py 程序中导入 calc_iou 函数'"

```
from utils.utils import BBoxUtility
```

"'从 utils 文件夹中的 utils.py 程序中导入 BBoxUtility 类'"

```
def write_log(callback, names, logs, batch_no):
```

"' callback:回调函数,可以对训练过程相关数据回调存取显示'"

"' names:名字;logs:名字对应的数据;batch_no:迭代次数。
函数功能:日志记录函数,调用该函数可以对训练过程等参数进行记录显示'"

```
    for name, value in zip(names, logs):
```

```
summary = tf.Summary()
'''定义 tf.Summary() 模块 summary,该模块包含各种方法,能够保存
训练过程以及参数分布图并在 tensorboard 显示'''
summary_value = summary.value.add()
'''启用 summary 下的添加存储数值方法:summary_value '''
summary_value.simple_value = value
'''值存入至 summary_value.simple_value 方法中'''
summary_value.tag = name
'''附上值对应名字'''
callback.writer.add_summary(summary, batch_no)
'''每次迭代保存当前数据写入到 summary '''
callback.writer.flush()
'''刷新缓冲流,把缓存中的内容读入读出'''


def fit_one_epoch(model_rpn, model_all, epoch, epoch_size,
epoch_size_val, gen, genval, Epoch, callback):
'''该函数:调用模型进行当前轮次下的训练、损失计算、验证、进度显示、模型
权重参数保存、日志记录保存
model_rpn:rpn 网络模型架构;model_all:总模型架构;epoch:当前训练
轮次;
epoch_size:每轮训练的迭代次数 = 总训练图片数/每次输入模型图片数;
epoch_size_val:每轮测试迭代数 = 总测试图片数/每次输入模型图片数;
gen:由生成器返回的训练数据的 image_data 和对应的 box_data;
genval:由生成器返回的测试数据的 image_data 和对应的 box_data;
Epoch:总训练轮次数;callback:回调函数,可以在训练阶段用来查看训练
模型的内在状态和统计;
'''
total_loss = 0
'''初始化总损失为 0 '''
rpn_loc_loss = 0
'''初始化 rpn 网络位置损失为 0 '''
rpn_cls_loss = 0
''' 初始化 rpn 网络分类损失为 0 '''
roi_loc_loss = 0
'''初始化 roi 网络的位置损失为 0 '''
roi_cls_loss = 0
```

```
      '''初始化 roi 网络的分类损失为 0'''
      val_toal_loss = 0
      '''初始化测试的总损失为 0'''


      with tqdm(total = epoch_size, desc = f'Epoch {epoch + 1}/
{Epoch}', postfix = dict, mininterval = 0.3) as pbar:
```

　　　　　'''训练过程创建 tqdm 进度条显示。total = epoch_size 表示一个进度条迭代次数为 epoch_size;

　　　　　desc = f'Epoch {epoch + 1}/{Epoch}'表示进度条前缀显示:当前训练轮次/总训练轮次;字符串前加 f 表示字符串中大括号里内容以 python 语法输出

　　　　　postfix = dict 表示指定要在进度条末尾显示的其他统计信息;

　　　　　mininterval = 0.3 表示最小进度显示更新间隔为 0.3[默认值:0.1]秒'''

```
      for iteration, batch in enumerate(gen):
```

　　　　　'''每 batch_size 个输入数据为一组进行迭代,gen 表示训练数据生成'''

```
            if iteration >= epoch_size:
                break
```

　　　　　　'''迭代次数大于 epoch_size 时跳出迭代'''

```
      X, Y, boxes = batch[0], batch[1], batch[2]
```

　　　　　''' X:输入一组图片数据; Y:对应的目标输出; boxes:对应的 boxes 坐标'''

```
            P_rpn = model_rpn.predict_on_batch(X)
```

　　　　　''' rpn 网络输入一个批次的图片,按照批次进行预测输出'''

```
      height, width, _ = np.shape(X[0])
```

　　　　　''' X[0]:表示 bantch_size 中的第一张图片,也可以改为 X[1]、X[2]、X[3]'''

```
            base_feature_width, base_feature_height = get_img_
output_length(width, height)
```

　　　　　'''主特征图的宽和高'''

```
             anchors = get_anchors([base_feature_width, base_
feature_height], width, height)
```

　　　　　'''得到基于原图的(特征图 * 特征图宽 * 9)个相对坐标值在 0-1 之间的 anchors 坐标'''

```
                results = bbox_util.detection_out_rpn(P_rpn,
```

```
anchors)
                    '''调用 detection_out_rpn 对每一批图片处理, rpn - > 解码 ->
nms -> [[], [], ..., []] batch_size 个元素, 每个元素维度(150, 1+4)'''
                    roi_inputs = []
                    out_classes = []
                    out_regrs = []
                    for i in range(len(X)):
                        '''i 表示第 i 个图片, 每个图片做循环处理'''
                        R = results[i][:, 1:]
                        '''第 i 张图的 150 个建议框坐标'''
                        X2, Y1, Y2 = calc_iou(R, config, boxes[i], NUM_
CLASSES)
                        ''' X:正负建议框样本坐标, 维度:(sample_roi[0], [ymin,
xmin, ymax, xmax])'''
                        ''' Y1:正负建议框样本对应类别的 one-hot 编码, 维度:
(sample_roi[0], num_classes)'''
                        ''' Y2:正负建议框样本类别 + 坐标差, 维度:(sample_roi
[0], (num_classes - 1) * 4 + (num_classes - 1) * 4)'''
                        roi_inputs.append(X2)
                        out_classes.append(Y1)
                        out_regrs.append(Y2)
                        ''' batch_size 组数据依次存入对应列表'''


                    loss_class = model_all.train_on_batch([X, np.array
(roi_inputs)],
                                                [Y[0], Y[1], np.
array(out_classes), np.array(out_regrs)])
                    ''' model_all 输入为两个值:[X, np.array(roi_
inputs)]——原图和 roi 输入'''
                    '''model_all 输出为四个值:rpn 网络分类目标, rpn 网络回归坐
标, roi 网络类别目标, roi 网络回归坐标'''
                    '''返回 4 个损失'''
                    write_log(callback,
                                ['total_loss', 'rpn_cls_loss', 'rpn_reg_loss
', 'detection_cls_loss', 'detection_reg_loss'],
                                loss_class, iteration)
```

```
        '''调用日志记录函数'''
        rpn_cls_loss += loss_class[1]
        ''' rpn 网络分类损失'''
        rpn_loc_loss += loss_class[2]
        ''' rpn 网络坐标回归损失'''
        roi_cls_loss += loss_class[3]
        ''' roi 最后的网络分类损失'''
        roi_loc_loss += loss_class[4]
        ''' roi 最后的网络分类损失'''
        total_loss = rpn_loc_loss + rpn_cls_loss + roi_loc_
loss + roi_cls_loss
        '''总损失,各个损失之和'''

        pbar.set_postfix(**{'total': total_loss /
(iteration + 1),
                            'rpn_cls': rpn_cls_loss /
(iteration + 1),
                            'rpn_loc': rpn_loc_loss /
(iteration + 1),
                            'roi_cls': roi_cls_loss /
(iteration + 1),
                            'roi_loc': roi_loc_loss /
(iteration + 1),
                            'lr': K.get_value(model_rpn.
optimizer.lr)})
        '''每一轮次总损失除以该轮次下的循环次数:平均损失'''
        '''进度条末尾显示各个损失及学习率信息'''
        pbar.update(1)


    print('Start Validation')
    '''每训练一轮会进行一轮验证'''
    with tqdm(total=epoch_size_val, desc=f'Epoch {epoch + 1}/
{Epoch}', postfix=dict, mininterval=0.3) as pbar:
```

　　　'''验证过程创建 tqdm 进度条显示。total=epoch_size_val 表示一个进度条迭代次数为 epoch_size_val;

　　　desc=f'Epoch {epoch + 1}/{Epoch}'表示进度条前缀显示:当前

训练轮次/总训练轮次;字符串前加 f 表示字符串中大括号里内容以 python 语法
输出

```
            postfix=dict 表示指定要在进度条末尾显示的其他统计信息;
            mininterval = 0.3 表示最小进度显示更新间隔为 0.3[默认值:
0.1]秒'''
        for iteration, batch in enumerate(genval):
            '''每 batch_size 个输入数据为一组进行迭代,genval 表示验证
数据生成'''
            if iteration >= epoch_size_val:
                break
            X, Y, boxes = batch[0], batch[1], batch[2]
            P_rpn = model_rpn.predict_on_batch(X)

            height, width, _ = np.shape(X[0])
            base_feature_width, base_feature_height = get_img_
output_length(width, height)
             anchors = get_anchors([base_feature_width, base_
feature_height], width, height)
             results = bbox_util.detection_out_rpn(P_rpn,
anchors)

            roi_inputs = []
            out_classes = []
            out_regrs = []
            for i in range(len(X)):
                R = results[i][:, 1:]
                X2, Y1, Y2 = calc_iou(R, config, boxes[i], NUM_
CLASSES)
                roi_inputs.append(X2)
                out_classes.append(Y1)
                out_regrs.append(Y2)

            loss_class = model_all.test_on_batch([X, np.array
(roi_inputs)],
                                                [Y[0], Y[1], np.
array(out_classes), np.array(out_regrs)])
```

```
                    val_toal_loss += loss_class[0]
                     pbar.set_postfix(* *{'total': val_toal_loss /
(iteration + 1)})
        '''显示在验证集上的损失值'''
                pbar.update(1)

    print('Finish Validation')
    print('Epoch:' + str(epoch + 1) + '/' + str(Epoch))
    print('Total Loss: % .4f || Val Loss: % .4f '% (total_loss /
(epoch_size + 1), val_toal_loss /(epoch_size_val + 1)))

    print('Saving state, iter:', str(epoch + 1))
    model_all.save_weights('logs/Epoch% d-Total_Loss% .4f-Val_
Loss% .4f.h5'% (
        (epoch + 1), total_loss /(epoch_size + 1), val_toal_loss /
(epoch_size_val + 1)))
    return


'''检测精度 mAP 和 pr 曲线计算参考视频'''
'''https://www.bilibili.com/video/BV1zE411u7Vw'''


if __name__ == "__main__":
    '''主程序开始位,只有在 train.py 运行时下面的代码才会运行,如果
train.py 被调用则主程序不运行'''
    config = Config()
    NUM_CLASSES = 8
    '''类别数+1,最后的 1 表示前景(有目标)的置信度'''
    input_shape = [256, 256, 3]
    ''' input_shape 是输入图片的大小,默认为 800,800,3 '''
    '''随着输入图片的增大,占用显存会增大'''
    '''视频上为 600,600,3,多次训练测试后发现 800,800,3 更优'''

    model_rpn, model_all = get_model(config, NUM_CLASSES)
    '''调用 get_model(config, NUM_CLASSES)函数创建两个网络,一个为
rpn 网络模型,一个为总模型'''
    base_net_weights = "logs/002/Epoch127-Total_Loss0.5124-
```

```
Val_Loss0.5174.h5"
        '''初始模型权重'''
    model_rpn.load_weights(base_net_weights, by_name=True)
    model_all.load_weights(base_net_weights, by_name=True)
        '''对应网络名称加载初始模型权重'''
    bbox_util = BBoxUtility(overlap_threshold=config.rpn_max_
overlap, ignore_threshold=config.rpn_min_overlap,
                            top_k=config.num_RPN_train_pre)
        '''建立 BBoxUtility 类对象:bbox_util '''
    logging = TensorBoard(log_dir="logs/002")
        '''创建 TensorBoard 类对象,该对象可以用于编写一个日志,它允许您可视
化训练和测试指标的动态图,以及模型中不同层的激活直方图。'''
    callback = logging
    callback.set_model(model_all)

    annotation_path = 'train_inf_17673.txt'
        '''输入的训练数据文件'''
    val_split = 0.1
        '''验证集的划分,当前划分方式下,验证集和训练集的比例为 1∶9 '''

    with open(annotation_path) as f:
        '''打开输入文件'''
        lines = f.readlines()
        '''按照字符串的形式读取所有行数据,每行表示一个图片和对应真实框
信息'''
    np.random.seed(10101)
        '''设置随机种子,确定的随机种子值下每次生成的随机数相同,保证训练数据
和验证数据始终不会改变'''
    np.random.shuffle(lines)
        '''打乱行,即打乱输入图片的顺序'''
    np.random.seed(None)
        '''默认随机种子为空'''
    num_val = int(len(lines) * val_split)
        '''验证数据长度'''
    num_train = len(lines) -num_val
        '''训练数据长度'''
```

'''主干特征提取网络特征通用,使用预训练权重可以加快训练'''
''' Init_Epoch 为起始轮次'''
''' Interval_Epoch 为中间训练的轮次'''
''' Epoch 总训练轮次'''
'''提示 OOM 或者显存不足请调小 Batch_size '''

```python
if True:
    lr = 1e-4
    '''初始学习率的值'''
    Batch_size = 8
    '''按批输入,每批 8 个图片'''
    Init_Epoch = 0
    '''起始轮次'''
    Interval_Epoch = 50
    '''中间轮次'''

    model_rpn.compile(
        loss={
            'classification': cls_loss(),
            'regression': smooth_l1()
        }, optimizer=keras.optimizers.Adam(lr=lr)
    )
```

'''model.compile()方法用于在配置训练方法时,告知训练时用的优化器、损失函数和准确率评测标准。cls_loss():rpn 输出二分类损失,smooth_l1():pn 输出坐标回归损失,keras.optimizers.Adam(lr=lr):优化器'''

```python
    model_all.compile(loss={
        'classification': cls_loss(),
        'regression': smooth_l1(),
        'dense_class_{}'.format(NUM_CLASSES): class_loss_
cls,
        'dense_regress_{}'.format(NUM_CLASSES): class_loss_
regr(NUM_CLASSES - 1)
    }, optimizer=keras.optimizers.Adam(lr=lr)
    )
```

'''cls_loss():rpn 输出前景 or 背景分类损失,smooth_l1():rpn 输

出坐标回归损失,class_loss_cls:roi 输出类别损失,

class_loss_regr(NUM_CLASSES - 1):roi 输出最终坐标回归损失,keras.optimizers.Adam(lr=lr):优化器'''

```
            gen = Generator(bbox_util, lines[:num_train], NUM_
CLASSES, Batch_size,

                              input_shape=[input_shape[0], input_
shape[1]]).generate()
```
            '''生成器类对象,每次调用都会按照顺序生成需要的训练数据:三个列表'''
            '''[batch_size 个输入图片(经过处理后)]'''
            '''[batch_size 个 classification 二分类(self.num_priors, 1)列表, batch_size 个 regression(self.num_priors, 5)列表]'''
            '''[batch_size 个真实 box 信息(-1, 5)]'''

```
            gen_val = Generator(bbox_util, lines[num_train:], NUM_
CLASSES, Batch_size,

                              input_shape=[input_shape[0], input_
shape[1]]).generate()
```
            '''生成器类对象,每次调用都会按照顺序生成需要的验证数据:三个列表'''
```
            epoch_size = num_train //Batch_size
```
            '''训练数据个数除以每次喂入的数据个数(每批数据个数)得到每一轮训练迭代次数'''
```
            epoch_size_val = num_val //Batch_size
```
            '''验证数据个数除以每次喂入的数据个数(每批数据个数)得到每一轮验证迭代次数'''

```
            for epoch in range(Init_Epoch, Interval_Epoch):
```
                '''从初始 Init_Epoch 轮次到中间 Interval_Epoch 轮次,循环了(Interval_Epoch-Init_Epoch+1)轮次'''
```
                fit_one_epoch(model_rpn, model_all, epoch, epoch_
size, epoch_size_val, gen, gen_val, Interval_Epoch,
                              callback)
```
                '''调用 fit_one_epoch()进行当前轮次下的训练'''
```
                lr = lr * 0.92
```

```
        '''当前学习率调整,每训练一轮学习率变为原来的 0.92 倍'''
        K.set_value(model_rpn.optimizer.lr, lr)
        '''重置 rpn 网络模型优化器中的学习率'''
        K.set_value(model_all.optimizer.lr, lr)
        '''重置总模型优化器中的学习率'''


    '''调整初始学习率接着当前训练轮次继续训练'''
    if True:
        lr = 1e-5
        Batch_size = 8
        Interval_Epoch = 50
        Epoch = 100

        model_rpn.compile(
            loss={
                'classification': cls_loss(),
                'regression': smooth_l1()
            }, optimizer=keras.optimizers.Adam(lr=lr)
        )
        model_all.compile(loss={
            'classification': cls_loss(),
            'regression': smooth_l1(),
            'dense_class_{}'.format(NUM_CLASSES): class_
loss_cls,
            'dense_regress_{}'.format(NUM_CLASSES): class_loss_
regr(NUM_CLASSES - 1)
        }, optimizer=keras.optimizers.Adam(lr=lr)
        )


        gen = Generator(bbox_util, lines[:num_train], NUM_
CLASSES, Batch_size,
                        input_shape=[input_shape[0], input_
shape[1]]).generate()
        gen_val = Generator(bbox_util, lines[num_train:], NUM_
CLASSES, Batch_size,
                        input_shape=[input_shape[0], input_
```

```
shape[1]]).generate()

        epoch_size = num_train //Batch_size
        epoch_size_val = num_val //Batch_size

        for epoch in range(Interval_Epoch, Epoch):
            fit_one_epoch(model_rpn, model_all, epoch, epoch_
size, epoch_size_val, gen, gen_val, Epoch, callback)
            lr = lr * 0.92
            K.set_value(model_rpn.optimizer.lr, lr)
            K.set_value(model_all.optimizer.lr, lr)
```